献给
*Sheila, Barbara, Janice,
Sarah, Susan, and Michael*

...truste wel that alle the conclusiouns that han ben founde, or elles possibly mighten be founde in so noble an instrument as an Astrolabie, ben un-knowe perfitly to any mortal man...
GEOFFREY CHAUCER
A Treatise on the Astrolabe
circa 1391

射电天文的干涉测量与合成孔径(下册)
(原书第二版)

Interferometry and Synthesis
in Radio Astronomy (Second Edition)

〔美〕A. R. Thompson　J. M. Moran　G. W. Swenson, Jr.　著

李　靖　孙伟英　王新彪　张升伟　译

科学出版社
北　京

图字：01-2015-2060 号

内 容 简 介

本书第1章简要介绍了干涉测量技术及其发展。第2章概括介绍了干涉及合成孔径成像原理。第3章分析了干涉仪响应，包括强度和可见度函数之间的傅里叶变换关系。第4章介绍了合成成像所需的大地坐标系和参数。第5章介绍了天线单元以及干涉仪的合成孔径天线阵列。第6～8章系统介绍了接收机系统设计和响应，包括构型变化对灵敏度的影响及数字相关器的量化效应。第9章讨论了甚长基线干涉仪（VLBI）的特殊需求。第10章介绍了可见度函数与傅里叶变换，并介绍了如何利用可见度函数导出射电图像，对谱线观测进行了讨论。第11章讨论了利用Clean反卷积算法、最大熵法、自适应定标和多频合成等非线性技术改善射电图像。第12章介绍了天体测量学和大地测量学中的精确观测。第13章讨论了导致射电干涉仪整体性能下降的因素。第14章介绍了 Van Cittert-Zernike 定理的验证、空间相关、散射以及相干传播。第15章讨论了射电干扰对射电干涉仪的影响。最后一章介绍了一些相关的技术，包括强度干涉测量法、月掩星观测和光学干涉测量等。

本书适合从事干涉或合成成像技术的天文学、电子工程、物理学以及相关领域大学生、研究生及学者学习和参考，同时也适合射电系统工程师参考。

Copyright Ⓒ 2001 by John Wiley & Sons, Inc.

Ⓒ 2004 WILEY-VCH Verlag GmbH & Co. KGaA, Weinheim

All Rights Reserved. This translation published under license. Authorized translation from the English language edition, entitled Interferometry and Synthesis in Radio Astronomy, ISBN 978-0-471-25492-8, by A. R. Thompson, J. M. Moran, G. W. Swenson, Jr., Published by John Wiley & Sons. No part of this book may be reproduced in any form without the written permission of the original copyrights holder.

图书在版编目(CIP)数据

射电天文的干涉测量与合成孔径：原书第二版．下册／（美）A. 理查德·汤普森（A. R. Thompson）等著；李靖等译．—北京：科学出版社，2017.8

书名原文：Interferometry and Synthesis in Radio Astronomy(Second Edition)
ISBN 978-7-03-054203-8

Ⅰ.①射… Ⅱ.①A… ②李… Ⅲ.①射电天文学-干涉测量法 Ⅳ.①P164

中国版本图书馆 CIP 数据核字(2017)第 202196 号

责任编辑：周　涵／责任校对：张凤琴
责任印制：张　伟／封面设计：耕者设计工作室

科 学 出 版 社 出版
北京东黄城根北街16号
邮政编码：100717
http://www.sciencep.com

北京建宏印刷有限公司 印刷
科学出版社发行　各地新华书店经销

*

2017年8月第　一　版　开本：720×1000　1/16
2019年11月第三次印刷　印张：20 1/2
字数：414 000

定价：128.00 元
（如有印装质量问题，我社负责调换）

原书作者

A. Richard Thompson
National Radio Astronomy Observatory

James M. Moran
Harvard-Smithsonian Center for Astrophysics

George W. Swenson, Jr.
University of Illinois at Urbana-Champaign

译 者 序

宇宙是从什么时候诞生的？又是怎样诞生的？生命是如何起源的？人类大约从公元前400年就开始了对宇宙的探索，但人类对于宇宙的正确认识始于1543年哥白尼提出的日心说。1609年，开普勒揭示了地球和行星都在椭圆轨道上围绕太阳公转；同年，伽利略首先利用望远镜观测天空，用大量观测数据证实了日心说的正确性。1687年，牛顿提出了万有引力定律，揭示了天体运动内在的力学原因。弗里德里希·威廉·赫歇尔首创采用取样统计的方法，利用自己设计的大型反射望远镜测出了天空中大量选定区域的星数以及亮星和暗星的比例，并于1785年首次获取银河系结构图，奠定了银河系的概念。1924年，哈勃利用造父视差法测量仙女座大星云等的距离，确认了河外星系的存在。

综上所述可以看出，每次对宇宙认识的重大突破都是在理论的指导下，通过大量的观测数据进行证实，这些可靠的观测数据来自观测设备——望远镜。随着望远镜口径的增大，角度分辨率也得到不断提高，但单一天线的角度分辨率远远不能满足天文学的观测需求。直径为8m的大型望远镜的衍射极限约为0.015″。FAST是迄今为止世界上最大的单口径天线，其直径为500m，对应3GHz频率角度分辨率也只有0.5″。而射电干涉技术能够提供的目标绝对位置精度为0.001″，相对位置精度为0.00001″量级或更高。

可以说，射电干涉仪是认知宇宙、探索宇宙最重要的观测手段，2016年2月第一次探测到引力波的激光干涉引力波天文台（Laser Interferometer Gravitational-wave Observatory，LIGO）也是干涉仪，只不过其工作频率为光学频率。

2010年3月，国务院第105次常务会议批准了中国科学院组织实施战略性先导科技专项。空间科学战略性先导科技专项为首批启动的先导专项，其目的就是研究空间科学、探索宇宙的奥秘。

由WILEY-VCH出版公司出版，美国A. Richard Thompson，James M. Moran，George W. Swenson，Jr. 编著的 *Interferometry and Synthesis in Radio Astronomy* 一书系统介绍了在天文观测中具有重要作用的射电干涉仪涉及的所有研究内容，是空间天文和空间探测领域一本不可多得的好书。

希望此书的翻译和出版能够供我国从事空间科学研究工作的科技工作者学习以及阅读参考，推动我国空间天文和空间探测研究的更快发展，为空间科学战略性先导科技专项贡献微薄之力！

祝贺量子科学实验卫星发射成功！

译 者

2016年8月16日于酒泉卫星发射中心

第二版序言

半个世纪以来,射电干涉技术应用于天文学观测取得了显著的科学进步。自本书第一次出版的1986年始,第一个用于甚长基线干涉仪(Very Long Baseline Interferometry, VLBI)的甚长基线阵列(Very Long Baseline Array, VLBA)的研究进展和包括在轨天线的 VLBI 网络的全球化,提高了谱线观测重要性以及设备观测射电频谱低频和高频的性能。在射电频谱的高频端,毫米波阵列包括 BIMA (Berkeley-Illinois-Maryland Association)射电望远镜,IRAM(Institut de Radio Astronomie Millimétrique)射电望远镜,野边山射电天文台(Nobeyama Radio Observatory, NRO)以及欧文斯谷射电天文台(Owens Valley Radio Observatory, OVRO)目前的观测能力相对于 1986 年得到了大大提高。亚毫米波阵列(Submillimeter Array, SMA)以及国际合作研制的阿塔卡玛大型毫米波天线阵列(Atacama Large Millimeter Array, ALMA)正在建造中。在射电频谱的低频端,由于电离层的干扰和大视场成像,探测频率可低至 75MHz 的甚大阵列(Very Large Array, VLA)以及探测频率可低至 38MHz 的巨米波射电望远镜(Giant Meter-wave Radio Telescope, GMRT)已经在调试中。澳大利亚射电望远镜以及多单元射电链路干涉仪网络提高了厘米波段的探测能力。

鉴于上述的科学技术进步,对原书进行了本次修订。本书内容不但更新至迄今为止的射电干涉技术的发展情况,而且扩展了其范围,提高了其可理解性和通用性。为了与射电天文中通用符号保持一致,修订了第一版中采用的一些符号。每一章都加入了新内容,包括新的图和很多新的参考文献。第 3 章介绍了干涉仪响应的基本分析,第一版第 3 章中的主要内容的一些外围讨论被压缩并移至后面的章节中。对第一版第 4 章中极化的内容进行了扩展。第 5 章中增加了天线理论的简要介绍。第 6 章包含了设备构型变化时相应的灵敏度的讨论。第 10 章包含了谱线观测的讨论。第 13 章增加了大气相位校正新技术,以及毫米波段现场测试数据和技术的介绍。新增的第 14 章内容包括 Van Cittert-Zernike 定理的验证、空间相关和散射的讨论,部分内容来自于第一版的第 3 章。

特别感谢修订过程中进行审读及提供其他帮助的专家和学者。他们有 D. C. Backer, J. W. Benson, M. Birkinshaw, G. A. Blake, R. N. Bracewell, B. F. Burke, B. Butler, C. L. Carilli, B. G. Clark, J. M. Cordes, T. J. Cornwell, L. R. D'Addario, T. M. J. Dame, J. Davis, J. L. Davis, D. T. Emerson, R. P. Escoffier, E. B. Fomalont, L. J. Greenhill, M. A. Gurwell, C. R. Gwinn, K. I. Kellermann, A. R. Kerr, E. R. Keto, S. R. Kulkarni, S. Matsushita, D. Morris, R. Narayan, S.-K. Pan, S. J. E. Radford,

R. Rao,M. J. Reid,A. Richichi,A. E. E. Rogers,J. E. Salah,F. R. Schwab,S. R. Spangler,E. C. Sutton,B. E. Turner,R. F. C. Vessot,W. J. Welch,M. C. Wiedner,J.-H. Zhao。感谢 J. Heidenrich,G. L. Kessler,P. Smiley,S. Watkins,P. Winn 对本书文字和图表的整理和准备。感谢 P. L. Simmons 对本书文字和图表整理、准备以及编辑所做的大量工作。感谢美国国家射电天文台(National Radio Astronomy Observatory,NRAO)台长 P. A. Vanden Bout 以及哈佛-史密松森天体物理中心(Harvard-Smithsonian Center for Astrophysics, CfA) 主任 I. I. Shapiro 的鼓励和支持。NRAO 由美国联合大学股份有限公司(Associated Universities, Inc.)管理,与美国国家科学基金会有合同关系。CfA 由美国哈佛大学和华盛顿史密松森学会管理。

A. RICHARD THOMPSON
JAMES M. MORAN
GEORGE W. SWENSON, JR.
夏洛茨维尔,弗吉尼亚州
坎布里奇,马萨诸塞州
厄巴纳,伊利诺伊州
2000 年 11 月

第一版序言

应用于天文学和天体测量学的射电干涉技术在过去四十年里得到了巨大发展。能够达到的角分辨率从度量级提高到毫角秒量级,改善了六个量级。随着合成成像阵列的发展,射电领域的技术在提供天文学图像最精细的角度细节方面超越了光学领域的技术。该研究进展也给天体、地极和地壳运动的测量提供了新功能。这些研究进展所涉及的理论和技术仍然在持续发展,但迄今已达到足够的成熟度,能够提供详细论述和解释。

本书主要供希望利用干涉或合成成像技术的天文学、电子工程、物理学以及相关领域大学生以及学者学习和参考。撰写时也考虑了射电系统工程师的需求,并且包括了重要参数的讨论以及所涉及设备类型的容差。本书旨在阐明干涉技术的基础理论,对实现的细节不做讨论。特定设备的硬件及软件实现细节通常都是专门的,并随着电子工程及计算机技术的发展而改变。在理解本书所述原理的基础上,读者应该能够领会大多数天文台用户指南中的说明书和设备详细信息。

本书不是来源于任何讲座,但本书所包含的内容可以用作大学的教材。一个掌握射电干涉技术的教师,应该能够根据天文学、工程学或者其他领域的需要给出具体指导。

本书第 1 章和第 2 章对射电天文学的基础理论、射电干涉发展的短期历史以及干涉仪的基本操作进行了简要回顾。第 3 章讨论了干涉测量与部分相干理论的潜在关系,第一遍阅读时可忽略这一章。第 4 章介绍了描述合成成像所需的坐标系和参数。第 5 章介绍了多单元合成阵列的天线构型。第 6 章到第 8 章系统介绍了接收机系统设计和响应,包括数字相关器的量化效应。第 9 章讨论了甚长基线干涉仪(Very Long Baseline Interferometry,VLBI)的特殊需求。以上这些内容详述了复可见度函数的测量,由此引出了第 10 章和第 11 章所讨论的如何导出射电图像的方法。第 10 章给出了基本的傅里叶变换法,第 11 章给出了同时考虑了定标和变换的更加健壮的算法。第 12 章介绍了天体测量学和大地测量学中的精确观测。第 13 章讨论了导致射电干涉仪整体性能下降的因素,即在大气、行星际空间和星际介质中的传播效应。第 14 章讨论了射电干扰对射电干涉仪的影响。本书花了一定的篇幅讨论了传播效应,因为传播效应涉及很大范围内的复杂现象,这些现象限制了测量的精度。最后一章介绍了一些相关的技术,包括强度干涉测量法、散斑干涉测量法以及月掩星观测。

参考文献包括已发表的一些开创性的论文、其他出版物以及与本书有关的一些回顾和评论。本书也引用了大量的关于设备和观测的描述,当某些章节需要解释干涉技术的原理或起源时,会详细给出早期的研究过程。由于本书涉及内容非常广泛,在有些情况下不同的物理量会使用同一个数学符号。最后一章之后给出了主要符号和使用量表。

本书素材仅少部分来源于已出版的文献,大部分来自于多年的积累,包括平时的讨论、研讨会、未出版的报告以及各种观测的记录。感谢我们的很多同事为此做出的贡献。特别感谢给本书进行重要审阅或其他支持的人,他们有 D. C. Backer, D. S. Bagri, R. H. T. Bates, M. Birkinshaw, R. N. Bracewell, B. G. Clark, J. M. Cordes, T. J. Cornwell, L. R. D'Addario, J. L. Davis, R. D. Ekers, J. V. Evans, M. Faucherre, S. J. Franke, J. Granlund, L. J. Greenhill, C. R. Gwinn, T. A. Herring, R. J. Hill, W. A. Jeffrey, K. I. Kellermann, J. A. Klobuchar, R. S. Lawrence, J. M. Marcaide, N. C. Mathur, L. A. Molnar, P. C. Myers, P. J. Napier, P. Nisenson, H. V. Poor, M. J. Reid, J. T. Roberts, L. F. Rodriguez, A. E. E. Rogers, A. H. Rots, J. E. Salah, F. R. Schwab, I. I. Shapiro, R. A. Sramek, R. Stachnik, J. L. Turner, R. F. C. Vessot, N. Wax, W. J. Welch。来自于其他出版物的图表在使用时进行了说明,感谢这些图表的作者和出版者同意本书使用这些图表。感谢 C. C. Barrett, C. F. Burgess, N. J. Diamond, J. M. Gillberg, J. G. Hamwey, E. L. Haynes, G. L. Kessler, K. I. Maldonis, A. Patrick, V. J. Peterson, S. K. Rosenthal, A. W. Shepherd, J. F. Singarella, M. B. Weems, C. H. Williams 在原稿的准备上所做的贡献。感谢美国国家射电天文台前一任台长 M. S. Roberts 和现任台长 P. A. Vanden Bout,哈佛-史密松森天体物理中心(Harvard-Smithsonian Center for Astrophysics, CfA)前一任主任 G. B. Field 和现任主任 I. I. Shapiro 的鼓励和支持。J. M. Moran 的大部分工作是利用假期在加利福尼亚大学和伯克利大学的射电天文实验室里完成的。J. M. Moran 感谢在此期间 W. J. Welch 的友善和帮助。G. W. Swenson, Jr. 感谢 1984~1985 年度的古根海姆基金会的基金支持。最后,感谢我们所在的研究机构即国家射电天文台(National Radio Astronomy Observatory, NRAO)的支持。NRAO 由美国联合大学股份有限公司(Associated Universities, Inc.)管理,与美国国家科学基金会有合同关系。CfA 由美国哈佛大学、华盛顿史密松森学会以及伊利诺伊大学共同管理。

A. RICHARD THOMPSON

JAMES M. MORAN

GEORGE W. SWENSON, JR.

夏洛茨维尔,弗吉尼亚州

坎布里奇,马萨诸塞州

厄巴纳,伊利诺伊州

1986 年 1 月

目 录

（下册）

9 甚长基线干涉测量 ⋯⋯ 273
  9.1 早期研究进展 ⋯⋯ 273
  9.2 VLBI 和传统干涉测量法的区别 ⋯⋯ 275
  9.3 VLBI 系统的基本性能 ⋯⋯ 276
  9.4 多元阵列的条纹拟合 ⋯⋯ 290
  9.5 相位稳定度和原子频率标准 ⋯⋯ 295
  9.6 记录系统 ⋯⋯ 313
  9.7 处理系统与算法 ⋯⋯ 317
  9.8 带宽合成 ⋯⋯ 324
  9.9 VLBI 单元的相控阵 ⋯⋯ 327
  9.10 在轨 VLBI（OVLBI） ⋯⋯ 330
  参考文献 ⋯⋯ 333
  引用文献 ⋯⋯ 333

10 可见度函数数据的定标与傅里叶变换 ⋯⋯ 340
  10.1 可见度函数的定标 ⋯⋯ 340
  10.2 从可见度函数导出强度 ⋯⋯ 343
  10.3 闭合关系 ⋯⋯ 353
  10.4 模型拟合 ⋯⋯ 354
  10.5 谱线观测 ⋯⋯ 357
  10.6 其他注意事项 ⋯⋯ 363
  附录 10.1 月亮边缘作为定标源 ⋯⋯ 365
  附录 10.2 谱线的多普勒频移 ⋯⋯ 367
  附录 10.3 历史注释 ⋯⋯ 370
  参考文献 ⋯⋯ 371
  引用文献 ⋯⋯ 371

11 反卷积、自适应定标及应用 ⋯⋯ 376
  11.1 空间频率覆盖的限制 ⋯⋯ 376
  11.2 CLEAN 反卷积算法 ⋯⋯ 377

11.3 最大熵法(MEM) ······ 381
11.4 自适应定标与利用幅度数据成像 ······ 385
11.5 高动态范围成像 ······ 391
11.6 拼接技术 ······ 392
11.7 多频合成 ······ 398
11.8 非共面基线 ······ 399
11.9 图像分析中更特殊的情况 ······ 402
参考文献 ······ 405
引用文献 ······ 405

12 干涉技术在天体测量学与大地测量学中的应用 ······ 411
12.1 天体测量的需求 ······ 411
12.2 基线与射电源位置矢量求解 ······ 413
12.3 时间与地球运动 ······ 422
12.4 大地测量 ······ 425
12.5 天体脉泽成像 ······ 426
附录 12.1 最小二乘法分析 ······ 429
参考文献 ······ 439
引用文献 ······ 439

13 传输效应 ······ 445
13.1 中性大气 ······ 445
13.2 毫米波段大气的影响 ······ 473
13.3 电离层 ······ 483
13.4 等离子体不规则体引起的散射 ······ 490
13.5 行星际介质 ······ 496
13.6 星际介质 ······ 499
参考文献 ······ 505
引用文献 ······ 505

14 范西泰特-策尼克定理、空间相干性和散射 ······ 518
14.1 范西泰特-策尼克定理 ······ 518
14.2 空间相干 ······ 524
14.3 相干射电源的散射与传播 ······ 528
引用文献 ······ 531

15 射电干涉 ······ 533
15.1 概述 ······ 533
15.2 短基线和中等长度基线阵列 ······ 536

15.3 甚长基线系统 …………………………………………………………… 540
15.4 机载和星载发射机干扰 ………………………………………………… 541
附录15.1 无线电频谱规则 ……………………………………………………… 542
参考文献 ……………………………………………………………………… 543
引用文献 ……………………………………………………………………… 543

16 相关技术 …………………………………………………………………… 545
16.1 强度干涉仪 ……………………………………………………………… 545
16.2 掩月观测 ………………………………………………………………… 548
16.3 天线测量 ………………………………………………………………… 552
16.4 光学干涉仪 ……………………………………………………………… 556
参考文献 ……………………………………………………………………… 563
引用文献 ……………………………………………………………………… 563

符号表 ………………………………………………………………………………… 569
英中文对照索引 …………………………………………………………………… 580

（上册）

1 介绍与历史回顾

2 干涉与合成孔径成像导论

3 干涉仪响应分析

4 几何关系和偏振测量

5 天线与阵列

6 接收机系统响应

7 模拟接收机系统设计

8 数字信号处理

9 甚长基线干涉测量

在1967年,开发了一种新的干涉技术。这种干涉技术的接收单元之间的距离非常远,有利于在非实时通信链路的情况下,各接收单元独立工作,数据被记录在磁带上,在中央处理站内完成后期互相关运算。此技术被称为甚长基线干涉测量(VLBI),术语"VLBI"会让大家回想起焦德雷班克天文台(Jodrell Bank Observatory)较早期的长基线干涉仪,该干涉仪的各个单元是通过长达127km的微波链路连接的。VLBI中涉及的原理基本上和各单元相连的干涉仪原理相同。磁带记录仪可以看作容量有限的中频延时线,其传输时间长达数周,而不是多少毫秒。使用磁带记录仪主要是考虑其经济性,但磁带记录仪的使用给系统带来了实质性的限制。虽然通过卫星进行单元链接已经进行了演示验证(Yen et al. , 1977),但是卫星链接的高额费用限制了其应用。

9.1 早期研究进展

开发VLBI的动机是很多射电源的结构无法被基线长度为几百千米的干涉仪分辨。到20世纪60年代中期,众所周知,类星体闪烁及辐射随时间而变化(在第13章中讨论),意味着其角尺寸小于$0.01''$。当角分辨率为$0.1''$时,OH分子在18cm波长的脉泽辐射(maser emission)下是不可分辨的。木星低频爆发被认为是来自小角径区域。第一台VLBI实验的目标是测量这些射电源的张角。考察早期VLBI最初始状态下的实验操作是有意义的。考虑系统温度分别为T_{S1}和T_{S2}的两个望远镜,对准致密射电源,天线温度分别为T_{A1}和T_{A2},在相干时间内,每个站记录N个采样数据,即在此时间间隔内,独立振荡器保持足够的稳定度,使条纹函数能够进行平均。在后续的处理中,这些数据流将对齐、互相关,以及在去除准正弦条纹后进行时间平均。点源的期望互相关系数为

$$\rho_0 \simeq \eta \sqrt{\frac{T_{A1} T_{A2}}{(T_{S1}+T_{A1})(T_{S2}+T_{A2})}} \tag{9.1}$$

作为量化和处理(见9.7节)的损失因子,η值为~ 0.5。将可见度函数考虑成如下归一化形式是比较方便的:

$$\mathcal{VB}_N = \frac{\rho}{\rho_0} = \frac{\rho}{\eta}\sqrt{\frac{T_{S1}T_{S2}}{T_{A1}T_{A2}}} \tag{9.2}$$

其中ρ为测量到的相关系数。假设$T_A \ll T_S$,则噪声的均方根值为

$$\Delta\rho \simeq \frac{1}{\sqrt{N}} \simeq \frac{1}{\sqrt{2\Delta f \tau_c}} \tag{9.3}$$

其中 Δf 为中频带宽，τ_c 为相干积分时间。从式(9.1)~式(9.3)可得信噪比为

$$\frac{\rho}{\Delta\rho} = \eta \mathcal{VB}_N \sqrt{\frac{T_{A1}}{T_{S1}} \frac{T_{A2}}{T_{S2}} (2\Delta f \tau_c)} \tag{9.4}$$

如果最小可用信噪比为 4，则从式(1.3)、式(1.5)和式(9.4)得出最小可检测流量密度为

$$S_{\min} \simeq \frac{8k}{\mathcal{VB}_N \eta} \sqrt{\frac{T_{S1} T_{S2}}{A_1 A_2}} \frac{1}{\sqrt{2\Delta f \tau_c}} \tag{9.5}$$

其中 k 为玻尔兹曼常量，A_1 和 A_2 为天线接收面积，对于直径为 25m 的望远镜，在 1967 年，接收面积的典型值为 $A \approx 250 \text{m}^2$，$T_S \simeq 100 \text{K}$，$\eta \simeq 0.5$，$N = 1.4 \times 10^8 \text{bit}$（每个采样为 1bit）。在 NARO Mark 1 系统中，磁带的记录能力为标准密度 800bpi [bit·in^{-1}(1in=2.54cm)]。对于一个未分辨射电源，$S_{\min} \simeq 2\text{Jy}$[①]。从下面指标可以看出 VLBI 30 年的发展，64MHz 带宽下设备的能力为：$A \approx 1600 \text{m}^2$（直径为 64m 的望远镜），$T_S \simeq 30 \text{K}$，$N = 5 \times 10^{12} \text{bit}$。对于 $\mathcal{VB}_N = 1$，式(9.5)给出 $S_{\min} \simeq 0.6\text{mJy}$。在以上两个例子中，认为相干时间大于磁带记录时间。将 $\mathcal{VB}_N$ 的单次测量结果与对称高斯模型可见度函数预期值进行比较，进而估计出射电源的尺寸。因此，如图 1.5 所示，半宽度 a 由下式给出：

$$a = \frac{2\sqrt{\ln 2}}{\pi u} \sqrt{-\ln \mathcal{VB}_N} \tag{9.6}$$

其中 u 为投影基线（以波长为单位）。

VLBI 只用于研究极高强度的射电源目标。因此，其辐射过程通常是非热辐射。为了可被长度为 D 的基线探测到，射电源必须小于条纹间距。因为流量密度 S 为 $2kT_B\Omega/\lambda^2$，其中 T_B 为亮度温度，λ 为波长，Ω 为射电源立体角，则最小可检测亮度温度为

$$(T_B)_{\min} \simeq \frac{2}{\pi k} D^2 S_{\min} \tag{9.7}$$

由于 $\Omega \simeq \pi (\lambda/2D)^2$。如果 $D = 10^3 \text{km}$，$S_{\min} \simeq 2\text{mJy}$，则 $(T_B)_{\min} \simeq 10^6 \text{K}$。因此，观测到的热辐射现象发生在分子云、致密的 HⅡ 区域，大多数星体是观测不到热辐射现象的。另外，由于康普顿损耗，限制同步加速射电源（例如，超新星残骸、射电银河和类星体）的亮度温度为 10^{12} K，脉泽源的亮度温度 $T_B \simeq 10^{15}$ K，此外，研究脉冲星的条件已具备。

早期的 VLBI 完成了以下三件事情：

[①] $1\text{Jy} = 10^{-26} \text{W} \cdot \text{m}^{-2} \cdot \text{Hz}^{-1}$。

(1) 通过将测量到的可见度函数与射电源模型进行比较，得出简单强度分布。
(2) 通过对不同谱线特征条纹频率进行比较，对脉泽源成像。
(3) 射电源位置的测量精度达到~1″，基线的精度达到几米。

有关 VLBI 的早期技术综述见参考文献 Klemperer(1972)。从那时起，鉴于干涉技术能够提供复杂射电源的可靠图像，VLBI 技术逐步转向主流的干涉技术。干涉技术能够提供复杂射电源可靠图像的主要原因是干涉仪使用了锁相技术（见 10.3 节），当 VLBI 网络中的天线数量足够多时，锁相技术能够提供大部分射电源的相位信息。

9.2 VLBI 和传统干涉测量法的区别

本节简单讨论 VLBI 和单元连接型干涉测量的区别，本章后面章节将详细介绍这些区别。在开始讨论 VLBI 和单元连接型干涉测量的区别之前，需要强调干涉测量理论的统一。所有干涉测量的基本目的是测量电磁场的相干特性。因此，单元连接型干涉测量和 VLBI 原理基本上是一致的。但是，由于特殊观测上的限制，在 VLBI 中需要使用一些特殊技术，例如，改进从几米到超出 10^5 km 的 (u,v) 覆盖的连续性，通过将测量单元安装在遥远的卫星上获得最大间距，以及采用光纤或者其他先进通信系统使记录系统失去存在意义，因此作为独特技术的 VLBI 概念将成为历史。本节将讨论传统 VLBI 在实际应用时区别于连接型干涉测量的一些限制条件。

早期 VLBI 实验的实施是成立一个单独的观测小组，致力于一般性的射电天文研究。每个望远镜都有自身的局限，如定标过程和人员管理。组建各种网络，使程序标准化且 VLBI 实验按照标准程序自动执行。这样特定的 VLBI 网络工作在间歇性的基础上，以及在观测过程中核实工作程序正确性的单元之间的通信受到限制。来自强射电源的小数量数据可通过电话线从天线传输到相关器，互相关运算决定设备延时，检查设备工作是否正常。之后，VLBI 阵列开始运行［见参考文献 Napier et al. (1994)］。

在 VLBI 中，由于每个单元的频率标准是独立的，所以很难控制系统的稳定性。频率与频率标准之间的偏差可产生设备计时误差。该误差一般包括几秒钟的计时起点误差，以及每天零点几毫米的时间漂移（见 9.5 节）。因此，为了确定和跟踪设备延时，必须测量接收信号［时间偏差为 τ，定义见式(3.27)］的相关函数。相比较之下，单元连接型干涉仪的延时误差主要来自基线误差和大气传输延时，一般小于 30ps，相当于 1cm 路径长度。当带宽小于 1GHz 时，此误差可忽略不计。因此，单元连接、延时跟踪型干涉仪的响应中心总是白光条纹。仅当视场宽度远大于带宽，或者当谱线测量引入时间偏差时，延时变得很重要。在 VLBI 中，有必要在一段延时范围内找到正确的时间关系，使相关达到最大。若干延时的相关一般是同时形成的，因此VLBI相关器可建立数字频谱相关器，尽管数字频谱相关器的频率通道的数量可能比一般用于谱线测量的频率通道的数量少。频率与频率标准之间的偏差产生设备延时时间漂移，进而引入条纹频率偏差。因此，VLBI实验分析必须从延时和条纹频率（延时率）两个方面入手，找到相关函数的最大值，此过程称为条纹拟合。

在 VLBI 和单元连接型干涉测量中，相干概念具有不同含义。在单元连接型干涉测量中，一般在射电源几度观测区域范围内有一个合适的定标源，此定标源可几分钟观测一次。即使产生设备相位漂移，对积分时间也不会产生本质限制，相干时间概念被定标周期所取代。在 VLBI 中，短时相位稳定度（$t<10^3$ s）较差。测试台站上空的大气波动一般是完全不相关的，频率标准和频率乘法器在条纹中引入相位误差。另外，单元连接型干涉测量和 VLBI 之间的根本区别源于以下事实，即在 VLBI 间距内，尚未分辨的且可用于定标的射电源数目更少。很难总在所观测的射电源附近找到一个足够近的定标源作为相位参考点。天线重新指向所需要的时间及大气引起的去相关都增加了角度间距。因此，VLBI 受基本相干时间影响并使其灵敏度受到限制。对相干时间之外的积分的条纹幅度进行平均是必要的，其灵敏度的改善程度与积分时间的四次方根成正比（见 9.3 节，相干和非相干平均）。在 VLBI 系统中，相位定标更加困难。在 20 世纪 90 年代后期，随着灵敏度增强，可用定标源的数量增加，这种情况得到了改善。提高的设备相位稳定度，更加精确的基线模型、大气模型，以及类似因素，允许其相位与定标源相位之间有几度的偏差。12.2 节将讨论这种方式的相位参考，示例如图 12.2 所示。相位信息也可用于相位闭环分析。测量位置、条纹频率和群延时（如 2.2 节和 6.3 节所述的延时函数影响）对测量质量都会有影响。

相干之前的信号存储给 VLBI 带来一些问题。平均中频带宽由于受记录介质的限制，限制了 VLBI 的灵敏度。数据的存储必须尽可能提高效率，所以奈奎斯特采样率下信号的量化等级不能很精细。在此量化信号下，对存储数据实施的条纹旋转和延时跟踪等处理，会给可见度函数的导出带来明显影响，这些影响是被允许的。

9.3 VLBI 系统的基本性能

时间和频率误差

VLBI 系统的基本框图和处理器配置如图 9.1 所示。原子频率标准控制了本振的相位及磁带记录仪的采样时间。在很多 VLBI 应用中，如谱线观测或天体测量计划,和频率有关的影响必须精确计算分析。为获得系统的频谱分析,可以考虑单频率分量的相位偏移。天线 1 为指定的时间参考天线,其接收到的平面波信号为 $e^{j2\pi ft}$,天线 2 接收到的信号为 $e^{j2\pi f(t-\tau_g)}$,其中 τ_g 为几何延时。这两个信号的本振相位分别为 $2\pi f_{LO}t+\theta_1$ 和 $2\pi f_{LO}t+\theta_2$,其中 f_{LO} 为本振频率,θ_1 和 θ_2 为缓慢变化项,代表频率标准导致的相位噪声。首先考虑图 9.1 中的上边带响应,此时本振频率低于信号频率。因此,混频后的相位为

$$\phi_1^{(1)} = 2\pi(f-f_{LO})t - \theta_1$$
$$\phi_2^{(1)} = 2\pi(f-f_{LO})t - 2\pi f\tau_g - \theta_2 \tag{9.8}$$

记录到信号的时钟误差分别为 τ_1 和 τ_2,因此记录信号的相位为

$$\phi_1^{(2)} = 2\pi(f-f_{LO})(t-\tau_1) - \theta_1$$
$$\phi_2^{(2)} = 2\pi(f-f_{LO})(t-\tau_2) - 2\pi f\tau_g - \theta_2 \tag{9.9}$$

在处理过程中,来自天线 2 的信号采样的时间序列比天线 1 信号采样的时间序列提前 τ_g',τ_g' 为 τ_g 的估计值,即

$$\phi_2^{(3)} = 2\pi(f-f_{LO})(t-\tau_2+\tau_g') - 2\pi f\tau_g - \theta_2 \tag{9.10}$$

多路延时相关器和傅里叶变换处理器的输出为互功率谱。频率为 f 的信号分量在处理器输出端的相位为

$$\begin{aligned}\phi_{12} &= \phi_1^{(2)} - \phi_2^{(3)} \\ &= 2\pi(f-f_{LO})(\tau_2-\tau_1+\tau_g') + 2\pi(f\Delta\tau_g+f_{LO}\tau_g') + \theta_{21} \\ &= 2\pi(f-f_{LO})(\tau_e+\Delta\tau_g) + 2\pi f_{LO}\tau_g + \theta_{21}\end{aligned} \tag{9.11}$$

其中 $\Delta\tau_g$ 为延时误差,$\Delta\tau_g = \tau_g - \tau_g'$,$\tau_e$ 为时钟误差,$\tau_e = \tau_2 - \tau_1$,且 $\theta_{21} = \theta_2 - \theta_1$。式 (9.11) 应用于图 9.1 混频器的上边带频率转换,其中频频率($f-f_{LO}$)为正。为使结果更具普遍性,也给出下边带响应,下边带的中频频率为($f_{LO}-f$)。对于下边带

$$\phi_{12} = 2\pi(f_{LO}-f)(\tau_e+\Delta\tau_g) - 2\pi f_{LO}\tau_g - \theta_{21} \tag{9.12}$$

理想情况下 $\tau_1=\tau_2$,$\theta_1=\theta_2$,且 $\tau_g=\tau_g'$,式 (9.11) 简化为 $\phi_{12}=2\pi f_{LO}\tau_g$,式 (9.12) 简化为 $\phi_{12}=-2\pi f_{LO}\tau_g$。

相关器输出端的相关函数为实数,但不是偶函数。因此,连续辐射射电源的互功率谱 $\mathcal{S}_{12}$ 具有下面特性:

$$\mathcal{S}_{12}(f') = \mathcal{S}_{12}^*(-f') \tag{9.13}$$

其中 f' 为中频频率($f-f_{LO}$)。假设电路中滤波器的响应相同,则不引入任何净相位偏移。因此,设备滤波器的功率响应函数为实数,并用两个天线滤波器电压响应 $H(f)$ 表示,$\mathcal{S}_{12}(f') = H_1(f')H_2^*(f')$。通过将式 (9.11) 的相位与功率响应的幅度相结合,上边带互功率谱可写成如下形式:

$$\mathcal{S}_{12}(f') = \mathcal{S}(f')\exp\{j[2\pi f'(\tau_e+\Delta\tau_g)+2\pi f_{LO}\tau_g+\theta_{21}]\} \tag{9.14}$$

相应的下边带互功率谱可从式 (9.12) 获得。对于上边带,其互相关函数可从

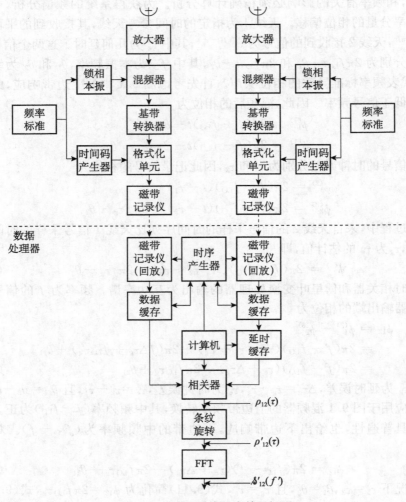

图 9.1 VLBI 系统基本单元框图

包括数据获取与处理两大部分。此系统混频器的输入通道采用上边带、下边带或双边带,取决于放大器的通带。对于毫米波观测,接收机输入端一般为 SIS 混频器,在此情况下,一般采用双边带。在格式化单元中进行信号的量化和采样。处理系统给出式(9.16)~式(9.21)描述的配置。在处理系统中的主要变化是条纹旋转的位置,可以放在相关器之前(图 9.17)

式(9.13)和式(9.14)计算得出

$$\rho_{12}(\tau) = \int_{-\infty}^{\infty} \mathcal{S}_{12}(f') e^{j2\pi f'\tau} df' \tag{9.15}$$

不论上边带还是下边带,积分包括了正的和负的频率,且因为 $\mathcal{S}_{12}$ 为埃尔米特对称, $\mathcal{S}$ 为纯实数,可得

$$\rho_{12}(\tau) = 2F_1(\tau')\cos(2\pi f_{LO}\tau_g + \theta_{21}) - 2F_2(\tau')\sin(2\pi f_{LO}\tau_g + \theta_{21}) \tag{9.16}$$

其中 $\tau' = \tau + \tau_e + \Delta\tau_g$,且

$$F_1(\tau) = \int_0^\infty \mathcal{S}(f')\cos(2\pi f'\tau)\mathrm{d}f'$$
$$F_2(\tau) = \int_0^\infty \mathcal{S}(f')\sin(2\pi f'\tau)\mathrm{d}f' \tag{9.17}$$

如果 $\mathcal{S}(f')$ 为矩形低通频谱,带宽为 Δf,则

$$F_1(\tau) = \Delta f \frac{\sin 2\pi \Delta f \tau}{2\pi \Delta f \tau}$$
$$F_2(\tau) = \Delta f \frac{\sin^2 2\pi \Delta f \tau}{2\pi \Delta f \tau} \tag{9.18}$$

上述两个函数如图 9.2 所示。将式(9.18)代入式(9.16),互相关函数可写成如下形式:

$$\rho_{12}(\tau) = 2\Delta f \cos(2\pi f_{LO}\tau_g + \theta_{21} + \pi \Delta f \tau') \frac{\sin \pi \Delta f \tau'}{\pi \Delta f \tau'} \tag{9.19}$$

Rogers(1976)给出类似的分析。

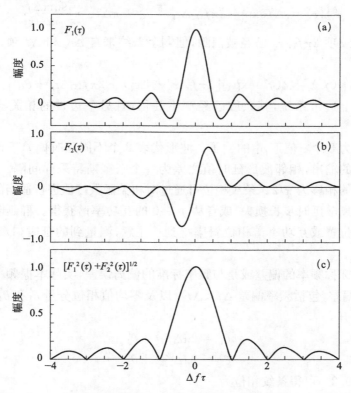

图 9.2 式(9.18)定义的函数 $F_1(\tau)$ 和 $F_2(\tau)$ 以及 $(F_1^2(\tau)+F_2^2(\tau))^{1/2}$

在相关器输出端，由于条纹振荡，τ_g 随时间而变化。设备延时跟踪去除了导致通带内相位变化的几何延时，因此条纹频率$(1/2\pi)\mathrm{d}\phi_{12}/\mathrm{d}t$ 在接收机带宽内为常数。对于上边带和下边带，相位变化率的符号相反。注意式（9.11）和式（9.12）中的 $2\pi f_{LO}\tau_g$ 的符号，也可参见图 6.5 和相关的讨论。在 VLBI 中，固有条纹频率足够快，以至于对相关数据最后取平均时条纹消失，因此在图 9.1 相关器的输出端，利用相位旋转产生条纹驻留。在双边带接收系统中，如果一个边带产生条纹驻留，则另外一个边带的条纹频率加倍。然而，在采用合适的条纹偏移情况下，通过两次数据处理获得两个边带的数据是可能的。用 VLBI 进行观测时，射电源的位置和其他参数并不总是精确地已知。因此，在图 9.1 中，磁带回放结束后产生条纹驻留，以便尝试不同的条纹旋转速度，包括对相关器的输入端或输出端的量化信号实施相移（参见 9.7 节的条纹旋转损耗）。对上边带互相关函数或互功率谱的影响可描述为乘以因子 $\mathrm{e}^{-\mathrm{j}2\pi f_{LO}\tau_g}$，并通过滤波选择低频分量。通过此处理过程，可以得到复相关函数

$$\rho'_{12}(\tau) = \Delta f \exp[\mathrm{j}(2\pi f_{LO}\Delta\tau_g + \theta_{21} + \pi\Delta f\tau')] \frac{\sin\pi\Delta f\tau'}{\pi\Delta f\tau'} \quad (9.20)$$

注意主要条纹项 $2\pi f_{LO}\tau_g$ 已经被消除，但剩余条纹来自 $\Delta\tau_g$ 和 Δf 项。得到的互功率谱为

$$\mathcal{S}'_{12}(f') = \mathcal{S}(f')\exp\{\mathrm{j}[2\pi f'(\tau_e + \Delta\tau_g) + 2\pi f_{LO}\Delta\tau_g + \theta_{21}]\} \quad (9.21)$$

此式适用于上边带系统，其条纹已经产生驻留，且另一边带的相关器输出平均为零。

图 9.3 为 8 个 τ 值下 ρ'_{12} 的例子。波形代表 8 个不同延时偏差下作为时间函数的相关器的输出，相邻波形延时值之差为一个奈奎斯特采样间隔。注意到，相邻波形之间的相移为 $\pi/2$。条纹相位可通过对相关函数峰值进行适当的插值得到（见 9.7 节，离散延时步长损失）或者从 $f'=0$ 的互功率谱获得。群延时可从相关函数的峰值位置或互功率谱相位斜率得到。注意，测量到的延时$(1/2\pi)\mathrm{d}\phi_{12}/\mathrm{d}f$ 为群延时。

由于与标称频率的偏差或是与频率标准的偏离误差，实际本振频率可能与标称值 f_{LO} 有偏差，包括频率偏差 Δf_1、Δf_2，以及零均值相位分量 θ'_1 和 θ'_2，可将相位项 θ_1 和 θ_2 展开

$$\begin{aligned}\theta_1 &= 2\pi\Delta f_1 t + \theta'_1 \\ \theta_2 &= 2\pi\Delta f_2 t + \theta'_2\end{aligned} \quad (9.22)$$

那么，从式（9.21）可得条纹相位为

$$\phi_{12}(f') = 2\pi[f'(\tau_e + \Delta\tau_g) + f_{LO}\Delta\tau_g + \Delta f_{LO}t] + \theta'_{21} \quad (9.23)$$

其中 $\Delta f_{LO}=\Delta f_2-\Delta f_1$，即为本振频率差，$\theta'_{21}=\theta'_2-\theta'_1$。条纹频率$(1/2\pi)\mathrm{d}\phi_{12}/\mathrm{d}t$ 包

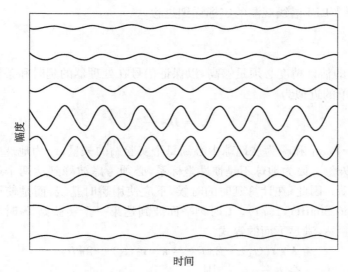

图 9.3 每个正弦曲线代表特定延时偏差(从上到下依次为:$\frac{7}{2}$,$\frac{5}{2}$,$\frac{3}{2}$,$\frac{1}{2}$,$-\frac{1}{2}$,$-\frac{3}{2}$,$-\frac{5}{2}$,$-\frac{7}{2}$倍奈奎斯特采样间隔)相关函数随时间变化曲线

振荡来自条纹频率的残留,包括两个天线处频率标准的偏差,
相邻延时偏差的两个曲线相关函数的相移为 90°

含该本振频率差项。如果 Δf_1 是由频率标准偏差引起的且不为零,则测量到的条纹相位实际比式(9.23)更复杂。由频率标准偏差引起的时钟误差随时间的变化为

$$\tau_1 = (\tau_1)_{t=0} + \frac{\Delta f_1}{f_{LO}} t \qquad (9.24)$$

在实验站 1 的时间基础上,处理器恢复出的时间与"真时间"t 的关系为

$$t_1 = (\tau_1)_{t=0} + \left(1 + \frac{\Delta f_1}{f_{LO}}\right) t \qquad (9.25)$$

因此,所有测量到的频率和相位都会有小的偏差。那么,作为时间基准的参考站与其他站之间的数据处理存在根本的非对称性(Whitney et al. ,1976)。

对于谱线测量,式(9.21)中的 $\mathscr{S}(f')$ 为射电源的可见度函数频谱乘以干涉仪通带响应。通带响应可通过观测具有平坦频谱的连续辐射射电源的互功率谱得到。另外,如果干涉仪单元的相位响应是相同的,则通带响应可通过测量每个单元的几何平均功率谱获得。这些功率谱可通过观测连续射电源或干净的冷空、测量每个天线波形的自相关函数来获得。归一化可见度函数的频谱可通过将可见度函数频谱除以每个天线测量到的射电源的功率谱的几何平均来获得。文献 Moran (1973), Reid et al. (1980), Moran and Dhawan (1995)和 Reid (1995,

1999)给出了 VLBI 谱线观测的定标详细过程。

延时基线

延时 τ_g 的估计精度必须足够高,以保证信号在处理器的延时和条纹频率范围内。τ_g 最简单的近似为

$$\tau_g = \boldsymbol{D} \cdot \frac{\boldsymbol{s}_0}{c} \tag{9.26}$$

其中 $\boldsymbol{D} = \boldsymbol{r}_1 - \boldsymbol{r}_2$,$\boldsymbol{r}_1$ 和 $\boldsymbol{r}_2$ 为从地球中心到每个实验站的矢量,$\boldsymbol{s}_0$ 为地球中心到视场中心的单位矢量。因为地球不是惯性坐标系,必须考虑波峰到达两个站的时间差内地球的移动。因此,在计算延时的时候,不应使用瞬时基线,而是使用"延时"基线(Cohen and Shaffer, 1971)。t_1 时刻平面波到达第一个实验站,t_2 时刻平面波到达第二个实验站,满足下面的等式:

$$\boldsymbol{k} \cdot \boldsymbol{r}_1(t_1) - 2\pi f t_1 = \boldsymbol{k} \cdot \boldsymbol{r}_2(t_2) - 2\pi f t_2 \tag{9.27}$$

其中 $\boldsymbol{k} = (2\pi/\lambda)\boldsymbol{s}_0$。令 $t_2 - t_1 = \tau_g$,则

$$2\pi f \tau_g = \boldsymbol{k} \cdot [\boldsymbol{r}_2(t_1 + \tau_g) - \boldsymbol{r}_1(t_1)] \tag{9.28}$$

将 $\boldsymbol{r}_2$ 按照泰勒级数展开

$$\boldsymbol{r}_2(t_1 + \tau_g) \simeq \boldsymbol{r}_2(t_1) + \dot{\boldsymbol{r}}_2(t_1)\tau_g + \cdots \tag{9.29}$$

且

$$2\pi f \tau_g \simeq \boldsymbol{k} \cdot [\boldsymbol{D}(t_1) + \dot{\boldsymbol{r}}_2(t_1)\tau_g] \tag{9.30}$$

求 τ_g,得

$$\tau_g = \frac{\boldsymbol{s}_0 \cdot \boldsymbol{D}}{c} \left[1 - \frac{\boldsymbol{s}_0 \cdot \dot{\boldsymbol{r}}_2}{c}\right]^{-1} \tag{9.31}$$

所有参量都是在 t_1 时刻估计的。由于 $\dot{\boldsymbol{r}} = \boldsymbol{\omega}_e \times \boldsymbol{r}$,$\boldsymbol{\omega}_e$ 为地球自转角速度矢量,"×"代表叉乘,可将式(9.31)写成如下形式:

$$\tau_g \simeq \frac{\boldsymbol{s}_0 \cdot \boldsymbol{D}}{c} \left[1 - \frac{\boldsymbol{s}_0 \cdot (\boldsymbol{\omega}_e \times \boldsymbol{r}_2)}{c}\right]^{-1} \tag{9.32}$$

或者

$$\tau_g \simeq \tau_{g0}(1 + \Delta) \tag{9.33}$$

其中 $1 + \Delta$ 为式(9.32)右边括号中的项。从式(4.3)中的 w 项可得

$$\tau_{g0} = \frac{D}{c}[\sin d \sin \delta + \cos d \cos \delta \cos(H - h)] \tag{9.34}$$

其中 (H, δ) 和 (h, d) 分别为射电源和基线的时角与赤纬坐标系。在 VLBI 实践中,时角一般特指相对格林尼治子午线。此外,

$$\Delta = \frac{\omega_e r_2}{c} \cos\mathscr{L}_2 \cos\delta \sin(h_2 - H) \tag{9.35}$$

其中 $\mathscr{L}_2$、h_2 和 r_2 为 r_2 的纬度、时角和幅度。Δ 函数的最大值为 1.5×10^{-6}，τ_g 与 τ_{g0} 之差最大约为 $0.05\mu s$。注意，式(9.34)适合的坐标系没有修正折射或者周日光行差。延时基线的等效计算方法是采用式(9.26)的延时，采用校正了 h 和 δ 的远端周日光行差。如果使用日心参考坐标系，则延时基线的概念不再适用。

VLBI 观测有不同的策略。其中一种系统的实验站是定向的，相对地球的中心进行测量。因此，来自两个天线的磁带处理完成后进行交换并再处理，第二次处理得到的相位将与第一次处理得到的相位反相。由于径向矢量必须是已知的，所以这种方法需要以某个地球模型为先决条件。对于天体测量和大地测量的应用，一般优选定向基线系统，这类系统的优点是测量不依赖于地球参数的先验值。有关 VLBI 的更详细讨论见文献 Shapiro(1976)和 Cannon(1978)。VLBI 的完整重心观测策略，见文献 Sovers, Fanselow and Jacobs(1998)。

VLBI 观测中的噪声

通过回顾 6.2 节中条纹幅度和相位的统计特性，开始噪声的讨论[另见文献 Moran(1976)]。测量到的可见度函数用矢量 $\mathbf{Z}=\mathscr{VB}+\boldsymbol{\varepsilon}$ 表示，$\mathscr{VB}$ 和 $\boldsymbol{\varepsilon}$ 分别代表可见度函数的真值和噪声分量。选择带有 x 轴(实轴)和 y 轴(虚轴)的坐标系，则 $\mathscr{VB}$ 位于 x 轴上，如图 6.8 所示。测量到的可见度函数的相位来自噪声，为随机变量，用 ϕ 表示。$\boldsymbol{\varepsilon}$ 分量在 x 轴和 y 轴上具有相互独立的零均值高斯概率分布，式(6.50)给出相应的均方根误差 σ。在极坐标系中，$\boldsymbol{\varepsilon}$ 的幅度为瑞利分布，$\boldsymbol{\varepsilon}$ 的相位为均匀分布[见文献 Papoulis(1965)]。因此，$\mathbf{Z}$ 是一个随机变量，其 x 和 y 分量 Z_x 和 Z_y 的概率分布由下式给出：

$$p(Z_x,Z_y)=\frac{1}{2\pi\sigma^2}\exp\left[-\frac{(Z_x-|\mathscr{VB}|)^2+Z_y^2}{2\sigma^2}\right] \quad (9.36)$$

经常需要对可见度函数的幅度 Z 和相位 ϕ 进行处理。幅度 Z 的概率分布为[式(6.63a)和式(6.63b)]

$$p(Z)=\frac{Z}{\sigma^2}\exp\left(-\frac{Z^2+|\mathscr{VB}|^2}{2\sigma^2}\right)I_0\left(f\frac{Z|\mathscr{VB}|}{\sigma^2}\right),\quad Z>0 \quad (9.37)$$

其中 $Z=\sqrt{Z_x^2+Z_y^2}$，I_0 为零阶修正贝塞尔函数，erf 为误差函数，$p(Z)$ 为瑞利分布。相位 ϕ 的概率分布为

$$p(\phi)=\frac{1}{2\pi}\exp\left(-\frac{|\mathscr{VB}|^2}{2\sigma^2}\right)\left\{1+\sqrt{\frac{\pi}{2}}\frac{|\mathscr{VB}|}{\sigma}\cos\phi\exp\left(\frac{|\mathscr{VB}|^2\cos^2\phi}{2\sigma^2}\right)\right\}$$
$$\times\left[1+\mathrm{erf}\left(\frac{|\mathscr{VB}|\cos\phi}{\sqrt{2}\sigma}\right)\right] \quad (9.38)$$

注意，由于 $\mathscr{VB}$ 的相位设为零，所以 ϕ 的期望值为零，即 $\langle\phi\rangle=0$。两个概率分布如图 6.9 所示。Z、Z^2 和 Z^4 的期望值为

$$\langle Z\rangle = \sqrt{\frac{\pi}{2}}\exp\left(\frac{-|\mathscr{VB}|^2}{4\sigma^2}\right)\left[\left(1+\frac{|\mathscr{VB}|^2}{2\sigma^2}\right)\right]I_0\left(\frac{|\mathscr{VB}|^2}{4\sigma^2}\right)+\frac{|\mathscr{VB}|^2}{2\sigma^2}I_1\left(\frac{|\mathscr{VB}|^2}{4\sigma^2}\right) \quad (9.39)$$

$$\langle Z^2\rangle = |\mathscr{VB}|^2 + 2\sigma^2 \quad (9.40)$$

$$\langle Z^4\rangle = |\mathscr{VB}|^4 + 8\sigma^2|\mathscr{VB}|^2 + 8\sigma^4 \quad (9.41)$$

其中 I_1 为一阶修正贝塞尔函数。对于高斯随机分布的 Z 的高阶偶次矩,可用矩定理计算。当没有信号时,$I_0(0)=1$,Z 和 ϕ 的概率分布为噪声的概率分布,分别为瑞利和均匀分布

$$p(Z) = \frac{Z}{\sigma^2}\exp\left(-\frac{Z^2}{2\sigma^2}\right), \quad Z>0 \quad (9.42)$$

$$p(\phi) = \frac{1}{2\pi}, \quad 0\leqslant\phi<2\pi \quad (9.43)$$

当没有信号时,$\langle Z\rangle=\sqrt{\pi/2}\,\sigma$,$\sigma_Z=\sqrt{\langle Z^2\rangle-\langle Z\rangle^2}=\sigma\sqrt{2-\pi/2}$ 及 $\sigma_\phi=\pi/\sqrt{3}$。

对于弱信号情况,即 $|\mathscr{VB}|\ll\sigma$,Z 和 ϕ 的概率分布为

$$p(Z) \simeq \frac{Z}{\sigma^2}\exp\left(-\frac{Z^2}{2\sigma^2}\right)\left[1-\frac{1}{2}\frac{|\mathscr{VB}|^2}{\sigma^2}+\frac{1}{4}\left(\frac{Z|\mathscr{VB}|}{\sigma^2}\right)\right] \quad (9.44)$$

$|\mathscr{VB}|/\sigma$ 只取一阶项,得

$$p(\phi) \simeq \frac{1}{2\pi} + \frac{1}{\sqrt{8\pi}}\frac{|\mathscr{VB}|}{\sigma}\cos\phi \quad (9.45)$$

则

$$\langle Z\rangle \simeq \sigma\sqrt{\frac{\pi}{2}}\left(1+\frac{|\mathscr{VB}|^2}{4\sigma^2}\right) \quad (9.46)$$

$$\sigma_Z \simeq \sigma\sqrt{2-\frac{\pi}{2}}\left(1+\frac{|\mathscr{VB}|^2}{4\sigma^2}\right) \quad (9.47)$$

及

$$\sigma_\phi \simeq \frac{\pi}{\sqrt{3}}\left(1-\sqrt{\frac{9}{2\pi^3}}\frac{|\mathscr{VB}|}{\sigma}\right) \quad (9.48)$$

对于强信号,即 $|\mathscr{VB}|\gg\sigma$,Z 和 ϕ 的概率分布近似为高斯分布,并由下式给出:

$$p(Z) \simeq \frac{1}{\sqrt{2\pi}\sigma}\sqrt{\frac{Z}{|\mathscr{VB}|}}\exp\left[-\frac{(Z-|\mathscr{VB}|^2)}{2\sigma^2}\right] \quad (9.49)$$

$$p(\phi) \simeq \frac{1}{\sqrt{2\pi}}\frac{|\mathscr{VB}|}{\sigma}\exp\left(-\frac{|\mathscr{VB}|^2\phi^2}{2\sigma^2}\right) \quad (9.50)$$

在强信号情况下

$$\langle Z\rangle \simeq |\mathscr{VB}|\left(1+\frac{\sigma^2}{2|\mathscr{VB}|^2}\right) \quad (9.51)$$

$$\sigma_Z \simeq \sigma\left(1 - \frac{\sigma^2}{8|\mathcal{VB}|^2}\right) \qquad (9.52)$$

及

$$\sigma_\phi \simeq \frac{\sigma}{|\mathcal{VB}|} \qquad (9.53)$$

因此，在强信号情况下，Z 的统计特性为近似高斯分布（图 6.9），$\langle Z \rangle$ 近似等于 $|\mathcal{VB}|$。在此情况下，Z 的 N 个采样可进行平均，且信噪比改进 $\sqrt{N}$ 倍。在弱信号情况下，信号对噪声的瑞利分布影响较小，将在本节的后面部分进行讨论，在系统相干时间以外进行平均很难改善信噪比。

式(9.46)和式(9.51)表明，$\langle Z \rangle$ 是 $|\mathcal{VB}|$ 的有偏估计。如果只能获得 Z 的单次测量，则 $|\mathcal{VB}|$ 的最大似然值为 $p(Z)$ 取最大值时式(9.37)的结果。此最大值可由式 $Z_{\max} = \sqrt{|\mathcal{VB}|^2 + \sigma^2}$ 近似给出，对所有的 $|\mathcal{VB}|$ 值，其准确度优于 8%，当 $|\mathcal{VB}|/\sigma > 2$ 时，其准确度优于 1%。因此，当能够获得 Z 的一次测量值时，$|\mathcal{VB}|$ 的最大似然估计为 $\sqrt{Z^2 - \sigma^2}$。

信号搜索过程中的误差概率

当采用特定阵列开始 VLBI 观测的下一阶段工作时，处理过程中的第一个任务就是搜索干涉条纹。由于观测站时钟的不稳定性及漂移，此工作是必要的，也就是必须找到设备延时和条纹频率。对于专用 VLBI 阵列，一般不需要此项工作，其条纹变化率及延时在连续观测中被持续更新。条纹搜索必须在大范围二维坐标下实施，如图 9.4 所示。例如，考虑实验的观测频率为 10^{11} Hz，带宽为 $\Delta f = 50$ MHz。延时步长等于采样间隔 0.01μs。$\pm 1\mu$s 的设备延时的不确定度需要搜索 200 个延时步长。如果相干积分时间为 200s，且频率标准的准确度仅为 10^{-11}，则必须搜索 ± 1Hz 的频率范围，搜索的频率间隔为 0.005Hz，即 400 个离散频率点。待搜索单元的总数是 80000 个。在没有信号的情况下，$p(Z)$ 由式(9.42)给出。在此情况下，累积概率分布（Z 小于 Z_0 的概率）为式(9.42)从零到 Z_0 的积分，或者

$$p(Z_0) = 1 - \exp\left(-\frac{Z_0^2}{2\sigma^2}\right) \qquad (9.54)$$

n 个独立采样的最大值 $Z_m = \max\{Z_1, Z_2, \cdots, Z_n\}$ 的累积概率分布为

$$p(Z_m) = \left[1 - \exp\left(-\frac{Z_m^2}{2\sigma^2}\right)\right]^n \qquad (9.55)$$

因此，一个或多个采样值超过 Z_m 的概率称为误差概率 p_e。p_e 为

$$p_e = 1 - \left[1 - \exp\left(-\frac{Z_m^2}{2\sigma^2}\right)\right]^n \qquad (9.56)$$

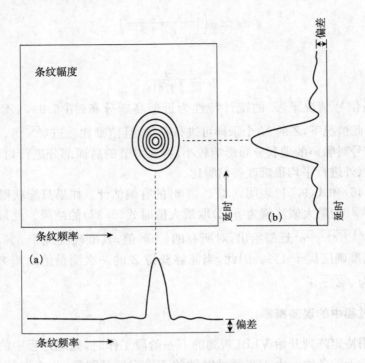

图 9.4 残留条纹频率和延时函数的条纹幅度

一维图像为条纹幅度峰值与延时和条纹频率的变化关系,在此图中
噪声的概率分布由式(9.57)给出,偏差由式(9.58)给出

式(9.56)的函数曲线如图 9.5 所示。Z_m 的概率分布可从式(9.55)的微分得到

$$p(Z_m) = \frac{nZ_m}{\sigma^2}\exp\left(-\frac{Z_m^2}{2\sigma^2}\right)\left[1 - \exp\left(-\frac{Z_m^2}{2\sigma^2}\right)\right]^{n-1} \quad (9.57)$$

对于大数值 n,此概率分布接近高斯分布,其均值和方差分别为

$$\langle Z_m \rangle \simeq \sigma\sqrt{2\ln n} \quad (9.58)$$

$$\sigma_m \simeq \frac{0.77\sigma}{\sqrt{\ln n}} \quad (9.59)$$

图 9.6 给出不同 n 值所对应的 $p(Z_m)$,经常用于简化二维函数。图 9.4 为条纹幅度随条纹频率和延时的变化曲线,通过寻找函数在一维变量上的最大值,可将二维函数改写成一维函数。此寻找过程会在一维函数中引入偏差$\langle Z_m \rangle$,此偏差将增加采样点数并掩盖弱信号。

此外,对错误识别信号的概率也进行了计算。假设已经测量到一个信号的两个延时或两个条纹频率对应的两个条纹幅度值,则信道中信号(Z_1)幅度大于信道

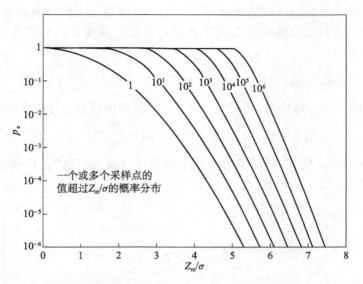

图 9.5 在没有信号的情况下,条纹幅度一个或多个采样点的值超过 Z_m/σ 的概率由式(9.56)给出。图中曲线标记的数值为测量的采样点数

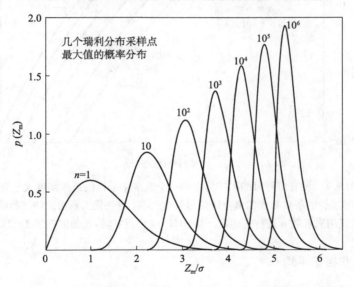

图 9.6 n 个瑞利分布随机变量最大值的概率分布由式(9.57)给出

中只有噪声情况下的噪声幅度(Z_2)的概率为

$$p(Z_1 > Z_2) = \int_0^\infty p(Z_1)\left[\int_0^{Z_1} p(Z_2)\mathrm{d}Z_2\right]\mathrm{d}Z_1 \tag{9.60}$$

$p(Z_1)$ 由式 (9.37) 给出，$p(Z_2)$ 由式 (9.42) 给出。可通过对信号通道幅度为 Z_s 的 n 个通道进行查找得出结论。Z_s 大于其他通道信号幅度 Z 的概率可由式 (9.54) 和式 (9.60) 得出

$$p(Z_s > Z_1, \cdots, Z_n) = \int_0^\infty p(Z) \left[1 - \exp\left(-\frac{Z^2}{2\sigma^2}\right)\right]^{n-1} dZ \tag{9.61}$$

其中 $p(Z)$ 由式 (9.37) 给出。因此，一个或多个采样值超过信号幅度的概率为

$$p'_e = 1 - \int_0^\infty p(Z) \left[1 - \exp\left(-\frac{Z^2}{2\sigma^2}\right)\right]^{n-1} dZ \tag{9.62}$$

p'_e 如图 9.7 所示。例如，如果是对 100 个通道进行搜索，且错误识别的概率小于 0.1%，则要求 $|\mathcal{VB}|/\sigma > 6.5$。

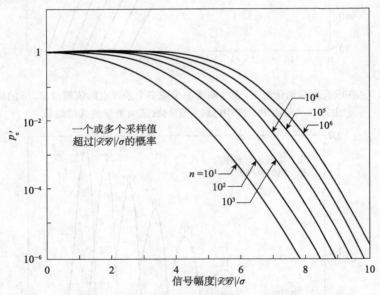

图 9.7 没有信号时的采样值中的一个或多个采样的条纹幅度大于有信号时采样的条纹幅度的概率随信号幅度 $|\mathcal{VB}|$ 的变化关系由式 (9.62) 给出。曲线用采样数 n 进行了标记。当 $|\mathcal{VB}|/\sigma$ 趋近零时，p'_e 的值趋于 $1 - 1/n$。

相干平均和非相干平均

下面试图估计刚刚能够被检测到的信号的幅度。首先检查一组相关器的输出值，其相位 $\phi(t)$ 代表接收机噪声、频率标准波动或大气路径上的起伏波动的影响。图 9.8 给出 VLBI 中相位随时间的变化曲线。相关器的输出为

$$r(t) = Z(t) e^{j\phi(t)} \tag{9.63}$$

若数据的时间范围超出了相干时间，如何估计 $|\mathcal{VB}|$？有两个有用的处理步骤。

第一,注意到对于时间段 τ,$r(t)$ 具有傅里叶变换形式 $R(f)$,利用 Parseval 定理

$$\int_0^\tau r(t)r^*(t)\mathrm{d}t = \int_{-\infty}^{\infty} R(f)R^*(f)\mathrm{d}f \tag{9.64}$$

及式(9.40),得到 $|\mathcal{VB}|_e$ 的幅度估计值

$$|\mathcal{VB}|_e^2 = \frac{1}{\tau}\int_{-\infty}^{\infty}|R(f)|\mathrm{d}f - 2\sigma^2 \tag{9.65}$$

式(9.65)表明,处理时间可以大于 τ_c,并从条纹频谱 $|R(f)|^2$ 估计可见度函数的幅度。此过程为非相干平均,这是因为在频率域对频谱的平方进行了求和。

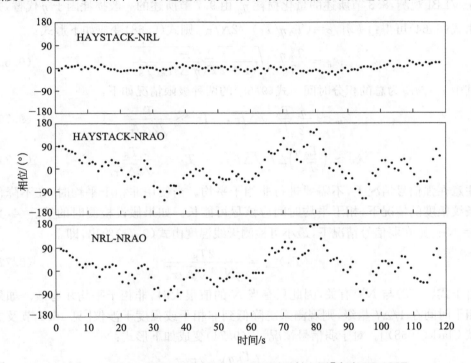

图 9.8 利用三基线 VLBI,在 22GHz 观测强射电源[水汽 W3(OH)
脉泽辐射]时的条纹相位随时间的变化关系

海斯塔克天文台(Haystack)和美国海军研究实验室(NRL)(马里兰点天文台)使用的是氢脉泽标准频率。国家射电天文台(NRAO)使用的是铷蒸气标准频率。最上面曲线图的相位噪声主要来自接收机和大气的贡献,下面两幅曲线图的相位噪声主要来自铷频率标准的相位噪声。这些数据来自 1971 年 MarkⅠ VLBI 系统

另外一种非相干平均的方法是对时间序列的采样平方进行平均。幅度的无偏差估计为

$$|\mathcal{VB}|_e^2 = \left(\frac{1}{N}\sum_{i=1}^N Z_i^2\right) - 2\sigma^2 \tag{9.66}$$

其中

$$Z_i e^{j\phi_i} = \frac{1}{\tau_c} \int_{t_i}^{t_i+\tau_c} Z(t) e^{j\phi(t)} dt \tag{9.67}$$

从式(9.40)、式(9.41)和式(9.66)可得，$\langle|\mathcal{VB}|_e^2\rangle = |\mathcal{VB}|^2$ 及 $\langle|\mathcal{VB}|_e^2\rangle = |\mathcal{VB}|^2 + 4\sigma^2(|\mathcal{VB}|^2+\sigma^2)/N$，因此信噪比为

$$\mathcal{R}_{sn} = \frac{\langle|\mathcal{VB}|_e^2\rangle}{\sqrt{\langle|\mathcal{VB}|_e^4\rangle - \langle|\mathcal{VB}|_e^2\rangle^2}} = \frac{\sqrt{N}}{2\sigma^2}|\mathcal{VB}|^2 \frac{1}{\sqrt{1+|\mathcal{VB}|^2/\sigma^2}} \tag{9.68}$$

$|\mathcal{VB}|/\sigma$ 等于单个乘法相关器输出端的信噪比，由式(6.48)和式(6.49)给出。对于 VLBI 观测，8.3 节所述的量化损耗 η_Q 由 9.7 节所述的一般损耗因子 η 代替，并由式(6.64)可得：$|\mathcal{VB}|/\sigma = (T_A\eta/T_S)\sqrt{2\Delta f \tau_c}$，则式(9.68)变成如下形式：

$$\mathcal{R}_{sn} = \frac{T_A^2\eta^2}{T_S^2}\sqrt{\frac{\Delta f^2 \tau \tau_c}{(1+2T_A^2\eta^2\Delta f\tau_c/T_S^2)}} \tag{9.69}$$

其中 $\tau = N\tau_c$ 为总的积分时间。式(9.69)的两种极限情况如下：

$$\mathcal{R}_{sn} \simeq \frac{\eta}{\sqrt{2}}\frac{T_A}{T_S}\sqrt{\Delta f \tau}, \quad T_A \gg \frac{T_S}{\sqrt{2\Delta f \tau_c}} \tag{9.70}$$

$$\mathcal{R}_{sn} \simeq \left(\frac{T_A\eta}{T_S}\right)\Delta f \sqrt{\Delta f \tau \tau_c}, \quad T_A \ll \frac{T_S}{\sqrt{2\Delta f \tau_c}} \tag{9.71}$$

注意在强信号情况下，不需要进行非相干平均。当使用非相干平均时，在不降低条纹幅度的情况下，相干平均时间应该尽可能长。如果假设检测时的 $\mathcal{R}_{sn} = 4$，且 $\tau = N\tau_c$，则在弱信号情况下，最小可检测天线温度由式(9.71)给出，即

$$(T_A)_{min} = \frac{2T_S}{\eta N^{1/4}\sqrt{\Delta f \tau_c}} \tag{9.72}$$

由于式(9.72)与 $N^{1/4}$ 有关，因此只有当 N 的值很大时，非相干平均才有效。如果相干时间在 $1/\Delta f$ 量级，则观测系统降低到非相干或强度干涉仪[见 16.1 节及文献 Clark(1968)]。对于弱信号情况，式(9.71)变成如下形式：

$$\mathcal{R}_{sn} \simeq \left(\frac{T_A\eta}{T_S}\right)^2 \sqrt{\Delta f \tau} \tag{9.73}$$

9.4 多元阵列的条纹拟合

综合条纹拟合

9.3 节考虑了从单基线的输出来搜索条纹的问题。对于 VLBI，条纹拟合的基本需求是确定条纹相位（如可见度函数的相位）及条纹相位的变化率与时间、频率或延时的关系。条纹变化率的偏差来自射电源或天线位置偏差以及与天线相关（如本振频率偏差）的影响。这些影响的绝大部分可以定义为与单个天线而不是

基线有关的因子。因此,来自所有基线的数据可同时用来确定条纹变化率等参数。通过同时使用多元 VLBI 阵列的全部数据,可检测到单基线很难检测到的非常弱的条纹。对于具有相同天线和接收机的 VLBI 阵列,同时使用全部数据更为重要。对于特定阵列,另外一种可行的办法是使用两个灵敏度最高的天线的数据找到条纹,并以此结果约束其他基线的分布。

Schwab 和 Cotton(1983)开发了基于同时使用多天线观测到的所有数据集的分析方法,该分析方法称为综合条纹拟合。设 $Z_{mn}(t)$ 为相关器输出,即天线 m 和天线 n 组成的基线测量到的可见度函数。天线 n 及相应的接收机系统的电压复增益为 $g_n(t_k,f_l)$,其中 t_k 代表频率通道 f_l 的相关器输出的时间积分采样,则

$$Z_{mn}(t_k,f_l) = g_m(t_k,f_l)g_n^*(t_k,f_l)\mathcal{VB}_{mn}(t_k,f_l) + \epsilon_{mnkl} \tag{9.74}$$

其中 $\mathcal{VB}_{mn}$ 为基线 mn 可见度函数的真值,ϵ_{mnkl} 代表主要由噪声引起的观测误差。需要记住的是,噪声项体现在所有的测量中,但在公式中经常被忽略掉。增益项可写成如下形式:

$$g_n(t_k,f_l) = |g_n| e^{j\psi_n(t_k,f)} \tag{9.75}$$

为简化式(9.75),假设增益项和射电源可见度函数的幅度在观测覆盖的空间范围 (t,f) 内为常数。则一阶近似可写成如下形式:

$$Z_{mn}(t_k,f_l) = |g_m||g_n||\mathcal{VB}|\exp[j(\psi_m-\psi_n)(t_0,f_0)]$$
$$\times \exp\left[j\left(\frac{\partial(\psi_m-\psi_n+\phi_{mn})}{\partial t}\bigg|_{(t_0,f_0)}(t_k-t_0) + \frac{\partial(\psi_m-\psi_n+\phi_{mn})}{\partial f}\bigg|_{(t_0,f_0)}\right.\right.$$
$$\left.\left.\times (f_l-f_0)\right)\right] \tag{9.76}$$

其中 ϕ_{mn} 为可见度函数真值 $\mathcal{VB}_{mn}$ 的相位。在时间和频率为 (t_0,f_0) 时,基线 mn 测量到的可见度函数关于时间和频率的相位变化速率分别为条纹速率

$$r_{mn} = \frac{\partial(\psi_m-\psi_n+\phi_{mn})}{\partial t}\bigg|_{(t_0,f_0)} \tag{9.77}$$

和延时

$$\tau_{mn} = \frac{\partial(\psi_m-\psi_n+\phi_{mn})}{\partial f}\bigg|_{(t_0,f_0)} \tag{9.78}$$

可用上述参量表达测量可见度函数(相关器输出)与可见度函数真值之间的关系

$$Z_{mn}(t_k,f_l) = |g_m||g_n|\mathcal{VB}_{mn}(t_k,f_l)\exp\{j[(\psi_m-\psi_n)|_{t=t_0}$$
$$+ (r_m-r_n)(t_k-t_0) + (\tau_m-\tau_n)(f_l-f_0)]\} \tag{9.79}$$

对于每个天线,有四个未知参量:增益的模、增益相位、条纹速率和延时。因为所有数据形式上都表达为两个天线的相对相位,所以有必要指定其中一个天线作为参考。参考天线的相位、条纹速率和延时一般都设为零,$4n_a-3$ 个参数待确定。但是,可以进一步简化,即只考虑条纹拟合中的相位参数,随后对各个天线增益的幅度分别进行定标,此时待确定的参数减少到 $3(n_a-1)$ 个,然后获得条纹的全局解,射

电源的可见度函数 $\mathscr{V}\mathcal{B}_{mn}$ 由射电源模型来表示,用最小二乘法获得式(9.79)中可见度函数测量值的参数。最小二乘法的详细介绍见文献 Schwab and Cotton(1983)。射电源模型为射电源真实结构的"初估值",在某些情况下可简单认为是点源。

在条纹拟合中,同时使用几个基线数据的另外一种方法是前面讲述的单基线方法的扩展。测量到的可见度函数数据需要用可获得的条纹频率和延时来确定,例如,通过对延时相关器得到的数据进行从时间到频率的傅里叶变换,则每个天线对都存在一个以延时和条纹速率增量作为步长的干涉仪响应矩阵。最大幅值代表相应基线的延时和条纹速率的解,如图9.4所示。然而,通过相位闭环原理,此方法可扩展到几个基线的响应,详细内容将在10.3节讨论。由于我们只考虑条纹拟合的相位,测量到的数据用 ϕ_{mn} 来代表。基线 mn 的设备相位 ψ_{mn} 等于可见度函数相位测量值与真值之差,可写成

$$\psi_{mn} = \psi_m - \psi_n = \tilde{\phi}_{mn} - \phi_{mn} \tag{9.80}$$

其中 ψ 代表设备相位,ϕ 代表可见度函数相位,波浪上标($\sim$)代表测量到的可见度函数相位。现在考虑第三个天线,用符号 p 来表示,其相位可写成如下形式:

$$\psi_{mpn} = \psi_{mp} + \psi_{pn} = (\psi_m - \psi_p) + (\psi_p - \psi_n) = (\psi_m - \psi_n) \tag{9.81}$$

因此,ψ_{mpn} 提供 ψ_{mn} 的另外一个测量值,该值等于

$$\psi_{mp} + \psi_{pn} = (\tilde{\phi}_{mp} - \phi_{mp}) + (\tilde{\phi}_{pn} - \phi_{pn}) \tag{9.82}$$

类似地,对于四个天线

$$\psi_{mpqn} = \psi_m - \psi_n = (\tilde{\phi}_{mp} + \tilde{\phi}_{pq} + \tilde{\phi}_{qn}) - (\phi_{mp} + \phi_{pq} + \phi_{qn}) \tag{9.83}$$

那么,ψ_{mn} 的估计值可由天线 m 到天线 n 的各个天线对的测量值得到。多于三个基线(四个天线)的组合可用较少数量天线进行再次组合来表示,较大数量天线组合中的噪声并不相互独立。三个或四个天线的组合提供了附加信息,这些附加信息对灵敏度和天线 m 和天线 n 条纹拟合的准确度有贡献。但是需要注意的是,仍然需要提供可见度函数模型。

两种技术中,最小二乘法比数据均匀组合法更优。但是,最小二乘法快速收敛需要一个好的初值估计。Schwab 和 Cotton(1983)使用第二种方法给全局最小二乘法的解提供初值。此处理方法后来成为 VLBI 数据的标准压缩程序的基础(Walker,1989a,b)。

尽管全局条纹拟合提供的灵敏度优于基于基线拟合提供的灵敏度,但是在实际应用中,什么情况下使用全局条纹拟合技术需要一定经验才能做出正确选择。如果被研究的射电源结构复杂且可见度函数的幅度变化大,那么用全局条纹拟合采用的可见度函数模型来表示可能不太合适。在此情况下,条纹拟合最好从较少数量的天线开始,如果射电源足够强,可以分别考虑各个基线。另外,如果射电源包括较强的未分辨分量,则需要充分考虑各个较小的天线组合,以便降低总的计算量。

条纹检测方法的相应性能

当相位噪声对灵敏度产生限制时,仔细研究探测方法是必要的。文献 Rogers, Doeleman and Moran (1995)中对不同探测方法中的一些重要问题进行了研究并确定了它们的相应性能。如前所述,假设在所有的情况下,对相干时间 τ_c 内相关器输出的可见度函数数据作了平均处理。如式(9.72)所示,N 个数据相关时间段的非相干平均使最小可检测信号电平降低了 $N^{-1/4}$。Rogers 等研究表明,在 10^6 个数值的搜寻中,错误检测概率小于 0.01% 时的检测门限为没有非相干平均时(等效于 $N=1$)检测门限的 $0.53 N^{-1/4}$。只有 N 较大时此结论才准确。当 N 值较小时,Rogers 等根据经验发现,门限下降与 $N^{-0.36}$ 成正比,即随着 N 值的增大,大 N 值时的错误检测概率比小 N 值时的错误检测概率得到更大的改善。表 9.1 给出了下面讨论的其他检测方法的相应门限,也包括改进因子为 $0.53 N^{-1/4}$ 的检测方法的相应门限。表 9.1 中的第 4 列给出 $N=200$ 个数据相关段,$n_a=10$ 个天线的相对灵敏度的数值实例。注意,表 9.1 中 1~5 行的检测原则为在 10^6 个延时数值和 n_a-1 个阵列单元的条纹速率搜寻中,错误概率小于 1%,参考天线的数值取为零。对于第 6 行,搜索范围只限于赤经和赤纬二维。

表 9.1[a] 不同检测方法[b]的相应门限

	方法	门限(相对通量密度)	
1	一条基线,相干平均	1	1
2	一条基线,非相干平均	$0.53 N^{-1/4}$	$0.14(N=200)$
3	三条基线,三重积	$\left(\dfrac{4}{N}\right)^{1/6}$	$0.52(N=200)$
4	n_a 个天线单元、相干全局搜索	$\left(\dfrac{2}{n_a}\right)^{1/2}$	$0.45(n_a=10)$
5	全局搜索,非相干平均	$0.53\left(\dfrac{4}{N n_a^2}\right)^{1/4}$	$0.05(N=200)$, $n_a=10$
6	对所有时间段和基线进行非相干平均	$0.53\left(\dfrac{2}{N n_a(n_a-1)}\right)^{1/4}$	$0.05(N=200)$, $n_a=10$

a 来自文献 Rogers, Doeleman and Moran(1995)。
b 见检测原则有关内容

三重积或双频谱

多单元天线阵列输出的另外一种形式为三重积或双频谱,是构成一个三角形的三条基线复数输出的乘积。三重积由测量到的可见度函数的乘积给出

$$P_3 = |Z_{12}||Z_{23}||Z_{31}|e^{j(\tilde{\phi}_{12}+\tilde{\phi}_{23}+\tilde{\phi}_{31})} = |Z_{12}||Z_{23}||Z_{31}|e^{j\phi_c} \quad (9.84)$$

其中 ϕ_c 代表闭环相位(10.3 节)。未分辨射电源的闭环相位为零。假设测量到的可见度函数的幅度 Z 是单独定标的,那么式(9.74)中增益因子 g_m 和 g_n 的模等于

1. 每个测量到的可见度函数项包括的噪声功率为 $2\sigma^2$,即复相关器输出的噪声功率。对于弱信号情况,噪声决定三重积的方差,即

$$\langle |P_3|^2 \rangle = \langle |Z_{12}|^2 |Z_{23}|^2 |Z_{31}|^2 \rangle = 8\sigma^6 \qquad (9.85)$$

对于点源,信号为实数并等于 $\langle (\mathcal{R}eP_3)^2 \rangle = \langle |P_3|^2 \rangle/2$,其中 $\mathcal{R}e$ 代表取实部。相关器实部输出的三重积的信号项与噪声之比为 $\mathcal{V}\mathcal{B}^3/2\sigma^3$。对于非严格弱信号情况,文献 Rogers,Doeleman and Moran(1995)中给出了信噪比的表达式,文献 Kulkarni(1989)中给出了信噪比一般表达式的详细分析。

现在考虑三个天线的三重积的 N 个值的非相干平均,每个值由相关器的输出在相干时间 τ_c 内进行平均得到。三重积的平均表示如下:

$$\overline{P}_3 = \frac{1}{N}\sum_N |Z_{12}||Z_{23}||Z_{31}|e^{j\phi_c} \qquad (9.86)$$

如果信号的幅度相等,则 $\overline{P}_3$ 实部的期望值为

$$\langle \mathcal{R}e\overline{P}_3 \rangle = \mathcal{V}\mathcal{B}^3 \qquad (9.87)$$

且 $\mathcal{R}e\overline{P}_3$ 的二阶矩为

$$\langle (\mathcal{R}e\overline{P}_3)^2 \rangle = \frac{1}{N}\langle |P_3|^2 \rangle \langle \cos^2\phi_c \rangle \qquad (9.88)$$

对于弱信号情况,$\langle |P_3|^2 \rangle$ 的值主要来自噪声。从式(9.85)得出二阶矩的期望值为 $4\sigma^6/N$。信噪比等于 $\overline{P}_3$ 的期望值除以二阶矩期望值的均方根,即

$$\mathcal{R}_{sn} = \frac{\sqrt{N}\mathcal{V}\mathcal{B}^3}{2\sigma^3} \qquad (9.89)$$

由式(9.89)可得

$$\mathcal{V}\mathcal{B} = (2\mathcal{R}_{sn})^{1/3}\sigma N^{-1/6} \qquad (9.90)$$

对应给定的误差准则,表 9.1 的第 3 行给出信噪比为 $\mathcal{R}_{sn}$ 时可检测到的信号强度等级。

多元阵列的条纹搜索

具有 n_a 个天线单元的 VLBI 阵列在给定时间内获取的信息量比一个天线对获取的信息量大 $n_a(n_a-1)/2$ 倍。因此,此阵列能够使灵敏度提高约 $[n_a(n_a-1)/2]^{1/2}$ 倍。然而,天线数量的增多也会导致搜索参数空间(频率×延时)的大幅度增大。因此,参数空间内的噪声幅度高的概率也相应增加。为避免增加错误检测概率,提高作为检测门限的信号电平是必要的。

考虑二单元阵列,在参数空间其所须搜索的数据点的数量为 n_d。如果此时引入第三个天线,并对所有基线进行相关测量,则要搜索的数据点的数量为 n_d^2。对于 n_a 个天线,搜索的数据点的数量为 $n_d^{(n_a-1)}$。式(9.57)给出信号加噪声 Z_m 的 n

个瑞利分布值的最大值的概率分布。当 n 值较大时,Z_m 的均值为 $\sigma(2\ln n)^{1/2}$,见式 (9.58)。因此,对于给定发生概率,随着搜索数据点数从 n_d 增加到 $n_d^{(n_a-1)}$,Z_m 的值从 $\sigma(2\ln n_d)^{1/2}$ 增加到 $\sigma[2(n_a-1)\ln n_d]^{1/2}$,即在 $n_d^{(n_a-1)}$ 个数据点搜索中,找到 $(n_d-1)^{1/2}Z_m$ 的概率与在 n_d 个数据点搜索中找到 Z_m 的概率相同。通过将天线单元的个数从 2 增加到 n_d,信号电平总的均方根不确定度降低了 $[n_d(n_d-1)/2]^{1/2}$。但是,因为检测门限提高了 $(n_d-1)^{1/2}$ 倍,射电源探测灵敏度的有效增益只提高了 $(n_a/2)^{1/2}$ 倍。文献 Rogers(1991) 和 Rogers,Doeleman and Moran(1995) 在研究得出此结论的过程中还考虑了其他因素,研究结果表明灵敏度提高的倍数 $(n_a/2)^{1/2}$ 应乘以一个值为 $0.94 \sim 1$ 的因子。此因子没有包括在表 9.1 中。

非相干平均的多元阵列

表 9.1 中的最后两行与多元阵列数据的非相干平均有关。第 5 行中的方法包括数据在相干时间内进行平均,然后在实施全局条纹搜索之前进行非相干平均。相对门限值为第 4 行多元全局搜索的门限乘以第 2 行单基线得到数据的非相干平均的门限。第 6 行的方法包括时间段(一个时间段等于相干时间)和基线的非相干平均,其相对门限可通过将第 2 行门限对应的数据数量从 N 增加到 N 乘以基线数量来获得。

9.5 相位稳定度和原子频率标准

自 20 世纪 20 年代以来,晶体振荡器的发明迅速用于解决精确计时问题,振荡器的精度不断得到改善。在 50 年代早期,铯束钟能够获得比天文观测设备更好的计时精度。此技术发展导致了和射电天文不同的时间的原子定义,以及在基于铯的特殊跃迁频率基础上的时间秒的定义建立。

IEEE 委员会系统地对振荡器的相位从数学原理的角度进行了解释(Barnes et al.,1971)。此文献有助于使处理振荡器中的噪声引起的低频频率偏移的方法标准化。文献 Edson(1960) 介绍了振荡器噪声的物理原理。本节研究了该理论的相关内容,阐述了原子频率标准的操作并重点强调氢脉泽频率标准。文献 Blair (1974) 和 Rutman(1978) 详细讨论了相位波动的原理与分析。

相位波动分析

振荡器产生的理想信号为纯正弦波

$$V(t) = V_0 \cos 2\pi f_0 t \tag{9.91}$$

由于所有设备都存在相位噪声,所以纯正弦信号是不可获得的。更实际的模型由下式给出:

$$V(t) = V_0 \cos[2\pi f_0 t + \phi(t)] \tag{9.92}$$

式中 $\phi(t)$ 为随机变量,代表相对纯正弦波的相位偏离。在 VLBI 应用中,由于幅度的波动对系统性能不产生直接影响,所以忽略幅度的波动。式(9.92)中的参量的导数除以 2π 得到瞬时频率,即

$$f(t) = f_0 + \delta f(t) \tag{9.93}$$

其中

$$\delta f(t) = \frac{1}{2\pi} \frac{d\phi(t)}{dt} \tag{9.94}$$

瞬时频率相对偏差定义如下:

$$y(t) = \frac{\delta f(t)}{f_0} = \frac{1}{2\pi f_0} \frac{d\phi(t)}{dt} \tag{9.95}$$

利用此定义可对不同频率振荡器的性能进行比较。

假设 $\phi(t)$ 和 $y(t)$ 为平稳随机过程,则可以定义相关函数。此假设并不总是成立,而且会带来困难(Rutman,1978)。$y(t)$ 的相关函数为

$$R_y(\tau) = \langle y(t) y(t+\tau) \rangle \tag{9.96}$$

$R_y(\tau)$ 为实偶函数,因此 $y(t)$ 的功率谱 $\mathcal{S}_y'$ 为频率 f 的实偶函数。为防止 $f(t)$ 和其频率分量的混淆,在接下来的频谱分析中使用 f 代表频率分量。在大多数相位稳定度的文献中使用非标准转换(Barnes et al., 1971),即将双边带频谱 $\mathcal{S}_y'(f)$ 转换成单边带频谱 $\mathcal{S}_y(f)$。当 $f \geqslant 0$ 时,$\mathcal{S}_y(f) = 2\mathcal{S}_y'(f)$;当 $f < 0$ 时,$\mathcal{S}_y(f) = 0$。由于 $\mathcal{S}_y'(f)$ 为偶函数,所以该转换没有信息丢失。那么,$R_y(\tau) \rightleftharpoons \mathcal{S}_y'(f)$ 的傅里叶变换关系也可写成如下形式:

$$\mathcal{S}_y(f) = 4 \int_0^\infty R_y(\tau) \cos(2\pi f \tau) d\tau$$
$$R_y(\tau) = \int_0^\infty \mathcal{S}_y(f) \cos(2\pi f \tau) df \tag{9.97}$$

同样地,相位的自相关函数为

$$R_\phi(\tau) = \langle \phi(t) \phi(t+\tau) \rangle \tag{9.98}$$

$\mathcal{S}_\phi(f)$ 是关于 ϕ 的功率谱,$R_\phi(\tau)$ 为相应的傅里叶变换。从傅里叶变换的导出特性,可得 $\mathcal{S}_y(f)$ 和 $\mathcal{S}_\phi(f)$ 之间的关系如下:

$$\mathcal{S}_y(f) = \frac{f^2}{f_0^2} \mathcal{S}_\phi(f) \tag{9.99}$$

$\mathcal{S}_y(f)$ 和 $\mathcal{S}_\phi(f)$ 为频率稳定度的主要评估指标,量纲都是 Hz^{-1}。另外一个描述本振性能常用的参数为 $\mathscr{L}(f)$,定义为双边带频谱中某一单边带的频率 f 处 1Hz 带宽的功率,表达为振荡器总功率的百分比。当相位偏移与 1rad 相比较小时,$\mathscr{L}(f) \simeq \mathcal{S}_\phi(f)/2$。

频率稳定度的第二种评估方法是基于时域测量。平均频率偏移为

$$\bar{y}_k = \frac{1}{\tau} \int_{t_k}^{t_k+\tau} y(t) dt \tag{9.100}$$

由式(9.95)可得

$$\bar{y}_k = \frac{\phi(t_k + \tau) - \phi(t_k)}{2\pi f_0 \tau} \tag{9.101}$$

其中 $\bar{y}_k$ 的测量利用了重复周期 $T(T \geqslant \tau)$，即 $t_{k+1} = t_k + T$（图9.9(a)）。$\bar{y}_k$ 的测量直接采用传统的频率计数器，频率稳定度的测量值为 $\bar{y}_k$ 的采样变化，由下式给出：

$$\langle \sigma_y^2(N, T, \tau) \rangle = \frac{1}{N-1} \Big\langle \sum_{n=1}^{N} \Big(\bar{y}_n - \frac{1}{N}\sum_{k=1}^{N} \bar{y}_k\Big)^2 \Big\rangle \tag{9.102}$$

其中 N 为 σ_y^2 单次估计的采样数。当 $N \to \infty$ 时，上式为方差的真值，用 $I^2(\tau)$ 表示。然而，由于 $\mathcal{S}_y(f)$ 的低频特性，大多数情况下式(9.102)并不收敛，则 $I^2(\tau)$ 没有定义。为避免不收敛问题，式(9.102)的一个特殊情况即两个采样值或阿伦方差 $\sigma_y^2(\tau)$ 得到广泛认可(Allan, 1966)。对于 $T = \tau$（不间断测量）且 $N = 2$，阿伦方差定义如下：

$$\sigma_y^2(\tau) = \frac{\langle (\bar{y}_{k+1} - \bar{y}_k)^2 \rangle}{2} \tag{9.103}$$

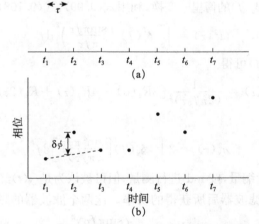

图9.9 (a)式(9.101)定义的和 $\bar{y}_k$ 测量相关的测量时间间隔；
(b)随时间变化的一系列相位采样值
阿伦方差的定义如式(9.103)所示，即每个采样点距离两个
相邻采样点均值的偏差的平方 $(\delta\phi)^2$ 之均值

利用式(9.101)，阿伦方差也可写成如下形式：

$$\sigma_y^2(\tau) = \frac{\langle [\phi(t+2\tau) - 2\phi(t+\tau) + \phi(t)]^2 \rangle}{8\pi^2 f_0^2 \tau^2} \tag{9.104}$$

阿伦方差的估计过程如下：如图9.9(b)所示，以 T 为间隔对相位进行采样，三个独立的采样点为一组，将最外面的两个点用一条直线连接起来，确定中间点

与直线之间的偏差。对于 $\bar{y}$ 的 m 个采样值,偏差平方的均值除以 $(2\pi f_0 \tau)^2$ 即为 $\sigma_y^2(\tau)$ 的估计,用 $\sigma_{ye}^2(\tau)$ 表示

$$\sigma_{ye}^2(\tau) = \frac{1}{2(m-1)} \sum_{k=1}^{m-1} (\bar{y}_{k+1} - \bar{y}_k)^2 \qquad (9.105)$$

此估计的准确度为(Lesage and Audoin,1979)

$$\sigma(\sigma_{ye}) \simeq \frac{K}{\sqrt{m}} \sigma_y \qquad (9.106)$$

其中 K 为统一序常数,其精确值与 y 的功率谱有关。

现在可将方差真值和 y 或 ϕ 的功率谱的阿伦方差联系起来。从式(9.101)可得,方差真值 $I^2(\tau) = \langle \bar{y}_k^2 \rangle$,即

$$I^2(\tau) = \frac{1}{(2\pi f_0 \tau)^2} [\langle \phi^2(t+\tau) \rangle - 2\langle \phi(t+\tau)\phi(t) \rangle + \langle \phi^2(t) \rangle] \qquad (9.107)$$

从式(9.98)可得 $I^2(\tau)$ 如下:

$$I^2(\tau) = \frac{1}{2(\pi f_0 \tau)^2} [R_\phi(0) - R_\phi(\tau)] \qquad (9.108)$$

那么,由于 $R_\phi(\tau)$ 为 $\mathcal{S}_\phi(f)$ 的傅里叶变换,利用式(9.99),式(9.108)可改写为

$$I^2(\tau) = \int_0^\infty \mathcal{S}_y(f) \left(\frac{\sin \pi f \tau}{\pi f \tau} \right)^2 df \qquad (9.109)$$

同样地,从式(9.104)可得

$$\sigma_y^2(\tau) = \frac{1}{(2\pi f_0 \tau)^2} [3R_\phi(0) - 4R_\phi(\tau) + R_\phi(2\tau)] \qquad (9.110)$$

因此

$$\sigma_y^2(\tau) = 2 \int_0^\infty \mathcal{S}_y(f) \left[\frac{\sin^4 \pi f \tau}{(\pi f \tau)^2} \right] df \qquad (9.111)$$

$I^2(\tau)$ 和 $\sigma_y^2(\tau)$ 为无量纲量,按 rad^2 进行测量,但可被认为是 $y(t)$ 经过 $H_I^2(f)$ 和 $H_A^2(f)$ 两个不同频率响应滤波器后所获得的功率。这两个滤波器的频率响应分别为

$$H_I^2(f) = \left(\frac{\sin \pi f \tau}{\pi f \tau} \right)^2 \qquad (9.112)$$

及

$$H_A^2(f) = \frac{2 \sin^4 \pi f \tau}{(\pi f \tau)^2} \qquad (9.113)$$

函数 $H_I^2(f)$ 和 $H_A^2(f)$ 及响应的脉冲响应 $h_I(t)$ 和 $h_A(t)$ 如图 9.10 所示。注意,$I^2(\tau)$ 的估计可从 $\bar{y}_k$ 的一系列 $h_I(t_k) * \bar{y}_k$ 平方的均值测量得到,其中的 * 号代表卷积。同样地,$\sigma_y^2(\tau)$ 的估计可从 $h_A(t_k) * \bar{y}_k$ 平方的均值测量中得到。也可以选择其他频率响应的滤波器。在时域的测量中,可增加额外的高通和低通滤波器。例如,一种高通滤波器能够从频率数据中去除长期趋势。显然,$\mathcal{S}_y(f)$ 的测量值优于 $\sigma_y^2(\tau)$ 的测量值,

这是因为$\sigma_y^2(\tau)$可通过式(9.111)利用$\mathcal{S}_y$的值计算得出,但$\mathcal{S}_y$不能利用$\sigma_y^2(\tau)$计算得出。然而,在很多情况下,比如下面讨论的幂律频谱,σ_y^2的形式代表了$\mathcal{S}_y$的特性。传统上,时域测量更加简单,且很多发表结果是用阿伦方差σ_y^2给出的。

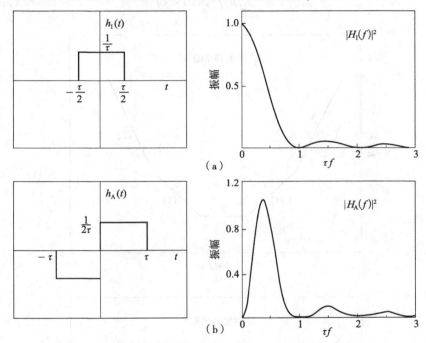

图9.10　(a)函数$h_\mathrm{I}(t)$及其傅里叶变换的平方$|H_\mathrm{I}(f)|^2$。$|H_\mathrm{I}(f)|^2$由式(9.112)给出,用于将功率谱$\mathcal{S}_y(f)$与方差真实值$I^2(\tau)$联系起来,$I^2(\tau)$的定义见式(9.109)。
(b)函数$h_\mathrm{A}(t)$及其傅里叶变换的平方$|H_\mathrm{A}(f)|^2$。$|H_\mathrm{A}(f)|^2$由式(9.113)给出,用于将功率谱$\mathcal{S}_y(f)$与阿伦方差$\sigma_y^2(\tau)$联系起来,$\sigma_y^2(\tau)$的定义见式(9.111)。注意,当$f<0.3/\tau$时,阿伦方差的灵敏度随频率f减小而快速下降

根据一个天线的本振相位相对于另一个天线的本振相位的偏差均方根,式(7.34)给出本振噪声对两个天线接收信号相干测量的影响。对于VLBI,此偏差的均方根值等于两个天线的本振信号真实相位方差之和的平方根。对于连接单元阵列情况,主本振相位噪声的低频分量对每个天线的本振相位产生同样的影响,因此该低频分量对每一对天线中的不同天线相对相位的影响趋于抵消。从主本振到每个天线的参考信号路径的时间延时,加上从相应的混频器到相关器输入端的中频信号时间延时(包括补偿几何延时的可变延时)的精确抵消,对于每个天线应该是相等的。一般情况下保持延时相等是不现实的,天线处的本振信号锁相环的带宽对抵消主本振相位噪声的频率范围也会产生限制。在实际中,主本振相位噪声的抵消通常在几百 Hz 到几百 kHz 的频率范围内都是有效的。该频率范

围和系统参数有关。

实验室测量表明，$S_y(f)$通常由幂律分量合成。图 9.11 所示的有用模型为

$$S_y(f) = \sum_{\alpha=-2}^{2} h_\alpha f^\alpha, \quad 0 < f < f_h \tag{9.114}$$

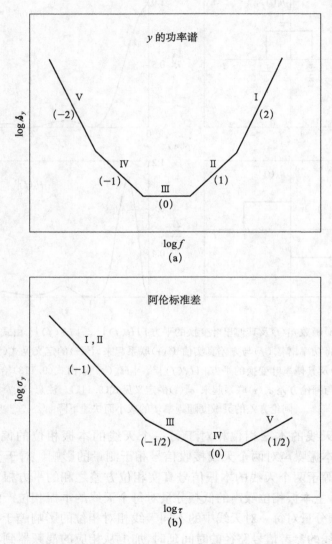

图 9.11 （a）相对频率偏差 $y(t)$ 的理想功率谱 $S_y(f)$ [式(9.114)]。不同频谱区域由罗马数字标出，幂律指数由圆括号中的数字给出。频率区域Ⅰ：白相位噪声；Ⅱ：闪烁相位噪声；Ⅲ：白频率噪声；Ⅳ：闪烁频率噪声；Ⅴ：频率随机游走噪声。（b）两点均方根偏差或阿伦标准差与采样间隔时间的关系。不同频谱区域用罗马数字标出，幂律指数由圆括号中的数字给出

式(9.114)中 α 为幂指数,为 $-2\sim 2$ 的整数,f_h 为低通滤波器的截止频率。利用式(9.99)得出 $\mathcal{S}_\phi(f)$ 类似于式(9.114)的表达式。式(9.114)或 $\mathcal{S}_\phi(f)$ 表达式中的每项在传统术语的基础上都有自己的专用名(表 9.2)。与 f^0 相关的噪声与频率无关,称为"白噪声";f^{-1} 称为"闪烁噪声"或俗称"$1/f$ 噪声";f^{-2} 被称为"随机游走噪声"。这些噪声是一些处理过程中大家所熟知的噪声来源,下面将作简单讨论[参见文献 Vessot(1976)]。表 9.2 给出 $\mathcal{S}_y$、$\mathcal{S}_\phi$ 与圆括号中频率的关系。

表 9.2 振荡器的噪声特性[a]

噪声类型	$\mathcal{S}_y(f)$	$\mathcal{S}_\phi(f)$	$\sigma_y^2(\tau)$	μ[b]	$I^2(\tau)$
白相位噪声[c]	$h_2 f^2$	$f_0^2 h_2$	$\dfrac{3h_2 f_h}{4\pi^2 \tau^2}$	-2	$\dfrac{h_2 f_h}{2\pi^2 \tau^2}$
闪烁相位噪声	$h_1 f$	$f_0^2 h_1 f^{-1}$	$\dfrac{3h_1}{4\pi^2 \tau^2}\ln(2\pi f_h \tau)$	~ -2	—
白频率噪声或相位随机游走噪声	h_0	$f_0^2 h_0 f^{-2}$	$\dfrac{h_0}{2\tau}$	-1	$\dfrac{h_0}{2\tau}$
闪烁频率噪声	$h_{-1} f^{-1}$	$f_0^2 h_{-1} f^{-3}$	$(2\ln 2) h_{-1}$	0	—
频率随机游走噪声	$h_{-2} f^{-2}$	$f_0^2 h_{-2} f^{-4}$	$\dfrac{2\pi^2 \tau}{3} h_{-2}$	1	—

a 改编自文献 Barnes et al. (1971)。
b 阿伦方差幂指数:$\sigma_y^2(\tau) \propto \tau^\mu$。
c 对于 $\sigma_y^2(\tau)$,$2\pi f_h \tau \gg 1$

(1) 白相位噪声(f^2)一般是来自振荡器外部的加性噪声,如放大器引入的噪声。在高频及短平均时间下主要是白相位噪声。

(2) 闪烁相位噪声(f^1)出现在晶体管中,可能来自结的扩散过程。

(3) 白频率噪声或相位随机游走噪声(f^0)来自振荡器内部加性噪声,如谐振腔内部的热噪声。散弹噪声也具有和白频率噪声一样的频谱特征。

(4) 闪烁频率噪声(f^{-1})和频率随机游走噪声(f^{-2})限制了振荡器的长期稳定性。此类噪声主要来自振荡器所处环境的温度、压力和磁场的随机变化,与长期漂移有关。在很多情况下都会遇到闪烁频率噪声,很多文献有该噪声的介绍和描述[Keshner(1982)对闪烁频率噪声进行的概述性讨论;Dutta 和 Horn(1981)在固体物理应用,Press(1978)在天体物理应用中都对闪烁频率噪声进行了讨论]。

可对上述不同类型噪声的方差 $I^2(\tau)$ 和 $\sigma_y^2(\tau)$ 进行计算。对于 $\alpha=1$ 和 2,仅在指定高频截止频率 f_h 时,方差收敛。在此限定条件下,所有情况的 $\sigma_y^2(\tau)$ 都收敛。$I^2(\tau)$ 仅在 $\alpha \geqslant 0$ 时收敛。$I^2(\tau)$ 和 $\sigma_y^2(\tau)$ 列于表 9.2。除闪烁相位噪声中对数依赖关系之外,每个噪声分量都以 τ^μ 的形式和阿伦方差的一个分量形成映射。从表 9.2 可得出总阿伦方差如下:

$$\sigma_y^2(\tau) = [K_2^2 + K_1^2 \ln(2\pi f_h \tau)]\tau^{-2} + K_0^2 \tau^{-1} + K_{-1}^2 + K_{-2}^2 \tau \quad (9.115)$$

其中 K 为常数,其下标与 h 的下标相对应(表 9.2)。白相位噪声和闪烁相位噪声都导致 $\mu \simeq -2$,但可通过改变 f_h 的形式区分这两种噪声。注意,对于白相位噪声和白频率噪声,有如下关系[式(9.109)和式(9.111)]:

$$\sigma_y^2(\tau) = \frac{3}{2} I^2(\tau), \quad \alpha = 2 \tag{9.116}$$

$$\sigma_y^2(\tau) = I^2(\tau), \quad \alpha = 0 \tag{9.117}$$

一般情况下,当 $I^2(\tau)$ 定义后,利用式(9.108)和式(9.110)可得

$$\sigma_y^2(\tau) = 2[I^2(\tau) - I^2(2\tau)] \tag{9.118}$$

振荡器相干时间

相干时间是 VLBI 中特别有意义的参量。相干时间约为 τ_c,其对应的相位误差的均方根值为 1rad

$$2\pi f_0 \tau_c \sigma_y(\tau_c) \approx 1 \tag{9.119}$$

文献 Rogers and Moran(1981)中给出了一个更加精确的计算相干时间的公式,用相干函数来定义相干时间

$$C(T) = \left| \frac{1}{T} \int_0^T e^{j\phi(t)} dt \right| \tag{9.120}$$

$\phi(t)$ 为设备的条纹相位分量,T 为任意积分时间。$\phi(t)$ 包括导致条纹相位漂移的影响因素,包括大气的不规则性及频率标准中的噪声。$C(T)$ 的均方根值为时间的单调递减函数,取值的范围为 $0 \sim 1$。相干时间定义为 $\langle C^2(T) \rangle$ 降低到某一特定值(如 0.5)所对应的 T 值。C 的均方值为

$$\langle C^2(T) \rangle = \frac{1}{T^2} \int_0^T \int_0^T \langle \exp\{j[\phi(t) - \phi(t')]\} \rangle dt dt' \tag{9.121}$$

如果 ϕ 为高斯随机变量,则

$$\langle C^2(T) \rangle = \frac{1}{T^2} \int_0^T \exp\left[-\frac{\sigma^2(t,t')}{2}\right] dt dt' \tag{9.122}$$

其中 $\sigma^2(t,t')$ 为 $\langle [\phi(t) - \phi(t')]^2 \rangle$ 的方差,并假设只和 $\tau = t' - t$ 有关。那么,利用式(9.98)可得

$$\sigma^2(t,t') = \sigma^2(\tau) = \langle [\phi(t) - \phi(t')]^2 \rangle$$
$$= 2[R_\phi(0) - R_\phi(\tau)] \tag{9.123}$$

注意,$\sigma^2(\tau)$ 为相位的结构函数,并通过式(9.108)与 $I^2(\tau)$ 相关联

$$\sigma^2(\tau) = 4\pi^2 \tau^2 f_0^2 I^2(\tau) \tag{9.124}$$

注意被积函数在 (t,t') 空间沿着 $t'-t=\tau$ 对角线方向为常数,因此式(9.122)中的积分可简化。线段的长度为 $\sqrt{2}(T-\tau)$,因此

$$\langle C^2(T) \rangle = \frac{2}{T} \int_0^T \left(1 - \frac{\tau}{T}\right) \exp\left[-\frac{\sigma^2(\tau)}{2}\right] d\tau \tag{9.125}$$

因此,利用式(9.109)和式(9.124),可得

$$\langle C^2(T)\rangle = \frac{2}{T}\int_0^T \left(1-\frac{\tau}{T}\right)\exp\left[-2(\pi f_0 \tau)^2 \int_0^\infty \mathcal{S}_y(f) H_1^2(f)\mathrm{d}f\right]\mathrm{d}\tau \quad (9.126)$$

式(9.112)对 $H_1^2(f)$ 进行了定义。由于一般情况下 $\mathcal{S}_y(f)$ 不可获得,所以将 $\langle C^2(T)\rangle$ 与 $\sigma_y^2(\tau)$ 相关联更有用。用级数展开求解式(9.118)中的 $I^2(\tau)$ 得

$$2I^2(\tau) = \sigma_y^2(\tau) + \sigma_y^2(2\tau) + \sigma_y^2(4\tau) + \sigma_y^2(8\tau) + \cdots \quad (9.127)$$

假定此级数收敛。因此,利用式(9.124)、式(9.125)和式(9.127),可得

$$\langle C^2(T)\rangle = \frac{2}{T}\int_0^T \left(1-\frac{\tau}{T}\right)\exp\{-\pi^2 f_0^2 \tau^2 [\sigma_y^2(\tau) + \sigma_y^2(2\tau) + \cdots]\}\mathrm{d}\tau \quad (9.128)$$

在 $I^2(\tau)$ 已知的情况下,上式的积分可计算。

现在考虑白相位噪声和白频率噪声,这两种噪声对于短时频率标准非常重要。在白相位噪声情况下,$\sigma_y^2 = K_2^2 \tau^{-2}$,其中 $K_2^2 = 3h_2 f_h/4\pi^2$,为 1s 下的阿伦方差(表 9.2),利用式(9.126)或式(9.128)估计得相干函数

$$\langle C^2(T)\rangle = \exp\left(\frac{-4\pi^2 f_0^2 K_2^2}{3}\right) = \exp(-h_2 f_h f_0^2) \quad (9.129)$$

对于白频率噪声,$\sigma_y^2 = K_0^2 \tau^{-1}$,其中 $K_0^2 = h_0/2$,可得

$$\langle C^2(T)\rangle = \frac{2(\mathrm{e}^{-aT} + aT - 1)}{a^2 T^2} \quad (9.130)$$

其中,$a = 2\pi^2 f_0^2 K_0^2 = \pi^2 h_0 f_0^2$。白频率噪声极限情况下的相干函数为

$$\langle C^2(T)\rangle = 1 - \frac{2\pi^2 f_0^2 K_0^2 T}{3}, \quad 2\pi^2 f_0^2 K_0^2 T \ll 1$$

$$= \frac{1}{\pi^2 f_0^2 K_0^2 T}, \quad \pi^2 f_0^2 K_0^2 T \gg 1 \quad (9.131)$$

对于白相位噪声和白频率噪声,式(9.119)中相干时间对应的相干函数的均方根值分别为 0.85 和 0.92。这些计算均假设测试站的频率标准是理想的。在实际中,有效阿伦方差为两个振荡器阿伦方差之和

$$\sigma_y^2 = \sigma_{y1}^2 + \sigma_{y2}^2 \quad (9.132)$$

那么,当两个测试站的频率标准相同时,如果损耗很小,则相干损耗加倍。如果频率短期稳定度由白相位噪声决定(氢脉泽就属于此类情况),则相干函数与时间无关。这意味着不考虑积分时间,存在一个最大频率,大于此频率时,特定频率标准不能用于 VLBI。此频率约为 $1/(2\pi K_2)$ Hz,对于氢脉泽,最大频率约为 1000GHz。

在实际中,相干函数 $C(T)$ 是在相关器输出峰值幅度上测得的,是条纹频率的函数。此操作等效于在相位数据中去除固定频率漂移,也可看作是对数据进行截止频率为 $1/T$ 的高通滤波。将此操作建模为单极、高通滤波器的响应,可以看出:所有阿伦方差指数 $\mu<1$ 的过程都能保证式(9.128)收敛。为对频率稳定度不同

的表达式进行比较,图 9.12 和图 9.13 以氢脉泽的特性为例,给出函数 σ_y^2、$\mathcal{S}_y(f)$ 和 $\langle C^2(T)\rangle^{1/2}$ 的曲线。

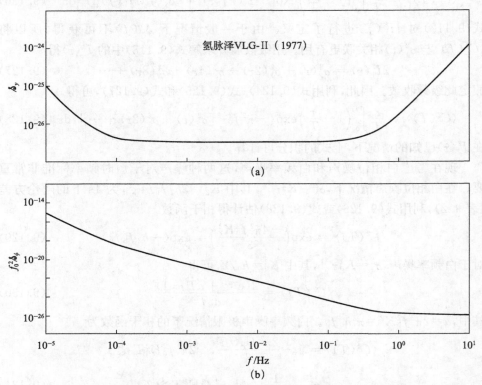

图 9.12 (a)氢脉泽频率标准相对频率偏差 $\mathcal{S}_y(f)$ 的功率谱,(b)相位噪声的归一化功率谱 $f_0^2\mathcal{S}_\phi(f)$。$\mathcal{S}_y(f)$ 与 $\mathcal{S}_\phi(f)$ 之间的关系见式(9.99)。对于大于 10Hz 的频率,$\mathcal{S}_\phi(f)$ 接近于脉泽被锁定的晶振的功率谱,随频率增加按 f^{-3} 下降。数据来自于 Vessot(1979) 的测量数据的处理结果

精确频率标准

VLBI 的精确频率标准包括晶体振荡器和原子频率标准,如铷蒸气室、铯束谐振器和氢脉泽(Lewis,1991)。原子频率标准结合锁相或锁频到原子过程的晶振,锁相或锁频环的时间常数范围为 0.1～1s,因此其短期性能表现为晶振的特性。锁相环工作的详细细节由 Vanier,Têtu 和 Bernier(1979)给出。晶振性能很重要,这是因为除非晶振具有很高的频谱纯度,否则参与从频率标准产生本振信号的锁相环不能正常工作(Vessot,1976)。

首先考虑将频率标准当作"黑盒子","黑盒子"输出稳定的、适宜频率(如 5MHz),或者更高频率的正弦信号。在此"黑盒子"中,晶振锁定到原子过程。

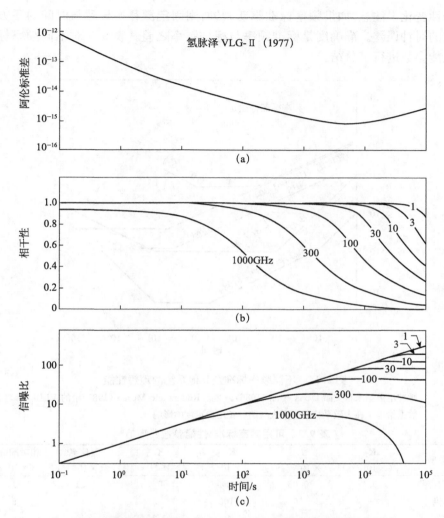

图 9.13 (a)氢脉泽频率标准的阿伦标准差随采样时间的变化曲线。数据来自文献 Vessot(1979)。(b)不同频率下,式(9.125)定义的相干函数 $\sqrt{\langle C^2(T)\rangle}$ 曲线。这些频率是基于两个频率标准,频率标准的阿伦方差由(a)给出。(c) 在不同频率下,测量得到的可见度函数随积分时间变化的信噪比。在积分时间为1s时,该信噪比归一化。在 VLBI 系统中,由于大气波动,相干函数和信噪比会进一步降低

图 9.14 给出不同设备的阿伦方差在某种程度上的理想化曲线,表征频率标准的阿伦方差可分成三个区间:白噪声或白噪声起主要作用的短期噪声;给出阿伦方差的最小值并因此被称作"闪烁地板"的闪烁频率噪声;长周期的频率随机游走噪声。可以定义另外两个参量,即漂移率和准确度。漂移率为单位时间间隔内频率

的线性变化。注意,如果频率标准驱动时钟,则固定漂移率导致与时间的平方成正比的时钟误差。准确度是标准频率与标称频率之差。表 9.3 对不同频率标准的性能参数进行了总结。

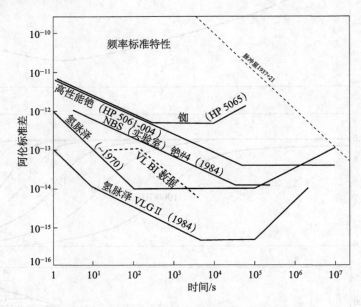

图 9.14　不同频率标准及其他系统的理想性能

脉冲星数据来自文献 Davis et al.(1985)。文献 Rogers and Moran (1981)中的 VLBI
数据给出了在大致平均条件下大气路径长度稳定度的影响

表 9.3　可用频率标准[a]性能参数典型值[b]

类型	K_2 /($\times 10^{-12}$ s)	K_0 /($\times 10^{-12}$ s$^{1/2}$)	K_{-1} /($\times 10^{-15}$)	K_{-2} /($\times 10^{-17}$ s$^{-1/2}$)	漂移率[c] /($\times 10^{-15}$)	相对准确度 /($\times 10^{-12}$)
氢(有源)	0.1	0.03	0.4	0.1	<1	1
铯	—	50	100	3	1	5
铯[d]	—	7	40	3	1	2
铷	—	7	500	300	10^2	10^2
晶体	1		500	300	10^3	—

a 由文献 Hellwig(1979)的数据更新得到。
b 两点阿伦标准差,定义见式(9.115)。
c 每天的相对频率变化。
d 高性能铯

　　原子频率标准是建立在原子或分子谐振探测的基础上。频率标准包括三个方面内容[见文献 Kartashoff and Barnes(1972)]:①粒子制备;②粒子约束;③粒子查询。粒子制备包括增强预期跃迁的粒子分布差异,此步骤对温度为 T_g,即满足 $hf/kT_g \ll 1$ 气体的射频跃迁是必要的,因此能级分布基本相等。粒子制备一般是通过对波束通过磁场或电场时的能态进行选择,或者通过光泵浦来完成的。根据海森伯不确定性原理,谱线宽度等于作用时间的倒数。因此,粒子约束使利用长作用时间获得窄谐振谱线成为可能。粒子可被约束到波束或存储室内。存储室包含缓冲气体或者有特殊镀膜的内壁,使粒子碰撞不产生相位变化。最后,粒子查询是感知粒子的相互作用和发射场的过程。频率标准可以是有源的,也可以是无源的。脉泽振荡器就是标准的有源频率标准。被动频率标准需要一个外部辐射场,吸收、再发射和粒子探测造成的跃迁可以被观测到,或者以非直接的方式观测某一个量(如光泵浦率的变化)也可以观测到跃迁。为说明实际中一些原理的具体实现,下面将对某些类型频率标准工作原理进行简单介绍。其他类型的频率标准正在研制过程中[Drullinger, Rolston and Itano(1996); Berkeland et al. (1998)]。

铷和铯频率标准

铷是一价电子的碱性金属,因此具有类似于氢的频谱。电子的基态分成两个电平,其跃迁频率为 6835MHz。这两个电平对应于与核自旋矢量同相或反相的未配对电子的自旋。图 9.15 给出了振荡器系统的原理框图。射频等离子体在含有^{87}Rb 的真空管中放电,激发气体跃迁到高于基态 $0.8\mu m$ 的电子能级。放电产生的光经过一个滤波器,滤除包括 $F=2$ 能级的分量,保留能级为 $0.7948\mu m$ 的光。此滤波器包含一个^{85}Rb 原子室,其能级与^{87}Rb 略有差别,因此两种气体都包含约 $0.7800\mu m$ 的跃迁。滤波后的光通过另外一个微波谐振腔内部的^{87}Rb 气体室,微波谐振腔的跃迁频率在 $F=2$ 和 $F=1$ 能级之间。在无射频信号作用在谐振腔上的情况下,气体几乎透明且放电波束到达光检波器时无衰减。6835MHz 射频信号的作用是激发从 $F=2$ 到 $F=1$ 的能级跃迁。那么,跃迁为低能级的原子随

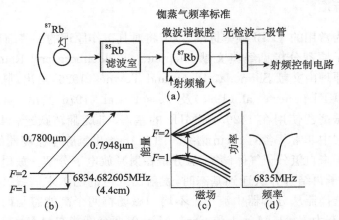

图 9.15 (a)铷蒸气室频率标准原理框图;(b)泵浦和微波跃迁;(c)微波跃迁的磁次能级与磁场的关系;(d)^{87}Rb 光的吸收线与微波频率的关系。选自文献 Vessot(1976)

后被滤波后的 ^{87}Rb 光泵浦到激发态。因此，^{87}Rb 光被吸收。惰性气体由惰性原子构成，惰性原子在谐振腔中与 ^{87}Rb 原子发生弹性碰撞。惰性气体将作用时间，即与谐振腔壁的平均碰撞时间延长至约 10^{-2} s，并产生 10^{2} Hz 宽度的吸收谐振。为最小化外部磁场的干扰，谐振腔为磁屏蔽。采用弱均匀磁场进行磁屏蔽，此时只有 $\Delta M_F=0$ 跃迁，其一阶多普勒频移为零。吸收谐振的谱线宽度为 $10^{2}\sim 10^{3}$ Hz。单独到达光子的散弹噪声导致白频率噪声。

射频信号为频率或相位调制，因此谐振谱线为连续扫描。控制电压通过调制信号与检波器信号的比较产生，并反馈给从动振荡器，驱动谐振腔校正其频率到谐振峰值处。

铷频率标准的优点是体积小、费用低且携带方便。铷频率标准有时用于 VLBI 小于 1GHz 情况。频率小于 1GHz 时，电离层对系统的稳定度起主要作用。在更高的频率下，铷频率标准性能退化。此时，铷频率标准用作主频率标准的备份，也可用于 OVLBI 航天器。当航天器与地面站的射频链接中断时，可降低时间的不确定性。

铯和铷类似，也是具有一价电子的碱性金属。铯频率标准用于定义原子时间标准，因此很重要。根据第二个原子时间的定义，铯的基态、自旋翻转跃迁的确切频率为 9192.631770MHz。铯气体的带状波束通过一个能级来选择磁铁。波束中 $F=3$ 能级的原子能够通过并进入谐振腔。铯频率标准比铷频率标准更大、更昂贵。铯频率标准的低信噪导致其短期稳定度较差。因此，铯频率标准不用于 VLBI 的本振控制。但是，铯频率标准具有非常好的长期稳定度并用于监测时间，也用于检验 VLBI 传输时间能力(Clark et al., 1979)。文献 Forman(1985)中阐述了铯波束谐振器的发展历史。

氢脉泽频率标准

氢脉泽为常用的 VLBI 频率标准，本节将对其工作原理的一些细节进行讨论。氢脉泽的量子原理分析见经典文献 Kleppner, Goldenberg and Ramsey(1962)。脉泽的基本原理由文献 Shimoda, Wang and Townes(1956)给出，脉泽建造的详细情况由文献 Kleppner et al.(1965)及 Vessot et al.(1976)给出。

氢脉泽振荡器使用在 1420.405MHz 的基态、自旋翻转跃迁，1420.405MHz 即为射电天文中非常著名的 21cm 谱线。图 9.16 给出氢脉泽振荡器的原理框图。脉泽的氢原子来自氢分子气体储箱，氢分子在射频放电下分解。放电中的气体被电离，当氢原子再结合并跃迁到基态时，发射出红色的巴尔末谱线。原子气体通过六极磁铁选择器从分解器中流出。不均匀磁场将两个高能态与两个低能态分离，两个高能态为 $F=1, M_F=1$ 和 $F=1, M_F=0$，两个低能态为 $F=1, M_F=-1$ 和 $F=0, M_F=0$。两个高能态原子波束直接进入微波谐振腔内的储存泡中。在此谐振腔内,频率为 1420.5MHz 的 TE_{011} 或 TE_{111} 模电磁波发生电磁振荡。在通过入射孔逃逸之前,原子在贮存泡中反射次数约为 10^5,衰竭的原子从低压系统中通过离子泵排出。谐振腔被多层高导磁率材料所包围,这些高导磁率材料对周围磁场具有屏蔽作用。在这些高导磁率材料里面为螺线管,产生弱均匀磁场。该磁场允许从 $(F=1, M_F=0)$ 到 $(F=0, M_F=0)$ 的跃迁,伴随跃迁会产生辐射。此外,该磁场使 $F=1, M_F=1$ 能级的跃迁最小化。对于 $\Delta M_F=0$ 的跃迁,不产生一阶塞曼效应(图 9.16)。如果谐振腔调谐到跃迁频率附近且损耗足够小,则脉泽将振荡。有源脉泽下,1420MHz 信号被谐振腔探针采集,并被用于晶振锁相。该晶振合成一个氢谱线频率信号。

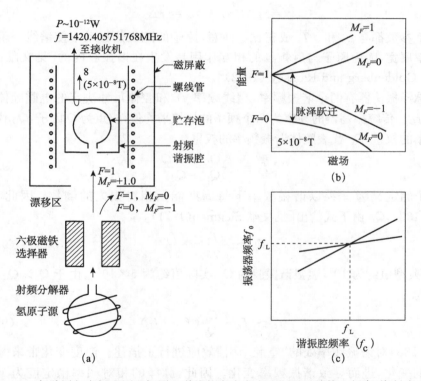

图 9.16 (a)氢脉泽频率标准原理框图。谱线频率为自由空间跃迁的静止频率,资料来自文献 Hellwig et al. (1970)。由于空腔牵引、二阶多普勒频移和壁移,实际频率通常会有 ~ 0.1Hz 的偏差。(b)21cm 跃迁的磁场次能级能量与磁场的关系曲线,选自文献 Vessot(1976)。(c)两种谱线宽度下[式(9.138)]谐振频率 f_0 与谐振腔频率 f_C 的关系曲线。曲线的交叉点可根据经验得到,该交叉点给出最佳工作频率

原子在贮存泡中的作用时间可用指数概率密度函数来描述

$$f(t) = \gamma e^{-\gamma t} \tag{9.133}$$

其中 γ 为总的弛豫速率。曲线近似洛伦兹谱线廓型,线宽(最大值的一半所对应的宽度)为 Δf_0,即 γ/π。对 γ 影响最大的是原子在入射口的逃逸率,其表达式为

$$\gamma_e = \frac{v_0 A_h}{6V} \qquad (9.134)$$

其中 $v_0 = \sqrt{8kT_g/m}$ 为粒子平均速度,T_g 为气体温度,m 为氢原子的质量,A_h 为入射口面积,V 为贮存泡的体积。γ_e 约为 $1 s^{-1}$。原子与贮存泡壁多次碰撞后失去相干性,引起的损失率为 $\gamma_w \simeq 10^{-4} s^{-1}$。氢原子之间的碰撞导致自旋交换弛豫,自旋交换弛豫速率为 γ_{se},正比于气体密度及 v_0。净弛豫率约为三个主要参数之和

$$\gamma = \gamma_e + \gamma_w + \gamma_{se} = \pi \Delta f_0 \qquad (9.135)$$

这三个参数都与 v_0 和 $\sqrt{T_g}$ 成正比。注意,原子的随机热运动不使谱线一阶多普勒频率展宽,因为原子与射频场的相互作用是发生在谐振腔内的[见文献 Kleppner, Goldenberg and Ramsey (1962)]。

脉泽振荡器有两个谐振频率,谱线频率 f_L 和腔体尺寸决定的电磁腔体谐振频率 f_C。传统振荡器的频率为两个频率的加权平均值,权重为 Q 因子,Q_L 代表谱线频率的权重,Q_C 代表腔体谐振频率的权重

$$f_0 = \frac{f_L Q_L + f_C Q_C}{Q_L + Q_C} \qquad (9.136)$$

Q 因子的定义为 π 乘以谐振频率下每周期能量相对损失的倒数。因此,利用式(9.133),Q_L 由下式给出[见文献 Siegman(1971)]:

$$Q_L \simeq \frac{\pi f_0}{\gamma} = \frac{f_0}{\Delta f_0} \qquad (9.137)$$

Q_L 的典型值约为 10^9,镀银谐振腔的 Q_C 实际值约为 5×10^4。由于 $Q_L \gg Q_C$,谐振频率为

$$f_0 \simeq f_L + \frac{Q_C}{Q_L}(f_C - f_L) \qquad (9.138)$$

式(9.138)对谐振频率处的"空腔牵引"效应进行了描述。温度变化带来谐振腔尺寸的变化,进而导致谐振频率变化。因此,脉泽的相对频率稳定度为 10^{-15},要求谐振腔的相对机械稳定度为 5×10^{-5}。因此,谐振腔尺寸的稳定度要达到 10^{-8} cm。谐振腔必须用热膨胀系数小的金属制成或者谐振腔温度必须仔细控制。此外,需要机械稳定度极好,以使大气压力的变化对谐振频率不产生影响。由于谐振腔里面要安装贮存泡,因此 TE_{011} 模的谐振腔为长和直径约为 27cm 的柱体,明显大于自由空间波长。谐振腔的粗调是通过调节谐振腔的底板完成的,精调是通过调节变容二极管完成的。从式(9.138)可以看出,当 f_C 设成 f_L,即不考虑 Q_C 与 Q_L 时,$f_0 = f_L$,此时脉泽频率最稳定。脉泽的优化调谐点可通

过 f_0 随 f_C 的变化曲线得到。根据式(9.138)，f_0 随 f_C 的变化曲线是斜率为 Q_C/Q_L 的直线。改变 Q_L（例如，改变气体压力来改变 γ）就会得到一组直线，这些直线在所需的频率点 $f_0 = f_L = f_C$ 交叉（图 9.16(c)）。有些系统用伺服机构来保持脉泽腔体连续调节。

图 9.13 和图 9.14 给出氢脉泽性能。对于小于 10^3 s 的周期，氢脉泽性能受限于两个基本过程：①谐振腔内部产生的热噪声导致的白频率噪声；②外部放大器的热噪声导致的白相位噪声。谐振腔内部产生的热噪声引起相对频率变化（阿伦方差）为

$$\sigma_{yf}^2 = \frac{1}{Q_L^2} \frac{kT_g}{P_0 \tau} \tag{9.139}$$

其中 P_0 为原子提供的功率（Edson, 1960；Kleppner, Goldenberg and Ramsey, 1962）。在谐振腔内部，也存在光子的离散辐射引起的散弹噪声。散弹噪声由阿伦方差 σ_{ys}^2 来表述，σ_{ys}^2 比 σ_{yf}^2 小 hf/kT_g 倍，在室温下 $hf/kT_g \simeq 2\times 10^{-4}$。自发射对噪声也产生少量贡献，等效于将 T_g 增加 $hf/k \simeq 0.07$ K。最后，脉泽接收机给信号增加的噪声功率 $kT_R \Delta f$ 在谐振腔外耦合进来。此噪声引入的阿伦方差为（Cutler and Searle, 1966）

$$\sigma_{yR}^2 = \frac{1}{(2\pi f_0 \tau)^2} \frac{kT_R \Delta f}{P_0} \tag{9.140}$$

这两个过程是相互独立的，因此阿伦净方差为 $\sigma_y^2 = \sigma_{yf}^2 + \sigma_{yR}^2$。图 9.14 中的数据明确给出两个过程的影响。需要注意的是，由于长期漂移，闪烁噪声的本底未被触及。可通过增加原子流量来改善氢脉泽的短期性能。增加原子流量将导致 P_0 增大。然而，增加原子流量也会增加原子自旋交换率，使 Q_L 降低，因此振荡器对空腔牵引的长期效应更加敏感。

由于几种效应的影响，脉泽频率不是精确等于原子跃迁频率的。这些影响限制了频率设置的准确度，并且大部分影响都和温度有关，会对闪烁频率噪声和频率随机游走噪声产生贡献。前文描述的空腔牵引是一种非常重要的影响，为减少空腔牵引的影响，谐振腔的调节必须非常小心。和空腔牵引一样，碰撞引起的自旋交换过程会产生随 Q_L 变化的频率偏移。因此，谐振腔调节过程也会消除此频率偏移。与谐振腔内壁碰撞产生的影响称为"壁移"。"壁移"很难预计并且有可能是对脉泽频率绝对精度产生限制的最终因素（Vessot and Levine, 1970）。"壁移"和温度及壁的镀膜材料有关，其相对值约为 10^{-11}。无一阶多普勒频移影响，但二阶多普勒频移的影响是存在的，这是因为二阶多普勒频移和 v^2/c^2 有关 [Kleppner, Goldenberg and Ramsey (1962)]。相对频率偏移约为 $-1.4\times 10^{-13} T_g$。最后，在 $(F=1, M_F=0)$ 到 $(F=0, M_F=0)$ 的能级跃迁中没有一阶塞曼效应。但是，二阶塞曼效应的相对频率偏移为 $2.0\times 10^2 B^2$，B 为磁感应强度，

单位为 T。

本振稳定度

本振信号是由锁相振荡器的信号乘以频率标准产生的。为避免引入附加噪声和频移,乘法器必须非常稳定,如 7.2 节所讨论。不良的乘法器对振动和温度都很敏感,并且可能会在功率谱线频率的谐波上产生调制。对于理想的乘法器,式(9.92)形式的信号转换成如下形式:

$$V(t) = \cos[2\pi M f_0 t + M\phi(t)] \tag{9.141}$$

其中 M 为乘法因子,f_0 为基频,ϕ 为频率标准的随机相位噪声。如果相位噪声很小,$M\phi(t) \ll 1$,则 $V(t)$ 的单边单功率谱由下式给出:

$$\mathcal{S}_f(f) = \delta(f - Mf_0) + M^2 \mathcal{S}_\phi(f - Mf_0) \tag{9.142}$$

其中 δ 为狄拉克函数,代表期望的信号,$\mathcal{S}_\phi$ 为相位噪声的功率谱。因此,噪声功率随乘法因子平方的增大而提高。一般情况下,$\mathcal{S}_f$ 可写成如下形式(Lindsey and Chie,1978):

$$\mathcal{S}_f(f) = \delta(f - Mf_0) + \sum_{n=1}^{\infty} \frac{M^{2n}}{n!}[\mathcal{S}_\phi(f - Mf_0) * \mathcal{S}_\phi(f - Mf_0) * \cdots] \tag{9.143}$$

上式方括号中的项包括 n 个相同函数的卷积。若式(9.143)只保留求和得到的第一项,则简化成式(9.142)。由于重复卷积,式(9.143)中的高阶项代表一系列高斯分量的近似。乘法器输出频率 Mf_0 的相位偏差的均方根值正比于输出带宽中噪声电压的均方根值,即正比于噪声功率的平方根值。因此 $\mathcal{S}_f$ 具有式(9.142)的形式时,相位波动的均方根值正比于 M。

相位定标系统

测试 VLBI 系统整体性能的一种方法是给接收机前端注入由频率标准单独提供的射频信号。可以利用来自于频率标准的 1MHz 的信号驱动阶跃恢复二极管,产生一个周期为 1μs 的脉冲串,从而得到射频测试信号。此信号在微波区间内产生 1MHz 间隔的谐波信号,在参考区间内所有谐波信号同相。当射频信号混频到基带时,注入的谐波信号之一的频率为 10kHz 量级,然后和频率标准的参考信号进行比较。由于相位定标信号电平足够低,只能被处理器中极窄带的(~10MHz 带宽)滤波器检测到,因此在 VLBI 记录过程中,相位定标信号可连续注入。定标可对电缆热效应导致的变化进行补偿(Whitney et al.,1976;Thompson and Bagri,1991;Thompson,1995)。连接单元干涉仪也采用类似方法进行相位定标。

时间同步

VLBI 站的时钟同步精度必须足够高,以避免耗时搜索干涉条纹。直至 1980

年左右,Loran C 广泛应用于监视 VLBI 站的时间。Loran 是 Long Range Navigation 的缩写,最初是第二次世界大战期间为航海开发的系统(Pierce,McKenzie and Woodward,1984),传输频率为 100kHz。用来自三个站的信号到达的相对时间确定观测者的位置。有关 Loran C 的详细讨论见文献 Frank(1983),其准确度从几百纳秒到几十微秒,取决于传输时间估计的精度。

地球定位系统(Global Positioning System,GPS)可以比 Loran 提供更高的精度。自 20 世纪 80 年代以来用于几乎所有的 VLBI 系统。GPS 中用户接收到很多频率为 1.23GHz 或 1.57GHz 的卫星信号。这些卫星的位置已知,且其时钟与协调世界时(UTC,见 12.3 节)同步。如果使用四颗卫星进行计时测量,并对大气传输影响进行校正,则用户可确定其位置的三维坐标及其时钟误差。民用用户可以获得的时间精度从十年前的 100ns(Parkinson and Gilbert,1983;Lewandowski and Thomas,1991)改进到~7ns,并且时间精度预计可进一步得到提高(Lewandowski,Azoubib and Klepczynski,1999)。有关时间传输问题的分析包括相对论效应等由文献 Ashby and Allan(1979)给出。有关 GPS 使用的总说明见文献 Leick(1995)。

以一年作为时间标尺,脉冲星观测的时间准确度达到 10^{-14}(Davis et al.,1985)。最后,最佳授时可以通过 VLBI 数据处理获得(Clark et al.,1979)。

9.6 记录系统

任何记录系统首先考虑的是信号的表现形式及与时间信息合并的方法。记录可以是模拟量或者数字量。多种数据存储技术可供使用。因为此技术适合于 VLBI 并广泛应用于其他场合,本节只讨论将信号数字记录到磁带上。

记录系统的一个基本参数是数据率 ν_b(bit·s^{-1})。此参数限制了在给定时间内能够记录的比特数量,也限制了连续观测的灵敏度。在连续观测中,潜在的中频带宽大于 $\nu_b/2N_b$,其中 N_b 为每个采样值的比特位数。信号的采样值有 Q 个量化电平,采样率为 β 倍的奈奎斯特采样率。对于 N 个采样,有 Q^N 个可能的数据结构,最少需要 $N\log_2 Q$ 个比特位。因此,如 8.3 节"量化方案比较"中所述,最大射频带宽为

$$\Delta f = \frac{\nu_b}{2\beta N_b} = \frac{\nu_b}{2\beta \log_2 Q} \tag{9.144}$$

在时间 τ 内获得的信噪比与 $\eta_Q \sqrt{\Delta f \tau}$ 成正比,其中 η_Q 为 8.3 节中介绍的量化效率。由式(9.144)有

$$\eta_Q \sqrt{\Delta f \tau} = \eta_Q \sqrt{\frac{\nu_b \tau}{2\beta N_b}} \tag{9.145}$$

如果 τ 为磁带的记录时间,则 $\nu_b \tau$ 等于磁带上记录的比特数量。因此,量 $\eta_Q/\sqrt{\beta N_b}$ 代表每个比特的性能,理想情况是达到其最大值。对于二阶或四阶量化采样,显而易见的编码方案是每个采样分别为1bit和2bit。对于三阶量化,由于用2bit(代表四个可能状态)编码一个采样(三个可能状态之一)是不充分的,所以会产生一个问题。将三个采样放入5bit或五个采样放入8bit产生的数据率分别为每个采样1.67bit和1.60 bit,数据率的理论优化值为 $\log_2 3 = 1.585$。几种编码方案下不同的 Q 和 β 值所对应的 $\eta_Q/\sqrt{\beta N_b}$ 列于表9.4。在奈奎斯特采样率下,虽然二阶和四阶量化采样给出几乎相同的性能,而三阶量化采样能够获得最高信噪比。

表9.4 不同量化阶数、采样率和编码方式[a]下信号表现形式的性能

信号表现形式		η_Q	N_b	$\dfrac{\eta_Q}{\sqrt{\beta N_b}}$
按照奈奎斯特采样率对信号采样($\beta=1$)				
二阶量化		0.637	1.0	0.637
三阶量化	理想编码[b]	0.810	1.585	0.643
	5个采样/8bit	0.810	1.60	0.640
	3个采样/5bit	0.810	1.667	0.627
	1个采样/2bit	0.810	2.0	0.573
四阶量化	所有量化	0.881	2.0	0.623
	忽略低阶量化	0.87	2.0	0.61
按照两倍奈奎斯特采样率对信号采样($\beta=2$)				
二阶量化		0.74	1.0	0.52
三阶量化	理想编码[b]	0.89	1.585	0.50
	5个采样/8bit	0.89	1.60	0.50
	3个采样/5bit	0.89	1.667	0.49
	1个采样/2bit	0.89	2.0	0.45
四阶量化	所有量化	0.94	2.0	0.47

a η_Q 为量化效率;N_b 为每个采样值的比特数;β 为过采样因子。
b N 个采样记录到 $N\log_2 3$ 个比特中

除了上述的采样数所使用的比特数是常数的编码方案外,也可采用所使用的比特数量取决于采样值的编码方案,即变长度编码。例如,文献 D'Addario (1984)中建议对+1、0和-1的编码采用二进制数分别为11、0、10的三阶量化。此二进制数据串的解码是唯一的,这是因为所有1bit表达式都是以0开始,所有2bit表达式都是以1开始。每个采样的平均比特位数与信号波形幅度

的概率分布和门限电平的设置有关。对于给定的比特位数,使信噪比达到最大的门限设置一般和 8.3 节的结论不一致,8.3 节是每个采样固定比特位数下的优化结果。对于 D'Addario 的编码方案,门限设置为 $\eta_Q=0.769$ 和 $N_b=1.370$ 比特/采样时,性能达到最佳,性能因子 $\eta_Q/\sqrt{\beta N_b}=0.657$。那么,与 1.6 比特/采样的方案相比,灵敏度增加约 3%。然而,比特位错误或改变幅度分布的干扰信号的影响更严重。最后,数据可以在一个大的模块中进行统计编码,那么理论上优化值 $N_b=1.317$ 比特/采样、$\eta_Q=0.769$,性能因子能够达到 0.670(D'Addario,1984)。

在实际中,综合考虑简单编码方案的需求和其他方面的设计需求,通常的结果是选择二阶量化。1968~1997 年美国研制的五个 VLBI 系统(Mark Ⅰ,Mark Ⅱ,Mark Ⅲ,VLBA 和 Mark Ⅳ)都采用了二阶量化采样。其中后两个系统也可采用四阶量化采样。对于谱线测量,其信号带宽小于记录系统带宽,多阶量化采样是有优势的。注意,利用记录系统的能力进行多阶量化采样比以高于奈奎斯特采样率的速率进行更快采样的效率更高(表 9.4)。

每个数据采样必须有隐性时间标签或者显性时间标签。数据比特位解码的误码率为 10^{-3} 是可接受的,但在时间轴上一个比特的位移是非常严重的缺陷,并且不可接受。在几乎所有记录系统中,数据都是以数据块方式进行记录的。每个新记录都始于一个精确的时刻,因此如果前面记录中数据流的时间配准丢失,可以将其恢复。这几个系统的记录长度分别为:Mark Ⅰ 为 0.2s(144000bit);Mark Ⅱ 为 16.7ms(66600bit);Mark Ⅲ 为 5ms(20000bit)。Mark Ⅰ 系统中使用了标准计算机磁带格式,记录准确度很高,任何比特位的时间都可以通过计算从开机记录时刻到该比特位的比特位数来获得,开机记录时刻为磁带开始记录时刻。Mark Ⅱ 系统中使用了录像机(Video Cassette Recorders,VCRs),数据记录带有自同步编码。Mark Ⅲ 系统中使用了模拟记录仪,数据传输本身就用作时钟。表 9.5 给出了几种系统的参数。除了 1971~1883 年使用的加拿大系统之外,所有系统的记录都是采用数字形式。Wietfeldt 和 D'Addario(1991)对表 9.5 中一些系统的兼容性进行了讨论。

表 9.5 VLBI 磁带记录系统参数

系统名称	使用时间	基本描述	磁带记录仪	采样率^a/($\times 10^6$ s)	磁带时长/min	参考文献
NRAO Mark I ^{b}	1967~1978	IBM 计算机兼容格式	Ampex TM-12	0.72	3.2	Bare et al. (1967)
NRAO Mark II (A)	1971~1978	数字 TV 记录仪	Ampex VR660C	4	190	Clark (1973)
NRAO Mark II (B)	1967~1982	数字 TV 记录仪	IVC 800	4	64	
NRAO Mark II (C)	1979~	视频盒式磁带记录仪	RCA VCT 500	4	246	
加拿大	1971~1983	模拟 TV 记录仪	IVC 800	8	64	Broten et al. (1967); Moran (1976)
MIT/NASA Mark III	1977~	模拟记录仪	Honeywell 96	112^c	13.6	Rogers et al. (1983)
MIT/NASA Mark III (A)	1984~	模拟记录仪	Honeywell 96^d	112^c	164	Clark et al. (1985)
NRAO VLBA	1990~	模拟记录仪	Honeywell 96^d	128^c	720^f	Hinteregger et al. (1991); Rogers (1995)
MIT/NASA Mark IV	1997~	模拟记录仪	Honeywell 96^d	1024	90	Whimey (1993); Rogers (1995)
S2(加拿大)	1992~	8 个视频盒式磁带记录仪		128	256	Wietfeldt et al. (1996); Cannon et al. (1997)
K-4(日本)	1990~	视频盒式磁带记录仪	Sony DIR-1000	256	63	Kawaguchi (1991)

a 二阶量化可用于上述所有系统,并且 VLBA 和 Mark IV 系统还可以采用四阶量化。
b 苏联也研制了一类似系统(Kogan and Chesalin,1981)。
c 使用 14 个 2MHz 或更窄带宽的基带转换器输出给上边带和下边带。
d 跟踪带宽为 40μs。也使用其他和 Honeywell 96 等效的模型。
e 平均速率。8 个 16MHz 或更窄带宽的基带转换器输出给上边带和下边带,一阶或二阶量化产生的数据率最高达到 1024Mbit·s^{-1}。
f 最低配置

9.7 处理系统与算法

VLBI 处理器有两个主要功能：①产生平缓的数据流；②对数据流进行互相关分析。由于机械回放系统的抖动，来自磁带记录仪的数据流的时基异常，最高可达 100μs，磁带缺陷可能会导致时基中断。处理器必须从自同步编码的时钟转换的解码或者从使用 1bit 同步器的数据转换获得准确的时基，并且必须有至少能够处理机械抖动的足够缓存。通过改变回放时间，可以利用最小缓存空间使几何延时得到修正。因此保留磁带中的数据，直至数据用于相关器。如果数据从磁带中同步读出，为补偿几何延时，采样缓存能力需要达到约 5×10^4 倍时钟速率，单位为 MHz。

VLBI 处理器相关器设计与传统干涉仪相关器设计的主要区别在于 VLBI 中条纹旋转和延时补偿通常是针对量化和采样的信号。信号数字化引入几项信噪比损耗因子：η_Q，与记录信号幅度量化相关的损耗因子，如 8.3 节所述；η_R，条纹旋转波形相位量化引入的损耗因子；η_S，由于相关器中有限延时带来的边带不完全抑制而引入的损耗因子；η_D，离散过程中几何延时补偿引入的损耗因子。

在记录之前，可对望远镜获得的模拟信号进行条纹旋转和延时补偿。如 6.1 节中针对连接单元阵列的"延时跟踪和条纹旋转"小节所述，条纹旋转可以通过在望远镜端对本振进行偏置来完成。这种设计的优点是只需要计算包含正负两种延时的实相关函数(8.7 节和 9.1 节)。因此只需要相关器电路的一半，另外数字条纹旋转也不会引入灵敏度损耗。这种设计的缺点是为避免天线主波束内射电源残留条纹频率的影响，相关器的输出必须在足够短的时间内进行平均。射电源在主波束半功率点处最大残留条纹频率为 $\Delta f_\mathrm{f} \simeq D\omega_\mathrm{e}/d$ [式(12.21)]，其中 D 为基线长度，d 为天线直径，ω_e 为地球自转角速度，单位为 rad/s。因此，相关器输出的平均时间必须小于 $1/(2\Delta f_\mathrm{f})$。例如，对于基线 D 等于地球直径，天线直径 $d=$ 25m，则平均时间不能超过 30ms。相关函数经过条纹旋转器后可再进行平均，条纹旋转器去除了残留条纹频率。另外，本振频率连续变化的望远镜单元必须仔细设计，使天体测量工作全阶段可靠。VLBI 系统的更多内容和处理算法见文献 Thomas(1981)和 Herring(1983)。

条纹旋转损耗(η_R)

条纹旋转用于降低相关信号条纹分量频率到接近于零(见 6.1 节中"延时跟踪和条纹旋转"小节)。此处的条纹频率包含频率标准偏移的影响。处理器中条纹旋转可通过几种方法实现，如图 9.17 所示。如果条纹旋转器放在相关器之后(图 9.17(a))，则相关器输出的相关函数的平均时间必须小于条纹周期。如果通过对天线端的本振进行偏置来降低条纹频率,则在相关器后只须一点点进一步的调整。那么,此方案是很方便的。否则,需要的平均时间很短而且相关器产生的数据率很高,则这种设计的吸引力大大降低。或者在相关之前,一路数据流通过数字单边带混频器,使信号的傅里叶分量偏移适当的条纹频率,如图9.17(b)所示。混频器中实施 90°相移且不引入频谱失真是非常困难的,因此此类条纹旋转器很少使用(另外参见 8.6 节)。图 9.17(c)所示的条纹旋转方案是经常使用的,但量化信号条纹旋转的应用会带来两个问题。首先,与信号相乘的条纹函数必须进行粗量化,以便进入相关器的每个采样的比特位数不会增加,这对方案(b)同样适用。其次,相乘会引入噪声边带。这部分内容将在下一节"条纹边带抑制损耗"中进行介绍。下面首先考虑第一个问题。

数据流和复函数 $\mathscr{F}$ 相乘,$\mathscr{F}$ 的实部和虚部分别为 $\mathscr{F}_R$ 和 $\mathscr{F}_I$,近似等于 $\cos\phi$ 和 $\sin\phi$,ϕ 为理想的相位函数。最简单的假设是这些函数为具有适当频率和相位

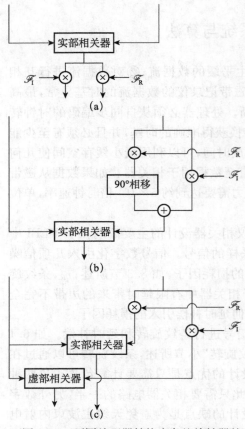

图 9.17 不同处理器结构中条纹旋转器的位置。条纹函数 $\mathscr{F}_R$ 和 $\mathscr{F}_I$ 分别用余弦和正弦表示,见相关讨论内容

的方波。那么,如图 9.18 所示,量化信号乘以幅度为常数,相位不是连续增加而是每 1/4 周期步进 90°的条纹旋转函数。那么,得到的可见度函数的相位分量在条纹频率上有 90°锯齿调制,有些类似于相位在±45°范围内均匀分布的相位噪声。因此,平均信号幅度降低 $\frac{\sin(\pi/4)}{(\pi/4)}=0.900$ 倍。计算信噪比损失的另一种方法是计算条纹旋转函数的谐波分量。$\mathscr{F}_R$ 或 $\mathscr{F}_I$ 一次谐波的幅度为 $4/\pi=1.273$。由于时间平均移除了除一次谐波外的其他谐波,因此只有和一次谐波混频的信号出现在处理器的输出中。那么,部分信号被分散到了条纹通道之外。被保留信号的百分比为一次谐波的功率与条纹旋转函数的总功率之比的平方根,即 $\sqrt{8}/\pi=0.900$,它代表信噪比损耗。由于条纹旋转器的作用,条纹幅度将增加,产生比例因子变化。因此,条纹幅度必须除以 $4/\pi$,得到 $\mathscr{F}_R$ 一次谐波的相对幅度。

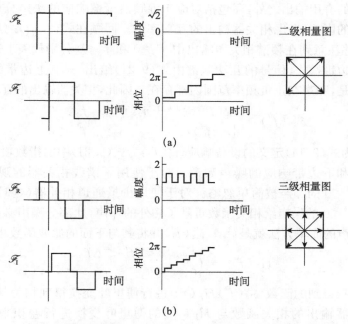

图 9.18 (a)二阶条纹旋转器的原理模型。$\mathscr{F}$ 的实部 $\mathscr{F}_R$ 与虚部 $\mathscr{F}_I$,近似为 $\cos\phi$ 与 $\sin\phi$(左),$\mathscr{F}$ 的幅度与相位(中间),$\mathscr{F}$ 的相量图(右)。(b)三阶条纹旋转器相应图形

比较好的条纹旋转函数为正弦函数的三阶量化近似(Clark,Weimer and Weinreb,1972),如图 9.18(b)所示。当条纹旋转函数等于零时,相关器被限制。$\mathscr{F}$ 的实部和虚部永远不会同时为零,因此所有数据的比特位最少使用一次。条纹旋转函数可以被视为一个矢量,其箭头端描绘出一个方形,相位跳变增加 45°,幅度在 $\sqrt{2} \sim 1$ 内交替变化。相位抖动的结果在±22.5°之间呈均匀分布,带来的信号幅度损耗为 $\sin(\pi/8)/(\pi/8)=0.974$。另外,向量幅度的变化引入了信号采样的非均匀权重,使信噪比进一步降低,降低因子为 $(1+\sqrt{2})/\sqrt{6}=0.986$。信噪比的净损耗为 0.960。信噪比的降低也等于 $\mathscr{F}_R$ 一次谐波功率除以总功率的平方根。$\mathscr{F}_R$ 的一次谐波为 $(4/\pi)\cos(\pi/8)=1.18$,为可见度函数修正的比例因子。此处的三阶条纹函数在很多 VLBI 处理器中使用。条纹周期分成 16 个部分来产生 $\mathscr{F}$,在 1/16 条纹周期的正整数倍时刻发生 $\mathscr{F}$ 的转换,转换位置不是最佳。但是,此近似的结果带来不超过 0.1%的附加损耗。注意,FX 相关器可以做成比延时相关器更容易接收多余 1 或者 2 比特/采样的输入数据。每个信号采样比特位越多,可使用的正弦和余弦函数的表达式就越精确。

条纹边带抑制损耗(η_s)

图 9.17(c)所示的数字条纹旋转器不是单边带混频器。因此,除了由条纹频

率造成频移的有用输出之外,还包括对应于混频器镜像响应的噪声分量输出。为理解此噪声的影响,考虑相关器输出的互功率谱。回顾在式(9.13)之后定义的中频频率 f',并注意到在频谱相关器输出中 $f'>0$ 和 $f'<0$ 分别代表上边带和下边带。对于上边带操作,信号的互功率谱由式(9.21)给出,只有上边带的互功率谱为非零。但是,噪声在正负频率范围内都存在。因此,相关器输出的互功率谱为

$$\mathcal{S}'_{12}(f') = \begin{cases} \mathcal{S}(f')e^{j\phi(f')} + n_u(f'), & f'>0 \\ n_1(f'), & f'<0 \end{cases} \tag{9.146}$$

其中 $\mathcal{S}(f')$ 为式(9.14)定义的设备响应,$j\phi(f')$ 为式(9.21)中的指数项,n_u 和 n_1 为上边带响应和下边带响应的噪声频谱。对于使用了谱线相关器的观测,计算了 $\mathcal{S}'_{12}(f')$ 且 $f'<0$ 的噪声被简单忽略。对于使用少量通道相关器(延时相关器)的连续观测,$f'<0$ 的噪声给相关函数贡献了额外的噪声,此部分噪声必须去除。去除 $f'<0$ 噪声的简单方法就是计算 $\mathcal{S}'_{12}(f')$ 并将其与下面的滤波函数相乘

$$H_F(f') = \begin{cases} 1, & 0<f'<\Delta f \\ 0, & \text{其他} \end{cases} \tag{9.147}$$

可通过对相乘得到的函数 $\mathcal{S}'_{12}(f')H_F(f')$ 进行傅里叶变换得到相关函数。另外,可通过相关器输出的相关函数与 $H_F(f')$ 的傅里叶变换进行卷积来进行滤波。$H_F(f')$ 的傅里叶变换为

$$h_F(\tau) = \Delta f e^{j\pi\Delta f\tau}\left(\frac{\sin\pi\Delta f\tau}{\pi\Delta f\tau}\right) \tag{9.148}$$

或者

$$h_F(\tau) = F_1(\tau) + jF_2(\tau) \tag{9.149}$$

其中 F_1 和 F_2 的定义见式(9.18)。卷积使期望的信号保持不变,但去除了下边带噪声。因此,所得到的相关函数仍然具有式(9.20)的形式,加上不能去除的上边带噪声。

$h_F(\tau)$ 的意义可以用另外一种方法去理解。相关器输出的相关函数是按照以 $(2\Delta f)^{-1}$ 为间隔的离散延时进行计算的。因此式(9.20)的相关函数在三个延时步长之后便得到半功率波束宽度。为了对相关函数的幅度和相位进行估计,不仅需要从 $\rho'_{12}(\tau)$ 峰值得到这些值,而且需要使用不同延时相关函数所提供的所有信息。$h_F(\tau)$ 为一个合适的插值函数,适当地对相关函数加权,在不同的延时下累加功率,给出对条纹幅度、相位和延时的优化估计。注意 $h_F(\tau)$ 和 $\rho'_{12}(\tau)$ 的形式是相同的,但幅度、相位和延时为未知量。这些未知量可通过匹配滤波过程或等效的相关函数与 $h_F(\tau)$ 卷积的最小二乘法分析来估计。然而,$\rho'_{12}(\tau)$ 仅在有限的延时步长下进行测量,丢失了一些信息,因此降低了信噪比。假设系统低通响应为矩形,且延时误差 $\Delta\tau_g$ 和 τ_e 为零,则相关函数在相关器延时范围的中心。设 M 为相关器延时步长的数量,损失因子 η_S 等于当相关函数的 M 值已知时的信噪比除以整个

函数已知时的信噪比

$$\eta_S = \frac{\sqrt{\sum_{k=-M'}^{M'} |h_F(\tau_k)|^2}}{\sqrt{\sum_{k=-\infty}^{\infty} |h_F(\tau_k)|^2}} \quad (9.150)$$

其中 $\tau_k = k/2\Delta f$，$M' = (M-1)/2$，M 为奇数。式(9.150)中的分母等于 $2\Delta f^2$ [式(A8.5)]，因此

$$\eta_S = \sqrt{\frac{1}{2} + \sum_{k=1}^{M'} \left[\frac{\sin\left(\frac{\pi k}{2}\right)}{\frac{\pi k}{2}}\right]^2} \quad (9.151)$$

对于 $M=1$，$\eta_S = 1/\sqrt{2}$ 的情况，对应的是没有图像被抑制。M 必须大于等于 3 才能检测到相关函数的峰值；$\eta_S = 0.975$ 时，$M \sim 7$，能满足大多数情况下的需求。注意，因为假设相关函数正好在相关器延时范围的中心，延时步长为 2，4，6，8，… 值时，相关函数为零。这意味着延时步长为 9 的延时相关器($M'=4$)不比延时步长为 7 的延时相关器($M'=3$)更好。在实际中，延时步长为 9 的延时相关器更好，这是因为在相关器中相关函数很少完全对齐。一般情况下，如果相关函数不是完全对齐，则 η_S 小于式(9.151)给出的值(Herring，1983)。

离散延时步长损耗(η_D)

为调整比特流引入的延时按采样速率量化，采样速率假设为奈奎斯特采样率，因此，出现周期性的锯齿状延时误差，误差幅度为峰峰值，周期等于采样周期。此效应就是已知的相对位移误差。延时误差导致作为基频函数的周期相位位移的出现，如图 9.19 所示。相位误差的峰峰值为

$$\phi_{PP} = \frac{\pi f'}{\Delta f} \quad (9.152)$$

锯齿频率正比于条纹频率且其最大值为

$$f_{ds(max)} = \frac{2\Delta f D \omega_e}{c} \quad \text{(每秒延时步数)} \quad (9.153)$$

其中 D 为基线长度，ω_e 为地球自转角速度，单位为 rad·s^{-1}。如果对此效应不作任何修正且条纹幅度在多个 $1/f_{ds}$ 时间进行平均，则任意频率 f' 处的相位在 ϕ_{PP} 内为均匀分布。作为基频函数的幅度损失如下：

$$L(f') = \frac{\int_0^{\phi_{PP}/2} \cos(\phi_{PP}/2)\,d\phi}{\int_0^{\phi_{PP}/2} d\phi} = \frac{\sin(\phi_{PP}/2)}{\phi_{PP}/2} \quad (9.154)$$

带宽 Δf 内基带响应的净信噪比损失因子由式(9.152)和式(9.154)可得

$$\eta_D = \frac{1}{\Delta f} \int_0^{\Delta f} \frac{\sin(\pi f'/2\Delta f)}{\pi f'/2\Delta f} \mathrm{d}f' = 0.873 \qquad (9.155)$$

除非条纹幅度在若干整数条纹周期时间内进行了平均,否则会存在残留相位误差,条纹幅度随着平均周期数的增加而降低。当条纹频率接近零时,相位误差非常显著。

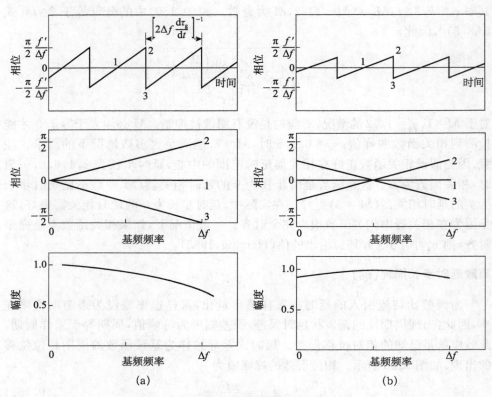

图 9.19 离散延时步长影响

(a)适用于条纹旋转器纠正零基频的相位时的情况,(b)适用于当延时变化一个奈奎斯特采样时,条纹旋转器有 $\pi/2$ 相移时的情况。上面的曲线为基频 f 下相位随时间的变化曲线,中间的曲线为相位在三个不同时刻(1,2 和 3)随基带频率的变化曲线,下面的曲线为平均幅度随基频频率变化曲线

离散延时步长的影响可以进行补偿,并且不需要降低灵敏度。延时量化引起的延时误差是已知量,该误差会在互功率谱中引入相位倾斜。因此,如果互功率谱是在 $1/f_{ds}$ 的短时间周期内进行的计算,例如,在带宽 $\Delta f = 20\mathrm{MHz}$、基线长度为 5000km 时,时间周期短至 20ms[式(9.153)],那么可通过调整互功率谱相位的斜率来去除离散延时步长的影响。不论频谱如何计算,此修正在谱线中很容易完成。注意如果不进行此修正,频带高频段的灵敏度损失因子为 0.64,由式(9.154)给出。在此情况下,幅度响应应通过将互功率谱除以 $L(f')$ 进行补偿。在连续观

测中,由于需要傅里叶变换到频率域,然后再进行傅里叶反变换得到相关函数,所以有时忽略了对离散延时步长影响的修正。

部分补偿离散延时步长影响的一种方法是将频率从零移到 $\Delta f/2$,即基带的中心频率,此频率处相位不受干扰。条纹旋转器的相位增加 $\pi\Delta f\Delta\tau_s$,其中 $\Delta\tau_s$ 为延时误差。因此,对于一个采样周期内的延时变化,条纹旋转器相位跳变 $\pi/2$,则在频带边缘引起的灵敏度损失只有 0.90。在整个通带内的平均损失由类似于式(9.155)的公式给出,但是积分式中的积分上限变成 $\Delta f/2$,等于 0.966。对于对称带通响应,残留相位误差为零,这是因为在任何时刻通带内的净相移为零。

处理过程损耗总结

上述考虑的损耗因子均为乘性的,因此总的损耗由下式给出:

$$\eta = \eta_Q \eta_R \eta_S \eta_D \quad (9.156)$$

其中 η_Q 为量化损耗,η_R 为条纹旋转损耗,η_S 为条纹边带抑制损耗,η_D 为离散延时步长损耗。

如果到达相关器的每个信号通道都有条纹旋转器,由于条纹旋转器的相位不进行相关,则条纹旋转损耗为 η_R^2。表 9.6 给出损耗因子总结。例如,如果处理器是二阶量化采样($\eta_Q=0.637$),每个信号通道的条纹旋转器是三阶的($\eta_R=0.922$),11 通道相关函数($\eta_S=0.983$)及通带中心延时补偿($\eta_D=0.966$),则净损耗为 0.558。那么,灵敏度的值为相同带宽理想模拟系统的灵敏度值的 2 倍。

表 9.6　信噪比损耗因子

1. 量化损耗(η_Q)[a]	
(a)二阶	0.637
(b)三阶	0.810
(c)四阶,所有量化	0.881
2. 条纹旋转损耗(η_R)	
(a)二阶,单通道	0.900
(b)三阶,单通道	0.960
(c)二阶,双通道	0.810
(d)三阶,双通道	0.922
3. 条纹边带抑制损耗(η_S)	
(a)1 通道	0.707
(b)3 通道	0.952
(c)7 通道	0.975
(d)11 通道	0.983
4. 离散延时步长损耗(η_D)	
(a)频谱修正	1.000
(b)基带中心修正	0.966
(c)无修正	0.873

[a] 见 8.3 节

还有其他损耗因子这里没有讨论。通带响应实际上不完全是平的,或者大于奈奎斯特采样率一半以上的频率响应为零。这些偏差都会引入损耗,对于理想九极巴特沃思滤波器,这部分损失达到 2‰(Rogers,1980)。不同天线的频率响应也不完全匹配(7.3 节)。条纹旋转器的相位设置可以用适当的时间间隔进行精确计算并按照泰勒级数展开,此近似将引入周期相位跳变。本振可能会有电源谐波分量且噪声边带将一些条纹功率置于正常条纹滤波通道外。VLBI 研制的第一个十年里,η 的典型经验值约为 0.4(Cohen,1973)。

η 值代表信噪比的损耗。对于信号量化和条纹旋转引起的条纹幅度比例变化,条纹幅度必须进行修正。表 9.7 对用于条纹幅度的乘性归一化因子进行了总结。

表 9.7 归一化因子[a]

1. 量化[b]	
(a)二阶	1.57
(b)三阶	1.23
(c)四阶	1.13
2. 条纹旋转	
(a)二阶,单通道	0.786
(b)三阶,单通道	0.850
(c)二阶,双通道	0.617
(d)三阶,双通道	0.723

[a] 相关器输出乘以表中的值,以获得归一化相关函数。
[b] 见 8.3 节

9.8 带宽合成

对于大地测量和天体测量,几何群延时 τ_g 的测量越准确越好

$$\tau_g = \frac{1}{2\pi} \frac{\partial \phi}{\partial f} \tag{9.157}$$

对于单个射频通带,延时可通过利用直线拟合相位随互功率谱频率的变化来获得。延时的不确定性通常可用最小二乘法得到,即

$$\sigma_\tau = \frac{\sigma_\phi}{2\pi \Delta f_{\text{rms}}} \tag{9.158}$$

其中 σ_ϕ 为带宽 Δf 内的相位噪声均方根值,Δf_{rms} 为带宽均方根值,对于带宽为 Δf 的单通道,其 Δf_{rms} 等于 $\Delta f/(2\sqrt{3})$(附录 12.1)。σ_ϕ 可从式(6.64)计算得出,如果忽略处理过程损耗,式(9.158)变成如下形式:

$$\sigma_\tau = \frac{T_S}{\zeta T_A \sqrt{\Delta f_{\text{rms}}^3 \tau}} \tag{9.159}$$

其中 ζ 为常数,等于 $\pi(768)^{1/4} \simeq 16.5$[见式(A12.33)的推导],$T_S$ 和 T_A 分别为系统温度的几何平均及天线温度。通过在若干个不同的射电频率进行观测,可实现带宽 Δf_{rms}。可通过对信号带宽系统本振的 N 个频率轮流开关或者将记录信号分配给 N 个同步的射频通道来实现,这 N 个射频通道覆盖较宽频率范围。瞬时开关方法的缺点是在开关的过程中的相位变化使延时估计准确度降低或产生偏差。此方法一般称为带宽合成(Rogers,1970,1976)。

在实际系统中,来自少数(~ 10)射频通道的信号被记录。确定这些通道频率优化分布的问题和 5.5 节讨论的寻找线阵的最小冗余天线间距分布的问题类似。然而,实际系统并不需要从单元频率间距到最大频率间距之间的所有间距,一些频率空隙不一定产生有害影响。从频谱角度出发,希望通道的排列间隔按几何顺序逐渐增加,以便使相位从一个通道外插到下一个通道,如图 9.20 所示,在相位连接过程中不存在 2π 相位模糊。带宽的均方根值主要取决于单元间距,单元间距和最小信噪比有关。类似于式(9.159),由式(9.158)可得多通道系统的延时准确度。由式(9.158)计算时,不满足 $\Delta f_{\text{rms}} = \Delta f/(2\sqrt{3})$ 的条件。因此可得

$$\sigma_\tau = \frac{T_S}{2\sqrt{2}\, T_A \sqrt{\Delta f \tau}\, \Delta f_{\text{rms}}} \tag{9.160}$$

其中 Δf_{rms} 为合成系统的典型带宽,约为总频率间隔的 40%,Δf 为总带宽,τ 为每个通道的积分时间。为避免相位连接问题,可从不同通道测量的互功率谱[式(9.21)]构成一个等效延时函数

$$D_R(\tau) = \sum_{i=1}^{N} \int_0^{\Delta f} \mathcal{S}_{12i}(f - f_i) e^{j2\pi f \tau} df \tag{9.161}$$

其中 f_i 为相对最低本振频率的本振频率,$f - f_i$ 为基带频率。$|D_R(\tau)|$ 的最大值给出干涉仪延时的最大似然估计(Rogers,1970)。设测量频率处的 $\mathcal{S}_{12} = 1$、其他频率处 $\mathcal{S}_{12} = 0$,从式(9.161)计算可得先验归一化延时解析函数,即

$$|D_R(\tau)| = \Delta f \frac{\sin \pi \Delta f \tau}{\pi \Delta f \tau} \left| \sum_{i=1}^{N} e^{j2\pi f_i \tau} \right| \tag{9.162}$$

辛格函数包络即单通道的延时解析函数。f_i 频率的选择应使 $D_R(\tau)$ 的宽度最小,同时禁止旁瓣峰值超过与主瓣峰值混淆的一定电平。当信噪比较低时,最小单元间距约为单通道带宽的四倍。五通道系统的延时解析函数如图 9.21 所示。

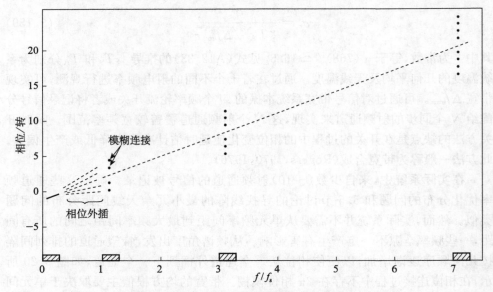

图 9.20　带宽合成系统的条纹相位随频率的变化曲线

相位测量是在离散通道上进行的,通道之间的频率间距为基本通道频率间距 f_s 的倍数,相位改变的不确定性增加了式(9.161)定义的延时解析函数的旁瓣,如图 9.21 所示

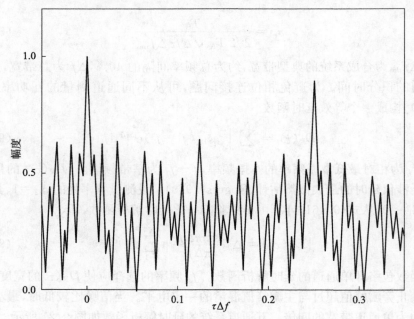

图 9.21　五通道系统的延时解析函数

系统单元间距 $f_s=4\Delta f$,间距分别为 $0,1f_s,3f_s,7f_s$ 和 $15f_s$,如图 9.20 所示。在 $\tau\Delta f=0.25$ 处的栅瓣只须减少到小于 1 以避免延时模糊

爆发模式观测

对于某些观测,将观测时间限制在短爆发时间内是有优势的,在此期间的比特率远高于磁带记录仪所限制的平均数据采集率[文献 Wietfeldt and Frail (1991)]。脉冲星观测时,脉冲辐射的持续时间典型值约为总时间的 3%,因此只在脉冲爆发的时间进行数据记录,带宽可比连续观测最大带宽增加约 33 倍。此技术需要使用高速采样器、高速存储器,以及每个天线使用脉冲定时电路。在脉冲期间数据以较低速率连续读出。如果两种数据率之比为因子 w,则固定速率观测的带宽增加倍数与此因子相同。对于脉冲星,采用此技术使灵敏度得到提高,提高因子为 w,其中 $\sqrt{w}$ 是由带宽增加导致的。另外的 $\sqrt{w}$ 是由非脉冲爆发期间噪声没有被记录导致的。第二个 $\sqrt{w}$ 因子的获得只须将非脉冲爆发期间数据删除,不用增加数据率。爆发模式观测对于天体测量学和大地测量学也非常有用,因为此模式可增加大地延时测量的准确度。爆发模式用于毫米波段连续射电源的观测也是基于此原因。

9.9 VLBI 单元的相控阵

相控阵为一组天线,各天线单元接收的信号被合成,如图 5.4 所示。可以调整来自每个天线的信号相位和延时,使来自天空某特定方向的信号能够同相合成,从而使灵敏度最大。考虑将相控阵作为 VLBI 单元使用具有重要意义,原因如下:首先单元连接合成孔径阵列的天线单元可构成相控阵,能够改善将各天线单元作为单个站的甚长基线干涉仪的信噪比;其次,如果希望接收面积很大的天线单元所在的每条基线都具有高信噪比,则建造相控阵要优于建造单个天线,因为抛物面反射天线的成本约按天线直径的 2.7 次方增加(Meinel,1979)。

合成阵列(如 Westerbork 干涉阵、甚大射电望远镜(Very Large Array,VLA)等也被用作相控阵)为 VLBI 系统中的一个单元提供大的收集面积。阵列同相包括对来自天线信号的相位和延时进行调节,以补偿期望方向波前的不同几何路程差。通过合成图像中使用的延时和条纹旋转系统很容易实现阵列同相,然后信号相加并进入 VLBI 记录仪。

下面对模拟单一大口面天线的相控阵的性能进行分析。考虑 n_a 个理想天线单元组成的阵列,其系统温度为 T_S,对于给定射电源的天线温度为 T_A,阵列中最长基线对给定射电源不可分辨。相加电路的输出为

$$V_{\text{sum}} = \sum_i (s_i + \varepsilon_i) \qquad (9.163)$$

其中 s_i 和 ε_i 分别代表来自天线 i 的随机信号电压和随机噪声电压。假设 $\langle s_i \rangle =$

$\langle\varepsilon_i\rangle=0$,并忽略常数增益因子,则可得$\langle s_i^2\rangle=T_A$及$\langle\varepsilon_i^2\rangle=T_S$。合成信号的功率可用式(9.163)的平方均值来表示

$$\langle V_{\text{sum}}^2\rangle = \sum_{i,j}\left[\langle s_is_j\rangle + \langle s_i\varepsilon_j\rangle + \langle s_j\varepsilon_i\rangle + \langle\varepsilon_i\varepsilon_j\rangle\right] \tag{9.164}$$

如果阵列精确同相,即$s_i=s_j$,同时考虑观测不可分辨射电源,则$\langle s_is_j\rangle=T_A$。如果阵列不同相,即信号在合成点的相位是随机的,则仅在$i=j$的情况下$\langle s_is_j\rangle=T_A$,其他情况下$\langle s_is_j\rangle$为零。不论上述哪种情况,都有$\langle s_i\varepsilon_i\rangle=0$及$\langle\varepsilon_i\varepsilon_j\rangle=0$,则式(9.164)可简化成如下形式:

$$\langle V_{\text{sum}}^2\rangle = n_a^2 T_A + n_a T_S \quad (\text{阵列同相}) \tag{9.165}$$

$$\langle V_{\text{sum}}^2\rangle = n_a T_A + n_a T_S \quad (\text{阵列不同相}) \tag{9.166}$$

等式右边的第一项代表信号,第二项代表噪声。当阵列同相时,信噪比为$n_a T_A/T_S$;如果不同相,则信噪比为T_A/T_S。因此,相控阵的接收面积等于每个天线接收面积之和,但如果不同相,平均而言,相控阵的接收面积等于单个天线的接收面积。

一个有意义的问题是:如果每个天线的有效接收面积及(或)系统噪声温度不同,则每个天线的灵敏度都不同。这是关系到实际应用的重要问题,即使对于各个天线单元都相同的阵列,因为维护或升级程序也可使天线单元灵敏度产生差异。考虑一个相控阵,每个天线的系统温度和接收温度分别用T_{Si}和T_{Ai}表示。此处的T_{Ai}定义为来自单位流量密度点源的信号,因此T_{Ai}为天线独有的特性,与接收面积成正比。此处只考虑小信号情况,即$T_A\ll T_S$。来自流量密度为S的射电源的信号在天线单元i的输出电压为$V_i=s_i+\varepsilon_i$,可写成$\langle s_i^2\rangle=ST_{Ai}$和$\langle\varepsilon_i^2\rangle=T_{Si}$。

将每个天线的输出看作是射电源流量密度的测量值是合适的,该测量值等于V_i^2/T_{Ai}。期望每个天线对流量密度为S的射电源的测量值都相同,相应的信号电压为$\sqrt{S}=V_i/\sqrt{T_{Ai}}$,噪声电压为$\varepsilon_i/\sqrt{T_{Ai}}$。阵列输出的某天线与其他VLBI天线的互相关中,相关器输出的信噪比正比于阵列信号的电压信噪比。实际上,在阵列中合成信号电压$\sqrt{S}$的估计中,我们对信噪比最大化更感兴趣。因为阵列天线不是完全相同的,在信号合成时将使用权重因子w_i。权重因子的选取应使合成阵列信号的电压信噪比最大,即

$$\mathcal{R}_{\text{sn}} = \sum_i \frac{w_i V_i}{\sqrt{T_{Ai}}} \bigg/ \sqrt{\sum_i \frac{w_i^2 T_{Si}}{T_{Ai}}} \tag{9.167}$$

注意,我们加入了信号电压和噪声电压均方根值(rms)的平方。选择权重因子使$V_i/\sqrt{T_{Ai}}$的信噪比最佳,等效于在一组测量中获得测量值最佳估计的数学问题,每次测量的均方根值误差不同但已知。优化过程就是取平均值,取平均的过程中每个测量结果权重与测量误差方差成反比[式(A12.6)]。V_i的方差与T_{Si}成正比,因此$V_i/\sqrt{T_{Ai}}$的方差为T_{Si}/T_{Ai}。因此将$w_i=T_{Ai}/T_{Si}$代入式(9.167),得

$$\mathcal{R}_{\mathrm{sn}} = \sum_i \frac{V_i}{\sqrt{T_{Ai}}} \frac{T_{Ai}}{T_{Si}} \Big/ \sqrt{\sum_i \frac{T_{Si}}{T_{Ai}} \left(\frac{T_{Ai}}{T_{Si}}\right)^2}$$

$$= \sum_i \frac{V_i \sqrt{T_{Ai}}}{T_{Si}} \Big/ \sqrt{\sum_i \frac{T_{Ai}}{T_{Si}}} \tag{9.168}$$

注意分子中的 V_i 乘以 $\sqrt{T_{Ai}}/T_{Si}$，此系数即信号合成中灵敏度优化的电压权重因子。此结论与 Dewey(1994) 分析结果一致 (注意在合成端口，信号电压权重因子不是 w_i，而是 $w_i/\sqrt{T_{Ai}}$)。相应的合成端口信号功率权重因子与 T_{Ai}/T_{Si}^2 成正比。

在合成阵列如 VLA 中，每个来自天线的中频信号以相同功率电平 (信号加噪声) 输入给数字采样器，然后进行信号合成，这样时间延时被以数字方式插入。因此，为避免修改接收机系统 (为合成图像而设计)，当阵列用于相控阵模式时，信号以相同的功率进行合成。考虑 $T_A \ll T_S$ 的情况，相应的权重因子为 $w_i = 1/\sqrt{T_{Si}}$，信噪比变成如下形式：

$$\mathcal{R}_{\mathrm{sn}2} = \sum_i \frac{V_i}{\sqrt{T_{Ai} T_{Si}}} \Big/ \sqrt{\sum_i \frac{1}{T_{Ai}}} \tag{9.169}$$

等功率权重提供的灵敏度与优化权重提供的灵敏度通常相差在几个百分点之内。

信号合成中使用优化权重，所有天线都对增加信噪比产生贡献。使用其他权重时，总灵敏度的改善可能是通过忽略性能不佳的天线来实现的。Moran(1989) 对等功率权重中的此效应进行了研究。为简化条件，假设所有天线的 T_A 都相同，只是 T_S 不同，考虑一个阵列正在对接收机输入端进行升级，n_1/n_a 输入级进行了改造，使系统噪声温度从 T_S 降低到 T_S/ξ。当一定比例的天线改造完成后，由于没有改造的天线输入级噪声大，所以将没有改造的天线忽略掉会改进阵列灵敏度。若 T_A 不变，则每个天线接收到的电压信号可以用 V 表示，等功率权重信噪比的表达式 (9.169) 变成如下形式：

$$\mathcal{R}_{\mathrm{sn}2} = \frac{V}{\sqrt{N}} \sum_i \frac{1}{\sqrt{T_{Si}}} \tag{9.170}$$

n_1 个天线改造后与改造前信噪比之比为

$$\frac{\mathcal{R}_{\mathrm{sn}2}(n_1 \text{ 个改造天线})}{\mathcal{R}_{\mathrm{sn}2}(\text{所有 } n_a \text{ 个天线})} = \frac{1}{\sqrt{n_1}} \left[\frac{n_1 \sqrt{\xi}}{\sqrt{T_S}}\right] \Big/ \frac{1}{\sqrt{n_a}} \left[\frac{n_1 \sqrt{\xi}}{\sqrt{T_S}} + \frac{n_a - n_1}{\sqrt{T_S}}\right] \tag{9.171}$$

如果上述表达式大于 1，则没有改造的天线应该被忽略，成立条件如下：

$$\frac{n_1}{n_a} > \left(\frac{\sqrt{\xi}}{2} + \sqrt{1 - \sqrt{\xi} + \frac{\xi}{4}}\right)^{-2} \tag{9.172}$$

图 9.22 给出了 n_1/n_a 与 ξ 之间的关系曲线。那么，如果改造后 T_S 降低为原来的 $1/6$，则当一半天线改造后其他天线应被忽略。然而，除非 $\xi > 4$，否则所有天线都应保留。在实际中，4 倍改进将是异常巨大的改进，因此忽略天线几乎没什么用。基于式

(9.168)的类似分析表明,通过忽略天线不会使优化权重的灵敏度得到改进。

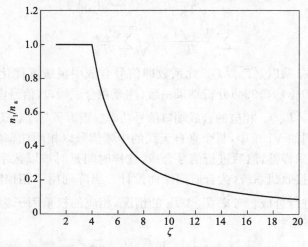

图9.22 等功率权重相控阵中,改造后的天线占全部天线的比例为 n_1/n_a,系统噪声温度的降低因子必须达到 ζ 以后,才能忽略没有改进的天线

资料来自 Moran(1989), © 1989 by Kluwer Academic Publishers,允许转载

在 VLBI 中的磁带记录中,相控阵的输出一般要重新量化以减少比特数。第一次信号量化是在信号合成之前,引入量化噪声。当天线数量较多时,信号合成后噪声的概率趋于高斯分布。因此对于这种阵列,重新量化带来的灵敏度额外损失接近于第 8 章得出的 η_Q 值,此结论是基于高斯噪声假设的。对于其他情况,重新量化带来的灵敏度额外损失见文献 Kokkeler, Fridman and van Ardenne (2001)。

9.10 在轨 VLBI(OVLBI)

不论是天基还是地基的 VLBI 站,其基本需求包括计时系统,因此和每个接收信号数字采样有关的时间可被恢复,并且天线的位置精确已知,以便确定条纹频率(但不需要确定条纹相位)。在几十到几百秒相干时间内,计时系统必须稳定到接收信号频率周期的几分之一。如果无法将高精度频率标准安装到卫星上,则必须采用相同稳定度的计时链路。在卫星上,此计时系统提供本振和采样时钟,其建立是 OVLBI 中主要的技术挑战。卫星的径向运动引入多普勒频移,切向运动引起链路相对大气异常区的移动。一个或多个参考频率通过射频链路传输到卫星。任何时刻卫星的位置可通过标准轨道跟踪过程获得,准确度为几十米。此位置准确度足以确定基线的 (u,v) 坐标,但不足以满足计时准确度的需求。为解决计时问题,需要通过射频链路引入往返相位系统。原理上与 7.2 节电缆中采用的往返系统相同。计时系统基本需求的讨论见文献 D'Addario(1991)。

图 9.23 是卫星和地面站系统的一个简单例子,图中给出系统的关键功能。此例子中频率标准不包括在卫星中。地面站的频率标准给频综 S_X 提供参考频率,频综 S_X 给卫星传输信号。此信号给频综 S_y、S_L 和 S_s 提供参考,三个频综分别产生往返相位测量信号、射电接收机的本振信号和采样时钟信号。来自 S_y 的信号辐射到地面站,其相位在相关器中与本地产生的同频信号的相位进行比较。相关器输出为 $\Delta\tau$ 的测量值,即往返路径延时变化。来自航天器射电望远镜的信号经低噪声放大器、滤波器和混频器,混频器通过来自 S_L 的本振信号将混频器输入信号转换成中频信号,然后中频信号经过中频放大器、采样器和量化器 $Q(x)$。计数器 n 由来自于频综 S_s 的采样器时钟信号驱动并提供计时信号。采样器、量化器和计数器提供了每个数据采集时刻、格式信息的记录以及卫星所需要的其他计时功能。计数器 n_g 提供了地面站的计时功能。此方案的复杂性总结如下:

(1)往返相位测量往返路径的长度,测量的不确定性为波长的整数倍,能够提供路径长度连续变化的测量值;

(2)除非卫星上的三个频综产生的频率为一个或多个参考频率(因此在频综中可不用分频处理)的谐波分量,否则频综产生信号的相位是不确定的;

(3)由于路径的离散性或电子线路方面的不同,参考频率和数据的传输时间可能不同。

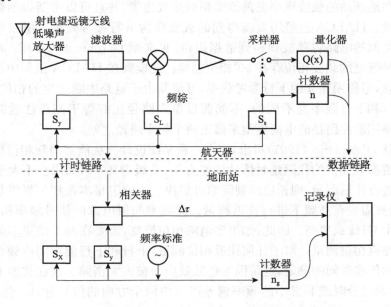

图 9.23 OVLBI 航天器和地面站基本信号传输和处理流程

进一步说明见文中内容。资料来自文献 D'Addario(1991),© 1991 IEEE

当卫星和地面站之间的链接不连续时,这些限制因素会引发问题。在观测期间,如果卫星和地面站之间的链接是连续的,则一旦找到条纹,不确定性引起的综合效应就会被确定。路径变化的连续监测能够使此方案的适用性扩展到整个观测期间。然而,如果由于干扰、大气效应或设备问题等产生信号中断,当再次获得信号时,就会产生频综锁相环失锁和相位不连续。如果往返跟踪中断很长时间,则需要重新搜索条纹。

第一颗作为轨道单元用于 VLBI 阵列而专门设计的日本 HALCA 卫星于 1997 年开始运行(Hirabayashi et al., 1998)。HALCA 的一些参数选择如下:
(1) 观测频率:1.7GHz,5GHz,22GHz;
(2) 观测总带宽:64MHz(最大);
(3) 参考频率(地面-卫星):15.3GHz;
(4) 参考频率(卫星-地面):14.2GHz;
(5) 数据下行载波频率:14.2GHz;
(6) 数据率:128Mbps①(最大);
(7) 数据调制体制:QPSK(四相相移键控)。

在 QPSK 数据调制中,载波相位取 90°,180°,270°和 360°中的一个值,即代表 2bit。相位值以 64MHz 频率在各个值之间轮流切换,对于窄带,切换频率也可以是 32MHz 或 16MHz。由于数据值本质上是随机的,载波矢量经多个周期平均后为零。在地面站的载波频率振荡器锁相到接收边带,并且可以重新得到数字数据流和载波。HALCA 卫星用重新得到的载波作为下行参考频率。用四相科斯塔斯环或类似的电路将载波锁相到数据边带[见文献 Gardner (1979)]。从 QPSK 调制信号恢复的载波相位存在 90°相位模糊。此模糊在 HALCA 工程中没有带来严重问题,但使用独立的下行参考频率,可消除由于链路中断产生的相位不连续。由于上行和下行频率是不同的,不能假设单向路径正好等于测量往返路径的一半。需要用沿此路径的电离模型来修正两个频率路径之差。

文献 D'Addario (1991)指出,存在一种系统设计方法能够消除相位模糊。卫星的轨道参数提供的往返延时估计精度为 $\delta\tau$,量级为 10^{-7}s,如果在不大于 $\delta\tau^{-1}$ Hz 频率下进行往返测量,则相位模糊问题可解决。为给卫星本振相位提供足够高的精度,仍然需要在高频下进行往返测量。此频率与射电源的信号频率相同,即可能是几十 GHz 或更高。因此,如果要消除相位模糊,需要在两个或更多频率上进行系统往返相位测量。对于任何往返相位测量,上行和下行使用同一频率将大大简化单向传输时间的确定,这是因为色散效应将被大大消除。这在技术上是可行的,因为通过分时或非常小的频率偏差可以将两个方向的信号分开。然而,国际

---

① 1Mbps=1Mbit·s^{-1}。

无线电规则一般对两个方向的传输分配了不同的频率波段。因此,在两个频率下测量往返路径对确定中子和离子介质对传输时间的相对贡献变得很重要。如果在卫星上有高稳定度的频率标准,则可将其作为主时钟,或者作为无线链路计时系统的备份,在卫星链路中断时进行守时。带来的影响是使在轨时钟的使用复杂化,当卫星通过不同地球重力场区域时,在轨时钟随地面站的时钟而变化(Ashby and Allan,1979;Vessot,1991)。

OVLBI 中的相关器在原理上和地面 VLBI 相同,但要具备处理大的多普勒频移、时间延时以及与空间站有关的参量变化率的能力。针对 OVLBI 的延时型相关器的设计由文献 Carlson et al. (1999)给出。

参 考 文 献

Biraud, F., Ed., *Very Long Baseline Interferometry Techniques*, Cepadues, Toulouse, France, 1983.

Chi, A. R., Ed., *Proc. IEEE*, Special Issue on Frequency Stability, 54, No. 2, 1966.

Enge, P. and P. Misra, Eds., *Proc. IEEE*, Special Issue on Global Positioning System, 87, No. 1, 16-172, 1999.

Felli, M. and R. E. Spencer, Eds., *Very Long Baseline Interferometry*, *Techniques and Applications*, NATO ASI Series, Kluwer, Dordrecht, 1989.

Hirabayashi, H., M. Inoue, and H. Kobayashi, Eds., *Frontiers of VLBI*, Universal Academy Press, Tokyo, 1991.

Jespersen, J. and D. W. Hanson, Eds., *Proc. IEEE*, Special Issue on Time and Frequency, 79, No. 7, 1991.

Kroupa, V. F., Ed., *Frequency Stability: Fundamentals and Measurement*, IEEE Press, New York, 1983.

Morris, D., Ed., *Radio Sci.*, Special Issue Devoted to the Open Symposium on Time and Frequency, 14, No. 4, 1979.

Zensus, J. A., P. J. Diamond, and P. J. Napier, Eds., *Very Long Baseline Interferometry and the VLBA*, Astron. Soc. Pacific Conf. Ser., 82, 1995.

引 用 文 献

Allan, D. W., Statistics of Atomic Frequency Standards, *Proc. IEEE*, 54, 221-230, 1966.

Ashby, N. and D. W. Allan, Practical Implications of Relativity for a Global Coordinate Time-Scale, *Radio Sci.*, 14, 649-669, 1979.

Bare, C., B. G. Clark, K. I. Kellermann, M. H. Cohen, and D. L. Jauncey, Interferometer Experiments with Independent Local Oscillators, *Science*, 157, 189-191, 1967.

Barnes, J. A., A. R. Chi, L. S. Cutler, D. J. Healey, D. B. Leeson, T. E. McGunigal, J. A. Mullen, W. L. Smith, R. L. Sydnor, R. F. C. Vessot, and G. M. R. Winkler, Characterization of Frequency Stability, *IEEE Trans. Instrum. Meas.*, IM-20, 105-120, 1971.

Berkeland, D. J., J. D. Miller, J. C. Bergquist, W. M. Itano. and D. J. Wineland, Laser-Cooled Mercury Ion Frequency Standard, *Phys. Rev. Lett.*, 80, 2089-2092, 1998.

Blair, B. E., *Time and Frequency: Theory and Fundamentals*, NBS Monograph 140, U. S. Government Printing Office, Washington, DC, 1974, pp. 223-313.

Broten, N. W., T. H. Legg, J. L. Locke, C. W. McLeish, R. S. Richards, R. M. Chisholm, H. P. Gush, J. L. Yen, and J. A. Galt, Long Baseline Interferometry: A New Technique, *Science*, 156, 1592-1593, 1967.

Cannon, W. H., The Classical Analysis of the Response of a Long Baseline Radio Interferometer, *Geophys. J. R. Astron. Soc.*, 53, 503-530, 1978.

Cannon, W. H., D. Baer, G. Feil, B. Feir, P. Newby, A. Novikov, P. Dewdney, B. Carlson, W. P. Petrachencko, J. Popelar, P. Mathieu, R. D. Wietfeldt, The S2 VLBI System, *Vistas in Astronomy*, 41, 297-302, 1997.

Carlson, B. R., P. E. Dewdney, T. A. Burgess, R. V. Casoro, W. T. Petrachenko, and W. H. Cannon, The S2 VLBI Correlator: A Correlator for Space VLBI and Geodetic Signal Processing, *Pub. Astron. Soc. Pacific*, 111, 1025-1047, 1999.

Clark, B. G., Radio Interferometers of Intermediate Type, *IEEE Trans. Antennas Propag.*, AP-16, 143-144, 1968.

Clark, B. G., The NRAO Tape-Recorder Interferometer System, *Proc. IEEE*, 61, 1242-1248, 1973.

Clark, B. G., R. Weimer, and S. Weinreb, *The Mark II VLB System*, NRAO Electronics Division Internal Report 118, National Radio Astronomy Observatory, Green Bank, WVA, 1972.

Clark, T. A., B. E. Corey, J. L. Davis, G. Elgered, T. A. Herring, H. F. Hinteregger, C. A. Knight, J. I. Levine, G. Lundqvist, C. Ma, E. F. Nesman, R. B. Phillips, A. E. E. Rogers, B. O. Ronnang, J. W. Ryan, B. R. Schupler, D. B. Shaffer, I. I. Shapiro, N. R. Vandenberg, J. C. Webber, and A. R. Whitney, Precision Geodesy Using the Mark III Very Long Baseline Interferometry System, *IEEE Trans. Geodesy Remote Sens.*, GE-23, 438-449, 1985.

Clark, T. A., C. C. Counselman, P. G. Ford, L. B. Hanson, H. F. Hinteregger, W. J. Klepczynski, C. A. Knight, D. S. Robertson, A. E. E. Rogers. J. W. Ryan, I. I. Shapiro, and A. R. Whitney, Synchronization of Clocks by Very Long Baseline Interferometry, *IEEE Trans. Instrum. Meas.*, IM-28, 184-187, 1979.

Cohen, M. H., Introduction to Very-Long-Baseline Interferometry, *Proc. IEEE*, 61, 1192-1197, 1973.

Cohen, M. H. and D. B. Shaffer, Positions of Radio Sources from Long-Baseline Interferometry. *Astron. J.*, 76. 91-100, 1971.

Cutler, L. S. and C. L. Searle, Some Aspects of the Theory and Measurement of Frequency

Fluctuations in Frequency Standards, *Proc. IEEE*, 54, 136-154, 1966.

D'Addario, L. R., *Minimizing Storage Requirements for Quantized Noise*, VLBA Memo. No. 332, National Radio Astronomy Observatory, Charlottesville, VA, 1984.

D'Addario, L. R., Time Synchronization in Orbiting VLBI, *IEEE Trans. Instrum. Meas.*, IM- 40, 584-590,1991.

Davis, M. M., J. H. Taylor, J. M. Weisberg, and D. C. Backer, High Precision Timing of the Millisecond Pulsar PSR 1937 + 21, *Nature*, 315, 547-550, 1985.

Dewey, R. J., The Effects of Correlated Noise in Phased-Array Observations of Radio Sources, *Astron. J.*, 108, 337-345, 1994.

Drullinger, R. E., S. L. Rolston, and W. M. Itano, Primary Atomic Frequency Standards: New Developments, in *Review of Radio Science 1993-1996*. W. R. Stone, Ed., Oxford Univ. Press, Oxford, UK, 1996, pp. 11-41.

Dutta. P. and P. M. Horn, Low-Frequency Fluctuations in Solids: $1/f$ Noise, *Rev. Mod. Phys.*, 53, 497-516, 1981.

Edson, W. A., Noise in Oscillators, *Proc. IRE*, 48, 1454-1466, 1960.

Forman, P., Atomichron: The Atomic Clock from Concept to Commercial Product, *Proc. IEEE*, 73,1181-1204. 1985.

Frank, R. L., Current Developments in Loran-C, *Proc. IEEE*, 71, 1127-1139, 1983.

Gardner, F. M., *Phaselock Techniques*, 2nd ed., Wiley, New York, 1979.

Hellwig, H., Microwave Time and Frequency Standards, *Radio Sci.*, 14, 561-572, 1979.

Hellwig, H., R. F. C. Vessot, M. W. Levine, P. W. Zitzewitz, D. W. Allen, and D. J. Glaze, Measurement of the Unperturbed Hydrogen Hyperfine Transition Frequency, *IEEE Trans. Instrum. Meas.*, IM-19, 200-209, 1970.

Herring, T. A. *Precision and Accuracy of Intercontinental Distance Determinations Using Radio Interferometry*, Air Force Geophysics Laboratory, Hanscom Field, MA, AFGL-TR-84-0182,1983.

Hinteregger, H. F., A. E. E. Rogers, R. J. Capallo, J. C. Webber, W. T. Petrachenko. and H. Allen, A High Data Rate Recorder for Astronomy, *IEEE Trans. Magn.*, MAG-27, 3455-3465, 1991.

Hirabayashi, H. and 52 coauthors, Overview and Initial Results of the Very Long Baseline Interferometry Space Observatory Program, *Science*. 281, 1825-1829, 1998.

Kartashoff, P. and J. A. Barnes, Standard Time and Frequency Generation, *Proc. IEEE*, 60, 493-501, 1972.

Kawaguchi, N., VLBI Recording System in Japan, in *Frontiers of VLBI*, H. Hirabayashi, M. Inoue. and H. Kobayashi, Eds.,Universal Academy Press, Tokyo, 1991, pp. 75-77.

Keshner, M. S.,$1/f$ Noise, *Proc. IEEE*, 70, 212-218, 1982.

Klemperer, W. K., Long Baseline Radio Interferometry with Independent Frequency Standards, *Proc. IEEE*, 60, 602-609, 1972.

Kleppner, D., H. C. Berg, S. B. Crampton, N. F. Ramsey, R. F. C. Vessot, H. E. Peters, and J. Vanier, Hydrogen-Maser Principles and Techniques, *Phys. Rev. A*, 138, 972-983, 1965.

Kleppner. D., H. M. Goldenberg, and N. F. Ramsey, Theory of the Hydrogen Maser, *Phys. Rev.*, 126, 603-615, 1962.

Kogan. L. R. and L. S. Chesalin, Software for VLBI Experiments for CS-Type. Computers, *Sov. Astron.*, 25, 510-513, 1982, transl. from *Astron, Zh.*, 58, 898-903, 1981.

Kokkeler, A. B. J., P. Fridman. and A. van Ardenne, Degradation due to Quantization Noise in Radio Astronomy Phased Arrays. *Experimental Astronomy*, 11, 33-56, 2001.

Kulkarni, S. R., Self Noise in Inteferometers: Radio and Infrared, *Astron. J.*, 98, 1112-1130, 1989.

Leick, A., *GPS Satellite Surveying*, 2nd ed., Wiley, New York, 1995.

Lesage, P. and C. Audoin, Characterization and Measurement of Time and Frequency Stability, *Radio Sci.*, 14, 521-539, 1979.

Lewandowski, W., J. Azoubib. and W. J. Klepczynski, GPS: Primary Tool for Time Transfer, *Proc. IEEE*, Special Issue on Global Positioning System, 87, No. 1, 163-172, 1999.

Lewandowski, W. and C. Thomas, GPS Time Transfer, *Proc. IEEE*, 79, 991-1000, 1991.

Lewis, L. L., An Introduction to Frequency Standards, *Proc. IEEE*, 79, 927-935, 1991.

Lindsey, W. C. and C. M. Chie, Frequency Multiplication Effects on Oscillator Instability, *IEEE Trans. Instrum. Meas.*, IM-27, 26-28. 1978.

Meinel, A. B., Multiple Mirror Telescopes of the Future, in *MMT and the Future of Ground-Based Astronomy*, T. C. Weeks, Ed., *SAO Special Report*, Vol. 385, Harvard-Smithsonian Astrophysical Obs., Cambridge, MA, 1979, pp. 9-22.

Moran, J. M., Spectral-Line Analysis of Very-Long-Baseline Interferometric Data, *Proc. IEEE*, 61, 1236-1242, 1973.

Moran, J. M., Very Long Baseline Interferometric Observations and Data Reduction, in *Methods of Experimental Physics*, Vol. 12C, M. L. Meeks, Ed., Academic Press, New York. 1976, pp. 228-260.

Moran, J. M., Introduction to VLBI, in *Very Long Baseline Interferometry, Techniques and Applications*, M. Felli and R. E. Spencer, Eds., Kluwer, Dordrecht, 1989, pp. 27-45.

Moran, J. M. and V. Dhawan, An Introduction to Calibration Techniques for VLBI, in *Very Long Baseline Interferometry and the VLBA*, J. A. Zensus, P. J. Diamond, and P. J. Napier, Eds., Astron. Soc. Pacific Conf. Ser., 82. 161-188, 1995.

Napier, P. J., D. S. Bagri, B. G. Clark, A. E. E. Rogers, J. D. Romney. A. R. Thompson, and R. C. Walker, The Very Long Baseline Array, *Proc. IEEE*, 82, 658-672, 1994.

Papoulis, A., *Probability, Random Variables and Stochastic Processes*, McGraw-Hill, New York, 1965.

Parkinson, B. W. and S. W. Gilbert, NAVSTAR: Global Positioning System—Ten Years

Later, *Proc. IEEE*, 71, 1177-1186, 1983.

Pierce, J. A., A. A. McKenzie, and R. H. Woodward, *Loran*, Radiation Laboratory Series, Vol. 4, McGraw-Hill, New York, 1948.

Press, W. H., Flicker Noises in Astronomy and Elsewhere, *Comments Astrophys.*, 7, 103-119, 1978.

Reid, M. J., Spectral-Line VLBI, in *Very Long baseline Interferometry and the VLBA*, J. A. Zensus, P. J. Diamond, and P. J. Napier. Eds., Astron Soc. Pacific Conf. Ser., 82, 209-225, 1995.

Reid, M. J., Spectral-Line VLBI, in *Synthesis Imaging in Radio Astronomy II*, G. B. Taylor, C. L. Carilli, and R. A. Perley, Eds., Astron Soc. Pacific Conf. Ser., 180, 481-497, 1999.

Reid, M. J., A. D. Haschick, B. F. Burke, J. M. Moran, K. J. Johnston, and G. W. Swenson, Jr., The Structure of Interstellar Hydroxyl Masers: VLBI Synthesis Observations of W3(OH), *Astrophys. J.*, 239, 89-111, 1980.

Rogers, A. E. E., Very Long Baseline Interferometry with Large Effective Bandwidth for Phase Delay Measurements, *Radio Sci.*, 5, 1239-1247, 1970.

Rogers, A. E. E., Theory of Two-Element Interferometers, in *Methods of Experimental Physics*, Vol. 12C, M. L. Meeks, Ed., Academic Press, New York, 1976, pp. 139-157.

Rogers, A. E. E., The Sensitivity of a Very Long Baseline Interferometer, *Radio Interferometry Techniques for Geodesy*, NASA Conf. Pub. 2115, National Aeronautics and Space Administration, Washington, DC, 1980, pp. 275-281.

Rogers, A. E. E., Very Long Baseline Fringe Detection Thresholds for Single Baselines and Arrays, in *Frontiers of VLBI*, H. Hirabayashi, M. Inoue, and H. Kobayashi, Eds., Universal Academy Press, Tokyo, 1991, pp. 341-349.

Rogers, A. E. E., VLBA Data Flow: Formatter to Tape, in *Very Long Baseline Interferometry and the VLBA*, J. A. Zensus, P. J. Diamond, and P. J. Napier, Eds., Astron. Soc. Pacific Conf. Ser., 82, 93-115, 1995.

Rogers, A. E. E., R. J. Cappallo, H. F. Hinteregger, J. I. Levine, E. F. Nesman, J. C. Webber, A. R. Whitney, T. A. Clark. C. Ma, J. Ryan, B. E. Corey, C. C. Counselman. T. A. Herring, I. I. Shapiro, C. A. Knight, D. B. Shaffer, N. R. Vandenberg, R. Lacasse, R. Mauzy, B. Rayhrer, B. R. Schupler, and J. C. Pigg, Very-Long-Baseline Interferometry: The Mark III System for Geodesy, Astrometry, and Aperture Synthesis, *Science*, 219, 51-54, 1983.

Rogers, A. E. E., S. S. Doeleman, and J. M. Moran, Fringe Detection Methods for Very Long Baseline Arrays, *Astron. J.*, 109, 1391-1401, 1995.

Rogers, A. E. E. and J. M. Moran, Coherence Limits for Very-Long-Baseline Interferometry, *IEEE Trans. Instrum. Meas.*, IM-30, 283-286. 1981.

Rutman, J., Characterization of Phase and Frequency Instability in Precision Frequency

Sources: Fifteen Years of Progress, *Proc. IEEE*, 66. 1048-1075, 1978.

Schwab, F. R. and W. D. Cotton, Global Fringe Search Techniques for VLBI, *Astron. J.*, 88, 688-694, 1983.

Shapiro, I. I., Estimation of Astrometric and Geodetic Parameters, in *Methods of Experimental Physics*, Vol. 12C, M. L. Meeks, Ed., Academic Press, New York, 1976, pp. 261-276.

Shimoda, K., T. C. Wang, and C. H. Townes, Further Aspects of the Theory of the Maser, *Phys. Rev.*, 102, 1308-1321, 1956.

Siegman, A. E., *An Introduction to Lasers and Masers*, McGraw-Hill, New York, 1971, p. 404.

Sovers. O. J., J. L. Fanselow, and C. S. Jacobs, Astrometry and Geodesy with Radio Interferometry: Experiments, Models, Results, *Rev. Mod. Phys.*, 70, 1393-1454, 1998.

Thomas, J. B., *An Analysis of Radio Interferometry with the Block O System*, JPL Pub. 81-49, Jet Propulsion Laboratory, Pasadena, CA, 1981.

Thompson, A. R., The VLBA Receiving System: Antenna to Data Formatter, in *Very Long Baseline Interferometry and the VLBA*, J. A. Zensus, P. J. Diamond, and P. J. Napier, Eds., Astron. Soc. Pacific Conf. Ser., 82, 73-92, 1995.

Thompson, A. R. and D. S. Bagri, A Pulse Calibration System for the VLBA, in *Radio Interferometry: Theory, Techniques and Applications*, T. J. Cornwell and R. A. Perley, Eds., Astron. Soc. Pacific Conf. Ser., 19, 55-59, 1991.

Vanier, J., M. Têtu, and L. G. Bernier, Transfer of Frequency Stability from an Atomic Frequency Reference to a Quartz-Crystal Oscillator, *IEEE Trans. Instrum. Meas.*, IM-28, 188-193, 1979.

Vessot, R. F. C., Frequency and Time Standards, in *Methods of Experimental Physics*, Vol. 12C, M. L. Meeks, Ed., Academic Press, New York, 1976, pp. 198-227.

Vessot, R. F. C., Relativity Experiments with Clocks, *Radio Sci.*, 14, 629-647, 1979.

Vessot, R. F. C., Applications of Highly Stable Oscillators to Scientific Measurements, *Proc. IEEE*, 79, 1040-1053, 1991.

Vessot, R. F. C. and M. W. Levine, A Method for Eliminating the Wall Shift in the Atomic Hydrogen Maser, *Metrologia*, 6, 116-117, 1970.

Vessot, R. F. C., M. W. Levine, E. M. Mattison, T. E. Hoffman, E. A. Imbier, M. Têtu, G. Nystrom, J. J. Kelt, H. F. Trucks, and J. L. Vaniman, Space-Borne Hydrogen Maser Design, *Proc. 8th Annual Precise Time and Interval Meeting*, U. S. Naval Research Laboratory, X 814-77-149, 1976, pp. 227-333.

Walker, R. C., Very Long Baseline Interferometry I: Principles and Practice, in *Synthesis Imaging in Radio Astronomy*, R. A. Perley, F. R. Schwab, and A. H. Bridle, Eds., Astron Soc. Pacific Conf. Ser., 6, 355-378, 1989a.

Walker, R. C., Calibration Methods, in *Very Long Baseline Interferometry, Techniques and*

Applications, M. Felli and R. E. Spencer, Eds., Kluwer, Dordrecht, 1989b, pp. 141-162.

Whitney, A. R., The Mark Ⅳ Data-Acquisition and Correlation System, in *Developments in Astrometry and Their Impact on Astrophysics and Geodynamics*, IAU Symp. 156, I. I. Mueller and B. Kolaczek, Eds., Kluwer, Dordrecht, 1993, 151-157.

Whitney, A. R., A. E. E. Rogers, H. F. Hinteregger, C. A. Knight, J. I. Levine, S. Lippincott, T. A. Clark, I. I. Shapiro, and D. S. Robertson, A Very Long Baseline Interferometer System for Geodetic Applications, *Radio Sci.*, 11, 421-432, 1976.

Wietfeldt, R. D. and L. R. D'Addario, Compatibility Issues in VLBI, in *Radio Interferometry: Theory, Techniques, and Applications*, T. J. Cornwell and R. A. Perley, Eds., Astron. Soc. Pacific Conf. Ser., 19, 98-101, 1991.

Wietfeldt, R. D., D. Baer, W. H. Cannon, G. Feil, R. Jakovina, P. Leone, P. S. Newby, and H. Tan, The S2 Very Long Baseline Interferometry Tape Recorder, *IEEE Trans. Instrum. Meas.*, IM-45, 923-929, 1996.

Wietfeldt, R. D. and D. A. Frail, Burst Mode VLBI and Pulsar Applications, in *Radio Interferometry: Theory, Techniques, and Applications*, T. J. Cornwell and R. A. Perley, Eds., Astron. Soc. Pacific Conf. Ser., 19, 76-80, 1991.

Yen, J. L., K. I. Kellermann. B. Rayhrer, N. W. Broten, D. N. Fort, S. H. Knowles, W. B. Waltman, and G. W. Swenson, Jr., Real-Time, Very-Long-Baseline Interferometry Based on the Use of a Communcations Satellite, *Science*, 198, 289-291, 1977.

10 可见度函数数据的定标与傅里叶变换

本章将详细介绍可见度函数数据的定标和傅里叶变换,其主要应用于利用地球自转实现的合成孔径。内容包括离散快速傅里叶变换算法(FFT)的使用及矩形网格点处可见度函数的估值方法,以及对某些特定观测模式如谱线观测的特殊考虑。此外也讨论了识别和减少图像误差的一些注意事项及观测计划等。本章主要关注线性方法,非线性图像处理将在第 11 章中讨论。

10.1 可见度函数的定标

定标的目的就是尽可能去除设备以及大气因素在测量中的影响。这些因素很大程度上取决于单个天线或天线对及相关的电路,因此可见度函数数据的定标必须在图像合成之前进行。在实际定标前,通常检查采样数据是否处于非正常的电平或相位变化,将可见度函数数据中明显有射频干扰或设备处于非正常工作时的数据去除。由于射电源的响应是可预知的,并且随时间的变化应该是非常缓慢和平滑的,所以定标射电源的观测数据非常有用。

在定标过程中,首先假定以下设备因素在几周或更长周期内保持稳定:
(1)确定基线的天线位置坐标系。
(2)轴的对准误差或其他机械误差引起的天线指向修正。
(3)设备延时零点设定,即设定所有天线到相关器输入端口的延时都相同。

这些参数只有在重大变动的情况下才会改变,例如,天线位置的重新排布。可以通过对已知位置不可分辨射电源的观测,实现这些参数的标定。此处假定这些参数在成像观测之前已经被确定,同时假定信号量化的非线性已经根据需要自动进行了修正,修正方法如 8.3 节"量化修正"所述。

可计算或直接监测量的修正

对观测过程中变化因素所带来的影响进行可见度函数测量值的定标,主要是对天线对的复增益进行修正。这些因素可分两类:一类为其影响可预先估计或可直接测量;另一类为必须通过在观测周期中对已知定标源进行观测才能确定其影响。可通过计算修正其影响的因素如下:
(1)作为天顶角函数的大气衰减系数的常数分量(见 13.1 节大气吸收);
(2)重力引起的天线结构弹性形变导致的天线增益变化,该变化是俯仰角的函数;

(3) 近距离或低仰角时天线之间的互相遮挡。

在遮挡的情况下,即一个天线部分遮挡住另外一个天线的口径,修正通常很困难。衍射使几何遮挡的影响变得很复杂:天线主波束形状发生了变化,并且孔径相位中心的位置也发生了偏移,进而影响了基线。被遮挡天线的数据经常被舍弃。

一次观测过程中可被连续监测的接收系统的内部或外部影响因素包括:

(1) 系统噪声温度变化,可能来自跟踪目标时天线旁瓣接收到的地面辐射变化。利用自动电平控制(Automatic Level Control,ALC)措施对一些设备中采样器或相关器信号电平进行校正时(见7.6节),此因素可能导致增益变化。可在接收机输入端注入低电平的开关噪声信号并在系统后端对其进行检测来监测参数的变化;

(2) 通过往返相位测量监测的本振系统相位变化(见7.2节);

(3) 通过安装在天线上的水汽探测微波辐射计监测的大气延时变化分量。

这些因素的修正一般都在定标过程的早期阶段完成。

射电定标源的使用

定标的下一步主要涉及可能在分钟或小时量级发生变化的参数,并需要对一个或多个射电定标源进行观测来完成这些参数的定标。注意:作为天文学研究对象的射电源被称为目标射电源,用来区别定标射电源或定标源。从式(3.9)可得出干涉仪响应的表达式如下:

$$[\mathcal{VB}(u,v)]_{\text{uncal}} = G_{mn}(t) \int_{-\infty}^{\infty}\int_{-\infty}^{\infty} \frac{A_N(l,m)I(l,m)}{\sqrt{1-l^2-m^2}} e^{-j2\pi(ul+vm)} dl dm \quad (10.1)$$

其中$[\mathcal{VB}(u,v)]_{\text{uncal}}$为未定标的可见度函数,$I(l,m)$为射电源的强度。复增益因子$G_{mn}(t)$为天线对$(m,n)$的函数,在受到一些因素的影响时,此因子会随时间变化。A_N为主波束方向的归一化天线孔径,在图像处理的最后一步可从射电源图像中去除。强度-可见度函数关系中的因子$A_N(l,m)/\sqrt{1-l^2-m^2}$接近于1,因此除了11.8节讨论的宽视场成像情况,其余情况下通常忽略此因子的影响。为了对$G_{mn}(t)$进行定标,可对未分辨定标源进行观测,其测量响应为

$$\mathcal{VB}_c(u,v) = G_{mn}(t) S_c \quad (10.2)$$

其中下标c代表定标源,S_c为定标源的流量密度。在对增益进行定标时,最好将幅度和相位分开考虑,因为这两个量的误差产生机理不相同。例如,在短厘米波段,大气波动会产生相位波动,但对幅度影响很小。为给目标源可见度函数进行定标,可将其写成如下形式:

$$\mathcal{VB}(u,v) = \frac{[\mathcal{VB}(u,v)]_{\text{uncal}}}{G_{mn}(t)} = [\mathcal{VB}(u,v)]_{\text{uncal}} \left[\frac{S_c}{\mathcal{VB}_c}\right] \quad (10.3)$$

为对定标源进行观测,将其置于观测区域的相位中心,并假设定标源为未分辨的,相位即为设备相位的直接测量值,则目标源的相位定标可简单地将目标源的观测相位减去定标源相位实现。可见度函数幅度可通过式(10.3)的可见度函数项的模进行定标。在进行增益定标之前,需要修正定标源对可计算的和可直接监测的因素的响应。若每个天线的两个不同的极化分别有单独的接收通道,则每个通道都需要单独定标。对于射电源的极化测量,需要进一步定标处理,如4.8节的设备极化定标。

定标观测需要周期性的间断目标源的观测。在厘米波段,定标周期取决于设备的稳定度,一般在15分钟到1小时以内。在米波或毫米波段,电离层和中性大气会引入增益和相位的变化,为消除这些影响,定标源的观测周期需要短至1～2分钟。

如式(7.38)所示,$G_{mn} = g_m g_n^*$,因此测得的天线对增益可用于确定单个天线的增益因子。使用天线增益因子比使用基线增益因子需要存储的定标数据少,并能帮助监测每个天线的性能。另外,采用此技术,只要定标观测时包括了每个天线,那么一些天线间距可被忽略。实际中,增益表格同时包括作为时间函数的天线幅度和相位,表格中的数值被插值到对目标源观测获取数据的时刻。应该对幅度和相位的插值分开处理,而不是将天线增益的实部和虚部插值分开处理,否则相位误差会使幅度降低,反之亦然。定标源的理想参数如下所述:

流量密度 定标源的强度应该足够大,从而在短时间内获得良好的信噪比,以降低目标源的(u,v)覆盖缺失。一维线性阵列和二维阵列相比,(u,v)覆盖空隙更为严重,可能某个基线会完全缺失。二维阵列的瞬时(u,v)覆盖在u轴和v轴上的分布更广。

角宽度 定标源应该尽可能是不可分辨的,因此并不需要定标源可见度函数的精确细节。

位置 定标源的位置应该靠近目标源,大气或天线导致的随指向角变化的增益变化才能被有效去除,并且天线在目标源和定标源之间的切换时间很短。在毫米波段,大气相位路径是定标的主要参数,定标源与目标源之间的距离一定要在大气异常角度范围内,一般意味着两个源在天空上的间距应小于几度。

一般很难找到同时满足以上所有条件的定标源,因此,实际可能需要找到一个离目标源较近的,大部分不可分辨的定标源,然后利用更加常用的流量密度参考定标源如3C48、3C147、3C286和3C295对其进行定标。在稳定性方面,3C295是以上定标源中最可靠的。热源(如致密行星状星云NGC7027)对于短基线的幅度定标可能更有用。在毫米波波段,用于测试或定标的强信号射电源很难找到。盘状行星在更短的基线下变成可分辨源,但月球或行星的边缘可以用于定标,见附录10.1。

对于毫角秒分辨率的 VLBI，合适的定标源很少。在这个尺度上的角结构有时会以几个月为周期产生变化，因此将先前测量过的部分分辨的射电源当作定标源时需要小心。VLBI 数据幅度定标的另外一种方法是使用每个天线的系统温度和接收面积，具体如下所述。当两路输入数据流完全相关时，互相关数据应首先进行归一化。为实现此归一化，数据除以数据流在相关器两个输入端的均方根值乘积（对于二阶量化采样，均方根值等于 1；对于其他类型的采样，均方根值和模拟信号电平相关的采样器门限设置有关）；然后将归一化相关函数转换成单位为流量密度（Jy）的可见度函数 $\mathcal{VB}$，幅度乘以所包含的两个天线的系统等效流量密度的几何平均值。系统等效效流量密度为 $S_E = 2kT_S/A$，其定义见式（1.6）。系统噪声温度 T_s 和接收面积 A 的确定一般需要在全功率模式下对每个天线进行测量。如果 T_s 是对应大气层以外的信号，则得到的可见度函数值需要针对大气损耗进行修正。对于相位没有定标的 VLBI 数据，如果不需要绝对位置信息，则利用 10.3 节的闭环关系可生成图像。

10.2 从可见度函数导出强度

直接傅里叶变换成像

从测量的可见度函数数据获得辐射强度分布最直接的方法是不经过将可见度函数转换成其他特殊形式，如 5.2 节所述的快速算法需要的形式，而是直接进行傅里叶变换。测量到的可见度函数 $\mathcal{VB}_{\text{meas}}(u,v)$ 可写成如下形式：

$$\mathcal{VB}_{\text{meas}}(u,v) = W(u,v)w(u,v)\mathcal{VB}(u,v) \tag{10.4}$$

其中 $W(u,v)$ 为转换函数或 5.3 节引入的空间灵敏度函数，同时 $w(u,v)$ 也代表使用的权重。式（10.4）的傅里叶变换即测得的强度分布，即

$$I_{\text{meas}}(l,m) = I(l,m) ** b_0(l,m) \tag{10.5}$$

式中的双星号代表二维卷积，b_0 为合成波束，是加权传递函数的傅里叶变换

$$b_0(l,m) \rightleftharpoons W(u,v)w(u,v) \tag{10.6}$$

其中 $\rightleftharpoons$ 代表傅里叶变换关系。在很多观测中非共面基线、信号带宽和可见度函数平均等影响不是很重要，此处没有讨论这些影响。

可见度函数的测量为 n_d 对关于 (u,v) 原点对称的测量点的集合，这些数据的直接傅里叶变换如下：

$$\sum_{i=1}^{n_d} w_i \left[\mathcal{VB}_{\text{meas}}(u_i,v_i) e^{j2\pi(u_i l + v_i m)} + \mathcal{VB}_{\text{meas}}(-u_i,-v_i) e^{-j2\pi(u_i l + v_i m)} \right] \tag{10.7}$$

引入权重因子 w_i 是为了控制合成波束的形状。因为在点 $(-u_i,-v_i)$ 处的可见度函数为点 (u_i,v_i) 处可见度函数的复共轭，导出的强度是实数（此处假定天线的极

化情况完全相同,对于其他情况,见4.8节的综合分析)。在可见度函数的傅里叶变换中,一般强度的计算都在 l 和 m 轴上等距排列的矩形网格点处完成,因为此形式非常方便后续处理。

可见度函数数据的权重

为了使包含高斯噪声的测量结果的信噪比最佳,每个数据应该进行加权,权重大小与其方差成反比。对于射电源图像中正弦分量信号的合成同样如此,分量的幅度与相应可见度函数的数据点数成正比。因此,为获得最佳信噪比,式(10.7)中的权重函数 w_i 应与方差成反比。如果数据是通过天线和接收机完全相同的均匀阵列获取的,且对于所有数据的平均时间是相同的,则所有数据的方差也都相同,所有测量数据在等权重(也称为自然权重)的情况下获得最佳信噪比。对于大多数阵列,自然权重的结果是波束形状差,波束边缘变宽,原因是短基线数据权重过大。因此,权重因子选取的一般方法是该因子与 (u,v) 平面数据的面密度成反比。面密度 $\rho_\sigma(u,v)$ 可用在 $u\pm\frac{1}{2}\mathrm{d}u$、$v\pm\frac{1}{2}\mathrm{d}v$ 区间内数据点个数 $\rho_\sigma(u,v)\mathrm{d}u\mathrm{d}v$ 定义(Thompson and Bracewell, 1974)。尽管在任意给定点处的 ρ_σ 值与 $\mathrm{d}u$ 和 $\mathrm{d}v$ 的增量尺度有关,一般也可以指定相对密度的变化并修正到满意的程度。举个简单例子,利用东西向阵列观测高赤纬射电源时,天线间距为单位基线的整数倍且无冗余,可见度函数数据点位于图10.1所示的同心圆上,同时如果可见度函数在时角方向上是均匀测量的,则在圆周上的面密度与圆周的半径成反比。$w(u,v)$ 与 $1/\rho_\sigma(u,v)$ 成正比,天线最大间距确定了最大圆周半径 $u_{\max}$,在此圆周内的有效数据密度是均匀的。那么,波束近似为归一化圆盘函数的傅里叶变换

$$\frac{J_1(2\pi l u_{\max})}{\pi l u_{\max}} \tag{10.8}$$

其中 J_1 为第一类一阶贝塞尔函数。半功率波束宽度为 $0.705 u_{\max}^{-1}$,第一旁瓣响应为主波束[①]的 13.2%。同样地,如果在 $2u_{\max} \times 2v_{\max}$ 的矩形面积内测量的等效密度是均匀的,则合成波束近似为下式:

$$\frac{\sin(2\pi u_{\max} l)}{2\pi u_{\max} l} \times \frac{\sin(2\pi v_{\max} m)}{2\pi v_{\max} m} \tag{10.9}$$

波束并不是圆对称的,在通过波束中心的南北方向和东西方向的第一旁瓣的最大值为 22%。

[①] 不要将合成响应与均匀照射、半径为 r 的圆形口径天线的功率方向图混淆,天线方向图与 $[J_1(2\pi rl/\lambda)/(\pi rl/\lambda)]^2$ 成正比,半功率波束宽度为 $0.514\lambda/r$,第一零点位于 $0.610\lambda/r$,第一旁瓣为主波束的 1.7%。天线方向图与均匀照射圆形孔径天线自相关函数的傅里叶变换成正比。

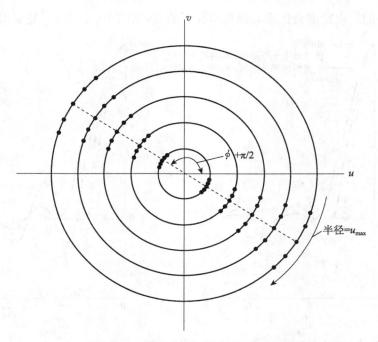

图 10.1　使用等天线间距增量、东西向阵列观测高赤纬射电源
在(u,v)平面上的转移函数(间距轨迹)

图中的小点代表可见度函数测量值,测量值在(u,v)平面上的位置关于原点对称且时间间隔均匀。角度 ϕ 代表数据的具体时角。如果可见度函数数值的权重与轨迹的半径成正比,则可见度函数数据的密度在半径 u_{max} 范围内为等效均匀的

均匀权重时,图 10.2 中靠近主波束的内旁瓣很强,掩盖了低电平的细节,从而降低了可靠的强度测量的动态范围。可通过给权重函数引入高斯或类似的锥化函数来降低表达式(10.8)和(10.9)中的内旁瓣电平,代价是增加合成波束的宽度。图 10.2 给出可见度函数引入锥化函数后的效果,锥化函数可用从平面原点到距离 u_{max} 处幅度的降低值来描述,一般使用从中心幅值降低～-13dB 的锥化函数。使用这样的锥化函数后,权重函数 $w(u,v)$ 为两个函数 $w_u(u,v)$ 和 $w_t(u,v)$ 的乘积,$w_u(u,v)$ 为获得等效均匀密度所需的权重,$w_t(u,v)$ 为锥化函数。因此,合成波束为 $W(u,v)w_u(u,v)w_t(u,v)$ 的傅里叶变换

$$b_0(l,m) = \overline{W}(l,m) ** \overline{w}_u(l,m) ** \overline{w}_t(l,m) \qquad (10.10)$$

上式中的横线代表傅里叶变换。$W(u,v)w_u(u,v)$ 的傅里叶变换即等效均匀密度情况下获得的波束,如式(10.8)与式(10.9)描述。如果 $w_t(u,v)$ 为二维高斯函数,则其傅里叶变换仍为高斯函数。因此,波束旁瓣电平由于在 (l,m) 域与高斯函数卷积而降低。函数的方差在卷积过程中是加性的[文献 Bracewell(2000)],因此与

$\overline{w}_t$ 卷积后的波束宽度会比没有锥化情况下的宽,从图 10.2 可以明显看出。

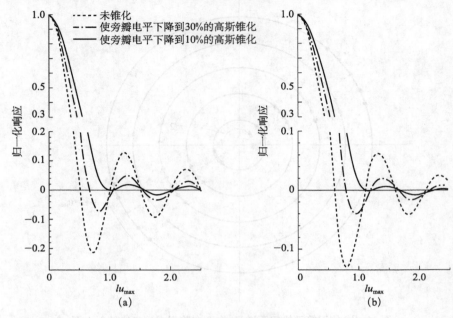

图 10.2 合成波束廓线图例子

(a)宽度为 $2u_{max}$ 的矩形内均匀分布的无锥化可见度函数响应曲线,对应的表达式为式(10.9);
(b)直径为 $2u_{max}$ 的圆形内均匀分布的无锥化可见度函数响应曲线,对应的表达式为式(10.8)。
图中也给出高斯锥化函数使可见度函数旁瓣电平下降 30% 和 10%。注意纵坐标标尺的变化

采用均匀权重的一个重要特性是:在测量点之外的可见度函数均为零的假设条件下,强度的计算值与真值之间的标准差最小。这个特性可理解如下,因为强度分布 $I(l,m)$ 的真值及可见度函数 $\mathcal{VB}(u,v)$ 的真值是傅里叶变换对,加权可见度函数测量值与导出的强度 $I_0(l,m)$ 是傅里叶变换对,在两个域中这些量之差仍为傅里叶变换关系,因此可应用帕塞瓦尔定理。如前所述,$W(u,v)$ 为传递函数,$w_u(u,v)$ 是在 (u,v) 平面获得等效均匀密度数据所需要的权重函数,$w_t(u,v)$ 为采用的锥化函数,则可得

$$\iint_{\text{meas}} |\mathcal{VB}(u,v) - \mathcal{VB}(u,v)W(u,v)w_u(u,v)w_t(u,v)|^2 \, du dv$$
$$+ \iint_{\text{unmeas}} |\mathcal{VB}(u,v)|^2 \, du dv$$
$$= \int_{-\infty}^{\infty} \int_{-\infty}^{\infty} |I(l,m) - I_0(l,m)|^2 \, dl dm \tag{10.11}$$

式(10.11)的第一行和第二行分别代表 (u,v) 平面内测量的与未测量的区域。在测量区域内,$W(u,v)w_u(u,v)=1$。均匀权重情况时,$w_t=1$,则第一行的积分为

零,此时第三行中强度分布的真值与测量值之差的平方最小。如果 $I(l,m)$ 为未分辨点源,则 $I_0(l,m)$ 等于合成波束。均匀权重使合成波束与在无限大 (u,v) 区域观测到的点源响应之差的平方在 4π 立体角内的积分最小。从这个意义上来说,均匀权重能最小化合成波束的旁瓣电平。然而,如图 10.2 所示,高斯锥化函数降低了主波束外的旁瓣,但代价是扩宽了主波束。如果不知道真正含义,"最小化旁瓣"会被误解。利用 (u,v) 平面测量区域内均匀加权的可见度函数数据获得的图像被称为"主解"或"主响应"(Bracewell and Robert, 1954)。

针对均匀权重使用所遇到的问题,Briggs(1995)提出了一种被称为"健壮权重"的处理方法。在 (u,v) 平面上,孤立的可见度函数测量值可能会出现,例如,故障或偶尔发生的干扰使得一些点周围的测量数据丢失。采用均匀权重时这些点的数据将被赋予较高的权重,如果此情况发生在可见度数值较低的 (u,v) 点,那么这些点的数据可能主要由噪声组成。(u,v) 域上的此类点及其共轭点错误数据的傅里叶变换会给强度背景引入余弦波动分量,从而限制图像的动态范围。健壮权重引入一种算法,在给每个点分配权重时,会考虑该点的信噪比,对信噪比低的噪声数据点降低其权重。一般情况下,通过在自然权重极值和均匀权重范围内调整每个测量点的权重。健壮权重可被看作是噪声和展宽旁瓣综合影响的优化。自然权重极值能够优化灵敏度,均匀权重能够改善波束形状比较差的自然权重(Briggs, Sramek and Schwab,1999)。对于天线尺寸不同或接收机质量不同的阵列,为获得最大信噪比,采用数据的权重与其和真值之间方差成反比的类似方法是必要的。在光学成像中,降低旁瓣响应的相关过程被称为变迹法,此方法的更详细的描述见文献 Jacquinot and Roizen-Dossier(1964)及 Slepian(1965)。

离散傅里叶变换成像

5.2 节中简单介绍的离散傅里叶变换的快速算法即 FFT 对大型图像的计算具有很大优势。然而,除了讨论的直接傅里叶变换的问题外,FFT 的使用还引入另外两个问题:①必须对可见度函数在矩形网格上进行求值;②存在与合成区域外部分图像混叠的可能性。网格点的求值经常被称为网格化,此过程的输出可用下式表示:

$$\frac{w(u,v)}{\Delta u \Delta v} III\left(\frac{u}{\Delta u}, \frac{v}{\Delta v}\right) \{C(u,v) ** [W(u,v)\mathcal{VB}(u,v)]\} \quad (10.12)$$

式中可见度函数 $\mathcal{VB}(u,v)$ 在某点的测量用传递函数 $W(u,v)$ 进行标记,并与函数 $C(u,v)$ 进行卷积产生连续可见度函数分布,然后以 Δu 和 Δv 为步进增量,在矩形网格点上进行二次采样,此过程也经常被称为卷积网格化。此处的二次采样用二维山函数[2] III 表示(Bracewell, 1956a),定义如下:

$$^2Ш\left(\frac{u}{\Delta u},\frac{v}{\Delta v}\right) = \Delta u \Delta v \sum_{i=-\infty}^{\infty}\sum_{k=-\infty}^{\infty} {}^2\delta(u-i\Delta u, v-k\Delta v) \qquad (10.13)$$

其中$^2\delta$为二维δ函数。为优化波束形状,权重函数应用到二次采样数据上。尽管此过程在数学上被描述为卷积和二次采样,但在实际中卷积只在网格点上进行求值。式(10.12)的傅里叶变换代表测量的强度

$$I_{\text{meas}}(l,m) = {}^2Ш(l\Delta u, m\Delta v) ** \overline{w}(l,m) ** \{\overline{C}(l,m)[\overline{W}(l,m) ** I(l,m)]\} \qquad (10.14)$$

傅里叶变换的结果是,强度函数$I(l,m)$与传递函数的傅里叶变换进行卷积,乘上$\overline{C}(l,m)$,然后与权重函数以及二次采样函数的傅里叶变换进行卷积。$\overline{C}(l,m)$为卷积函数的傅里叶变换。最后一步卷积使整个图像在l方向以Δu^{-1}为间隔,在m方向以Δv^{-1}为间隔被复制。此间隔等于图像在(l,m)平面的尺寸,即对于$M\times N$个点阵列,$\Delta u^{-1}=M\Delta l,\Delta v^{-1}=N\Delta m$。函数$\overline{C}(l,m)$表现为作用在图像上的锥化函数的形式,如果此函数在$\overline{w}(l,m)$的宽度范围内没有很大变化(大型图像情况下一般如此),则式(10.14)中的$\overline{w}(l,m)$可直接与$\overline{W}(l,m) ** I(l,m)$进行卷积,式(10.14)变成如下形式:

$$I_{\text{meas}}(l,m) \simeq {}^2Ш(l\Delta u, m\Delta v) ** \{\overline{C}(l,m)[I(l,m) ** b_0(l,m)]\} \qquad (10.15)$$

通过式(10.6),合成波束$b_0(l,m)$出现在式(10.15)中。与式(10.5)进行比较,可看出网格化和二次采样的影响是图像乘以$\overline{C}(l,m)$并进行复制。复制引入图像混叠。

回到在网格点处对可见度函数估值,最好的方案是采取某种形式的精确插值使得到的可见度函数值等于在网格点上的测量值。Thompson 和 Bracewell(1974)对此类方法进行了阐述。但是,图像混叠的问题仍然存在,处理此问题的最有效方法就是将(u,v)平面内的数据与(l,m)平面内的一个函数进行卷积,此函数在(l,m)平面的图像范围内变化很小,但在图像边缘处快速下降。因此,需要寻找一个卷积函数$C(u,v)$,其傅里叶变换$\overline{C}(l,m)$具有上述函数的特性。在图像边缘极其尖锐截止的理想函数将完全消除图像混叠,因为重复的图像之间没有重叠部分。遗憾的是,这种理想函数实际上并不存在,因为此类卷积函数在(u,v)平面是无限的。但通过仔细挑选卷积函数,还是可以对图像混叠进行有效抑制的。一个常用且方便的方法是将图像混叠最小化的网格化和卷积操作合并处理一次完成。然而需要注意的是,在(u,v)平面测量点处,函数$C(u,v) ** [W(u,v)\mathcal{VB}(u,v)]$一般情况下不等于测量的可见度函数$\mathcal{VB}(u,v)$。因此,网格化处理不能用插值来描述。另外,因为卷积,采样点代表网格点处及其周围可见度函数的平均值而不是可见度函数的采样值。最后,需要注意尽管卷积对来自数

据网格化的伪图像有压缩作用,但是不能降低成像区域外射电源的旁瓣或波纹响应。

卷积函数与混叠

从前面的讨论可得出如下结论:使用 FFT 主要关注卷积函数的选择。Schwab(1984)给出卷积函数的详细讨论。为了方便,假设卷积函数可以分解成相同形式的 u 和 v 一维函数,即

$$C(u,v) = C_1(u)C_1(v) \tag{10.16}$$

下面讨论一些函数 C_1 的例子。

矩形函数 矩形函数在单元平均中会用到,见 5.2 节的讨论。可写成如下形式:

$$C_1(u) = (\Delta u)^{-1} \prod\left(\frac{u}{\Delta u}\right) \tag{10.17}$$

其中 $\prod$ 为单位矩形函数,定义如下:

$$\prod(x) = \begin{cases} 1, & |x| \leqslant \frac{1}{2} \\ 0, & |x| > \frac{1}{2} \end{cases} \tag{10.18}$$

$C_1(u)$ 的傅里叶变换为

$$\overline{C}_1(l) = \frac{\sin(\pi\Delta ul)}{\pi\Delta ul} \tag{10.19}$$

在合成区域边缘处,$l = (2\Delta u)^{-1}$ 及 $\overline{C}_1(1/2\Delta u)=2/\pi$。图像在 l 和 m 方向上被辛格函数廓线锥化,在对角线方向被辛格函数平方的廓线锥化。式(10.19)的图形如图 10.3 所示,第一旁瓣的最大值为图像中心最大值的 0.22 倍。在图 10.4(a)中可更直接地看出混叠的影响,表征混叠的曲线为 $\overline{C}_1(l)/\overline{C}_1[f(l)]$,$f(l)$ 的自变量 l 为图像范围内[如$|f(l)|<(2\Delta u)^{-1}$]的 l 值,也就是此范围内可能会出现混叠的 l 值,此数值为经 $\overline{C}_1(l)$ 锥化后的修正图像中混叠的相对响应。显然在矩形单元内利用测量点简单平均来抑制混叠的效果比较差。

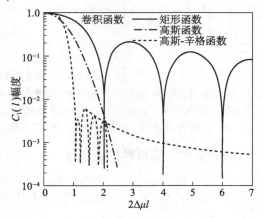

图 10.3 锥化函数 $\overline{C}_1(l)$ 的三个例子

$\overline{C}_1(l)$ 为卷积函数 $C_1(u)$ 的傅里叶变换。对于高斯卷积函数,$\alpha=0.75$;对于高斯-辛格卷积函数 $\alpha_1=1.55$,$\alpha_2=2.52$,第四个旁瓣之后只给出峰值包络。图像中心位于横坐标为 0 处,图像边缘位于横坐标为 1.0 处。F. R. Schwab 计算了高斯-辛格函数作为卷积函数的锥化函数

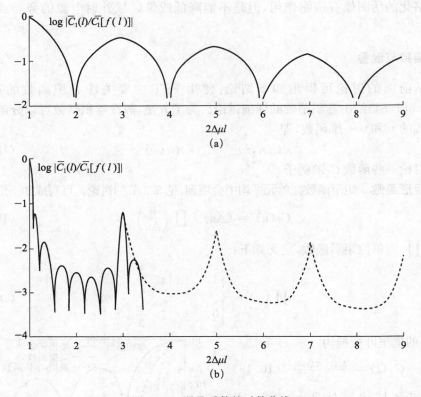

图 10.4 混叠系数的对数曲线

当图像有混叠时,图像外结构的幅度将与混叠系数相乘。图像边缘位于横坐标 1.0 处,2,4,6,… 为相邻复制的中心。(a) 宽度为 Δu(单元平均)的矩形卷积函数的混叠系数。(b) 文中给出的优化参数的高斯-辛格卷积函数的混叠系数,虚线代表最大值的包络。数据由 F.R. Schwab 计算得到

高斯函数 高斯卷积函数为

$$C_1(u) = \frac{1}{\alpha \Delta u \sqrt{\pi}} e^{-(u/\alpha \Delta u)^2} \tag{10.20}$$

且

$$\overline{C}_1(l) = e^{-(\pi \alpha \Delta u l)^2} \tag{10.21}$$

通过对常数 α 取值,可以任意改变函数的宽度。如果 α 值太小,$C_1(u)$ 会太窄,在成像过程中只有靠近网格点的可见度函数测量值才能被有效使用。如果 α 值过大,则函数 $\overline{C}_1(u)$ 将使图像锥化过于严重。在早期的 Westerbork 阵列中,使用的是 $\alpha = 2\sqrt{\ln 4}/\pi = 0.750$ 的高斯卷积函数(Brouw,1971)。对于在 (u,v) 平面两个网格点对角线中间的点,则 $C_1(u)$ 中的因子 $e^{-(u/\alpha \Delta u)^2}$ 等于 0.41,因此,所有测量点对图像的贡献权重都很大,在图像边缘处锥化因子 $\overline{C}_1 = \frac{1}{4}$。高斯卷积函数曲线

如图 10.3 所示。

高斯-辛格函数 图像锥化函数 $\overline{C}_1(l)$ 的理想形式为矩形，相当于与式(10.19)的辛格函数进行卷积。然而，随着参数增大，辛格函数的包络缓慢降低到零，并且卷积所需的计算量变大。截断辛格函数是不可取的，因为在 l 域所需的矩形函数将与截断函数的傅里叶变换进行卷积，截断将破坏图像边缘的陡峭度。更好的处理办法是将辛格函数与高斯函数相乘，得出如下卷积函数：

$$C_1(u) = \frac{\sin(\pi u/\alpha_1 \Delta u)}{\pi u} e^{-(u/\alpha_2 \Delta u)^2} \tag{10.22}$$

且

$$\overline{C}_1(l) = \prod(\alpha_1 \Delta u l) * \left[\sqrt{\pi}\alpha_2 \Delta u e^{-(\pi\alpha_2 \Delta u l)^2}\right] \tag{10.23}$$

当 $\alpha_1 = 1.55$ 和 $\alpha_2 = 2.52$ 时，性能最好，卷积在宽度方向上扩展约 $6\Delta u$。$\overline{C}_1(l)$ 相应的曲线和引起的混叠如图 10.3 和图 10.4(b)所示。此卷积函数要优于前面两个例子中的卷积函数。

球函数 很多其他函数被发现具备理想卷积函数的特性。一种衡量抑制混叠的有效性的指数由 Brouw(1975)提出，其表达式如下：

$$\frac{\iint_{\text{map}}[\overline{C}(l,m)]^2 dl dm}{\int_{-\infty}^{\infty}\int_{-\infty}^{\infty}[\overline{C}(l,m)]^2 dl dm} \tag{10.24}$$

其代表进入图像的锥化函数幅度平方的积分所占的百分比。使式(10.24)的值最大是卷积函数选取的一个准则，此准则引出椭球函数[文献 Slepian and Pollak(1961)]和球函数(Rhodes,1970)的研究。Schwab(1984)发现在所研究的函数中，球函数最接近最优卷积函数。球函数是某些微分方程的解并且不是简单的解析形式，将此类函数应用于可见度函数数据的卷积时，要先进行计算以提供查询表。与高斯-辛格函数相比，此类函数混叠系数 $\overline{C}_1(l)/\overline{C}_1[f(l)]$ 从图像中心到边缘快速衰落，但当 l 增加到超出图像的边缘时，其混叠系数达到高斯-辛格函数混叠系数的数量级或远比后者的数量级低(Briggs, Sramek and Schwab, 1999)。计算能力限制了 (u,v) 平面内实施卷积运算的区域，因此使最优函数的选取变得复杂。通常此区域为 6~8 个网格单元宽度，区域中心位于被插值点处。在去除锥化函数时，傅里叶变换的舍入误差被放大，并且可能会限制图像边缘处可用的锥化函数。

混叠与信噪比

从图像边界以外混叠进图像的不仅包括天空中物体图像的特性，也包括系统噪声的随机变化。若对测得可见度函数中的噪声分量直接进行傅里叶变换，则从式(10.7)可以清楚地看出,任意一点(l,m)的可见度函数数据都被复指数因子加权,这些加权因子的模都相同。由于在(u,v)平面上每个数据点的噪声是相互独立的,所以整个图像在(l,m)平面内的噪声方差为统计学常数。如果使用 FFT,则图像上噪声电平的均方根值要乘以函数$\overline{C}(l,m)$,且图像边缘以外的细节将混叠进图像内。需要注意的是噪声对方差的贡献是加性的,因此一维噪声方差作为l的函数与下式成正比:

$$Ш(l\Delta u) * |C_1(l)|^2 \qquad (10.25)$$

FFT 产生的图像重复也可写成求和的方式,则图像内l点的噪声方差与下式成正比:

$$\sum_{i=-\infty}^{\infty} |C_1(l+i\Delta u^{-1})|^2 \qquad (10.26)$$

通常$\overline{C}_1(l)$随l的增加而快速降低,只有相邻的重复图像中的噪声对混叠有重要贡献,此贡献在图像边缘附近最大,如图 10.5 所示(Crane and Napier,1989)。

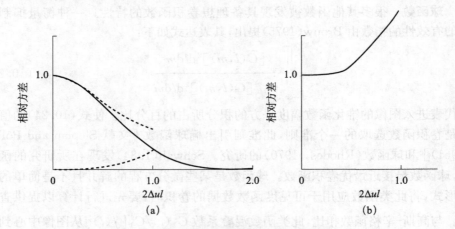

图 10.5 混叠对图像中噪声方差的影响

图中的横坐标l的单位为图像的半宽度,图像中心在 0 处,边缘在 1.0 处,相邻图像复制的中心在 2.0 处。(a) 实线代表高斯卷积函数C_1的锥化函数,虚线代表混叠影响。(b) 对锥化函数C_1修正后包括混叠分量的噪声方差。见文献 Napier and Crane(1982)

如果卷积函数是高斯-辛格函数,从图 10.4(b)可以看出,除去介于 1.0~1.1 的$2\Delta ul$值,混叠图形的幅度降低因子小于10^{-1},幅度平方的降低因子小于10^{-2}。因此,除了图像边缘附近的较窄区域,混叠带来的噪声电平无明显增加。

另外一种极端情况,当$\overline{C}_1(u)$为式(10.19)给出的辛格函数时,在单元平均下混叠最严重。表达式(10.26)将变成如下形式:

$$\sum_{i=-\infty}^{\infty}\frac{\sin^2[\pi(\Delta ul+i)]}{[\pi(\Delta ul+i)]^2}=1 \tag{10.27}$$

此式表明混叠确实抵消了锥化,即在对图像中的射电天文特性实施锥化修正之前,噪声的方差为常数,不随 l 而变化(此结论也可从下列事实中得出:在单元平均中每个可见度函数测量值只对一个网格点有贡献,因此网格点可见度函数的噪声分量是相互独立的)。然而,在成像区域内天空强度的贡献被函数 $C_1(l)$ 锥化,对此锥化的修正会引起噪声向图像边缘增加。对于辛格函数锥化,在 l 轴和 m 轴的图像边缘噪声增加 $\pi/2$ 倍,在图像的角落噪声增加 $(\pi/2)^2$ 倍。图像中心处混叠的贡献来自图 10.4 中曲线上 $2\Delta ul$ 为偶数的点,图 10.4(a)和(b)表明两种情况下混叠因子 $\overline{C}_1(l)/\overline{C}_1[f(l)]$ 都下降到很低数值,采用前面研究的任一卷积函数,图像中心噪声的增加都不明显,图像中心处射电源的信噪比由 6.2 节讨论的因子确定。

10.3 闭合关系

闭合效应是形成封闭图形的基线测得的可见度函数数值之间的关系,例如,天线位于三角形和四边形的顶点。从式(7.37)和式(7.38)可得天线对 (m,n) 的相关器输出

$$r_{mn}=G_{mn}\mathcal{VB}_{mn}=g_m g_n^* \mathcal{VB}_{mn} \tag{10.28}$$

其中 G_{mn} 为天线对的复增益, g_m 和 g_n 为单个天线的增益因子。忽略对单个天线参数没有影响的增益参数(见 7.3 节"频率响应方差的容差:增益误差")。首先考虑相位关系,用 ϕ_{mn}、ϕ_{gn}、ϕ_{gn} 和 $\phi_{\mathcal{VB}mn}$ 分别代表 r_{mn}、g_m、g_n 和 $\mathcal{VB}_{mn}$ 的指数项,则可得下式:

$$\phi_{mn}=\phi_{gm}-\phi_{gn}+\phi_{\mathcal{VB}mn} \tag{10.29}$$

那么,m,n 和 p 三个天线的相位闭环关系为

$$\phi_{mn}+\phi_{mp}+\phi_{rpm}=\phi_{\mathcal{VB}mn}+\phi_{\mathcal{VB}np}+\phi_{\mathcal{VB}pm} \tag{10.30}$$

g_m 等天线增益因子包括到天线端口的大气路径的影响以及设备的影响,且由于这些影响因素并没有出现在式(10.30)中,因此证明三个相关器输出相位的组合构成一个仅与可见度函数相位有关的可观测量。相位闭环关系特性最早在文献 Jennison(1958)的 1.3 节(角宽度的早期测量)所提及的试验中发现并使用。

如果有 n_a 个天线并测量所有天线对的相关函数,那么独立的相位闭环关系数量等于相关器输出相位的数量,小于未知器件相位数量,可在相位闭环关系中任意选取一个。如果基线没有冗余,则每个闭环关系提供不同的射电源结构信息。相位闭环关系数量为

$$\frac{1}{2}n_a(n_a-1)-(n_a-1)=\frac{1}{2}(n_a-1)(n_a-2) \tag{10.31}$$

相位闭环关系的数量也可通过选取一个天线与其余任意两天线不同组合的数量来获得，每个组合都必须含有一个专属的、其他组合中没有的基线，以保证组合关系是相互独立的。

幅度闭环关系涉及四对天线时，需要 m, n, p 和 q 四个天线，闭环关系如下：

$$\frac{\left|r_{mn}\right|\left|r_{pq}\right|}{\left|r_{mp}\right|\left|r_{nq}\right|}=\frac{\left|\mathcal{VB}_{mn}\right|\left|\mathcal{VB}_{pq}\right|}{\left|\mathcal{VB}_{mp}\right|\left|\mathcal{VB}_{nq}\right|} \tag{10.32}$$

式(10.32)可通过将其左边的项用式(10.28)的表达形式 $g_m g_n^* \mathcal{VB}_{mn}$ 来替换而获得，增益因子 g 的模相互抵消。四个天线单元构成两个独立的闭环关系，第二个独立闭环关系的获得可通过将式(10.32)中的下标替换成 mq 和 np 获得。n_a 个天线且基线无冗余情况下的独立幅度闭环关系的数量等于测量到的幅度的数量 $\frac{1}{2}n_a(n_a-1)$，小于未知天线增益因子的数量 n_a，即

$$\frac{1}{2}n_a(n_a-1)-n_a=\frac{1}{2}n_a(n_a-3) \tag{10.33}$$

早期利用观测到的可见度函数幅度之比的原理可以消除设备增益波动的影响，见文献 Smith(1952)和 Twiss, Carter and Little(1960)。

闭环关系有效性的最基本要求是在任意时刻从射电源到相关器的任意信号路径的影响都可以用一个复数增益因子来表示。因此大气对被观测射电源的影响必须恒定，即射电源的角宽度应不大于大气等晕区的尺寸。等晕区为天空某一区域，该区域内一定波长范围的任意入射波路径长度均相同，参见 11.9 节"低频成像"。等晕区的尺寸随频率而变化。一般在频率几百兆赫兹或者小于几百兆赫兹的波束宽度内包含一个以上射电源，射电源的角距离足够大，以至于每个射电源的等晕区条件并不一致。那么，每个射电源的闭环条件也不相同，闭环准则的使用将比上面讨论的单一射电源的情况更加复杂。

闭环关系在合成孔径成像中已经被证明是非常重要的。当应用于未分辨的点源时，相位闭环应等于零，幅度闭环接近于 1。因此，闭环关系在检查定标准确度和检测设备影响时非常有用。对于可分辨的射电源，闭环关系可用于不能通过观测定标源进行直接定标情形时的现场观测，如 VLBI 在测量时的一些情况。最重要的是，如 11.5 节所述，闭环关系可用于提高需要高动态观测范围时的定标准确度。由于可见度函数的幅度比相位更容易定标，所以幅度闭环关系使用的比较少，但在高精度幅度要求的特殊情况下，幅度闭环关系可提供有用的检测手段。

10.4 模型拟合

强度模型拟合可见度函数数据广泛应用于早期的射电干涉测量中，特别是在

可见度函数数据相位定标较差或者是数据不足导致无法进行傅里叶变换时。图1.5、图1.10和图1.14给出一些简单模型的例子。缺少相位信息时,模型中的位置角度会产生180°的相位模糊。然而在下述很多情况下模型拟合给干涉仪数据判读提供了有利条件:

- 极高角度分辨率VLBI观测数据的判读,例如,在地球和深空之间的空间观测中,其(u,v)平面的数据可能采样不充分。
- 对于某些类型的射电源,具有合适准确度的射电辐射可根据仅包含少量参数的物理模型给出。在此情况下,当射电源是部分分辨时,上述物理模型的参数可通过对观测数据的模型拟合来很好地确定,如来自和恒星风有关的恒星扩展大气的辐射。White和Becker(1982)对天鹅座P型星的测量结果(在最长基线时的可见度函数相对幅度不小于~0.35)提供了很好的例证。
- 在利用时分观测确定射电源参数变化时,不同射电源的(u,v)覆盖不同。将同一模型(关注的参数可调整)拟合到两组数据中,可能是给出参数变化的最好证明。一个非常有意义的例子是Massion(1986)的一个致密行星状星云角度扩展测量,从不同时间获得的几组数据,用其中(u,v)覆盖最好的一组获得的图像作为其他数据组的拟合模型,这样可避免将不同合成波束生成的图像进行直接比较。
- 确定测量参数中概率误差。用非线性算法来处理,特别是CLEAN算法(见11.2节)。CLEAN算法在最大化动态范围时通常是必需的,最大化动态范围可导致图像平面噪声,该噪声的特征没有被很好地理解。然而,在(u,v)平面模型拟合中的噪声一般是高斯噪声。
- 提供了如第11章所述的最大熵反卷积和自定标初始条件。简化的模型通常是需要的。

模型的基本考虑

射电源强度模型分量使用高斯函数是比较方便的。高斯函数总是正的且其值随角度平稳变化,星云和射电星系多是这种结构。中心位于(l_1, m_1),半幅度宽度为$\sqrt{8\ln 2}\sigma$的圆形对称高斯函数可用下式表示:

$$I_G(l,m) = I_0 \exp\left[\frac{-(l-l_1)^2 - (m-m_1)^2}{2\sigma^2}\right] \quad (10.34)$$

相应的可见度函数为

$$\mathcal{VB}_G(u,v) = \sqrt{2\pi}\sigma I_0 \exp\{-[2\pi^2\sigma^2(u^2+v^2) + j2\pi(ul_1+vm_1)]\} \quad (10.35)$$

可见度函数具有实部和虚部分量且为正弦波形式,可见度函数的脊垂直于到点(l_1, m_1)的矢径。可见度函数分量的幅度被中心为(u,v)平面原点的高斯函数调制,高斯函数的宽度与σ成反比。因此,由可见度函数分布的检测可得出主强度分量的形状和位置。此类模型拟合的讨论及例子参见文献 Maltby and Moffet (1962)、Fomalont(1968)和 Fomalont and Wright(1974)。

可见度函数与强度分布的矩之间的关系为模型拟合提供了更进一步的认识。为简化此处只考虑一维的情况,可见度函数可用泰勒级数表示为

$$\mathcal{VB}(u) = \mathcal{VB}(0) + u\mathcal{VB}'(0) + \frac{u^2}{2!}\mathcal{VB}''(0) + \cdots + \frac{u^n}{n!}\mathcal{VB}^{(n)}(0) + \cdots \quad (10.36)$$

可见度函数的导数与强度分布的矩之间的关系如下:

$$\mathcal{VB}^{(n)}(0) = (-j2\pi)^n \int_{-\infty}^{\infty} l^n I_1(l) \mathrm{d}l \quad (10.37)$$

式(10.37)服从原点处函数的导数与其傅里叶变换的矩之间的普遍关系[见文献 Bracewell(2000)]。

零阶矩等于流量密度 S,奇数阶矩对可见度函数的虚部分量产生贡献,偶数阶矩对可见度函数的实部产生贡献。如果射电源关于 l 对称,则奇数阶矩项为零。另外,如果射电源是轻微分辨的,则 $\mathcal{VB}$ 的降低主要从二阶矩后开始,此时射电源可用具有合适二阶矩的任意对称模型来表示(Moffet,1962)。如图 1.5 所示,简单对称模型的可见度函数的检测表明:除非可见度函数的幅度低于~0.25,否则很难对它们进行区分。根据函数随基线长度增加及振荡幅度的衰减而逐渐消失的速率,可以最大程度地将不同之处揭示出来。

Pearson(1999)对模型拟合方法进行了回顾。选取模型后,下一步就是选取能够衡量拟合质量的函数。假设在 (u,v) 平面内为高斯误差(噪声),用高斯项之积来代表模型的最大似然

$$\prod_{i=1}^{n_\mathrm{d}}\left\{\exp\left[-\frac{1}{2}\left(\frac{\mathcal{VB}(u_i,v_i) - \overline{M}(u_i,v_i;a_1,\cdots,a_p)}{\sigma_i}\right)^2\right]\right\} \quad (10.38)$$

其中 n_d 为独立可见度函数数据数量,$\overline{M}$ 为模型的傅里叶变换,$\overline{M}$ 有 $a_1 \sim a_p$ 共 p 个参数,σ_i 为 $\mathcal{VB}(u_i,v_i)$ 的标准差。最大似然等效于求式(10.38)负对数的最小值,即对下式求最小:

$$\chi^2 = \sum_{i=1}^{n_\mathrm{d}}\left(\frac{\mathcal{VB}(u_i,v_i) - \overline{M}(u_i,v_i;a_1,\cdots,a_p)}{\sigma_i}\right)^2 \quad (10.39)$$

此处 χ^2 具备通常统计学定义的特性[参见文献 Taylor(1982)]。因此,在高斯误差下,此方法变成最小二乘法。需要注意的是,如果存在干扰,则不能采用此方法。附录 12.1 节讨论了计算最小二乘法的方法,文献 Bevington and Robinson (1992)中也对最小二乘法进行了介绍。χ^2 的最小期望值为 $n_\mathrm{d} - p$,标准差为 $\sqrt{2(n_\mathrm{d}-p)}$。如果测得的可见度函数的定标不是很令人满意,模型拟合中应该采用可见度函数相位或幅度的终值而不是采用可见度函数的个别值。

宇宙背景的各向异性

在宇宙微波背景辐射(CMB)的研究中,例如,利用图 5.24 所示类型的天线阵进行观测的目的是确定亮度温度随角度变化的统计特性。亮度温度随角度变化的统计特性可从可见度函数数值中直接获得,而不用生成天空亮度温度图像。球谐函数的幅度足以确定所需要的统计特性,即根据球谐函数的幅度,可以描述 CMB 的变化。对于 l 阶球谐函数,其幅度正比于可见度函数 $\mathscr{VB}(u,v)$,其中 $l = 2\pi\sqrt{u^2+v^2}$,因此 (u,v) 覆盖确定了能够测量的 l 的范围。将测量扩展到与主波束相邻的几个区域,类似图像拼接(11.6 节),可提高在 u 和 v 方向的分辨率,也可提高在 l 方向谐波幅度的分辨率。一个主要的关注点是从"前景"中去除其他的亮度分量,如银河系及离散射电源,参见文献 White et al. (1999)。

10.5 谱 线 观 测

概述

谱线相关器在接收机带宽内的很多频率点产生独立的可见度函数测量值,每个测量值可获得不同的强度分布。所涉及的数据融合在原理上和连续成像情况时相同,但在实现细节上有所不同。接收信号的通道数量通常分成 100~1000 个。本节的讨论主要基于文献 Ekers and Gorkom(1984)及 van Gorkom and Ekers(1989)。

设备通带响应的定标是获取准确谱线数据过程中最重要的一步。通常通道与通道间的差别不随时间变化,因此不需要像接收机总增益随时间变化的响应那样频繁定标。总增益变化需要像连续观测那样周期观测定标源。为此经常使用单个通道的累加响应,因为要在每个窄带通道获得足够高的信噪比,需要较长的观测时间。为给通带进行定标,可对定标源进行长时间观测,确定谱线通道的相对增益。因为通带划分成的不同通道的相对增益随时间变化很小,所以在 8 个小时的观测期间内只需进行一或二次通带定标。通带定标源应为未分辨的、辐射强度足够强能给谱线通道提供良好的信噪比且频谱足够平坦的射电源。但定标源不必与被成像的射电源离得很近。

由天线馈源与反射面之间的驻波引起的通带波纹,对单天线全功率系统会产生非常严重的影响,但对干涉仪系统,此通带波纹引起的问题并不是很严重。这是因为设备系统噪声包括天线旁瓣接收到的热噪声,天线之间是不相关的。另外一方面,对于数字相关器,从傅里叶变换到频率域时延产生的通带内的吉布斯现象引起了一个在自相关器中不存在的问题。由于作为时延函数的来自两个天线信号的互相关函数是实数但不对称,所以互功率谱是关于频率的复函数(来自一个天线的信号自相关函数为实数且对称,且功率谱为实数)。如 8.7 节所述(图 8.12),互功率谱的虚部在原点处变换符号,但其实部在原点处符号不变。由于二者在频域原点的严重不一致,频谱中的虚部波纹比实部纹波的相对幅度更大,虚部峰值过冲为 18%(占整个步长 9%),参见文献 Bos(1984,1985)。图 10.6 给出计算示例。实部和虚部之比取决于设备相位(此阶段分析中没有对设备相位进行定标)以及发射源相对于视场相位中心的位置。

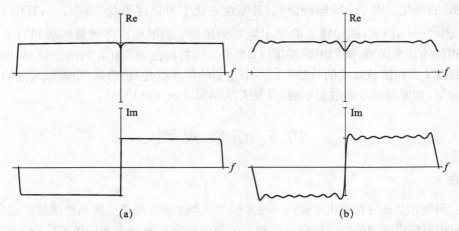

图 10.6 (a)连续射电源的互功率谱。射电源的相位为任意选取使其实部和虚部的幅度相等。(b)为(a)中频谱的 16 个通道互相关器响应的计算结果。注意实部和虚部波纹幅度的不同。

来自文献 D'Addario(1989),courtesy of the Astron. Soc. Pacific Conf. Ser.

增加延时相关器延时的数量或者增加 FX 相关器 FFT 的点数,能够改善谱线分辨率并将吉布斯波纹限制到更接近通带边缘处。通带边缘的通道数据一般会由于波纹和频率响应的滚降而被舍弃。降低波纹幅度的有效手段是对互相关函数进行锥化,即对互功率谱进行平滑处理,一般使用汉宁函数进行平滑。文献 van Gorkom and Ekers(1989)中提醒注意以下情况:

(1)如果在成像区域中包含一个谱线射电源但并不连续,且射电源谱线限制在通带的中心,则频谱在通带边缘不间断。只有在此情况下,射电源和连续定标源的互相关函数使用不同的锥化函数是合理的。

(2)如果在成像区域除谱线射电源外还包括一个连续的点源,并且如果两个源与通带定标源在各自成像区域的中心,则对通带波纹进行精确定标是可能的。射电源和定标源必须使用相同的权重函数。

(3)在较为复杂的情况下,例如,在成像区域包含一个谱线射电源和一个连续扩展源,两种射电源的波纹是不一样的,不可能进行精确定标,建议对射电源和定标源频谱进行汉宁平滑。

特殊谱线的 VLBI 观测

由于 VLBI 观测限于高亮度温度射电源，所以 VLBI 谱线测量主要用于研究脉泽源和河外射电源辐射被分子云的吸收。经常观测的脉泽谱线包括 OH、H_2O、CH_3OH 和 SiO。对于谱线吸收的研究，可观测很多种类的原子和分子，因为相对背景射电源，其亮度温度完全满足要求。9.3 节描述了谱线信号处理过程，天体测量的特殊考虑将在 12.5 节中给出。此处讨论有关光谱数据处理的几个实际问题。在天线处使用不同频率标准的结果是产生和时间相关的定时误差，此误差在基带内会引入相位线性斜率。天线间多普勒偏移的差别可能会很大，导致条纹驻留速率也会很大，因此需要定标在较短的积分时间内完成。对于脉泽源，相位定标一般可通过利用特定的谱线特性相位作为参考来获得，幅度定标可通过利用来自不同天线的数据导出的频谱测量值来获得。有关谱线数据处理的更详细过程见文献 Reid(1995,1999)。

在谱线测量中，VLBI 一般每小时内观测致密连续定标源若干次，最好射电源足够强，能够在 1~2 分钟的积分时间内给出准确的条纹测量值。如果信号互相关使用的是延时类型相关器，则其输出为时间和延时的函数。式(9.16)中的 $\Delta\tau_g$ 和 θ_{21} 为时间的函数，表明互相关为时间和延时的函数。通过傅里叶变换，参数 t 和 τ 可转换成相应的共轭变量，分别为条纹频率 f_f 和谱线特性频率 f。因此相关器输出可表示为 (t,τ)、(f_f,τ)、(t,f) 或 (f_f,f) 的函数，可通过傅里叶变换在这些域之间转换。不同域之间的转换是很重要的，因为定标中的一些步骤在特定域中能更好地执行。需要注意的是，VLBI 观测中的条纹频率主要来自真实条纹频率与用于条纹驻留的模型条纹频率之差。首先考虑来自连续定标源的数据，如图 9.4 所示，在连续射电源条纹拟合中将可见度函数数据作为条纹频率 f_f 和延时 τ 的函数是非常有利的。在空间频率域中的可见度函数数据非常紧密集中，因此在存在噪声的情况下仍很容易被识别。在没有误差的情况下，可见度函数将集中在 (f_f,τ) 域原点。与 τ 轴上原点的偏移代表时钟偏移或基线误差带来的计时偏差，偏差 $\Delta\tau$ 代表两个天线误差之差。由连续定标源确定的 $\Delta\tau$ 被用于谱线数据修正。由于 $\Delta\tau$ 随时间变化，所以需要对谱线数据进行时间插值。连续定标源数据也可用于通带定标，即确定谱线通道的相对幅度和相位特性。

对谱线数据进行条纹拟合时，转换到 (t,f) 域更加有利。这是因为与频谱连续射电源的测量相比，谱线数据代表窄频带特性，因此互相关函数在延时轴上相对较宽，且通常在频率轴上更加紧凑。需要注意的是在 τ 到 f 的转换中，f 并不是在天线端接收到的辐射频率，因为已经减掉了本振频率 f_{LO}，因此此处的 f 代表某一中频通带内的频率，传输到相关器的信号在该频率被采样和记录。(t,f) 域也适合连续定标源数据确定的计时误差 $\Delta\tau$ 的插值修正。此修正是通过插入与频率成正比的相位偏移来完成的,因此作为(t,f)函数的数据要乘以$\exp(j2\pi\Delta\tau f)$。如果$\Delta\tau$的值随时间变化来自于构成基线的一个或两个天线的时钟频率误差,则须对天线端本振频率f_{LO}的相关误差进行修正。引入的相位误差可通过对相关器输出数据乘以$\exp(j2\pi\Delta\tau f_{LO})$进行修正。

因为多普勒频移修正(附录10.2)很少通过天线端本振偏移来完成,所以此类修正必须在相关器处或在随后的后续处理分析中进行。每日的多普勒频移一般在观测站级别的条纹旋转相关前去除,观测站处的信号通过延时和频率偏移调整到位于地球中心处的参考点。由于地球的轨道运动和本地静止标准,以及其他的频率偏移,多普勒频移可方便地通过频移定理在后相关数据中进行修正,即将相关函数乘以$\exp(j2\pi\Delta f\tau)$,其中Δf为想要的总的频率偏移。

可见度函数频谱可在单位为流量密度下,通过将归一化可见度函数频谱乘以和两个天线相关的系统的等效流量密度(SEFDs)的几何平均来完成定标,如10.1节(射电定标源的使用)所述。SEFD的定义见式(1.6),可由偶尔的天线补充测试和时间插值结果来确定。对于强射电源,确定SEFD的较好方法是根据每个天线数据的自相关函数计算射电源的全功率谱。此方法必须对通带响应进行修正,通带响应修正可通过连续条纹定标源的自相关函数获得。特征谱线的幅度与SEFD成反比,如果需要更高的灵敏度,则每次测量到的频谱可与所有单天线数据整体平均获得的频谱进行匹配,或与阵列中灵敏度最高的天线获得的频谱进行匹配。此方法的缺点是很少获得足够的通带频谱以确保对弱射电源高精度基线数据的去除。

如果测量中的总频率带宽被接收系统的两个或更多的中频频段所覆盖,则需要对它们的设备相位响应差别进行修正。此修正可通过对连续定标源的测量来完成,对每个中频频段不同通道的相位值进行平均,并从相应的谱线可见度函数数据中减去这些平均相位值。

最后,需要对剩余的设备相位和不同大气与电离层产生的相移进行修正。对于距离较远的实验站,不同大气与电离层产生的相移可能会很大,在对强连续射电源进行成像时,此相移的修正可使用10.3节所述的相位闭环关系来实现。类似方法也可在对脉泽点源分布成像中使用,通过选取一个能够被所有基线观测到的、较强的谱线分量,并假定它为单一的点源。那么,如果此分量在任意选取天线处的相位为零,则其他天线处的相对相位可从条纹相位导出。由于这些相位由每个天线上方的大气决定,所以在测量的频谱范围内,此修正适用于所有的频率分量。12.5节给出使用一个脉泽分量作为相位参考的方法以及条纹频率成像更详细的讨论。条纹频率成像技术在确定大区域脉泽源的主要分量位置时非常有用。

带宽内空间频率的变化

6.3节中讨论了利用接收机通带的中心频率计算通带内所有频率的u和v值的

影响。例如,考虑一个单个的独立射电源,其可见度函数在(u,v)原点处具有最大值,并随着u和v的增大而单调降低。如果利用通道中心频率f_0计算通带高频端频率的u和v的值,即$f>f_0$,则u和v的值将被低估。测量到的可见度函数将随u和v的增大而快速降低,且可见度函数的中心峰值将会过窄,从而在(l,m)平面图像的宽度将过宽。因此如果射电源在带宽的蓝移频率端辐射谱线,则角宽度可能被高估。类似地,在红移频率端辐射谱线,角宽度也会被低估,此效应称为色差。

如6.3节所述,用谱线(多通道)相关器观测,每个通道测量到的可见度函数可用与通道频率相适应的以(u,v)为变量的函数来表示。此方法可修正色差,但会使测量的可见度函数在所在的(u,v)域范围在带宽范围内随频率的增加而增加。因此合成波束的宽度(如角分辨率)以及旁瓣的角度标尺在带宽内是变化的。在需要的情况下,分辨率的变化可通过对可见度函数数据截断或锥化进行修正,使分辨率降低到通道内最低频率分量的分辨率。

谱线测量的准确度

经过最后定标的图像频谱动态范围可用来衡量谱线特征测量的准确度。谱线特征可用信号幅度最大值的百分比来表示,可定义为不同通道对连续信号的响应变化除以最大响应,响应变化是由噪声和设备误差引起的。当谱线幅度只有连续谱幅度的百分之几时,如复合线或弱吸收线情况时,谱线特征准确度和连续谱响应与谱线响应分离的准确度有关。在此情况下,谱线廓线测量的准确度为10%时,需要10^3量级的动态范围。因此准确的通带定标和色差修正是非常重要的。

各种技术用于从图像中减去连续谱响应。有必要对接收机带宽进行选择,以便一些通道只含有连续谱响应,即在特征谱线的任意一侧频率涵盖连续谱响应。一个直接的方法是先使用不包括谱线的通道平均数据建立连续谱图像,然后再将包含发射谱线的通道图像减去此连续谱图像。除非接收机带宽与中心频率相比足够窄,否则在建立连续谱图像时,都需要对色差进行修正。如果连续谱来自点源,则射电源的位置和流量密度将提供一个方便的模型。对于最高精度的相减,连续谱的响应要对每个谱线通道分开计算,使用单个通道频率来确定(u,v)值。此相减步骤应该是对可见度函数数据进行。11.9节(CLEAN和自定标算法在谱线数据处理中的应用)简单讨论了利用反卷积算法进行连续谱相减。

谱线观测的介绍与分析

谱线数据可用像素在(l,m,f)空间的三维分布来表示。在物理解释上,频率轴的多普勒频移经常转换成相应谱线静止频率的径向速度v_r,频率和速度之间的关系由附录10.2给出。这种三维分布模型如图10.7所示,连续谱射电源由在l和m方向为恒定截面的圆柱函数表示。

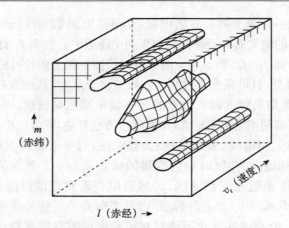

图 10.7　谱线数据在赤经、赤纬和频率空间的三维表示

频率轴按谱线静止频率的多普勒频移相对速度来标定。图中没有表示流量密度或辐射强度,可用颜色或阴影表示。对于连续谱射电源,图中表示的速度没有物理意义,由垂直速度轴的截面为常数的柱状函数表示。谱线辐射由位置或强度随速度的变化来表示。图片来自文献 Roelfsema(1989), courtesy of the Astron. Soc. Pacific Conf. Ser.

包含单个通道图像的三维数据立方体可以被认为是代表 (l,m) 二维空间每个像素点的谱线廓线。为简化图像的合并,通常对谱线廓线特性画出单一的 (l,m) 图像是非常有用的,这些特性可能是强度的积分

$$\Delta f \sum_i I_i(l,m) \tag{10.40}$$

其中 i 代表谱线通道,其频率间隔为 Δf。对于光学薄辐射介质,如中性氢,强度的积分正比于辐射原子或分子的柱密度。强度加权的平均速度是大尺度运动的一项指标

$$\langle v_r(l,m)\rangle = \frac{\sum_i I_i(l,m) v_{ri}}{\sum_i I_i(l,m)} \tag{10.41}$$

强度加权速度的离差为

$$\sqrt{\frac{\sum_i I_i(l,m)(v_{ri}-\langle v_r\rangle)^2}{\sum_i I_i(l,m)}} \tag{10.42}$$

它代表射电源内的随机运动。图像中每个 (l,m) 像素在速度轴上的求和是分开进行的,式(10.40)～式(10.42)三个量中强度值都和所关心的特征谱线相关,连续谱特性已经被分离出去。为获得这三个量的最佳估计,应注意在 (l,m,v_r) 范围内没有可分辨发射源,只对结果加入噪声。

(l,m,v_r) 域三维图像与辐射体三维分布之间关系的研究是天文学领域关注的问题。作为一个简单例子,假设辐射体为一个球壳,如果辐射体静止,那么在

(l,m,v_r)空间的图像为零速度平面上的一个圆盘,具有发亮的外边缘。如果球壳在各个方向上等速扩张,则在(l,m,v_r)空间的图像为一个空心椭球壳,如果对速度进行适当的调整,则图像可变为空心球壳。旋转螺旋银河星系观测的解译更加复杂。银河星系模型的一个例子由 Roelfsema(1989)给出,星系模型更加广泛的讨论参见文献 Burton(1988)。

10.6 其他注意事项

测量强度的解读

合成图像中测得的量为射电强度,但 $\mathcal{VB}$ 通常用点源的等效流量密度来定标,生成图像中强度单位为单位波束面积 Ω_0 的流量密度,Ω_0 由下式给出:

$$\Omega_0 = \iint_{\substack{\text{main}\\\text{lobe}}} \frac{b_0(l,m)\,\mathrm{d}l\,\mathrm{d}m}{\sqrt{1-l^2-m^2}} \tag{10.43}$$

扩展射电源的响应为天空强度 $I(l,m)$ 与合成波束 $b_0(l,m)$ 的卷积。需要注意的是在(u,v)域原点处经常没有测量的可见度函数值,因此 $b_0(l,m)$ 对所有角度的积分为零,也就是说对于均匀强度无响应。在扩展射电源上的任意一点,与合成波束宽度相比其强度变化缓慢,与 $b_0(l,m)$ 卷积得到的流量密度约为 $I\Omega_0$。因此图像的标尺也可理解为以单位波束面积 Ω_0 的流量密度为单位的强度。关于宽角度射电源成像以及低空间频率扩展射电源强度测量的讨论见 11.6 节。

成像误差

研究合成图像、连续谱或谱线测量中可疑或不寻常特性的一个非常有用的技术是计算仅包括有问题特性的反傅里叶变换(即从强度到可见度函数)。单个基线或共用某个天线的一系列基线的采样点在(u,v)平面的分布可指出设备问题,和射电源特定时角范围相关的分布可指出偶然发生的干涉。

熟悉函数的傅里叶变换特性对识别错误图形是有帮助的,如文献 Bracewell(2000)和 Ekers(1999)中的讨论。对于东西向基线的天线阵,一对天线中的持续性错误将分布在以(u,v)原点为中心的椭圆环上,在(l,m)平面以零阶贝塞尔函数的形式产生一个有径向廓线的椭圆图形。一个基线的短时误差会引入两个 δ 函数,代表测量值及其共轭,此误差会在图像的(l,m)平面上产生正弦波纹。误差在图像平面的幅度可能很小,因为在可见度函数 $M\times N$ 矩阵中,两个错误点的影响被降低了 $2(MN)^{-1}$ 倍,通常在 $10^{-6}\sim 10^{-3}$ 量级。在图像平面,如果误差的影响小于噪声的影响,则单一短时误差是可以被接受的。

加性误差通过相加与可见度函数相结合。在图像中误差分布 $\varepsilon_{\text{add}}(u,v)$ 的傅

里叶变换与强度分布相加，即

$$\mathcal{VB}(u,v) + \varepsilon_{\text{add}}(u,v) \rightleftharpoons I(l,m) + \bar{\varepsilon}_{\text{add}}(l,m) \tag{10.44}$$

其他类型加性噪声来自于干扰、不同天线间系统噪声的互耦以及相关器的偏移误差。太阳的辐射强度比其他射电源高很多数量级，由于太阳的昼夜运动，所产生的干扰与陆地源的干扰相比具有不同特征。对太阳的响应主要由主波束的旁瓣、太阳和目标源的条纹频率差异以及带宽和可见度函数的平均效应所决定。太阳干扰对于窄带低分辨率阵列的影响更严重。噪声互耦（串扰）只在近距离天线之间发生，低倾角情况下当天线发生遮挡时互耦更严重。

第二类误差通过相乘的方式与可见度函数相结合，可写成如下形式：

$$\mathcal{VB}(u,v)\varepsilon_{\text{mul}}(u,v) \rightleftharpoons I(l,m) ** \bar{\varepsilon}_{\text{mul}}(l,m) \tag{10.45}$$

误差分布的傅里叶变换与强度分布进行卷积，带来的图像形变产生和图像中主要特征相关的错误结构。与此相反，加性误差分布与真实强度图形并不相关。乘性误差主要涉及天线增益常数，是由定标误差包括天线指向误差（VLBI系统中）以及无线电干涉导致的（15.3节）。

随距离图像中心的距离越远而越严重的图像变形构成第三类误差。包括非共面基线（3.1节和11.8节）、带宽（6.3节）和可见度函数平均（6.4节）的影响。可见度函数平均的影响可预计，因此在本质上与上述的其他图像变形影响有所不同。

观测规划与观测结果消减的提示

充分利用合成阵列以及类似设备需要某些方面的经验方法，数据分析的最佳过程经常根据经验获得。一些特殊设备的手册、会议论文及其他文献中有很多有用的信息，如文献 Bridle(1989)。一些例子讨论如下。

连续谱线观测在选取观测带宽时，需要考虑径向拖尾效应，这是因为在接近成像区域边缘的点源的信噪比不一定在带宽最大时也最大。那么，在选取数据平均时间时，应使切向拖尾效应等于径向拖尾效应。所需的条件可从式（6.75）和式（6.80）获得，对于高赤纬，该条件为

$$\frac{\Delta f}{f_0} \simeq \omega_e \tau_a \tag{10.46}$$

式中 f_0 为观测频段的中心频率，Δf 为带宽，ω_e 为地球自转速度，τ_a 为积分时间。当试图探测角径可测的弱射电源或扩展源的辐射时，重要的是不要选取很高的角分辨率。如前节所述，扩展源的信噪比近似与 $I\Omega_0$ 成正比。为获得给定的信噪比，所需的观测时间正比于 Ω_0^{-2}，或正比于 θ_b^{-4}，其中 θ_b 为合成波束宽度。

如果天线波束中含有比被研究对象更强的射电源，假设强射电源是个点源或可精确建模，则其响应可被减去。最好在为 FFT 进行数据网格化之前，从计算得到的可见度函数中减去该响应。那么，经过相减后的响应将精确包括合成波束旁瓣

的影响。无论如何,如果源的响应明显受带宽、可见度函数平均及类似效应的影响,则处理的精度会降低,因此最好将要被减除的强射电源置于成像区域的中心。

当观测很弱的射电源时,建议射电源偏离(l,m)原点几个波束宽度,避免与相关器偏差的残留误差相混淆。根据每个具体设备的使用经验,确定是否需要将射电源偏离原点。

作为成像过程的一部分,获得一个覆盖全部天线主波束的低分辨率图像也是非常有用的。对于此图像,数据可以在(u,v)平面重度锥化,以降低分辨率,从而也降低了计算量。此图像能够揭示最终图像区域以外的射电源,此类射电源在FFT过程中可能会引入混叠响应。这些射电源的混叠可通过减去其可见度函数或使用合适的卷积函数得到抑制。这些射电源的旁瓣或波纹响应也可通过减去目标射电源来消除,而不是通过在(u,v)平面作卷积。低分辨率图像也会突出低强度扩展射电源的特性,否则此特性可能会被忽略。

附录10.1 月亮边缘作为定标源

在干涉仪开始工作的测试阶段,观测能产生高信噪比条纹的射电源是很有用的。辐射频率大于$\sim 100 \mathrm{GHz}$的射电源很少。太阳、月亮和行星的圆盘可通过干涉仪条纹来分辨,因为他们陡峭的边缘,太阳、月亮和行星能够提供显著的相关通量密度。考虑月亮的边缘,干涉仪单元的主波束远小于月亮的直径$30'$,当天线波束跟踪月亮的边缘,并假设月亮的亮度温度在波束宽度内为常数时,则视在的源分布为天线方向图乘以阶梯函数。天线方向图近似为高斯函数,假设天线指向月亮的西面边缘,并忽略月亮边缘的曲率,则有效源分布可用下式表达:

$$I(x,y) = I_0 e^{-4(\ln 2)(x^2+y^2)/\theta_b^2} \quad x \geqslant 0$$
$$= 0 \quad x < 0 \quad (A10.1)$$

其中x和y为中心位于波束轴的角坐标,θ_b为半功率波束宽度,在瑞利-金斯近似下$I_0 = 2kT_m/\lambda^2$,其中T_m为月亮的温度,则可见度函数为

$$\mathcal{VB}(u,v) = 2I_0 \left[\int_0^\infty e^{-4(\ln 2)x^2/\theta_b^2}(\cos 2\pi ux - j\sin 2\pi ux)dx \right]$$
$$\times \left[\int_0^\infty e^{-4(\ln 2)y^2/\theta_b^2} \cos 2\pi vy \, dy \right] \quad (A10.2)$$

可以直接进行余弦积分,正弦积分可根据退化超几何函数$_1F_1$来计算[见文献Gradshteyn and Ryzhik (1994),Eq. 3.896.3],结果为

$$\mathcal{VB}(u,v) = I_0 S_0 e^{-\pi^2\theta_b^2(u^2+v^2)/4\ln 2}\left[1 - j\sqrt{\frac{\pi}{\ln 2}}(\theta_b u)\,_1F_1\left(\frac{1}{2},\frac{3}{2},\frac{\pi^2\theta_b^2 u^2}{4\ln 2}\right)\right] \quad (A10.3)$$

其中

$$S_0 = \frac{\pi k \tau_m \theta_b^2}{4\lambda^2 \ln 2} \tag{A10.4}$$

为月亮在半高斯波束内的流量密度。在条件 $(u,v) \gg 0$ 的情况下,可见度函数的虚部等于零且正如预期的那样,$\mathcal{VB}(u,v) = S_0$。对于 $T_m = 200\text{K}$ 且 $\theta_b = 1.2\lambda/d$,其中 d 为干涉仪天线直径,单位为 m,$S_0 \simeq 460000/d^2 \text{Jy}$。式(A10.2)对 x 的积分也可根据误差函数来计算。在 $u \gg d/\lambda$ 条件下,误差函数的渐进展开能得到很方便的近似解

$$\mathcal{VB}(u,v=0) = j\sqrt{\frac{4\ln 2}{\pi^3}} \frac{S_0}{\theta_b u} \simeq j0.41 \frac{kT_m}{dD} \tag{A10.5}$$

其中 D 为基线长度。一个比较有趣的情况是,在 $\theta_b \ll 30'$ 条件下,对于给定基线长度,其可见度函数随天线直径的降低而增加。式(A10.5)的近似值在 $D > 2d$ 条件下精确到 2%。作为基线长度投影函数的完整可见度函数如图 A10.1 所示。需要注意的是使用东西向基线干涉仪跟踪月球南或北侧边缘测量到的可见度函数基本上为零。一般情况下,通过跟踪垂直于基线的月球边缘,可以得到最大条纹可见度函数。

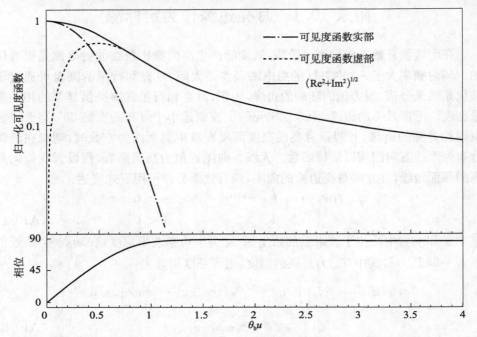

图 A10.1 在月球速度 $v = 0$ 时,使用东西向基线干涉仪观测月球西临边得到的归一化条纹可见度函数随 $\theta_b u$ 的变化曲线

其中 $\theta_b \simeq 1.2\lambda/d$ 为天线半功率波束宽度,d 为天线直径,且 $u = D/\lambda$ 为以波长为单位的基线。在水平轴上,$\theta_b u \simeq 1.2D/\lambda$。图中点虚线为可见度函数虚部,破折号虚线为可见度函数实部,实线为可见度函数幅度。因为曲线 $D/d < 1$ 的部分是不可实现的,测量到的可见度函数几乎为纯虚数。对于 $d = 6\text{cm}$ 且 $D/d = 3$,零间距流量密度[式(A10.4)]为 12700Jy,可见度函数约为 1000Jy[式(A10.5)]。改编自 Gurwell(1998)

尽管月亮能产生强条纹,但并不是理想的定标源。首先,振动使跟踪月亮的精确边缘非常困难。其次,视在源分布由天线决定,跟踪误差引入幅度和相位的波动。再次,月亮的温度与太阳照射有关,200K 左右的平均温度变化很大,特别在短波长时该变化更大。关于月亮温度变化的准确结果应纳入亮度温度模型。

附录10.2　谱线的多普勒频移

谱线的多普勒频移来自射电源和观测者之间的相对速度。此处讨论非常重要的四个实际问题:第一,当相对速度较大时,使用专门的相对多普勒公式一阶展开会引入较大误差;第二,有几个不同的近似方法用于修正测量到的观测者的运动速度。第三,当频率转换成速度时,要特别注意不能引入速度偏差。最后,有些情况下需要考虑非多普勒因素引起的速度偏差。

多普勒频移[参见文献 Rybicki and lightman(1979)]由下面关系式给出:

$$\frac{\lambda}{\lambda_0} = \frac{f_0}{f} = \frac{1 + \frac{v}{c}\cos\theta}{\sqrt{1 - \left(\frac{v}{c}\right)^2}} \tag{A10.6}$$

λ_0 和 f_0 为在源的参考坐标系下测得的静止波长和频率,相应的没有下标的变量为观测坐标系下的波长和频率参量,v 为射电源与观测者之间相对速度的幅度,θ 为观测坐标系下的速度矢量同射电源与观测者之间视线方向的夹角。式(A10.6)中的分子为射电源与观测者之间距离变化引起的传统多普勒频移,分母为相对论时间膨胀因子,该因子考虑了射电源的静止坐标系下与观测者的静止坐标系下测量的辐射波周期之差($\theta < 90°$ 代表后退射电源)。

因为时间膨胀效应,即使运动垂直于视线,也存在二阶多普勒频移。在接下来的讨论中,只考虑径向速度,即 $\theta = 0°$ 或 $180°$,在此情况下多普勒频移公式为

$$\frac{\lambda}{\lambda_0} = \frac{f_0}{f} = \sqrt{\frac{1 + \frac{v_r}{c}}{1 - \frac{v_r}{c}}} \tag{A10.7}$$

其中 v_r 为径向速度(后退射电源的径向速度是正的)。求解得到的速度如下:

$$\frac{v_r}{c} = \frac{f_0^2 - f^2}{f_0^2 + f^2} \tag{A10.8}$$

或者

$$\frac{v_r}{c} = \frac{\lambda^2 - \lambda_0^2}{\lambda^2 + \lambda_0^2} \tag{A10.9}$$

式(A10.8)和(A10.9)的泰勒级数展开如下:

$$\frac{v_\mathrm{r}}{c} \simeq -\frac{\Delta f}{f_0} + \frac{1}{2}\frac{\Delta f^2}{f_0^2} + \cdots \tag{A10.10}$$

与

$$\frac{v_\mathrm{r}}{c} \simeq \frac{\Delta \lambda}{\lambda_0} - \frac{1}{2}\frac{\Delta \lambda^2}{\lambda_0^2} + \cdots \tag{A10.11}$$

其中 $\Delta f = f - f_0$,$\Delta \lambda = \lambda - \lambda_0$。当 Δf 为负时,速度为正,称为"红移"。由于 $\Delta f/f_0 \simeq -\Delta \lambda/\lambda_0$,因此式(A10.10)和式(A10.11)中的二阶项的幅度基本相等,但符号相反。

工作在射频和光学频率的光谱设备产生的数据通常分别均匀分布在频率和波长上。因此对于一阶展开,速度轴可通过频率或波长轴的线性变换来计算,这会导致两个不同的速度近似:

$$\frac{v_\mathrm{r\,radio}}{c} = -\frac{\Delta f}{f_0} \tag{A10.12}$$

$$\frac{v_\mathrm{r\,optical}}{c} = \frac{\Delta \lambda}{\lambda_0} \tag{A10.13}$$

注意到 $v_\mathrm{r\,radio}/c = -\Delta \lambda/\lambda$,则可理解两个近似表达式的差异。在对其真实速度进行估计时,在射频和光学领域的速度都会产生二阶误差,即在射频范围低估了速度,在光学范围高估了速度,但速度被低估和高估的数值相同。不同领域速度之差作为速度的函数为

$$\delta v_\mathrm{r} = v_\mathrm{r\,optical} - v_\mathrm{r\,radio} \simeq \frac{v_\mathrm{r}^2}{c} \tag{A10.14}$$

因此,对于河外射电源,所使用的速度尺度的识别很重要。例如,如果 $v_\mathrm{r} = 10000\,\mathrm{km \cdot s^{-1}}$,$\delta v_\mathrm{r} \simeq 330\,\mathrm{km \cdot s^{-1}}$,窄带观测时,错误的识别速度尺度之间的差异会产生非常严重的问题。

为解释谱线速度,将谱线放在合适的惯性坐标系下是很有必要的。在赤道的观测者相对地心的转速约为 $0.5\,\mathrm{km \cdot s^{-1}}$,地球围绕太阳的转速约为 $30\,\mathrm{km \cdot s^{-1}}$,太阳相对附近恒星的转速为 $20\,\mathrm{km \cdot s^{-1}}$[此速度定义了本地静止标准(LSR)],围绕银心的 LSR 速度约为 $220\,\mathrm{km \cdot s^{-1}}$,银河系相对本地星系群的速度为 $310\,\mathrm{km \cdot s^{-1}}$,本地星系群相对宇宙微波背景(CMB)的速度为 $630\,\mathrm{km \cdot s^{-1}}$。在太阳系之外最精确的参考坐标系是相对 CMB 定义的。太阳相对宇宙微波背景的速度是通过测量 CMB 的偶极各向异性来确定的。对于 $l = 264.31°$ 及 $b = 48.05° \pm 0.10°$ 方向,速度测量的精确结果为 $(370.6 \pm 0.4)\,\mathrm{km \cdot s^{-1}}$(Lineweaver et al., 1996)。表 A10.1 列出了有关的各种参考坐标系信息。已报道的大多数观测都是关于太阳系质心坐标系或本地静止标准坐标系。恒星和银河系的速度一般由太阳系质心坐标系给出,非银河系恒星天体(如分子云)的观测一般使用本地静止标准坐标系。很多射电观测的速度修正都是基于 DOP 程序[Ball(1969)及 Gordon(1976)]的,因为没有考虑

行星扰动,其精度约为 $0.01\text{km}\cdot\text{s}^{-1}$。常规观测如 AIPS 的 CVEL 也是基于 DOP 程序进行修正的。更高精度的速度修正可通过更复杂的程序获得,如 Planetary Ephemeris Program(Ash,1972)或 JPL Ephemeris(Standish and Newhall,1995)。脉冲星计时测量数据的诠释也需要高精度速度修正。

表 A10.1 谱线观测参考坐标系

名称	运动类型	速度/(km·s⁻¹)	方向[a] $l/(°)$	$b/(°)$
观测中心坐标系	地球转动	0.5	—	—
地心坐标系	地球围绕地球/月球质心转动	0.013	—	—
日心坐标系	地球围绕太阳转动	30	—	—
质心坐标系	太阳围绕太阳系质心旋转(行星摄动)	0.012	—	—
本地静止标准坐标系[b]	太阳相对本地恒星运动	20	57	23
银心坐标系[c]	LSR 围绕银心运动	220	90	0
银河本地静止标准坐标系[b]	银河系中心相对银河本地星群运动	310	146	−23
宇宙微波背景(CMB)坐标系[b]	银河系本地星群相对 CMB 运动	630	276	30

a 银河经度和纬度。
b 1985 年 IAU 采用的标准值(Kerr and Lynden-Bell,1986)。
c Cox(2000)

将基带频率转换成真正的观测频率有时会产生混淆。通过数据流的傅里叶变换或相关函数的快速傅里叶变换法进行的基带频谱计算中,第一个通道对应零频,通道频率的增量为 $\Delta f_{\text{IF}}/N$,其中 Δf_{IF} 为带宽(奈奎斯特采样率的一半),N 为频率通道的总数,第 N 个通道对应的频率为 $\Delta f_{\text{IF}}(1-1/N)$。如果 N 为偶数(N 一般为 2 的幂),通道 $N/2$ 对应基带的中心频率。对于一个只有上边带的系统,第一个通道的射频频率(基带的零频)为本振频率的总和。注意速度轴的不同方向($u:-v$ 和 $u:v$)分别代表系统上边带和下边带的转换。

几种非多普勒因素引起的速度偏移有时需要给予考虑。对于来自深势阱谱线,如黑洞附近的谱线,有额外的时间膨胀项

$$\gamma_{\text{G}} = \frac{1}{\sqrt{1-\dfrac{r_{\text{S}}}{r}}} \tag{A10.15}$$

其中 r 为距黑洞中心的距离,r_{S} 为其施瓦氏(Schwarzschild)半径($r_{\text{S}}=2GM/c^2$)。当 $r\gg r_{\text{S}}$ 时,式(A10.15)有效。因此总的频率偏移[将式(A10.6)推广所得]为

$$\frac{f_0}{f} = \left(1+\frac{v_{\text{r}}}{c}\cos\theta\right)\gamma_{\text{L}}\gamma_{\text{G}} \tag{A10.16}$$

其中 $\gamma_{\text{L}}=1/\sqrt{1-v_{\text{r}}^2/c^2}$,为洛伦兹因子。例如,NGC4258 中的水脉泽辐射(图 1.21),辐射的轨道形成一个半径为 $40000 r_{\text{S}}$ 的黑洞,速度偏移约为 $4\text{km}\cdot\text{s}^{-1}$。

宇宙距离下射电源最重要的非多普勒频移来自宇宙膨胀。在相对近的宇宙空间,速度偏移为

$$z = \frac{\lambda}{\lambda_0} - 1 \simeq \frac{H_0 d}{c} \qquad (A10.17)$$

其中 H_0 为哈勃常数，d 为距离。H_0 约为 $70\text{km} \cdot \text{s}^{-1} \cdot \text{Mpc}^{-1}$ [见文献 Mould et al.,2000]。对于远距离($z>1$)，z 和距离以及回退时间之间的关系和使用的宇宙模型有关[见文献 Peebles,1993]。然而，给定 z 的定义，与 z 相关的正确频率如下：

$$f = \frac{f_0}{z+1} \qquad (A10.18)$$

有关宇宙距离射电源谱线测量的讨论见文献 Gordon, Baars and Cocke(1992)。文献 Downes et al.(1999)给出宇宙距离($z=3.9$)下谱线干涉仪观测分子云的实例。

附录10.3 历 史 注 释

由一维廓线得到的图像

早期用一维线阵列如图1.13中的光栅阵列和复合干涉仪对太阳以及一些其他强射电源成像。测量结果通过扇形波束扫描的方式获得。利用上述仪器在任意时刻得到的可见度函数采样位于通过(u,v)平面原点的直线上，如图10.1所示。沿着此直线采样得到的可见度函数数据的傅里叶变换给出了一个与扇形波束扫描给定的廓线共轭的曲面，如图A10.2所示，可看作是太阳二维图像中的一个分量。随着地球转动，在天空中的波束角度是变化的，累加这些分量组成二维图像。然而，在这类阵列扇形波束的扫描中，每个天线对廓线的贡献为等权重的，因此用这些廓线组成的图像会表现出自然权重的不良特性。在数字计算机还未普及的20世纪50年代，将这些数据通过合适的权重组合成二维图像是个非常繁冗的过程。Christiansen 和 Warburton(1955)获得的太阳图像所涉及的傅里叶变换、权重和数据的逆变换都是手工计算完成的。后来 Bracewell 和 Riddle(1967)设计了一个不用傅里叶变换进行波束扫描组合的成像方法，该方法使用卷积来调节可见度函数的权重。2.4节讨论了一维和二维响应的基本关系(Bracewell,1956b)，此概念也适用于其他领域的图像处理，如断层扫描(Bracewell and Wernecke,1975)。

模拟傅里叶变换

光学透镜可用作傅里叶变换的模拟设备。基于光学、声学或电子束方法进行数据处理的模拟傅里叶变换系统已经被研究，但在合成成像中通常被证明是不成功的。它们缺乏灵活性，更深一层的问题是其动态范围的限制。动态范围是图像中最高强度电平与噪声之比。在对同一数据进行包括连续傅里叶变换和反变换的任何迭代过程中保持图像质量（如第 11 章中的一些反卷积过程），需要很高的处理精度。Cole(1979)对模拟傅里叶变换的可行性进行了讨论。

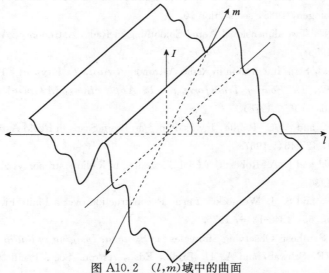

图 A10.2　(l,m) 域中的曲面
此曲面为 (u,v) 平面中沿着与 u 轴成 $\phi+\pi/2$ 角的直线测量可见度函数数据的傅里叶变换，如图 10.1 中的虚线所示

参考文献

Perley, R. A., F. R. Schwab, and A. H. Bridle. Eds., *Synthesis Imaging in Radio Astronomy*, Astron. Soc. Pacific Conf. Ser., 6, 1989.

Taylor, G. B., C. L. Carilli, and R. A. Perley, Eds., *Synthesis Imaging in Radio Astronomy* II, Astron. Soc. Pacific Conf. Ser., 180, 1999.

Thompson, A. R. and L. R. D'Addario, Eds., *Synthesis Mapping*, Proc. NRAO Workshop No.5 (Socorro, NM, June 21-25, 1982). National Radio Astronomy Observatory, Green Bank, WV, 1982.

引用文献

Ash, M. E., *Determination of Earth Satellite Orbits*, MIT Lincoln Laboratory Technical Note, 1972-5, 1972.

Ball, J. A., *Some Fortran Subprograms Used in Astronomy*, MIT Lincoln Laboratory Technical Note, 1969-42, 1969.

Bevington, P. R. and D. K. Robinson, *Data Reduction and Error Analysis for the Physical Sciences*, 2nd ed., McGraw-Hill, New York, 1992.

Bos, A., On Ghost Source Mechanisms in Spectral Line Synthesis Observations with Digital

Spectrometers, in *Indirect Imaging*, J. A. Roberts, Ed., Cambridge Univ. Press, 1984, pp. 239-243.

Bos, A., On Instrumental Effects in Spectral Line Synthesis Observations, Ph. D. Thesis, Univ. of Groningen, 1985, see section 10.

Bracewell, R. N., Two-dimensional Aerial Smoothing in Radio Astronomy, *Aust. J. Phys.*, 9, 297-314, 1956a.

Bracewell, R. N., Strip Integration in Radio Astronomy, *Aust. J. Phys.*, 9, 198-217, 1956b.

Bracewell, R. N., *The Fourier Transform and Its Applications*, McGraw-Hill, New York, 2000(earlier eds. 1965, 1978).

Bracewell, R. N. and A. C. Riddle, Inversion of Fan-Beam Scans in Radio Astronomy, *Astrophys. J.*, 150, 427-434, 1967.

Bracewell, R. N. and J. A. Roberts, Aerial Smoothing in Radio Astronomy, *Aust. J. Phys.*, 7, 615-640, 1954.

Bracewell, R. N. and S. J. Wernecke, Image Reconstruction over a Finite Field of View, *J. Opt. Soc. Am.* 65, 1342-1346, 1975.

Bridle, A. H., Synthesis Observing Strategies, in *Synthesis Imaging in Radio Astronomy*, R. A. Perley, F. R. Schwab, and A. H. Bridle, Eds., Astron. Soc. Pacific Conf. Ser., 6, 443-476, 1989.

Briggs, D. S., *High Fidelity Deconvolution of Moderately Resolved Sources*, Ph. D. thesis, New Mexico Institute of Mining and Technology, Socorro, NM, 1995.

Briggs, D. S., R. A. Sramek, and F. R. Schwab, Imaging, in *Synthesis Imaging in Radio Astronomy II*, G. B. Taylor, C. L. Carilli, and R. A. Perley. Eds., Astron Soc. Pacific Conf. Ser., 180, 127-149, 1999.

Brouw, W. N., *Data Processing for the Westerbork Synthesis Radio Telescope*, Univ. Leiden, 1971.

Brouw, W. N., Aperture Synthesis, in *Methods in Computational Physics*, Vol. 14, B. Alder, S. Fernbach, and M. Rotenberg, Eds., Academic Press, New York, 1975, pp. 131-175.

Burton, W. B., The Structure of Our Galaxy Derived from Observations of Neutral Hydrogen, in *Golactic and Extragalactic Radio Astronomy*. G. L. Verschuur and K. I. Kellermann, Eds., Springer-Verlag, Berlin, pp. 295-358, 1988.

Christiansen, W. N., and J. A. Warburton, The Distribution of Radio Brightness over the Solar Disk at a Wavelength of 21cm. III. The Quiet Sun-Two-Dimensional Observations, *Aust. J. Phys.*, 8, 474-486, 1955.

Cole, T. W., Analog Processing Methods for Synthesis Observations, in *Image Formation from Coherence Functions in Astronomy*, C. van Schooneveld, Ed., Reidel, Dordrecht 1979, pp. 123-141.

Cox, A. N., Ed., *Allen's Astrophysical Quantities*. 4th ed., AIP Press, Springer, New

York, 2000.

Crane, P. C. and P. J. Napier. Sensitivity, in *Synthesis Imaging in Radio Astronomy*. R. A. Perley, F. R. Schwab, and A. H. Bridle, Eds., Astron. Soc. Pacific Conf. Ser., 6, 139-165, 1989.

D'Addario, L. R., Cross Correlators, in *Synthesis Imaging in Radio Astronomy*, R. A. Perley. F. R. Schwab, and A. H. Bridle, Eds., Astron. Soc. Pacific Conf. Ser. 6, 59-82, 1989.

Downes, D., R. Neri, T. Wiklind, D. J. Wilner, and P. A. Shaver, Detection of CO(4-3), CO(9-8), and Dust Emission in the Broad Absorption Line Quasar APM 08279+5255 at a Redshift of 3.9, *Astrophys. J. Lett.*, 513, L1-L4, 1999.

Ekers. R. D., Error Recognition, in *Synthesis Imaging in Radio Astronomy II*, G. B. Taylor, C. L. Carilli, and R. A. Perley, Eds., Astron. Soc. Pacific Conf. Ser., 180, 321-334, 1999.

Ekers, R. D. and J. H. van Gorkom, Spectral Line Imaging with Aperture Synthesis Radio Telescopes, in *Indirect Imaging*, J. A. Roberts. Ed., Cambridge Univ. Press, Cambridge, UK, 1984, pp. 21-32.

Fomalont, E. B., The East-West Structure of Radio Sources at 1425MHz, *Astrophys. J. Suppl.*, 15. 203-274, 1968

Fomalont, E. B. and M. C. H. Wright, Interferometry and Aperture Synthesis, in *Galactic and Extragalactic Radio Astronomy*, G. L. Verschuur and K. I. Kellermann, Eds., Springer-Verlag, New York, 1974, pp. 256-290.

Gordon, M. A., Computer Programs for Radio Astronomy, in *Methods of Experimental Physics*, Vol. 12C, M. L. Meeks. Ed., Academic Press, New York, 1976.

Gordon, M. A., J. W. M. Baars, and W. J. Cocke, Observations of Radio Lines from Unresolved Sources: Telescope Coupling. Doppler Effects, and Cosmological Corrections, *Astron. Astrophys.*, 264, 337-344, 1992.

Gradshteyn, I. S. and 1. M. Ryzhik, *Table of Integrals, Series and Products*, Academic Press, New York, 5th ed., 1994.

Gurwell, M., Lunar and Planetary Fluxes at 230 GHz: Models for the Haystack 15-m Baseline, SMA Technical Memo. 127, Smithsonian Astrophysical Observatory, 1998.

Jacquinot, P. and B. Roizen-Dossier, Apodisation, in *Progress in Optics*, Vol. 3, pp. 29-186, E. Wolf, Ed., North Holland, Amsterdam, 1964.

Jennison, R. C., A Phase Sensitive Interferometer Technique for the Measurement of the Fourier Transforms of Spatial Brightness Distributions of Small Angular Extent, *Mon. Not. R. Astron. Soc.*, 118, 276-284, 1958.

Kerr, F. J. and D. Lynden-Bell, Review of Galactic Constants, *Mon. Not. Roy. Ast. Soc.*, 221,1023-1038, 1986.

Lineweaver, C. H., L. Tenorio, G. F. Smoot, P. Keegstra, A. J. Banday, and P. Lubin,

The Dipole Observed in the COBE DMR 4 Year Data, *Astrophys. J.*, 470, 38-42, 1996.

Maltby. P. and A. T. Moffet, Brightness Distribution in Discrete Radio Sources, III. The Structure of the Sources, *Astrophys. J. Suppl.*, 7, 141-163, 1962.

Masson, C. R., Angular Expansion and Measurement with the VLA: The Distance to NGC7027, *Astrophys. J.*, 302, L27-L30, 1986.

Moffet, A. T., Brightness Distribution in Discrete Radio Sources, I. Observations with an East-West Interferometer, *Astrophys. J. Suppl.*, 7, 93-123, 1962.

Mould, J. R. and 16 coauthors, The Hubble Space Telescope Key Project on the Extragalactic Distance Scale. XXVIII. Combining the Constraints on the Hubble Constant, *Astrophys. J.*, 529, 786-794, 2000.

Napier. P. J. and P. C. Crane, Signal-to-Noise Ratios, in *Synthesis Mapping*, *Proc. NRAO Workshop No. 5* (Socorro, NM, June 21-25, 1982), A. R. Thompson and L. R. D'Addano, Eds., National Radio Astronomy Observatory, Green Bank, WV, 1982.

Pearson, T. J., Non-Imaging Data Analysis, in *Synthesis Imaging in Radio Astronomy II*, G. B. Taylor, C. L. Carilli, and R. A. Perley, Eds., Astron. Soc. Pacific Conf. Ser., 180, 335-355. 1999.

Peebles. P. J. E., *Principles of Physical Cosmology*, Princeton Univ. Press, Princeton, NJ, 1993.

Reid, M. J., Spectral-Line VLBI, in *Very Long baseline Interferometry and the VLBA*, J. A. Zensus, P. J. Diamond, and P. J. Napier, Eds., Astron. Soc. Pacific Conf. Ser., 82, 209-225, 1995.

Reid, M. J., Spectral-Line VLBI, in *Synthesis Imaging in Radio Astronomy II*, G. B. Taylor, C. L. Carilli, and R. A. Perley, Eds., Astron. Soc. Pacific Conf. Ser., 180, 481-497, 1999.

Rhodes, D. R., On the Spheriodal Functions, *J. Res. Natl. Bur. Stand.* (U. S.) B, 74, 187-209, 1970.

Roelfsema, P., Spectral Line Imaging I: Introduction, in *Synthesis Imaging in Radio Astronomy*, R. A. Perley, F. R. Schwab, and A. H. Bridle, Eds., Astron. Soc. Pacific Conf. Ser., 6, 315-339, 1989.

Rybicki, G. B. and A. P. Lightman, *Radiative Processes in Astrophysics*, Wiley, New York, 1979 (reprinted 1985).

Schwab, F. R., Optimal Gridding of Visibility Data in Radio Interferometry, in *Indirect Imaging*, J. A. Roberts, Ed., Cambridge Univ. Press, Cambridge, UK, 1984, pp. 333-346.

Slepian, D., Analytic Solution of Two Apodization Problems, *J. Opt. Soc. Am.*, 55. 1110-1115, 1965.

Slepian, D. and H. O. Pollak, Prolate Spheroidal Wave Functions, Fourier Analysis and Uncertainty. I, *Bell Syst. Tech. J.*, 40, 43-63, 1961.

Smith. F. G., The Measurement of the Angular Diameter of Radio Stars, *Proc. Phys. Soc.* B,

65, 971-980, 1952.

Standish, E. M. and X X Newhall, New Accuracy Levels for Solar System Ephemerides, in *Proc. IAU Symp. 172, Dynamics, Ephemerides, and Astrometry of Solar System Bodies*, Kluwer, Dordrecht, 1995, pp. 29-36.

Taylor, J. R., *An Introduction to Error Analysis*, University Science Books, Mill Valley, CA, 1982.

Thompson, A. R. and R. N. Bracewell, Interpolation and Fourier Transformation of Fringe-Visibilities, *Asrton. J.*, 79, 11-24, 1974.

Twiss, R. Q., A. W. L. Carter, and A. G. Little, Brightness Distribution Over Some Strong Radio Sources at 1427 Mc/s, *Observatory*, 80, 153-159, 1960.

van Gorkom, J. H. and R. D. Ekers, Spectral Line Imaging II: Calibration and Analysis, in *Synthesis Imaging in Radio Astronomy*, R. A. Perley, F. R. Schwab, and A. H. Bridle, Eds., Astron. Soc. Pacific Conf. Ser., 6, 341-353, 1989.

White, R. L. and R. H. Becker, The Resolution of P Cygni's Stellar Wind, *Astrophys. J.*, 262, 657-662, 1982.

White, M., J. E. Carlstrom, M. Dragovan, and W. L. Holzapfel, Interferometric Observations of Cosmic Microwave Background Anisotropies, *Astrophys. J.*, 514, 12-24, 1999.

11 反卷积、自适应定标及应用

本章涉及非线性处理技术,这些技术能够进一步改善第 10 章中描述的方法所得到图像的质量。可见度函数数据有两个主要缺陷,限制了合成图像的准确度。一个是可见度函数数据在空间频率域即 u 和 v 域的分布是有限的,另一个是测量数据本身的误差。有限的空间频率覆盖可通过反卷积处理得到改善,此处理能在对图像的一般限制下使未测量的可见度函数得到非零值。定标可通过自适应技术得到改善。在利用自适应技术进行定标过程中,天线增益及所需图像均从可见度函数数据中获得。本章还介绍了宽视场成像,多频成像以及一些其他的特殊应用。

11.1 空间频率覆盖的限制

在合成成像中获得的强度分布 $I_0(l,m)$ 可认为是真实强度 $I(l,m)$ 与合成波束 $b_0(l,m)$ 的卷积

$$I_0(l,m) = I(l,m) ** b_0(l,m) \tag{11.1}$$

已知 $I_0(l,m)$ 和 $b_0(l,m)$ 就能求解到 $I(l,m)$ 吗?两个函数去卷积的解析过程就是对卷积进行傅里叶变换,等价于两个函数傅里叶变换之积。除去已知函数的傅里叶变换,然后再变换回来。从式(11.1)可得

$$I(l,m) ** b_0(l,m) \rightleftharpoons \mathcal{VB}(u,v)[W(u,v)w_u(u,v)w_t(u,v)] \tag{11.2}$$

其中 $\rightleftharpoons$ 代表傅里叶变换,$\mathcal{VB}(u,v)$ 为可见度函数,$W(u,v)$ 为空间传递函数,$w_u(u,v)$ 是获得 (u,v) 平面数据有效归一化强度所需的权重函数,$w_t(u,v)$ 是所应用的锥化函数。然而,由于空间传递函数包含值为零的区域,所以不能除去空间传递函数而得到 $\mathcal{VB}(u,v)$。未测量的可见度函数带来了一个基本问题,并且除了可见度函数加权,任何改善强度的处理过程必须在未测量的 (u,v) 区域设置非零的可见度函数值。

Bracewell 和 Roberts(1954)指出式(11.1)的卷积有无穷多个解,这是因为在 (u,v) 平面未采样区域可添加任意可见度函数值。这些添加的可见度函数值的傅里叶变换会构成暗藏的强度分布,空间传递函数在相应区域为零的任何设备都无法检测到该分布。解译射电望远镜观测结果时,为避免随意生成信息,须对空间频谱未被测量的区域的值设置为零。在另一方面,零本身也属任意值,其中一些零值肯定是错的。合适的处理过程是允许未被测量点的可见度函数值取一个最

合理的值或最接近强度分布的值,使增加的任意细节信息最小化。正的强度值以及射电源角结构作为可预期的特性可引入成像过程中。设备产生的负强度值和扩展正弦结构是可被去除的。如图 2.6 讨论中的建议,去除旁瓣影响的处理程序是可行的。Sault 和 Oosterloo(1996)给出了处理算法回顾。

11.2 CLEAN 反卷积算法

CLEAN 算法

　　CLEAN 算法是最成功的反卷积程序之一,由 Högbom(1974)设计。该算法是应用于(l,m)域的一个基本的数值反卷积过程。处理过程是将强度分布分解成点源响应,然后用相应的"洁"波束响应来代替,"洁"波束没有旁瓣。主要步骤如下:

　　(1)通过对可见度函数的傅里叶变换和权重传递函数计算点源的图像和响应,合成强度函数和合成波束函数通常被称为"脏图"和"脏束"。在(l,m)平面的采样点间距不宜超过合成波束宽度的 1/3。

　　(2)在图像中找到强度最大点并减去某点源响应,该点源响应包含了以此点为中心的所有旁瓣方向图。被减的点源幅度峰值等于 γ 倍相对应图像的幅度,γ 称为环路增益,类似于电子系统中的负反馈,其值一般为十分之几。通过把 δ 函数分量插入将作为洁图的模型中,记录所移除分量的位置和幅度。

　　(3)返回步骤(2),重复迭代过程,直至图像中所有明显的射电源结构被移除。满足此条件有几项可能的指标。例如,可以将最大峰值与残留强度的均方根值进行比较,找到相减后均方根值首次不再降低的时刻,或者是注意何时大量负值分量开始被去除。

　　(4)将洁化模型中的 δ 函数与洁束响应进行卷积,即利用相应幅度的洁束函数取代 δ 函数。通常选用半幅值宽度等于原始合成波束(脏束)宽度的高斯函数作为洁束,或者选用无负值的类似函数作为洁束。

　　(5)将残留强度(步骤(3)得到的残留强度)加到洁束图像,即为处理过程的输出。

　　假设每个移除明显射电源结构后的脏束响应代表一个点源的响应,如 4.4 节所讨论,点源的可见度函数为一对实部和虚部正弦纹波,并在(u,v)平面扩展到无限远。任何强度,如果其对应的在(u,v)域经传递函数采样后的可见度函数相同,则会在图像上产生与点源响应相同的响应分量。Högbom(1974)指出大部分天空是空背景下点源的随机分布,CLEAN 算法起初就是在此条件下开发的。然而经验表明,CLEAN 对扩展源和复杂源也同样适用。

　　上述 CLEAN 过程中前三步的结果可用模型强度分布来表示,该分布由幅度和位置表征上述减去分量的一系列 δ 函数组成。因为每个 δ 函数傅里叶变换的模

在 (u,v) 平面均匀地无限扩展,在传递函数截断以外的区域,可见度函数根据需要进行插值。

δ 函数分量不能构成令人满意的射电天文模型。间距不大于波束宽度的一组 δ 函数确实可代表扩展结构。在第(4)步中,根据 δ 函数模型与洁束的卷积去除了过渡解译的风险。因此,实际上 CLEAN 算法在 (u,v) 平面进行了插值。洁束的理想特性是没有旁瓣,特别是负旁瓣,且其傅里叶变换在 (u,v) 平面的采样区域内应为常数,在区域外快速下降到低值。这些特性本质上是不相容的,因为在 (u,v) 平面快速截断的结果是在 (l,m) 平面产生振荡。通常的折中方案是选取高斯波束,在 (u,v) 平面引入高斯锥化。此高斯函数对测量的数据进行了锥化,而未被测量的数据由 CLEAN 算法生成,因此得到的强度分布不再与测量到的可见度函数数据相符。然而,由于没有大的、临近的旁瓣,图像的动态范围得到改善,即增大了强度范围,在该范围内,图像结构可被可靠测量。

如上述讨论,不能对式(11.2)右侧的权重传递函数进行直接约分,因为它在测量区域外被截断为零。在 CLEAN 算法中,可通过将测量的可见度函数分解成正弦可见度函数分量,然后再去除截断,这样可见度函数可以扩展到整个 (u,v) 平面上,从而可以解决此问题。在 (l,m) 平面选取最大峰值,等价于在 (u,v) 平面选取最大的复正弦分量。

一般在残留强度分布主要由噪声组成时,停止分量相减。类似于与洁束进行卷积,将残留强度分布保留在图像中是一个非理想处理过程,必须避免对最后结果的误解译。若在上述第(5)步中不添加残留强度,在结构中会产生与最小移除分量相关的幅度截断。另外,背景波动的存在提供了强度值的不稳定性指标。图 11.1 展示了 CLEAN 算法处理效果的例子。

CLEAN 算法的实施与性能

作为去除旁瓣响应的处理过程,CLEAN 算法很容易理解。然而,由于较高的非线性,CLEAN 算法不容易进行完整的数学分析。Schwarz(1978,1979)给出一些结论,他指出 CLEAN 算法收敛的条件为合成波束必须对称,且合成波束的傅里叶变换,即权重传递函数不能为负。通常的波束合成过程完全满足这些条件。Schwartz 的分析也指出,如果在 CLEAN 模型中 δ 函数分量的数量不超过独立可见度函数数据的总数,则 CLEAN 算法收敛于测量到的可见度函数的 δ 函数分量傅里叶变换的最小二乘法拟合值。在遍历可见度函数数据时,其实部与虚部,或者其共轭值(只取其中的一个)进行独立统计。在使用 FFT 算法进行成图时,在 (u,v) 平面和 (l,m) 平面的网格点数是相同的,但并不是所有 (u,v) 网格点上都有可见度函数测量值。为保证收敛条件,一般的处理过程是只在有限区域或原始图像的"窗区"内使用 CLEAN 算法。

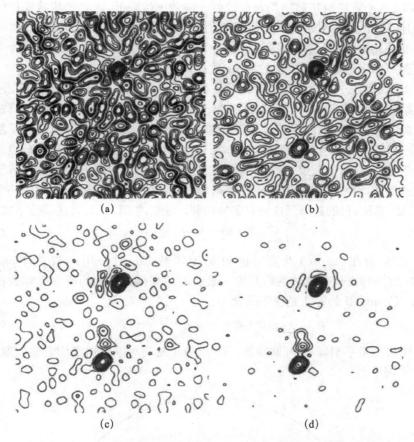

图 11.1 利用 Green Bank 干涉仪在 2695MHz 稀疏的 (u,v) 覆盖观测到的 3C224.1 图像的 CLEAN 处理过程

(a)合成"脏"图;(b)环增益 $\gamma=1$ 条件下一次迭代后的图像;(c)二次迭代后的图像;(d)六次迭代后的图像。上述情况下移除的分量通过洁束进行恢复。等高线为最大值的 5%,10%,15%,20%和30%等。图片来自 Högbom(1974), courtesy of Astron. Astrophys. Suppl.

为了洁化一幅给定尺寸的图像,需要波束宽度为图像尺寸的两倍,以便能够在图像中任意位置减去点源响应。然而,图像大小和波束宽度相同时通常更方便一些,在此情况下,只有图像的中心区域能够被合适地处理。因此,一般建议最初的傅里叶变换得到的图像应为最终所需图像尺寸的两倍。如上所述,此尺寸窗区的使用也能帮助确保所移除分量的数量不大于可见度函数数据的数量,如果没有噪声,能使窗区内的残留接近于零。

几个参数的任意选取会影响 CLEAN 过程的处理结果,包括参数 γ、窗区尺寸以及终止准则。γ 取值一般是在 0.1~0.5 范围内,如果环增益在此范围的低值部分,则CLEAN算法对扩展结构响应较好。随着γ值降低,需要的相减操作的循环次数增加,因此CLEAN算法的计算时间急剧增加。如果信噪比为$\mathscr{R}_{sn}$,则一个点源所需要的相减操作的循环次数为$-\log\mathscr{R}_{sn}/\log(1-\gamma)$。例如,$\mathscr{R}_{sn}=100$,$\gamma=0.2$,一个点源所需要的相减循环次数为21次。

CLEAN算法一个众所周知的缺陷是在对目标源脏图调制时,产生斑点或脊形的虚假结构。此效应的启发性解释由Clark(1982)给出。如图11.2所示,算法确定了目标源脏图的最大值位置并减去了点源响应分量。波束的负旁瓣增加了新的最大值,在下一次相减操作循环中被选中,因此会形成一个趋势,即分量相减点的位置间距等于合成波束(脏波束)的第一旁瓣间距。CLEAN算法给最终图像引入了一个波浪状的伪影,但图像与可见度函数数据相一致。Cornwell(1983)介绍了一个改进的CLEAN算法,目的是降低这种有害的调制。最初的CLEAN算法是使下式最小:

$$\sum_i w_i |\mathscr{VB}_i^{meas} - \mathscr{VB}_i^{model}|^2 \tag{11.3}$$

其中$\mathscr{VB}_i^{meas}$为在(u_i,v_i)点测量的可见度函数,w_i为使用的权重,$\mathscr{VB}_i^{model}$为CLEAN算法导出模型相应的可见度函数。对用来得到脏图的所有非零数据点进行求和。Cornwell的算法是使下式最小:

$$\sum_i w_i |\mathscr{VB}_i^{meas} - \mathscr{VB}_i^{model}|^2 - ks \tag{11.4}$$

其中s用来度量平滑,k为可调参数。Cornwell发现对模型强度均方根值取负号,可有效实现平滑。

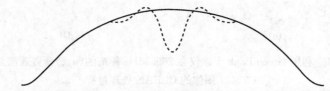

图11.2 在CLEAN处理过程中,目标源(该目标源是大且光滑的)脏图(实线)最大点处,减去了点源响应(虚线)。来自文献Clark(1982)

可见度函数锥化对原图和波束都有影响,因此CLEAN算法处理过程中减去的分量的幅度和位置应与锥化无关。然而,由于锥化降低了分辨率,所以对于采用CLEAN处理的图像,一般的经验是使用归一化可见度函数权重函数。另一方面,在复杂情况下(如扩展源、平滑结构)通过锥化降低旁瓣等可改善CLEAN算法的性能。

Clark(1980)介绍了一种降低CLEAN算法计算量的方法。该方法是基于在(u,v)平面减去点源响应并使用FFT在(u,v)域和(l,m)域进行数据转换。处理过程由次循环和主循环组成。通过一系列次循环来定位将被移除的部分,即通过利用包含主波束及主旁瓣的合成脏束的一小部分来执行近似减法操作。然后在主循环中将被识别的点源响应在(u,v)平面内无近似地移除,即δ函数与脏束的卷积是通过将它们的傅里叶变换相乘来完成的。然后重复一系列次循环和主循环，直至满足停止条件。Clark 设计的此技术被用于 VLA 数据处理，其比原始的 CLEAN 算法降低了 2~10 倍的计算量。

学者们也提出了其他不同于原始 CLEAN 算法的 CLEAN 过程。其中比较广泛使用的算法之一是 Cotton-Schwab 算法［见文献 Schwab(1984)第 IV 部分］。主循环中的减法操作是在非网格化可见度函数数据上进行的，可以消除此点处的混叠。此算法也设计成允许处理的相邻区域，相邻区域在次循环中是单独处理的，但在主循环中分量从所有区域被共同去除。

对 CLEAN 算法特性进行总结时，注意到从定性的角度出发很容易理解并直接应用，且其实用性公认很不错。另外一方面，很难对其响应进行完整的分析。CLEAN 算法的响应不是唯一的，会产生虚假信息。有时 CLEAN 算法会连同模型拟合技术一起使用，例如，盘状模型可从行星图像中去除，残留强度可用 CLEAN 算法处理。CLEAN 算法也能作为一些较复杂图像构建技术中的一部分，在本章后面部分将对此内容进行描述。更多有关 CLEAN 算法的细节，包括应用的一些技巧，参见文献 Cornwell, Braun and Briggs (1999)。

11.3 最大熵法（MEM）

MEM 算法

一类重要的图像重建算法是在噪声电平范围内生成与测量可见度函数相符的图像，同时使某些图像质量指标达到最大。其中最大熵法在射电天文中受到特别的关注。如果 $I'(l,m)$ 为利用最大熵法获得的强度分布，函数 $F(I')$ 定义为强度分布的熵，$F(I')$ 完全由以立体角为自变量的强度分布 I' 确定，与图像中的结构形式无关。在图像重建过程中，满足 I' 的傅里叶变换与观测可见度函数值相符的同时，使 $F(I')$ 达到最大。

早期将最大熵法应用于天文成像的是 Friden(1972)，他将最大熵法应用于光学天文成像。最早将最大熵法应用于射电天文的是 Ables(1974) 和 Ponsonby(1973)。Ables (1974)采用此技术的目标是获得与所有相关数据一致的强度分布，以最大限度地降低数据缺失的影响。因此，$F(I')$ 的选取应最大化地引入合理的先验信息，同时使未测量区域可见度函数的取值最低限度地引入细节信息。

已有的 $F(I')$ 有以下几种形式：

$$F_1 = -\sum_i \frac{I'_i}{I'_s} \log\left(\frac{I'_i}{I'_s}\right) \tag{11.5a}$$

$$F_2 = -\sum_i \log I'_1 \tag{11.5b}$$

$$F_3 = -\sum_i I'_1 \ln\left(\frac{I'_1}{M_i}\right) \tag{11.5c}$$

其中，$I'_1 = I'(l_i, m_i)$，$I'_s = \sum_i I'_i$，M_i 代表先验模型，求和是对图像中所有像素点进行的。F_3 可被描述为相对熵，因为强度值是相对某个模型而定的。

很多文章从理论和哲学角度推导熵的表达式。Jaynes(1968,1982)使用贝叶斯统计推导熵的表达式。Gull 和 Daniell(1979)研究了强度在天空的随机分布，推导出熵 F_1 的表达式，Friden(1972)也采用了此方法。Ables(1974)、Wernecke 和 D' Addario(1977)推导出了熵 F_2 的表达式。另外一些研究者从务实的角度出发采用了最大熵法(Högbom, 1979, Subrahmanya, 1979, Niyananda and Narayan, 1982)。尽管在选择限制条件时缺少物理或信息理论基础，但研究者仍然视其为有效方法。Högbom(1979)指出 F_1 和 F_2 包含所需要的数学特性：当 I' 趋于零时，其一阶导数趋于无穷，因此最大化 F_1 或 F_2 使图像产生正效应。二阶导数为负值，便于强度归一化。Narayan 和 Nityananda(1984)研究了通用类型函数 F，其具有 $d^2F/dI'^2 < 0$ 和 $d^3F/dI'^3 > 0$ 的特性。上述讨论的 F_1 和 F_2 属于此类型函数。

在最大化熵函数 $F(I')$ 的过程中，通过 χ^2 的统计得到强度模型与测量的可见度函数数据相匹配的限制条件，χ^2 为测量的可见度函数值 $\mathscr{VB}_k^{\mathrm{meas}} = \mathscr{VB}(u_k, v_k)$ 与相应的模型可见度函数值 $\mathscr{VB}_k^{\mathrm{model}}$ 的均方差

$$\chi^2 = \sum_k \frac{|\mathscr{VB}_k^{\mathrm{meas}} - \mathscr{VB}_k^{\mathrm{model}}|^2}{\sigma_k^2} \tag{11.6}$$

其中 σ_k^2 为测量可见度函数 $\mathscr{VB}_k^{\mathrm{meas}}$ 中噪声的方差，求和涵盖所有可见度函数数据集。求解上式涉及迭代过程，有关说明参见文献 Wernecke and D'Addario (1977), Wernecke (1977), Gull and Daniell (1978) 以及 Skilling and Bryan (1984)。有关综述由文献 Narayan and Nityananda (1984) 给出。例如，Cornwell 和 Evans(1985)对下式的参量 J 求最大值：

$$J = F_3 - \alpha\chi^2 - \beta S_{\mathrm{model}} \tag{11.7}$$

其中 F_3 的定义见式(11.5c)，S_{model} 为模型总通量密度，为了让处理过程收敛到一个满意的结果，有必要引入一个限制条件，即模型总通量密度等于测量通量密度。在模型拟合过程中，调整拉格朗日系数 α 和 β，使 χ^2 和 S_{model} 等于期望值。通过使用 F_3，可将先验信息引入最后图像中。实现最大熵法的不同算法通常使用熵的梯度和 χ^2 来决定每次迭代中模型的调整。

通过最大熵法获得图像的一个特征是点源的响应随位置变化而变化，因此在整个图像中角度分辨率不是恒定的。将最大熵法得到的图像与直接傅里叶变换法得到的图像进行对比可以发现，前者通常表现出更高的角度分辨率。对于常规成像技术，可见度函数值外插使分辨率得到一定程度的提高。

CLEAN 算法与 MEM 算法比较

CLEAN 算法是根据处理过程定义的,因此实现过程直接简单,但鉴于处理过程中的非线性,很难对最终结果中的噪声进行分析。相反,MEM 算法是根据图像与噪声中的有用数据相符且满足图像的某些参数达到最大值的限制条件。在 MEM 算法中的噪声考量是通过 χ^2 统计完成的,因此最终结果中噪声的影响是较容易分析的。具体见参考文献 Bryan and Skilling (1980)。二者其他方面的对比如下:

- MEM 算法实施需要初始射电源模型,而 CLEAN 算法不需要。
- 对于小幅图像,CLEAN 算法一般比 MEM 算法处理更快。但对于较大幅图像,MEM 算法处理更快。Cornwell,Braun 和 Briggs (1999)给出典型 VLA 图像中两个算法的均衡点约为 10^6 个像素。
- CLEAN 算法得到图像的小尺度细节粗糙,这归因于 CLEAN 算法的基本原理,即对所有图像建模是基于点源的集合。MEM 算法的解的约束条件强调图像的平滑性。
- 通过使用 MEM 算法,宽结构和平滑特性很好地实现了解缠绕,因为 CLEAN 算法可能会引入条纹和其他错误的细节。当射电源为点源时,MEM 算法效果不好,特别是点源叠加在平滑背景上时,防止了负旁瓣在脏图上表现出负强度。

为说明 CLEAN 和 MEM 处理过程的特点,图 11.3 给出对喷射结构模型进行处理的示例,该结构模型来自文献 Cornwell (1995)以及 Cornwell,Braun and Briggs (1999),采用 Briggs 的模型计算结果。喷射模型基于 M87 的类似结构,实际上与图 11.3(e)中的等高线值相同。喷射结构的左端是平滑到模拟观测分辨率的点源。针对观测频率为 1.66GHz,以及能够全程跟踪射电源的观测倾角 50°的情况,计算了文献 Napier et al. (1994)中 VLBA 的 (u, v) 覆盖获得的该喷射模型的可见度函数值。上述计算是在加入了热噪声,并假设定标完全准确的条件下进行的。可见度函数的傅里叶变换和空间传递函数提供了脏图和脏束。此脏图显示了上述模型的基本结构,但模型的细节部分被旁瓣淹没。图 11.3 的(a)~(c)部分给出 CLEAN 算法的处理效果。在 CLEAN 反卷积过程中 20000 个分量被减去,循环增益为 0.1。图 11.3(a)给出 CLEAN 算法应用于整个图像的结果,图 11.3(b)给出对源周围区域的分量去除后的结果(此技术有时称为盒子法或窗区法)。注意图 11.3(b)相对于图 11.3(a)结果的改善,这是窗区外无辐射时的结果。等高线近似表明,强度从最低值为 0.05%开始以 2 的幂指数增加。图 11.3(c)与图 11.3(b)显示的为同一幅图像,只是强度等高线初始值降低 10 倍。在等高线为低值时图像粗糙度可见是 CLEAN 算法的特性,在 CLEAN 算法中每个分量独立处理,一个分量的处理结果在机理上与周围分量无关,不像 MEM 算法那样引入平滑条件。图 11.3(d)~(f)为 MEM 算法处理的结果。图 11.3(d)为利用 MEM 算法对与图 11.3(b)相同区域进行反卷积并经 80 次迭代的结果。背景中以点源为中心的圆形图案明显表明 MEM 算法对这一特征没有处理好。图 11.3(e)利用 CLEAN 算法对点源特性的响应将点源去除,然后利用 MEM 算法对与图 11.3(d)中相同的限制区域进行反卷积,得到射电源的图像。图 11.3(f)与图 11.3(e)的响应相同,等高线最低值与图 11.3(c)相同。低值等高线显示出由观测与算法处理贡献的结构信息。利用 MEM 算法得到图像的等高线比利用 CLEAN 算法得到图像的等高线更平滑。图 11.3(c)与图 11.3(f)图像的保真度即再现原始模型的准确度相当。将两种算法结合起来,例如,使用 CLEAN 算法去除图像中的点源响应,然后利用 MEM 算法处理宽背景特性,在复杂图像的处理中有时具有优势。

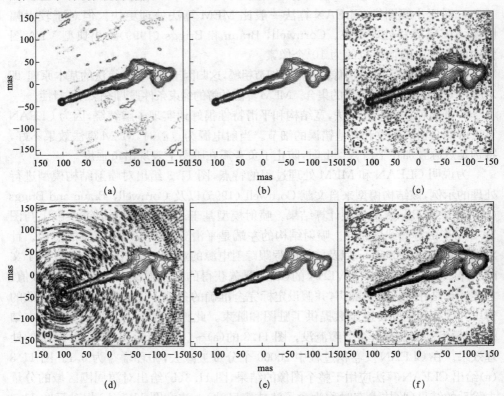

图 11.3 反卷积应用于左端包括点源的喷射结构模型处理实例

(a)CLEAN 算法应用于整个图像的结果。(b)仅对点源附近的分量进行去除后的结果,注意(b)获得的改进,等高线代表强度从最低值为 0.05% 以 2 的幂指数增长。(c)与(b)为同一幅图像,等高线强度初始值比图(b)低 10 倍。在低值等高线图像中,可见 CLEAN 算法粗糙度特性。(d)MEM 反卷积用于与(b)相同区域并进行 80 次迭代后得到的结果。以点源为中心的圆形图案表明 MEM 算法处理尖锐特性能力的不足。(e)利用 CLEAN 对特性的响应去除点源,然后对与(d)相同区域进行 MEM 反卷积处理,得到射电源图像。(f)与(e)的响应相同,其最低等高线与(c)相同,注意利用 MEM 算法得到图像的低值等高线比利用 CLEAN 算法得到图像的低值等高线更平滑。(c)与(f)的图像表明对模型的保真度相当。所有六幅图像来自 Cornwell(1995),courtesy of the Astron. Soc. Pacific Conf. Ser.

其他反卷积处理过程

Briggs(1995)将非负最小二乘法(Non-Negative, Least-Squares, NNLS)应用于反卷积。NNSL 由 Lawson 和 Hanson(1974)开发，给形式为 $AX=B$ 的矩阵方程提供了求解方法。在射电天文应用中，A 代表脏束，B 代表脏图。当强度 X 不含负值时，算法能够给出最小二乘法解。然而，和 MEM 算法不同的是，NNSL 不包含平滑准则。NNLS 算法比 CLEAN 或 MEM 算法需要更强的计算能力，但 Brigg 的研究结果表明，NNLS 算法具备更好的性能，特别是对于只有几个合成波束宽度的致密目标源。研究发现 NNLS 能够将残留降低到接近系统噪声的水平。在某些情况下，如在混合成像和自定标过程中 NNLS 算法比 CLEAN 算法更高效，同时具有更高的动态范围。在 MEM 算法处理结果中，残留可能不是完全随机的，可能与图像平面是相关的，因此会给 (u,v) 平面的可见度函数数据引入偏置，从而限制了其动态范围。除非允许 CLEAN 算法运行足够长的时间来降低噪声，否则 CLEAN 算法的性能会劣于 NNLS 算法的性能。关于更进一步讨论参见文献 Briggs (1995)，Cornwell, Braun and Briggs (1999)。

11.4 自适应定标与利用幅度数据成像

可见度函数幅度定标一般准确度为百分之几，但由于电离层和对流层的变化，以弧度表示的相位误差可能会很大。然而，用同一组基线同时测量到的、未定标的可见度函数相对值包含有强度分布信息，可通过第 10 章中描述的闭环关系式(10.30)和式(10.32)进行提取。遵从文献 Schwab(1980)，本书使用术语"自适应定标"来表示利用上述强度分布信息的混合成像和自定标技术。本节同时也对只用幅度数据成像进行了研究并作简单描述。

混合成像

20 世纪 70 年代对闭环技术研究兴趣的重燃始于 Rogers 等(1974)的重新发现，他们使用闭环相位推导出 VLBI 数据的模型参数。Fort 和 Yee(1976)以及后来几个研究团队将闭环数据与迭代成像技术相结合，文献 Readhead et al. (1980) 对迭代成像技术进行了描述。混合成像处理过程如下：

(1)在可见度函数幅度数据以及不同波长或不同时期先验图像数据的基础上获得初始图像。如果初始图像不准确，收敛会很慢，但在必要的情况下，任意初始图像(如单个点源)都能满足要求。

(2)每个可见度函数的积分周期决定了一组完全独立的幅度和/或相位闭环方程。对于每个这样的方程组，从模型中计算得到足够数量的可见度函数数据以便代入闭环关系中时,独立方程的总数量等于天线间距的数量。

(3) 求解每个天线间距的复可见度函数,并通过可见度函数数据的傅里叶变换获得图像。

(4) 利用 CLEAN 算法对步骤(3)得到的图像进行处理,但忽略残留。

(5) 采用正值和区域限制约束条件(删除负值强度分量,或除去源区域以外的分量)。

(6) 检验收敛性,在需要的情况下返回步骤(2),并将步骤(5)得到的图像作为新模型的初始图像。

由于在步骤(5)中引入了正值和区域限制约束条件,所以迭代后解得到了改善。这些非线性处理的可预期结果是将模型导出的可见度函数值中的误差通过可见度函数数据扩散。通过与下一个迭代周期中的观测值相结合减小上述误差。

在所描述的处理过程中,最大的区别是图像的生成是使用模型数据还是使用直接测量的数据,在 Baldwin 和 Warner(1978)之后,混合成像一词作为通用描述被广泛使用。通过使用相位闭环关系,不对绝对位置进行测量,但图像中的位置角度不存在歧义。通过使用幅度闭环关系,只能确定强度的相对值,但通常利用足够多数据的定标建立强度标尺并不困难。在多数情况下,观测数据的幅度精度足够高,因此只需使用相位闭环关系。Readhead 和 Wilkinson(1978)描述了一个只使用相位闭环关系的上述处理过程。此技术的其他实现方法由 Cotton (1979) 和 Rogers (1980)开发,与 Readhead 和 Wilkinson(1978)方法的主要区别是实施细节。如 Rogers 所讨论,如果基线有冗余,则可减少自由参数的数量,这是很有利的。

天线单元的数量在利用闭环关系成像中是一个非常重要的因素,因为其会影响数据的使用效率。在完全定标的情况下,可通过计算闭环数据数量占可获得数据的百分比来确定作为 n_a 的函数的效率值。独立闭环数据数量可由式(10.31)和式(10.33)给出,完全定标数据数量等于基线的个数。在假设没有冗余的情况下,基线个数为 $\frac{1}{2}n_a(n_a-1)$。相位数据的数据效率为

$$\frac{\frac{1}{2}(n_a-1)(n_a-2)}{\frac{1}{2}n_a(n_a-1)} = \frac{n_a-2}{n_a} \tag{11.8}$$

幅度数据的数据效率为

$$\frac{\frac{1}{2}n_a(n_a-3)}{\frac{1}{2}n_a(n_a-1)} = \frac{n_a-3}{n_a} \tag{11.9}$$

这些百分比也等于观测数据与混合成像处理每次迭代中模型产生的数据与观测数据之和的比值。式(11.8)和式(11.9)所代表的曲线如图11.4所示。当 $n_a=4$ 时,相位数据的数据效率只有50%,幅度数据的数据效率只有33%;当 $n_a=10$ 时,相应的效率为80%和78%。因此,大气或设备影响可能限制参考源的定标准确度的观测阵,所需的天线数量至少是十个或者更多。混合成像技术求解所需的迭代次数和源的复杂程度、天线单元数量、初始模型准确度、算法的使用细节以及其他一些因素有关。

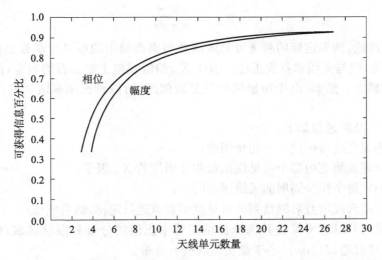

图 11.4 可见度函数数据可通过自适应定标技术获得,用全定标阵列可获得数据的百分比表示。曲线与式(11.8)和式(11.9)相对应

自定标

另外一类成像过程基本上和混合成像相同,但实现方法不同,称为自定标。自定标技术中天线复增益被视为自由参数,与强度一起导出。在某些情况下,很容易说明自定标的过程。例如,在包含致密分量的扩展射电源(如很多射电星系)成像中,宽结构用较长天线间距来分辨,只留下致密射电源未分辨。该致密射电源可用作定标源,给长间距天线对提供相对相位。因为致密射电源的位置是未知的,所以其提供的不是绝对相位。如果在阵列中有足够数量的长间距天线对,则只用长间距天线对即可获得天线相对增益因子。然而,此类特殊的强度分布对自定标并不是最重要的,利用迭代技术几乎可使用任意射电源作为定标源。此成像方法由 Schwab (1980) 及 Cornwell 和 Wilkinson (1981) 开发。Pearson 和 Readhead (1984) 及 Cornwell (1989) 对此技术进行了综述。

自定标过程中使用最小二乘法使测量的可见度函数 $\mathcal{V}\mathcal{B}_{mn}^{meas}$ 与相应的模型导出

的可见度函数 $\sqrt{\mathcal{B}}_{mn}^{\text{model}}$ 之差的模的平方最小，最小化的表达式如下：

$$\sum_{\text{time}} \sum_{m<n} w_{mn} \left| \sqrt{\mathcal{B}}_{mn}^{\text{meas}} - \sqrt{\mathcal{B}}_{mn}^{\text{model}} \right|^2 \tag{11.10}$$

式中权重系数 w_{mn} 通常与 $\sqrt{\mathcal{B}}_{mn}^{\text{meas}}$ 的方差成反比，在观测期间，式中的参量都是时间的函数。式(11.10)可写成如下形式：

$$\sum_{\text{time}} \sum_{m<n} w_{mn} \left| \sqrt{\mathcal{B}}_{mn}^{\text{model}} \right|^2 \left| X_{mn} - g_m g_n^* \right|^2 \tag{11.11}$$

其中

$$X_{mn} = \frac{\sqrt{\mathcal{B}}_{mn}^{\text{meas}}}{\sqrt{\mathcal{B}}_{mn}^{\text{model}}} \tag{11.12}$$

如果模型准确，则未定标的测量可见度函数与模型导出的可见度函数之比 X_{mn} 与 u 和 v 无关，但与天线增益成正比。因此 X_{mn} 的值模拟了定标源的响应，使天线增益能够被确定。然而，由于初始模型只是近似的，所以理想结果需要通过迭代逐步接近。

自定标处理过程如下：
(1) 为混合成像创建一个初始图像；
(2) 计算观测期内每个可见度函数积分周期的 X_{mn} 因子；
(3) 确定每个积分周期的天线增益因子；
(4) 利用天线增益对测量到的可见度函数值进行定标，然后成像；
(5) 使用CLEAN算法并选择提供图像中正值的分量和限制区域；Cornwell(1982)建议忽略 $|I(l,m)|$ 小于最负值的所有分量。
(6) 测试收敛性并根据需要返回步骤(2)。

和混合成像类似，上述处理过程中使用的独立数据的数量等于由式(10.31)和式(10.33)给出的独立闭环关系的数量，即幅度独立闭环关系数量为 $n_a(n_a-3)/2$，相位独立闭环关系数量为 $(n_a-1)(n_a-2)/2$。混合成像和自定标两个方案基本上是等同的，区别在于方法和实施的细节。作为天线数量函数的数据效率（图11.4）在两种方法中都适用。自定标技术性能如图11.5和图11.6所示。

将未知参量增益因子作为自定标中的自由参数比混合成像所采用的方法更直接。设备增益的总估计通过整个数据集来获得。Corwell(1982)指出，在自定标中将复可见度函数当成矢量比混合成像中将可见度函数的幅度和相位分别考虑更容易正确地处理噪声。可见度函数矢量中噪声加性结合的结果是呈高斯分布的。如果是幅度和相位分开考虑，则噪声加入后的结果为式(6.63)中较为复杂的莱斯分布。Cornwell 和 Wilkinson (1981)开发了一种自适应定标方法，对不同天线的幅度和相位波动采用不同的概率分布，同时考虑了系统噪声。此方法曾用于MERLIN阵列，此阵列包含不同尺寸和不同设计的天线(Thomasson, 1986)。与天线有关的误差的概率分布依赖于先验信息，可根据经验确定。

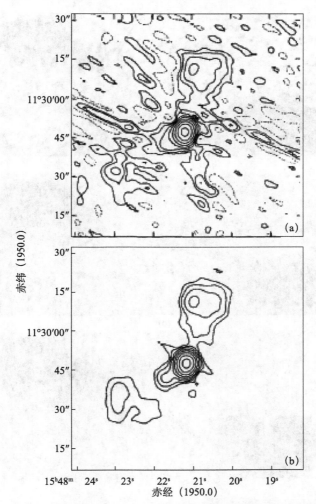

图 11.5 VLA 观测类行星 1548+115 获得的射电图像进行自定标后的效果
(a)常规定标技术获得的图像,虚假细节幅度为峰值强度的 1%。(b)自定标技术获得的图像,
虚假细节幅度降低为峰值强度的 0.2%。(a)和(b)中最低等高线电平为峰值强度的 0.6%。
来自文献 Napier, Thompson and Ekers (1983);© 1983 IEEE

经验表明,在很多情况下自适应定标技术只使用单一点源作为初始模型即可收敛到令人满意的结果,尽管初始模型的不准确性增加了所需的迭代次数。对于强度分布对称的目标源,点源是一个非常好的相位模型,但对幅度来说可能是较差的模型。须牢记闭环关系的准确度依赖于一个天线与另外一个天线之间频率响应和极化参数匹配的准确度,见 7.3 节和 7.4 节的讨论。一般情况下,每个天线的任何影响都不能由单一的增益因子所代表,例如,相关器异常将降低闭环关系准确度。

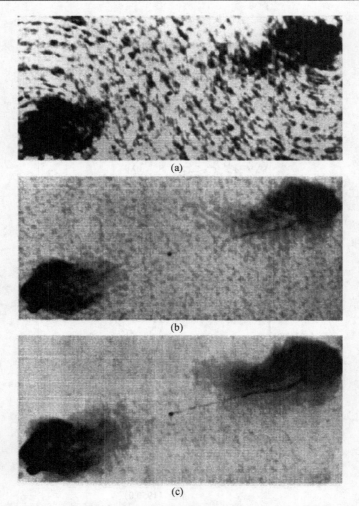

图 11.6　采用三个步骤进行降噪声处理得到图 1.18 中天鹅座 A 的
观测图像(Perley, Dreher and Cowan, 1984)

(a)图为对定标可见度函数数据进行 FFT 变换得到的图像,定标源距离天鹅座 A 约为 3°。(b)图像为使用最大熵算法减噪后的图像,主要对未采样的空间频率域,进而从合成波束中去除旁瓣,结果类似 CLEAN 算法得到的图像。(c)图表示为将采用最大熵算法得到的图像用作初始模型,利用自定标技术得到的图像。第三种方法将动态范围改善了 3 倍。初始定标劣于此例的观测,但自定标技术通常能提供更大的图像质量改进。此观测视场的长度为 2.1′,包含约 1000 个像素。复制许可来自 NRAO/AUI

在使用自适应定标技术时,数据积分时间不能大于相位变化相干时间,否则可见度函数的幅度将被降低。相位相干时间由大气决定,其时间尺度为分钟量级。为使上述成像方法有效,观测区域必须包含能够提供相位参考的足够精细的结构,并且在相干时间内亮度足够强,能够以满意的信噪比被检测到。因此自适应定标不能解决所有问题,不能用于空白区域内极弱射电源的检测。

仅利用可见度函数幅度数据成像

很多学者对只利用可见度函数幅度数据成像的可行性进行了研究。可见度函数模$|\mathcal{VB}|$的平方的傅里叶变换等于强度分布的自相关函数$I\bigstar\bigstar I$:

$$|\mathcal{VB}(u,v)|^2 = \mathcal{VB}(u,v)\mathcal{VB}^*(u,v) \rightleftharpoons I(l,m)\bigstar\bigstar I(l,m) \qquad (11.13)$$

上式右边也可写成卷积的形式:$I(l,m)**I(-l,-m)$。用$|\mathcal{VB}|$成像的唯一问题是用I的自相关函数反演图像的解译。没有相位数据就不能确定成像区域的中心位置,图像上的位置角存在$\pm 180°$模糊。然而,这些限制条件一般是可接受的。

仅利用可见度函数幅度数据成像的例子可在下列文献中找到:Bates(1969,1984),Napier(1972)和Fienup(1978)。Napier和Bates(1974)对一些结果进行了综述。对于一维廓线,仅限定强度为正值不足以提供唯一解,但对于二维成像在某些情况下能获得唯一解(Bruck and Sodin,1979)。Baldwin和Warner(1978,1979)研究了点源二维分布情况,在用自相关函数推导出射电源图像方面取得了一定进展。尽管这些方法承诺能够改进射电干涉数据的解析,但这些方法在射电天文中没有起到非常重要的作用。没有找到简单、可靠的解析方法,更重要的是,闭环关系的技术研究使可见度函数相位(包括在定标不是很准确的条件下获得的)能够给最终成像提供有用信息。

11.5 高动态范围成像

图像的动态范围一般定义为强度最大值与以冷空为背景的观测区域的强度均方根值之比。假定此均方根值代表最小可测量强度。术语图像保真度用于表示图像准确表现天空射电源的程度。对于实际射电源,图像保真度不能被直接测量,但可通过仿真模型射电源的观测以及可见度函数数据的去噪,将所得图像与模型进行对比。此方法也可用于天线构型、处理算法和其他细节研究。图像保真度的需求与技术讨论见文献Perley(1989,1999a)。

高动态范围要求高精度的定标,移除所有不正确的数据并进行仔细的反卷积,即需要高精确的可见度函数测量以及良好的(u,v)域数据覆盖。可认为相位误差$\Delta\phi$将相对幅度错误分量$\sin\Delta\phi$引入可见度函数数据中,与真实可见度函数的相位正交。可认为$\varepsilon_a\%$的幅度误差给可见度函数引入$\varepsilon_a\%$的相对幅度误差。例如,$10°$相位误差引入的误差分量与17%的幅度误差引入的误差分量相当。除强的大气衰减情况外,其余大多数情况下17%的幅度误差通常被认为是较大的误差。然而,$10°$相位误差很常见,特别是在某些频率下电离层和对流层出现不规则时。相关器输出端的相位误差$\Delta\phi$(弧度)在最终获得的图像中引入相对幅度均方

根值为 $\Delta\phi/\sqrt{2}$ 的误差分量。在有类似误差的 $n_a(n_a-1)/2$ 个基线中，瞬时成像的动态范围被限制到 $\sim n_a/\Delta\phi$。

自适应定标是增益误差最小化过程中非常关键的一步。然而，在给基于天线的增益因子定标后，基于基线的残余小量也可进行定标。这些是由 7.3 节和 7.4 节中所讨论的一个天线与另外一个天线带通频率和极化的变化以及类似的影响导致的。注意在波长较长、灵敏度很高的阵列中，观测对探测设备的需求条件由系统噪声决定。在有背景源的情况下，应给所需的动态范围设置一个更低的下限。此情况对大数量天线单元的阵列是有益的(Lonsdale et al., 2000)。

获得最大可能动态范围需要关注特定设备具体的细节。对于 VLA，所引用的下列参数可作为良好观测的粗略准则。基本定标后动态范围量级为 1000∶1。自适应定标后，动态范围量级可能达到 $\sim$20000∶1。基线误差仔细修正后，动态范围量级最高可达 $\sim$80000∶1。如果使用谱线相关器，避免了模拟相关器中的正交网络误差以及放宽了对延时准确度的要求，为稳妥起见，假设信噪比足够高，动态范围量级可达 $\sim$200000∶1。

11.6 拼接技术

拼接是使宽于阵列单元波束的天空区域成像得以实现的技术。由于此波段天线波束相对较窄，所以此技术在毫米波波段非常重要。在射电天文中，尽管毫米波天线直径一般比厘米波天线直径小，但由于毫米波波长很短，波束宽度一般更窄一些。

假定对一个方形区域成像，其边长为天线主波束宽度的 n 倍。可将方形区域分成 n^2 个子区域，子区域的尺寸即为波束大小，并且对每个子区域分别成像。然后将 n^2 个波束面积图像拼接起来，类似覆盖整个成像区域的马赛克块。可预计在获得一致灵敏度方面存在困难，特别是在马赛克块连接处附近，但显然拼接的想法是可行的。根据 5.2 节描述的采样定理，包含 n^2 个波束面积的图像所需要的 (u,v) 域可见度函数采样点个数为一个波束面积图像所需采样点数的 n^2 倍。在拼接中，可通过 n^2 个不同的天线指向来获得所需的数据。因此，在 (u,v) 域中的可见度函数的采样必须间隔 $1/n$ 个波束宽度的区域，此采样间隔通常小于天线直径。然而，确定可见度函数在比天线直径更小尺度上的变化是可行的，讨论如下。

图 5.9 给出两个天线单元跟踪射电源位置的原理。天线单元间距在垂直于射电源方向平面的投影为 u，天线单元的直径为 d_λ，以上两个量的单位均为波长。在 u 方向上干涉仪对从 $(u-d_\lambda)$ 到 $(u+d_\lambda)$ 的空间频率进行响应，因为此范围的间隔在天线孔径范围内可被发现。在此基线范围内的可见度函数变化的测量能够提供拼接所需要的精细采样。射电源到两个天线单元的路径差为 w 个波长，当天线单元跟踪射电源时，w 的变化在相关器输出端产生条纹。因为天线孔径保持垂

直射于射电源的方向,那么分别由两个天线孔径平面内的任意一点组成的一对儿点,无论间隔多远,其路径差和变化率相同。因此,由于跟踪射电源的运动,任何这样的两个点接收到的信号在相关器输出端产生的分量具有相同的条纹频率。此分量不能通过傅里叶变换进行区分,空间频率从$(u-d_\lambda)$到$(u+d_\lambda)$的可见度函数变化信息因此而丢失。然而,拼接时天线波束必须对成像区域进行扫描,例如,在不同的指向中心之间周期运动扫描或像光栅模式中采用连续扫描。扫描是对穿越天空射电源进行跟踪的常规方法之外的一种方法。从图 5.9 可以看出,以点 A_1 和点 B 为例,如果天线突然转动小角度 $\Delta\theta$,则点 B 的位置沿着射电源的方向改变 $\Delta u \Delta\theta$ 个波长,对应间距为 $(u+\Delta u)$ 的条纹分量的相位变化约为 $2\pi\Delta u \Delta\theta$。因为相位变化与 Δu 成正比,所以空间频率 $(u-d_\lambda)$ 到 $(u+d_\lambda)$ 范围内可见度函数变化可通过相对指向偏移 $\Delta\theta$ 的相关器输出的傅里叶变换得到。因此天线单元指向变化引起条纹相位变化,条纹相位变化与天线孔径内入射光的间距有关,此效应使可见度函数的变化信息得以保留。

上述结论,即天线扫描运动使一定范围内可见度函数值的信息得到恢复,首次由 Ekers 和 Rots(1979)通过数学分析给出,具体分析过程如下。考虑间距为 (u_0,v_0)、指向为 (l_p,m_p) 的一对天线,当指向角度变化时,所关心区域的有效强度分布为 $I(l,m)$ 与归一化天线波束 $A_N(l,m)$ 的卷积。测量到的条纹可见度函数为 $I(l,m)$ 与特定指向天线响应之积关于 u 和 v 的傅里叶变换:

$$\mathcal{VB}(u_0,v_0,l_p,m_p) = \iint A_N(l-l_p,m-m_p)I(l,m)e^{-j2\pi(u_0l+v_0m)}dldm \quad (11.14)$$

假设天线波束是对称的,式(11.14)可写成如下形式:

$$\mathcal{VB}(u_0,v_0,l_p,m_p) = \iint A_N(l_p-l,m_p-m)I(l,m)e^{-j2\pi(u_0l+v_0m)}dldm \quad (11.15)$$

二维卷积形式如下:

$$\mathcal{VB}(u_0,v_0,l_p,m_p) = [I(l,m)e^{-j2\pi(u_0l+v_0m)}] ** A_N(l,m) \quad (11.16)$$

现在对 $\mathcal{VB}$ 关于 u 和 v 进行傅里叶变换,代表通过指向角度的组合得到的整个观测区域的可见度函数数据

$$\mathcal{VB}(u,v) = \iint [I(l,m)e^{-j2\pi(u_0l+v_0m)}] ** A_N(l,m) e^{j2\pi(ul+vm)}dldm$$

$$= [\mathcal{VB}(u,v) **{}^2\delta(u-u_0,v-v_0)]\overline{A}_N(u,v) \quad (11.17)$$

其中 $\overline{A}(u,v)$ 为 $A_N(l,m)$ 的傅里叶变换,即单个天线孔径上电场分布的自相关函数,称为传递函数或天线空间灵敏度函数。二维 δ 函数 ${}^2\delta(u-u_0,v-v_0)$ 为 $e^{-j2\pi(u_0l+v_0m)}$ 的傅里叶变换,进行最后一步运算,式(11.17)可以写成如下形式:

$$\mathcal{VB}(u,v) = \mathcal{VB}(u-u_0,v-v_0)\overline{A}_N(u,v) \quad (11.18)$$

从式(11.18)可得出结论:如果对尺寸为几个波束宽度的区域进行观测,可从多个指向方向获得可见度函数,然后对每个天线对的各指向方向可见度函数进行傅里叶变换,傅里叶变换的结果是可见度函数值扩展到函数 $\overline{A}_N(u,v)$ 所支持的 (u,v) 平面区域。对于直径为 d 的圆形反射面天线,$\overline{A}_N(u,v)$ 在直径为 $2d$ 的圆内的值非零。因此,如果已知 $\overline{A}_N(u,v)$ 的值精度足够高,即波束方向图的定标足够准确,可获得整个视场成像所需要的中间测量点的可见度函数。

拼接成像时减少所使用的可见度函数数据,各指向的可见度函数傅里叶变换通常不是很容易实施。上述讨论的重要性在于,如果天线指向相对射电源扫描,无论是连续扫描还是离散扫描,所需要的天线间距获得的信息都存在于数据当中。减少获取强度分布数据一般是基于非线性反卷积算法。

Cornwell(1988)指出天空中指向中心之间所需要的角距可依据傅里叶变换的采样定理(5.2 节)推导得出。采样定理的更常见的形式可描述如下:如果函数 $f(x)$ 在 x 轴上只在宽度 Δ 范围内为非零,则对其傅里叶变换 $F(s)$ 在 s 轴上的采样间隔不大于 Δ^{-1} 即可确定 $f(x)$。如果采样间隔大于 Δ^{-1},会产生混叠,并且原始函数不能从采样数据中恢复。这里假设一天线波束指向某射电源,该射电源的宽度足够宽,可以覆盖绝大部分天线接收方向图,即覆盖主瓣和主要旁瓣。当移动天线波束到不同指向角度覆盖射电源时,即实现了对射电源和天线波束卷积的有效采样。波束方向图等于天线孔径电场分布的自相关函数的傅里叶变换。电场在天线孔径边缘处截止,孔径宽度为 d_λ 波长,因此自相关函数在 $2d_\lambda$ 处截止。再次利用早期使用(5.2 节)的采样函数具有射电源的宽度且截止陡峭。在当前情况下,为了对射电源与天线波束卷积进行充分采样,采样定理表明采样间距 Δl_p 应不大于 $1/(2d_\lambda)$。在实际中,天线照射函数在边缘处被锥化,因此自相关函数在到达截止宽度 $2d_\lambda$ 之前电平会降到很低。那么,如果 Δl_p 稍微超出 $1/(2d_\lambda)$,则引入的误差不会很大。

拼接图像方法

马赛克拼接方法基本步骤如下:
(1)测量一系列适当的指向中心的可见度函数;
(2)独立地减少每个指向中心的数据并产生一系列图像,每个图像覆盖大约一个天线波束面积区域;
(3)将上述覆盖一个天线波束面积区域的图像组合成所需要的全区域图像。

在步骤(2)中,可使用 CLEAN 或 MEM 算法从每个波束面积图像中对合成波束响应进行去卷积,从而去除响应中旁瓣的影响。此类非线性算法能够对天线阵列覆盖中一些缺失的强度频率分量进行填充。Cornwell(1988)及 Cornwell,

Holdaway 和 Uson(1993)给出了两种拼接成像过程。第一种拼接成像过程称为线性拼接成像,本质是利用上述的三个步骤并在第(3)步中用最小二乘法对不同指向的图像进行组合。尽管对每个波束面积图像进行了非线性去卷积,但图像的组合是线性过程。第二种拼接成像过程称为非线性拼接成像,在此过程中去卷积是联合执行的,并采用了非线性算法,如 MEM。如果全部主波束组合覆盖的整个视场同时对去卷积产生贡献,而不是将单个主波束覆盖的视场对去卷积产生的贡献进行累加,则未被测量的可见度函数数据在去卷积的过程中可以被很好地估计。组合波束区域图像联合去卷积的好处可通过对两个或多个单独波束图像中波束边缘强度分布的未分辨分量进行研究来实现。因为在波束边缘处的响应变化迅速,分量幅度不容易准确确定,但此误差在组合数据中趋于被平均掉。在拼接的实际应用中,考虑噪声所带来的不确定性,利用全部不同指向可见度函数数据成像可考虑最大熵算法。

Cornwell(1988)讨论了 Cornwell 和 Evans(1985)在拼接中使用的最大熵算法。11.3 节[式(11.7)]对此算法进行了简单描述。除确定 χ^2 及其梯度所需的几个额外步骤之外,其余步骤与天线波束单一指向获得图像的处理步骤基本相同。如式(11.6),χ^2 为代表模型与测量可见度函数之间偏差的统计量,可写成如下形式:

$$\chi^2 = \sum_p \sum_i \frac{|\mathcal{V}_{ip}^{meas} - \mathcal{V}_{ip}^{model}|^2}{\sigma_{\mathcal{V}_{ip}}^2} \tag{11.19}$$

其中下标 i 和 p 代表第 p 个指向位置的第 i 个可见度函数值,$\sigma_{\mathcal{V}_{ip}}^2$ 为可见度函数的方差。最大熵算法需要初始模型,其处理过程采用 Cornwell(1988)描述的一系列步骤,具体如下:

(1)对于第一个指向中心,用当前试验模型乘上测量时指向的天线波束,并相对 (l,m) 域作傅里叶变换,获得可见度函数的预计值。

(2)从模型可见度函数中减去测量可见度函数,获得一组残余可见度函数,将残余可见度函数代入式(11.9)累加求得 χ^2。

(3)通过傅里叶变换,将可见度函数转换成强度分布函数,所用权重为其方差的倒数。将该分布函数与天线波束方向图相乘来进行锥化,并将数据存入维数等于全 MEM 模型维数的数据阵列中。

(4)对每个指向重复步骤(1)~(3)。在步骤(2)中,将 χ^2 值添加到其他指向可见度函数中。在步骤(3)中,将残余强度值加到数据阵列中。数据阵列中的累加值用于获得 MEM 成像算法中 χ^2 的梯度。

在步骤(3)中增加残余分布与波束函数相乘步骤的原因是此步骤降低了落入相邻指向区域的主波束的旁瓣的干扰响应。最大熵算法还利用信噪比对数据进行加权。为收敛到最终图像，MEM 处理过程可能需要数十个上述循环。为完成处理过程，建议用宽度等于阵列分辨率的二维高斯波束进行平滑，降低整个图像分辨率变化所带来的影响。

Saul，Stavely-Smith 和 Brouw（1996）给出了一种略微不同的非线性拼接处理过程。在此处理过程中，不进行单独去卷积，波束区域图像进行线性组合，最后对组合图像进行非线性去卷积。在线性组合过程中，组合图像中的像素为每个波束区域图像相对应像素的权重和。例如，Sault 等给出利用 320 个指向且阵列构型紧凑的澳大利亚望远镜对小麦哲伦星云拼接的成像结果。例子表明在非线性拼接中的联合去卷积得到的图像优于对子区域图像线性组合得到的图像，即便是每个子区域图像都进行了去卷积。Sault 等也给出了 Cornwell(1988) 描述的两种方法中的去卷积结果，得出的结论是两种方法得到的图像质量相当。

拼接对阵列的要求

对于天线波束宽的射电源成像，可见度函数在 u 和 v 轴上的采样步长小于天线直径是很重要的。数据在 u 和 v 轴上等效的连续覆盖可通过阵列在上述天线不同指向的观测中得到。两个天线的最小间距受到机械方面的限制，且存在两个天线孔径中心最小间距一半的间距所对应的低灵敏度缺口或区域。此最小间距取决于天线的设计，除非天顶角的范围是限定的，通常直径为 d 的两个天线的间距不小于 $1.4d$，或者经特殊设计时不小于 $1.25d$。否则存在机械干涉风险，特别是天线可能不是总指向同一个方向。原则上，在用单一天线进行全功率观测时，假定间距范围为 $0 \sim d/\lambda$，一些空间频率大于 $\sim 0.5d/\lambda$ 的测量结果是不可信的。这是因为由于反射面的锥化辐射，天线空间灵敏度函数降低到较低电平。由于合成波束较宽的负值旁瓣，在 (u,v) 低值区域会有数据丢失，使波束看上去像是浅碗的形状。当被成像区域很宽以至于在中心区域存在几个这样的无数据 (u,v) 单元时，此效应非常明显。

传递函数 $\overline{A}_N(u)$ 为天线孔径上电场分布的自相关函数，和天线的特定设计及馈源的照射方向图有关。图 11.7 中的实曲线给出均匀照射下圆形孔径的传递函数 $\overline{A}$，该传递函数可认为是一种理想情况。因为通常情况下反射面的照射会有一些锥化，一般 $\overline{A}_N$ 将比图 11.7 显示的曲线下降更陡。图 11.7 中的函数 $\overline{A}_N$ 与直径为 d 的两个圆重叠的面积成正比，横坐标为两个圆的圆心间距。在三维坐标系中，此函数有时被称为 chat() 函数，Bracewell(1995) 对此函数的特性进行了讨论。图 11.7 中的虚曲线表示使用两个均匀照射天线干涉仪的相对空间灵敏度，圆形天线的直径为 d。曲线 1 为孔径中心间距为 $1.4d$ 的空间灵敏度，曲线 2 对应的孔径中心间距为 $1.25d$。如果均为全功率接收机并获得干涉仪数据，则可以看出当间距约为天线孔径的一半时空间灵敏度最小。

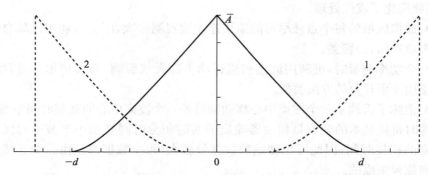

图 11.7 以原点为中心的实线是直径为 d 的单天线的空间灵敏度函数 $\overline{A}$
曲线对应的是天线口面均匀激励时,单天线全功率测量空间频率的相对灵敏度。虚线为天线口面均匀激励时,直径为 d 的两个天线组成的干涉仪的空间灵敏度。虚线 1 的天线中心距离为 $1.4d$,虚线 2 的天线中心距离为 $1.25d$。如果天线激励被锥化,曲线下降到低电平的速度将比图 11.7 更快

空间频率覆盖中提高最小灵敏度的一个方法是加入大天线的全功率测量,大天线直径为$\sim 2d$ 或$\sim 3d$,例子见文献 Bajaja and van Albada(1979)或 Welch and Thorton(1985)。用直径为 $2d$ 的天线进行全功率测量,能够提供 $0\sim d$ 的间距测量进而弥补最低灵敏度缺失。然而,天线成本大约与 $d^{2.7}$ 成正比,预计直径为 $2d$ 的天线费用约为直径为 d 的天线费用的 6.5 倍。另外,大型天线无法实现同小天线一样的表面精度和指向精度,因此对工作频率范围的限制更加严格。

弥补空间频率覆盖缺失的另外一种可行的办法是使用一个或多个小天线对,即天线直径为 $d/2$,间距约为 $0.7d$,天线对的总面积是直径为 d 的天线对总面积的 1/4,因此小天线对的灵敏度为一对标准天线的 1/4。因为小天线的波束立体角为标准天线的立体角的 4 倍,所需的指向数量为标准天线的 1/4,则每次测量的积分时间可延长 4 倍。Cornwell,Holdaway 和 Uson(1993)证明当天线阵列的各单元相同时,图像拼接可获得令人满意的性能。这需要全功率观测以及干涉测量中一些天线间距尽可能小。数据去噪中的去卷积步骤有助于 (u,v) 覆盖空白区域的填充。

在几百吉赫兹频率时,天线波束宽度为角分量级,物体尺寸为 1 度量级时,成像所需的指向数量范围为 $10^2 \sim 10^4$。任何给定指向都不能快速重复,因此依靠地球自转来填充 (u,v) 覆盖中小的间隙是不可行的。利用拼接技术对大目标成像时,阵列设计需要良好的瞬时 (u,v) 覆盖。对于高频测量也需要避免大天顶角度,以使大气影响降到最低。

跟踪离散指向中心的另外一种方法是对天空观测区域以光栅扫描的方式进行波束扫描,此技术称为"即时"拼接技术。其优点如下:

- 在区域内所有点的 (u,v) 覆盖均匀性最大,最终图像的合成波束是归一化

的,因此简化了成像处理。
- 成像区域的每个点被尽可能地快速连续观测多次,因此可利用地球自转的优势来填补(u,v)覆盖。
- 全功率测量时,可利用波束扫描运动去除大气影响,与大型单一盘状望远镜中使用波束开关的方法类似。
- 消除了天线从一个波束中心移动到另外一个波束中心的观测时间浪费。

即时拼接技术的缺点是相关器输出的实时积分时间必须小于波束对区域任意一点的扫描时间,因此可见度函数数据量较大,每个数据都是由一个天线单独的指向位置生成的。

11.7 多频合成

采用几个不同射频频率进行观测是改善(u,v)平面上可见度函数采样的有效方法,此技术称为多频合成或带宽合成。通常频率范围约为中心值的$\pm 15\%$,此频率范围可有效填充(u,v)覆盖中的空隙,由于频率范围不是很大,可避免射电源结构随频率不同产生的较大变化[见文献 Conway, Cornwell and Wilkingson (1990)]。然而,除非采用此处讨论的一些步骤来降低频率的影响,否则射电源结构随频率变化可能会大到对动态范围产生限制。宇宙射电辐射机理产生的主要射电谱线随频率是平缓变化的,其强度一般与频率的幂成正比:

$$I(f) = I(f_0) \left(\frac{f}{f_0}\right)^\alpha \qquad (11.20)$$

其中α为频谱指数,随(l,m)而变化。如果频谱不是幂律函数,则实际上频谱指数可写成如下形式:

$$\alpha = \frac{f}{I}\frac{\partial I}{\partial f} \qquad (11.21)$$

如果射电源的频谱指数为常数,则频谱影响可被去除。尽管实际情况并非如此,但是可通过将整个射电源结构的频谱指数取平均或取代表值来降低频谱效应。从此角度看,α将代表一阶修正强度分布偏差的频谱指数。考虑强度变化近似为线性的情况

$$I(f) = I(f_0) + \frac{\partial I}{\partial f}(f-f_0) = I(f_0) + \alpha I(f_0)\frac{(f-f_0)}{f}$$
$$\simeq I(f_0) + \alpha I(f_0)\frac{(f-f_0)}{f_0} \qquad (11.22)$$

其中参考频率f_0接近所使用频率范围的中心频率,式(11.22)为单频项和频谱项之和。为确定工作在多频模式下阵列的合成波束,研究由式(11.22)给出频谱的点源响应。单频响应可通过空间传递函数的傅里叶变换获得。对于每次可见度

函数的测量，传递函数为 u 和 v 的 δ 函数。每个频率的使用产生一组不同的 δ 函数，频谱响应可通过将传递函数乘以 $(f-f_0)/f_0$ 并进行傅里叶变换后获得。如果单频响应和频谱响应分别用 b_0' 和 b_1' 来表示，则合成波束等于

$$b_0(l,m) = b_0'(l,m) + \alpha(l,m)b_1'(l,m) \qquad (11.23)$$

式中第一个分量为传统合成波束，第二个分量为干扰分量。测量可见度函数的傅里叶变换得到的测量强度分布为

$$I_0(l,m) = I(l,m) ** b_0'(l,m) + \alpha(l,m)I(l,m) ** b_1'(l,m) \qquad (11.24)$$

式中 $I(l,m)$ 为天空中的真实强度分布。Conway，Cornwell 和 Wilkinson(1990) 以及 Sault 和 Wieringa (1994)均在 CLEAN 算法的基础上研究了去卷积过程，并对 b' 和 b_1' 进行了去卷积。Conway，Cornwell 和 Wilkinson(1990)对代表两个波束的每个分量交替去卷积。文献 Sault and Wieringa(1994)中的每个去卷积分量代表两个波束。这些方法同时提供了源强度分布和作为频率函数的频谱指数分布。Conway 等也研究了将相对中心频率 f_0 的偏移量用对数形式替换线性形式的算法。这些分析结果表明，频率扩展约 $\pm 15\%$，来自 b_1' 分量响应的幅度变化典型值为 1%，有时可被忽略。去除 b_1' 分量将谱线影响降低至 $\sim 0.1\%$。

11.8 非共面基线

3.1 节结果表明，除了东西向线阵以外，当地球自转时合成阵列的基线不会保持在一个平面内。结果也表明对于小角度尺寸[式(3.12)给出的大致尺寸]的观测区域，二维可见度函数与强度之间很好地满足了傅里叶变换关系，这是大部分合成成像的基础。然而，特别是对于频率低于几百兆赫兹时，小区域的假设不是总能应用的。在米波波长，天线主波束很宽，例如，波长为 2m 的 25m 直径天线的主波束宽度为 $\sim 6°$。同时，为防止混叠，对天空中米波波段高密度、强射电源进行观测需要进行全波束成像。现在考虑当式(3.12)的条件无效时，不能使用二维解。下面的处理过程参考了文献 Sramek and Schwab (1989)，Cornwell and Perley (1992)以及 Perley (1999b)。由式(3.7)的精确解

$$\mathcal{VB}(u,v,w) = \int_{-\infty}^{\infty}\int_{-\infty}^{\infty} \frac{A_N(l,m)I(l,m)}{\sqrt{1-l^2-m^2}}$$
$$\times \exp\{-\mathrm{j}2\pi[ul+vm+w(\sqrt{1-l^2-m^2}-1)]\}\mathrm{d}l\mathrm{d}m \qquad (11.25)$$

其中 $\mathcal{VB}(u,v,w)$ 为可见度函数，是三维坐标系下空间频率的函数，$A_N(l,m)$ 为归一化天线主波束方向图，$I(l,m)$ 为要成像的二维强度分布。

将式(11.25)改写成三维傅里叶变换的形式，包括相对 w 轴定义的第三个方向 $\cos n$。可见度函数 $\mathcal{VB}(u,v,w)$ 相位的测量是相对位于观测的相位参考点处假想射电源的可见度函数。这给式(11.25)右侧的指数项引入了因子 $\mathrm{e}^{\mathrm{j}2\pi w}$，如式

(3.7)后面的文字所述。相应的相移通过条纹旋转加入,条纹旋转的相关内容见 6.1 节"延时跟踪与条纹旋转"。由于此因素,为获得三维傅里叶变换,用 $n'=n-1$ 作为 w 的共轭变量,则式(11.25)可改写成如下形式:

$$\mathcal{VB}(u,v,w) = \int_{-\infty}^{\infty}\int_{-\infty}^{\infty}\int_{-\infty}^{\infty} \frac{A_N(l,m)I(l,m)}{\sqrt{1-l^2-m^2}} \delta(\sqrt{1-l^2-m^2}-n'-1)$$
$$\times \exp\{-j2\pi[ul+vm+wn']\}\mathrm{d}l\mathrm{d}m\mathrm{d}n' \qquad (11.26)$$

引入 δ 函数 $\delta(\sqrt{1-l^2-m^2}-n'-1)$ 使条件 $n=\sqrt{1-l^2-m^2}$ 得到满足,因此 n' 可看成傅里叶变换中的独立变量。在实际测量中,$\mathcal{VB}$ 只在采样函数 $W(u,v,w)$ 为非零点处进行测量。采样可见度函数的傅里叶变换定义的三维强度函数 I'_3 如下:

$$I'_3(l,m,n') = \int_{-\infty}^{\infty}\int_{-\infty}^{\infty}\int_{-\infty}^{\infty} W(u,v,w)\mathcal{VB}(u,v,w)e^{j2\pi(ul+vm+wn')}\mathrm{d}u\mathrm{d}v\mathrm{d}w \qquad (11.27)$$

此式为 $W(u,v,w)$ 和 $\mathcal{VB}(u,v,w)$ 两个函数乘积的傅里叶变换。根据卷积定理,此式等于两个函数傅里叶变换的卷积,即

$$I'_3(l,m,n') = \left\{\frac{A_N(l,m)I(l,m)\delta(\sqrt{1-l^2-m^2}-n'-1)}{\sqrt{1-l^2-m^2}}\right\} *** \overline{W}'(l,m,n') \qquad (11.28)$$

其中 $\overline{W}'(l,m,n')$ 为三维采样函数 $W(u,v,w)$ 的傅里叶变换,三个星号代表三维卷积。傅里叶变换的结果确定之后,将式(11.28)中的 n' 替换成 $(n-1)$,可得

$$I_3(l,m,n) = \left\{\frac{A_N(l,m)I(l,m)\delta(\sqrt{1-l^2-m^2}-n)}{\sqrt{1-l^2-m^2}}\right\} *** \overline{W}'(l,m,n) \qquad (11.29)$$

式(11.29)右边括号中的表达式被限制在单位球面 $n=\sqrt{1-l^2-m^2}$ 之上,因为 δ 函数只有在球面上为非零值。被卷积的函数 $\overline{W}$ 为采样函数的傅里叶变换,实质上为三维脏束。卷积具有扩展效应,因此 I_3 在球的径向上进行有限扩展。图 11.8(a)给出中心位于坐标系 (l,m,n) 原点 R 处的单位球体,其中 (l,m) 平面为传统二维分析所在的平面,与单位球体在 O 点处相切,在 O 点处 $n=1$ 且 $n'=0$。因为 l, m 和 n 为方向余弦,在 (l,m,n) 坐标系中单位球体为数学概念,不是空间中的实际球体。

有几种可行方法获得非失真宽视场图像(Cornwell and Perley, 1992),讨论如下:

(1)三维变换。$I_3(l,m,n)$ 可通过 CLEAN 算法的三维延伸进行去卷积,在实际中由于可见度函数在 w 轴上的采样不如在 u 和 v 轴上的采样良好,因此去卷积将更加复杂。从图 3.4 可知,大 w 值都出现在目标源大天顶角的情况下。在图 11.8(b)中视场的角宽度为 θ_f,变换必须在此视场内的 (l,m) 区间内进行,区间外

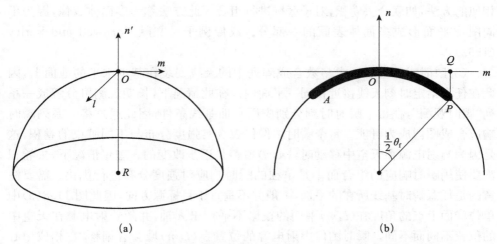

图 11.8 (a) (l,m,n) 坐标系中单位球体的半球。R 为 (l,m,n) 坐标系的原点,O 为 (l,m,n') 坐标系的原点,为相位参考点。(b) 单位球体在 (m,n) 平面内的截面。阴影部分代表函数 I_3 的延伸。在 (l,m) 平面中的二维分析中,A 点的射电源可能不会被成像或被大幅度衰减。如果观测覆盖很大时角范围,三维"波束"宽度在 n 方向与 l 和 m 方向相当,因为采样函数的范围在 w 方向与 u 和 v 方向相当(形式上类似图 3.5,因为测量全部是在 $w'=0$ 平面内进行的,所以强度函数不限于在球面上)

的 PQ 平行于 n 方向。Cornwell 和 Perley 建议在 n 到 w 的变换中使用直接傅里叶变换(代替离散傅里叶变换),否则质量较差的采样会带来严重的旁瓣和混叠。因此,二维 FFT 是在一系列垂直于 n 轴的平面内进行的。所需要的平面数等于 PQ 除以 n 方向上所需的采样间距。在 w 方向上可见度函数值的测量范围区间为 $2|w|_{max}$,因此根据采样定理,如果采样间距为 $(2|w|_{max})^{-1}$,则强度函数在 n 坐标方向中是完全确定的。PQ 间距约为 $\frac{1}{8}\theta_f^2 \approx \frac{1}{2}|l^2+m^2|_{max}$ [注意 $\angle POQ = \theta_f/4$,$(\theta_f/2)^2 = |l^2+m^2|_{max}$],因此须计算二维强度的平面数为 $|l^2+m^2|_{max}|w|_{max}$。[此结果也可从三维到二维略去的式(3.8)中的相位项获得,并在奈奎斯特采样率下采样]。w 的可能最大值为 D_{max}/λ,D_{max} 为阵列的最长基线。如果 θ_f 受到天线直径 d 所带来的波束宽度的限制,从波束中心到第一零点之间的角距离为 $\sim\lambda/d$,则所需要的平面数量约为 $(\lambda/d)^2 \times D_{max}/\lambda = \lambda D_{max}/d^2$。运用此方法成像的例子见文献 Cornwell and Perley (1992)。

(2) 多面体成像。成像所需的单位球体区域可分解成很多子区域,每个子区域可用小视场近似成像。每个子区域在单位球面不同点处的切平面内进行二维成像,切点为每个子区域的相位中心。对于每个子区域图像需要将整个数据库的可见度函数相位和 (u,v,w) 坐标调整到特殊的相位中心。可使用同前面拼接技术相似的方法,如联合去卷积,对子区域进行组合。此方法称为多面体成像,因为不同图像平面形成多面体表面的一部分。成像例子见文献 Cornwell and Perley (1992)。

(3) 瞬时成像组合。大多数合成阵列中的天线安装在基本水平的地面上,因此在任意给定时刻天线接近在同一平面内。在此情况下,长期观测可分解成一系列"瞬时观测",在每个瞬时时刻分别应用平面基线条件,因此通过将一系列瞬时响应合成图像成为可能。每个瞬时图像代表真实强度分布与不同脏束的卷积,这是因为当射电源在天空中移动时,(u,v)覆盖是逐步改变的。理想情况下,去卷积需要使用瞬时响应的组合而不是单独的瞬时响应对强度分布进行优化。需要注意的是任意瞬时基线所在的平面,一般并不垂直于目标源方向,因此图 11.8(a) 中单位球面上点的角度在 (l,m) 平面的投影不平行于 n 轴,并随着射电源在天空中的位置不同而不同。瞬时图像中射电源的位置在 (l,m) 域会有偏移,在相位中心时偏移为零,距离相位中心越远,偏移越大。在对瞬时图像组合前要对此效应进行修正。因为所需要的修正量随射电源的时角变化,在长时间观测中,此效应在图像外缘部分会引起拖尾效应。Perley(1999b) 对此效应及其修正进行了讨论,Bracewell(1984) 给出了一个类似于上述瞬时成像组合的方法。

(4) 可变点源响应去卷积。二维傅里叶变换的效应主要是观测区域边缘处点源响应的畸变,当响应没有严重的衰减时,一种可行的处理方法是使用点源响应(脏束)进行去卷积,点源响应在观测区域内是变化的,以便和计算响应相匹配(McClean, 1984)。此方法被 Waldram 和 McGilchrist (1990) 用在剑桥低频合成望远镜的测量分析中,望远镜的工作频率为 151MHz,并利用地球自转进行测量,基线偏离东西向 3°。在观测区域内对网格位置计算点源响应,任何指定位置的点源响应可通过插值获得。主要需求是在二维变换获得的图像中识别源的准确位置以及流量密度。对每个射电源位置进行恰当的理论波束响应拟合会造成波束变形,包括需要考虑的位置偏移。在计算机时代,此处理过程相对便宜。

11.9 图像分析中更特殊的情况

CLEAN 和自定标算法在谱线数据处理中的应用

一个可提供连续特征与谱线特征准确分离的方法涉及 CLEAN 去卷积算法 (van Gorkom and Ekers, 1989) 的使用。然而,如果 CLEAN 算法分别应用于不同通道的图像,则不同通道的 CLEAN 算法误差是不同的,可能会与真实谱线特征相混淆。可在谱线数据应用 CLEAN 算法前减去连续分量以避免此类错误。首先,CLEAN 算法应用于只有连续分量通道的平均值,可见度函数分量从这些通道中被移除时,也从包含谱线特征通道的可见度函数数据中被去除。当CLEAN过程结束后,残余分量也从谱线数据中去除,得到的谱线通道图像应仅包含谱线数据,可独立进行去卷积。注意在谱线频率通道中可能会发生连续吸收,减掉连续分量的谱线图像的强度值可能会包含负值。在此情况下,适用于强度为正值的算法如最大熵算法可能不容易应用。

在对谱线数据应用自定标算法来降低相位误差时,一般假设通道间的相位和幅度差随时间的变化很小,通过通带定标后被移除。大气和设备影响使通道间的相位和幅度差随时间变化确实很小。因此观测区域中最强的谱线可用于确定相位定标解,随后被应用于所有通道。此特性可能是无谱线通道的平均所代表的连续辐射情况或强脉泽谱线的单通道情况。

低频成像

波长大于两米即频率低于150MHz的合成成像,由于天线主波束宽度的原因,视场一般较宽。射电源的同步辐射随频率降低而增强,因此天空中强射电源的流量密度随频率降低而增加。因此为了避免混叠带来射电源混淆,在低频段一般对整个天线波束进行成像。此外,反射式天线主波束增益随频率降低而降低,并且如果相阵使用偶极子天线,阵列必须很大以保持高增益。因此和高频相比,低频旁瓣中的射电源相对于主波束中射电源没有得到有效的抑制。在数据分析中,来自已知位置的强射电源的干扰响应可被减去,但在实际中用此方法能够去除的射电源的数量受计算的限制。

如11.8节所讨论,非共面基线问题使宽视场成像更加复杂。另外一个问题是波束内的电离层效应的变化(Baldwin, 1990),电离层中路径增量与f^{-2}成正比[见13.3节式(13.138)],因此引起的相位变化与f^{-1}成正比。术语等晕区用来表示在此天空区域内入射波路径变化与观测波长相比很小。对于厘米波和更短波长,合成阵列所使用的反射天线波束一般小于等晕区,因此电离层(或对流层)的不规则影响在波束内为常数,并且各个天线可通过单一的相位调整进行修正,如采用自定标技术。然而,米波天线波束尺寸可能是电离层等晕区的几倍,例如,用新墨西哥州的VLA进行观测时,Erickson(1999)估计电离层等晕区在74MHz频率下为3°~4°,此频率下25m天线的波束宽度约为13°。

Kassim等(1993)描述了在74MHz和330MHz对很多强射电源进行同时观测,在低频观测时用参考相位处理对相位进行定标。74MHz频率下的相位起伏主要由电离层决定,且发现相位变化率高达每秒1°,这些特性排除了常规定标方法的可能性。然而330MHz频率下相位的变化率足够慢以至于可以实现对强射电源成像。得到的330MHz下的相位按比例缩小到74MHz可用于移除同步记录的74MHz数据中的电离层影响。获取74MHz图像的处理过程如下:

(1) 在74MHz和330MHz两个频率同时观测强射电源,在330MHz频率周期观测定标源。

(2) 在330MHz用标准技术对目标源进行成像(例如,在厘米波段使用定标源),此图像用于330MHz数据自定标的初始模型。

(3) 自定标给每个天线提供330MHz相位定标,然后将这些值按比例缩小到74MHz,电离层引起的相位变化与频率成反比,用此数据去除74MHz数据中电离层带来的影响。

(4) 由于电缆电长度不同等,每个天线的设备相位在330MHz和74MHz频率下是不同的。为对相位差进行定标,需在330MHz和74MHz频率下观测未分辨定标源,可用第(3)步的参考相位方案去除74MHz定标源相位中由电离层引起的相位变化,从而确定设备的相位差。

(5) 用定标后的相位数据获得目标源的74MHz图像,74MHz数据的自定标用于去除残余相位波动,330MHz图像给此处理过程提供了合适的初始模型。

对于最强射电源,在平均时间不大于10s的情况下能够获得很好的信噪比,大多数情况下74MHz自定标足以满足此要求。尽管工作在74MHz频率时只装配了8个VLA天线,获得的几个射电源的图像动态范围仍优于20dB。由于射电源足够致密,能够进行二维成像,所以在这些测量中并没有发生非共面基线问题。射电源也足够强以至于在天线波束和旁瓣中其他源可忽略不计。对于观测弱射电源,在天线波束中存在几个类似流量密度的射电源,需要一个更复杂的修正过程对更多的等晕区进行处理。

Lensclean算法

自Walsh, Carswell和Weymann (1979)发现银河系引力场使类星体或射电银河系图像产生变形之后,很多这一现象的例子被人们所熟知。某些情况下,引力透镜导致单一点源类星体会产生多个图像;其他情况涉及扩展结构:如文献Narayan and Wallington (1992)。在研究引力透镜时,引力场的结构是天体物理学中重要的内容。术语Lensclean用来表示一种分析方法,包括原始算法的几个改进方法,这几个改进方法使透镜视场被合成图像确定。这些方法的基本原理类似自定标,此方法中的图像是可见度函数的测量值的超定解,可见度函数测量值也可确定天线的复增益。在Lensclean算法中,需要确定的是引力场方向图,另外一个附加限制条件是辐射源中的每个点可对合成图像中多点产生贡献。

原始Lensclean算法(Kochanek and Narayan, 1992)基于改进的CLEAN算法。基本原理可描述如下:考虑用透镜对包括扩展结构的射电源进行成像的情况,给透镜选择一个初始模型,射电源中的每个点对图像中的多点都产生贡献,从射电源到图像的成像过程由透镜模型决定。对于射电源中的任意一点,它在图像中出现在每个点的强度在理想情况下应相同。这是因为类似于光学系统，其成像只涉及射电源辐射的几何弯曲。假设第 j 个射电源像素成像到图像中 n_j 个像素中，在实际应用中，由于透镜模型的缺陷和图像中的噪声，图像中这些像素的强度并不相等。射电源像素强度的最佳估计为图像相应像素的平均强度，因此可通过 CLEAN 算法从图像中减去这些分量并建立源的图像。对 $n_j > 1$ 的图像像素对应的每个射电源像素，计算相应的图像像素强度的标准差 σ_j^2。对于较好的透镜模型，射电源图像中像素点 σ_j^2 的均值应小于图像中噪声的方差 σ_{noise}^2。如果射电源图像的自由度数等于像素个数，则透镜模型质量的统计度量为 $\chi^2 = \sum (\sigma_j^2/\sigma_{noise}^2)$，其中求和涵盖 j 个射电源像素。透镜参数可调整并使 χ^2 最小。实际的处理过程比上面描述得更加复杂。图像分辨率有限须引入修正，因为分辨率有限的影响会使射电源每个像素点成像时扩展到图像中的好几个像素中。另外，对于射电源中的未分辨结构，图像中相应的结构强度和透镜放大倍数有关。

Ellithorpe，Kochanek 和 Hewitt(1996)介绍了一个可见度函数 Lensclean 算法。该算法在透镜模型限制下，可从非网格可见度函数数值中去除 CLEAN 分量。测量可见度函数与模型可见度函数的方差可用于确定 χ^2 统计。拟合质量可通过测量可见度函数的方差来确定，自由度的数量为 $2N_{vis} - 3N_{src} - N_{lens}$，其中 N_{vis} 为可见度函数的测量值的数量（每个可见度函数测量具有两个自由度），N_{src} 为射电源模型中独立 CLEAN 分量的个数（从位置到幅度，三个自由度），N_{lens} 为透镜模型中的参数个数。Ellithorpe 等对原始 Lensclean 算法和可见度函数 Lensclean 算法进行了对比，发现最好的结果来自后者，如果加入自定标会得到更进一步改进。将 MEM 算法作为 CLEAN 算法的替代算法的研究工作见文献 Wallington, Narayan and Kochanek(1994)。

参考文献

Roberts, J. A., Ed., *Indirect Imaging*, Cambridge Univ. Press, Cambridge, UK, 1984.

van Schooneveld, C., Ed., *Image Formation from Coherence Functions in Astronomy*, Reidel, Dordrecht, 1979.

引用文献

Ables, J. G., Maximum Entropy Spectral Analysis, *Astron. Astrophys. Suppl.*, 15, 383-393, 1974.

Bajaja, E., and G. D. van Albada, Complementing Aperture Synthesis Radio Data by Short Spacing Components from Single Dish Observation, *Astron. Astrophys.*, 75, 251-254, 1979.

Baldwin, J. E., The Design of Large Arrays at Meter Wavelengths, in *Radio Astronomical Seeing*, J. E. Baldwin and Wang, S., Eds., International Academic Publishers and Pergamon Press, Oxford, 1990.

Baldwin, J. E. and P. J. Warner, Phaseless Aperture Synthesis, *Mon. Not. R. Astron. Soc.*, 182, 411-422, 1978.

Baldwin, J. E. and P. J. Warner, Fundamental Aspects of Aperture Synthesis with Limited or No Phase Information, in *Image Formation from Coherence Functions in Astronomy*. C. van Schooneveld, Ed., Reidel, Dordrecht 1979, pp. 67-82.

Bates, R. H. T., Contributions to the Theory of Intensity Interferometry, *Mon. Not. R. Astron. Soc.*, 142, 413-428, 1969.

Bates, R. H. T., Uniqueness of Solutions to Two-Dimensional Fourier Phase Problems for Localized and Positive Images, *Comp. Vision, Graphics Image Process.*, 25, 205-217, 1984.

Bracewell, R. N., Inversion of Nonplanar Visibilities, in *Indirect Imaging*. J. A. Roberts, Ed., Cambridge Univ. Press, 1984, pp. 177-183.

Bracewell, R. N., *Two-Dimensional Imaging*, Prentice-Hall, Englewood Cliffs, NJ, 1995.

Bracewell, R. N. and J. A. Roberts, Aerial Smoothing in Radio Astronomy, *Aust. J. Phys.*, 7, 615-640, 1954.

Briggs, D. S., *High Fidelity Deconvolution of Moderately Resolved Sources*, Ph. D. thesis, New Mexico Institute of Mining and Technology, 1995.

Bruck, Y. M. and L. G. Sodin, On the Ambiguity of the Image Reconstruction Problem, *Opt. Commun.*, 30, 304-308, 1979.

Bryan, R. K. and J. Skilling, Deconvolution by Maximum Entropy, as Illustrated by Application to the Jet of M87, *Mon. Not. R. Astron. Soc.*, 191, 69-79, 1980.

Clark, B. G., An Efficient Implementation of the Algorithm "CLEAN," *Astron. Astrophys.*, 89, 377-378, 1980.

Clark, B. G., Large Field Mapping, in *Synthesis Mapping*, Proc. NRAO Workshop No. 5 (Socorro, NM, June 21-25, 1982), A. R. Thompson and L. R. D'Addario, Eds., National Radio Astronomy Observatory, Green Bank, WV, 1982.

Conway, J. E., T. J. Cornwell, and P. N. Wilkinson, Multi-Frequency Synthesis: a New Technique in Radio Interferometric Imaging, *Mon. Not. R. Astr. Soc.*, 246, 490-509, 1990.

Cornwell, T. J., Self Calibration, in *Synthesis Mapping*, Proc. NRAO Workshop No. 5 (Socorro, NM, June 21-25, 1982), A. R. Thompson and L. R. D'Addario, Eds., National Radio Astronomy Observatory, Green Bank, WV, 1982.

Cornwell, T. J., A Method of Stabilizing the Clean Algorithm. *Astron. Astrophys.*, 121, 281-285, 1983.

Cornwell, T. J., Radio-interferometric Imaging of Very Large Objects, *Astron. Astrophys.*, 202, 316-321, 1988.

Cornwell, T. J., The Applications of Closure Phase to Astronomical Imaging, *Science*, 245, 263-269, 1989.

Cornwell, T. J., Imaging Concepts, in *Very Long Baseline Interferometry and the VLBA*,

J. A. Zensus, P. J. Diamond, and P. J. Napier, Eds., Astron. Soc. Pacific Conf. Ser. 82, 39-56, 1995.

Cornwell, T. J., R. Braun, and D. S. Briggs, Deconvolution, in *Synthesis Imaging in Radio Astronomy II*, G. B. Taylor, C. L. Carilli, and R. A. Perley, Eds., Astron. Soc. Pacific Conf. Ser., 180, 151-170, 1999.

Cornwell, T. J. and K. F. Evans, A Simple Maximum Entropy Deconvolution Algorithm, *Astron. Astrophys.*, 143, 77-83, 1985.

Cornwell, T. J., M. A. Holdaway, and J. M. Uson, Radio-interferometric Imaging of Very Large Objects: Implications for Array Design, *Astron. Astrophys.*, 271, 697-713, 1993.

Cornwell, T. J. and R. A. Perley, Radio-interferometric Imaging of Very Large Fields, *Astron. Astrophys.*, 261, 353-364, 1992.

Cornwell, T. J. and P. N. Wilkinson, A New Method for Making Maps with Unstable Radio Interferometers, *Mon. Not. R. Astron. Soc.*, 196, 1067-1086, 1981.

Cotton, W. D., A Method of Mapping Compact Structure in Radio Sources Using VLBI Observations, *Astron. J.*, 84, 1122-1128, 1979.

Ekers, R. D. and Rots, A. H., Short Spacing Synthesis from a Primary Beam Scanned Interferometer, in *Image formation from Coherence Functions in Astronomy*, C. van Schoonveld, Ed., Reidel, Dordrecht, 1979, pp. 61-63.

Ellithorpe, J. D., C. S. Kochanek, and J. N. Hewitt, Visibility Lensclean and the Reliability of Deconvolved Radio Images, *Astrophys. J.*, 464, 556-567, 1996.

Erickson, W. C., Long Wavelength Interferometry. in *Synthesis Imaging in Radio Astronomy II*, G. B. Taylor, C. L. Carilli, and R. A. Perley, Eds., Astron. Soc. Pacific Conf. Ser., 180, 601-612, 1999.

Fienup, J. R., Reconstruction of an Object from the Modulus of its Fourier Transform, *Opt. Lett.*, 3, 27-29, 1978.

Fort, D. N. and H. K. C. Yee, A Method of Obtaining Brightness Distributions from Long Baseline Interferometry, *Astron. Astrophys.*, 50, 19-22, 1976.

Frieden, B. R., Restoring with Maximum Likelihood and Maximum Entropy, *J. Opt. Soc. Am.*, 62, 511-518, 1972.

Gull, S. F. and G. J. Daniell, Image Reconstruction from Incomplete and Noisy Data, *Nature*, 272, 686-690, 1978.

Gull, S. F. and G. J. Daniell, The Maximum Entropy Method, in *Image Formation from Coherence Functions in Astronomy*, C. van Schooneveld, Ed., Reidel, Dordrecht, 1979, pp. 219-225.

Högbom, J. A., Aperture Synthesis with a Non-Regular Distribution of Interferometer Baselines, *Astron. Astrophys. Suppl.*, 15, 417-426, 1974.

Högbom, J. A., The Introduction of A Priori Knowledge in Certain Processing Algorithms, in *Image Formation from Coherence Functions in Astronomy*. C. van Schooneveld, Ed., Reidel, Dordrecht, 1979, pp. 237-239.

Jaynes, E. T., Prior Probabilities, *IEEE Trans. Syst. Sci. Cyb.*, SSC-4, 227-241, 1968.

Jaynes, E. T., On the Rationale of Maximum-Entropy Methods, *Proc. IEEE*, 70, 939-952, 1982.

Kassim, N. E., R. A. Perley, W. C. Erickson, and K. S. Dwarakanath, Subarcminute Resolution Imaging of Radio Sources at 74MHz with the Very Large Array, *Astron. J.*, 106, 2218-2228, 1993.

Kochanek, C. S. and R. Narayan, Lensclean: An Algorithm for Inverting Extended, Gravitationally Lensed Images with Application to the Radio Ring Lens PKS 1830-211, *Astrophys. J.*, 401, 461-473, 1992.

Lawson, C. L. and R. J. Hanson, *Solving Least Squares Problems*, Prentice-Hall, Englewood Cliffs, NJ, 1974.

Lonsdale, C. I., S. S. Doelman, R. I. Capallo. J. N. Hewitt, and A. R. Whitney, Exploring the Performance of Large-N Radio Astronomical Arrays, in *Radio Telescopes*, H. R. Butcher, Ed., Proc. SPIE, 4015, 126-134, 2000.

McClean, D. J., A Simple Expansion Method for Wide-Field Mapping, in *Indirect Imaging*, J. A. Roberts, Ed., Cambridge Univ. Press. Cambridge, UK, 1984, pp. 185-191.

Napier, P. J., The Brightness Temperature Distributions Defined by a Measured Intensity Interferogram, *NZ J. Sci.*, 15, 342-355, 1972.

Napier, P. J. and R. H. T. Bates, Inferring Phase Information from Modulus Information in Two-Dimensional Aperture Synthesis, *Astron. Astrophys. Suppl.*, 15, 427-430, 1974.

Napier, P. J., A. R. Thompson, and R. D. Ekers, The Very Large Array: Design and Performance of a Modern Synthesis Radio Telescope, *Proc. IEEE*, 71, 1295-1320, 1983.

Napier, P. J., D. S. Bagri, B. G. Clark, A. E. E. Rogers, J. D. Romney, A. R. Thompson, and R. C. Walker, The Very Long Baseline Array, *Proc. IEEE*, 82, 658-672, 1994.

Narayan, R. and R. Nityananda, Maximum Entropy-Flexibility Versus Fundamentalism, in *Indirect Imaging*, J. A. Roberts, Ed., Cambridge Univ. Press, Cambridge, UK, 1984, pp. 281-290.

Narayan, R. and S. Wallington, Introduction to Basic Concepts of Gravitational Lensing, in *Gravitational Lenses*, R. Kayser, T. Schramm, and L. Nieser, Eds.. Springer-Verlag, Berlin, 1992, pp. 12-26.

Nityananda, R. and R. Narayan, Maximum Entropy Image Reconstruction—a Practical Non-Information-Theoretic Approach, *J. Astrophys. Astron.*, 3, 419-450, 1982.

Pearson, T. J. and A. C. S. Readhead, Image Formation by Self Calibration in Radio Astronomy, *Ann. Rev. Astron. Astrophys.*, 22, 97-130, 1984.

Perley, R. A., High Dynamic Range Imaging, in *Synthesis Imaging in Radio Astronomy*, R. A. Perley, F. R. Schwab, and A. H. Bridle, Eds., Astron. Soc. Pacific Conf. Ser., 6, 287-313, 1989.

Perley, R. A., High Dynamic Range Imaging, in *Synthesis Imaging in Radio Astronomy* II, G. B. Taylor, C. L. Carilli, and R. A. Perley, Eds., Astron. Soc. Pacific Conf. Ser., 180, 275-299, 1999a.

Perley, R. A., Imaging with Non-Coplanar Arrays, in *Synthesis Imaging in Radio Astronomy* II, G. B. Taylor, C. L. Carilli, and R. A. Perley, Eds., Astron. Soc. Pacific Conf. Ser., 180, 383-400, 1999b.

Perley, R. A., J. W. Dreher, and J. J. Cowan, The Jet and Filaments in Cygnus A., *Astrophys. J.*, 285, L35-L38, 1984.

Ponsonby, J. E. B., An Entropy Measure for Partially Polarized Radiation and Its Application to Estimating Radio Sky Polarization Distributions from Incomplete "Aperture Synthesis" Data by the Maximum Entropy Method, *Mon. Not. R. Astron. Soc.*, 163, 369-380, 1973.

Readhead, A. C. S., R. C. Walker, T. J. Pearson, M. H. Cohen, Mapping Radio Sources with Uncalibrated Visibility Data, *Nature*, 285, 137-140, 1980.

Readhead, A. C. S. and P. N. Wilkinson, The Mapping of Compact Radio Sources from VLBI Data, *Astrophys. J.*, 223. 25-36, 1978.

Rogers, A. E. E., Methods of Using Closure Phases in Radio Aperture Synthesis, *Soc. Photo-Opt. Inst. Eng.*, 231, 10-17, 1980.

Rogers, A. E. E., H. F. Hinteregger, A. R. Whitney, C. C. Counselman, I. I. Shapiro, J. J. Wittels, W. K. Klemperer, W. W. Warnock, T. A. Clark, L. K. Hutton, G. E. Marandino, B. O. Rönnäng, O. E. H. Rydbeck, and A. E. Niell, The Structure of Radio Sources 3C273B and 3C84 Deduced from the "Closure" Phases and Visibility Amplitudes Observed with Three-Element Interferometers, *Astrophys. J.*, 193, 293-301, 1974.

Sault, R. J. and T. A. Oosterloo, Imaging Algorithms in Radio Interferometry, in *Review of Radio Science* 1993—1996, W. R. Stone, Ed., Oxford Univ. Press, Oxford, UK, 1996, pp. 883-912.

Sault, R. J., L. Stavely-Smith, and W. N. Brouw, An Approach to Interferometric Mosaicing, *Astron. Astrophys. Supp.*, 120, 375-384, 1996.

Sault, R. J. and M. H. Wieringa, Multi-Frequency Synthesis Techniques in Radio Interferometric Imaging, *Astron. Astrophys. Suppl. Ser.*, 108, 585-594, 1994.

Schwab, F. R., Adaptive Calibration of Radio Interferometer Data, *Soc. Photo-Opt. Inst. Eng.*, 231, 18-24, 1980.

Schwab, F. R., Relaxing the Isoplanatism Assumption in Self Calibration: Applications to Low-Frequency Radio Astronomy, *Astron. J.*, 89, 1076-108 1. 1984.

Schwarz, U. J., Mathematical-Statistical Description of the Iterative Beam Removing Technique (Method CLEAN), *Astron. Astrophys.*, 65, 345-356, 1978.

Schwarz, U. J., The Method "CLEAN"-Use, Misuse, and Variations, in *Image Formation from Coherence Functions in Astronomy*, C. van Schooneveld, Ed., Reidel, Dordrecht 1979, pp. 261-275.

Skilling, J. and R. K. Bryan, Maximum Entropy Image Reconstruction: General Algorithm, *Mon. Not. R. Astron. Soc.*, 211, 111-124, 1984.

Sramek, R. A. and F. R. Schwab, Imaging, in *Synthesis Imaging in Radio Astronomy*, R. A. Perley, F. R. Schwab, and A. H. Bridle, Eds., Astron. Soc. Pacific Conf. Ser., 6, 117-138, 1989.

Subrahmanya, C. R., An Optimum Deconvolution Method, in *Image Formation from Coherence Functions in Astronomy*, C. van Schooneveld, Ed., Reidel, Dordrecht 1979, pp. 287-290.

Thomasson, P., MERLIN, *Q. J. Royal Astron. Soc.*, 27, 413-431. 1986.

van Gorkom, J. H. and R. D. Ekers, Spectral Line Imaging II: Calibration and Analysis, in *Synthesis Imaging in Radio Astronomy*. R. A. Perley, F. R. Schwab, and A. H. Bridle, Eds., Astron. Soc. Pacific Conf. Ser. 6, 341-353, 1989.

Waldram, E. M. and M. M. McGilchrist, Beam-Sets—A New Approach to the Problem of Wide-Field Mapping with Non-Coplanar Baselines, *Mon. Not. Royal Astron. Soc.*, 245. 532-541, 1990.

Wallington, S., R. Narayan, and C. S. Kochanek, Gravitational Lens Inversion Using the Maximum Entropy Method, *Astrophys. J.*, 426, 60-73, 1994.

Walsh, D., R. F. Carswell, and R. J. Weymann, 0957+561A,B: Twin Quasistellar Objects or Gravitational Lens? *Nature*, 279. 381-384, 1979.

Welch, W. J., and D. D. Thornton, An Introduction to Millimeter and Submillimeter Interferometry and a Summary of the Hat Creek System, *Int. Symp. Millimeter and Submillimeter Wave Radio Astronomy*, International Scientific Radio Union, Institut de Radio Astronomie Millimetrique, Granada, Spain, 1985, pp. 53-64.

Wernecke, S. J., Two-Dimensional Maximum Entropy Reconstruction of Radio Brightness, *Radio Sci.*, 12, 831-844, 1977.

Wernecke, S. J. and L. R. D'Addario, Maximum Entropy Image Reconstruction, *IEEE Trans. Comput.*, C-26, 351-364, 1977.

12 干涉技术在天体测量学与大地测量学中的应用

干涉仪条纹输出为基线和点源位置的点积 $D \cdot s$ 提供了测量。因此，这里假设基线和点源位置可用常量描述且精度较高。然而，当射电源位置测量精度为毫角秒量级时，需要考虑地球自转矢量的变化。所需的基线精度与地球地壳运动所引起的可检测的天线位置变化相当。此时，基线定标和射电源位置测量可在一天或多天观测周期中的单次观测中完成。大地测量数据可通过在几个月或几年时间内重复此观测过程获得，进而得出基线和地球自转参数的变化。

本章关注的重点是在可能的最高精度下的角位置测量技术，以及使射电源位置、基线和大地测量参数的测量结果最佳的干涉仪设计。

利用从干涉仪数据导出的基线长度单位来重新定义"米"（m）是非常有意义的。干涉仪测量信号波前到达两个天线的相对时间，即为几何延时，因此干涉仪数据确定的基线以光传输时间为单位。1983 年以前，时间转换成"米"依赖于光速 c 的选取。然而 1983 年的国际计量大会采用了"米"的新定义："米的长度为光 1/299792458s 在真空中传播的距离"。秒（s）和光速 c 为基本量，米为导出量，因此基线长度可以用"米"明确地给出。有关基本单位的讨论见 Petley(1983)。

12.1 天体测量的需求

射电源位置测量精度小于几十角秒是具有历史意义的，这一点在第 1 章中已经提及。在射电源位置测量精度的早期研究中，经常通过测量天线的位置来建立基线矢量，通过计算传输线长度估计设备相位，进而可推导出条纹最大值在天空中的位置。此类技术的综述，以及减少设备误差的各种处理方法参见文献 Smith(1952)。本章重点关注精度为 1mas 量级或更优的最新处理过程。先从如何确定基线和射电源位置参数的启发式讨论开始，正式讨论在 12.2 节给出。

用跟踪干涉仪测量射电源赤纬，独立求解射电源位置和基线参数是可行的，这里将通过下面的讨论进行简单说明。干涉仪条纹图案的相位为 $2\pi w$，其中 w 为式 (4.3) 给出的距离分量，相位表达式如下：

$$\phi = 2\pi D_\lambda [\sin d \sin \delta + \cos d \cos \delta \cos(H-h)] + \phi_{in} \tag{12.1}$$

其中 D_λ 是单位为波长的基线长度，H 和 δ 为射电源的时角和赤纬，h 和 d 为基线的时角和赤纬，ϕ_{in} 为设备相位。对于东西向基线，当在本地子午线进行测量时 $h = -\pi/2, d = 0$，因此相位可简化为

$$\phi = 2\pi D_\lambda \cos\delta \sin H + \phi_{in} \tag{12.2}$$

其中 ϕ 与 $\cos\delta$ 成正比,通过观测天球赤道附近和 δ 依赖关系很小的射电源,可高精度确定 D_λ[见文献 Ryle and Elsmore (1973)],从而可确定高赤纬射电源的位置,以上这些参数可用于更高精度测量低赤纬射电源的南北向基线的定标。

在赤经的确定中,干涉仪观测是相对测量,即测量不同射电源之间的赤经之差。零度赤经的定义是经过极点以及天赤道与黄道在春分点的交点大圆,春分点为太阳沿黄道从天赤道以南向北通过天赤道的点。春分点的方向可用行星的运动来确定,这些行星为已被光学观测到的天体。此方向与为天体位置光学观测提供参考系的明亮恒星位置有关。将射电测量与零度赤经联系在一起较难,因为太阳系中的天体通常射电信号较弱或射电源结构不包含足够锐利的特性。在 20 世纪 70 年代,通常用月掩射电源 3C273B(Hazard et al.,1971)和附近恒星如 Algol(β Persei,大陵五)的弱射电辐射测量(Ryle and Elsmore,1973,Elsmore and Ryle,1976)来获得零度赤经的位置。

一些技术被建议用于根据被动射电测量结果确定春分点方向,例如,小行星的射电干涉观测可用于确定小行星在河外射电源参考系下的位置(Johnston, Seidelmann and Wade,1982)。另外一种方法是基于脉冲定时测量所获得的脉冲星位置与利用河外射电源作为位置定标源进行射电干涉测量所获得的位置进行比较(Fomalon et al.,1992;Taylor et al.,1984;Bartel et al.,1985)。由于计时测量获得的位置是相对于地球轨道定义的坐标系,所以相对参考坐标系的河外射电源、春分点和地球轨道其他动力学参数的干涉测量结果可与地球轨道坐标系相关联。

在天体测量中的干涉测量结果去噪过程中,可见度函数数据基本上根据点源的位置来解译。数据处理实际上等价于使用 δ 函数强度分量进行模型拟合,4.4 节已经对可见度函数进行过讨论。关键位置的数据从定标后的可见度函数相位或一些 VLBI 观测中通过信号互相关最大值测量得到的几何延时(使用带宽函数)和条纹频率获得。因为射电源位置信息包含在可见度函数相位中,10.3 节讨论的闭环相位关系仅在其能够为射电源结构效应提供修正方法的情况下才用于天体测量和大地测量。由于成像一般不需要高动态范围,因此和成像相比,(u,v) 覆盖的均匀性是次要的。确定未分辨射电源的位置依赖于精确相位定标的干涉测量以及足够多的基线以防止位置模糊。

参考坐标系

基于河外天体位置的参考坐标系,在时间稳定性上比基于恒星位置的参考坐标系预期更高,并更接近惯性坐标系条件。惯性坐标系相对于绝对空间是静止或匀速运动的,不加速也不旋转[见文献 Mueller(1981)]。牛顿第一定律的约束条件就是惯性坐标系。有关天文参考坐标系的详细描述见文献 Johnston and de Vegt(1999)。国际天文联合会(IAU)采用的国际天球参考系统(ICRS)规定了天体位置坐标系的原点和坐标轴的方向。在参考坐标系下的一组天体测量位置确定了国际天球参考坐标系(ICRF)。因此,ICRF 提供了在参考坐标系下被测的其他天体位置的参考点。

天体位置最精确的测量是 VLBI 观测获得的河外射电源位置。高分辨率观测大型数据库由以大地测量和天体测量为目的的观测结果组成。这些测量主要从 1979 年开始,利用 Mark Ⅲ VLBI 系统,为对大气影响进行定标,采用了 2.3GHz 和 8.4GHz 两个观测频率。位置测量主要使用 8.4GHz 数据。Ma 等(1998)对 Mark Ⅲ 1995 年的测量结果以及包括群延时和相位延时率的 $1.6×10^6$ 次测量进行分析,逐个检查了 618 个射电源的数据。射电源的排除标准包括位置测量、运动证据或存在扩展结构的不一致。该研究中有 212 个射电源满足以上所有条件,294 个射电源不满足其中一项,102 个其他射电源包括 3C273 有几项条件不满足。满足所有条件的 212 个射电源可用于定义参考坐标系,这些射电源只有 27% 在南半天球。全球解决方案提供了射电源的位置、天线位置以及各种大地和大气参数。定义参考坐标系的 212 个射电源位置误差在赤经和赤纬两个方向上基本小于 0.5mas,在几乎所有情况下小于 1mas。测量结果在 1998 年被 IAU 采纳为 ICRF。早期参考坐标系都是基于星体的光学位置,最近的参考坐标系使用的星体目录是 FK5。

在 ICRF 中的射电源约有 50% 红移超过 1.0,使用这些远距离天体定义参考坐标系提供的天体测量不确定性至少比星体光学测量要好一个数量级。射电和光学参考坐标系之间的天体测量不确定性差别的本质是光学位置的不确定性,将来通过使用空基探测计划的光学干涉将会得到极大改善。一些较近星体位置的射电测量将会提供射电和光学参考坐标系的比较。Lestrade 等(1990,1995)通过 VLBI 测量了大约 10 个星体的位置,达到的精度范围为 0.5~1.5mas,这些结果为 ICRF 与伊巴谷卫星目录内的星体位置提供了联系。参考坐标系射电源相应的已知光学星体的星等范围为 15~21,星等范围小于 18 的星体精确位置很难获得。对限制射电源位置精度因素的理解在持续提高。Fey 和 Charlot(1997)研究了射电源,例如,表现出可分辨结构的 3C273 的位置修正,并定义了结构指数,可利用该指数对天体测量的射电源质量进行估计。

12.2 基线与射电源位置矢量求解

在确定干涉仪基线时,采用角位置已知且位置精度和基线精度需求相当的定标源是很方便的。此外,一般需要同时求解射电源和基线参数。

连接单元阵列

任意基线的跟踪干涉仪观测未分辨射电源时，设 D_λ 为基线矢量，单位为波长，$(D_\lambda - \Delta D_\lambda)$ 为真实基线矢量。同样地，设 s 为代表射电源假设位置的单位矢量，$(s - \Delta s)$ 为真实射电源位置，约定 Δ 项为近似值或估计值减去真实值。使用假设的射电源位置，期望的条纹相位为 $2\pi D_\lambda \cdot s$，相对相位期望值的测量相位为射电源时角 H 的函数，由下式给出：

$$\begin{aligned}\Delta\phi(H) &= 2\pi[D_\lambda \cdot s - (D_\lambda - \Delta D_\lambda) \cdot (s - \Delta s)] + \phi_{in} \\ &= 2\pi(\Delta D_\lambda \cdot s + D_\lambda \cdot \Delta s) + \phi_{in}\end{aligned} \quad (12.3)$$

由于假设 D_λ 和 s 的百分误差很小，所以包括 $\Delta D_\lambda \cdot \Delta s$ 的二阶项可以被省略。

基线矢量可用 4.1 节介绍的坐标系来表示

$$D_\lambda = \begin{bmatrix} X_\lambda \\ Y_\lambda \\ Z_\lambda \end{bmatrix}, \quad \Delta D_\lambda = \begin{bmatrix} \Delta X_\lambda \\ \Delta Y_\lambda \\ \Delta Z_\lambda \end{bmatrix} \quad (12.4)$$

其中 X、Y 和 Z 组成右手定则坐标系，Z 轴与地球自转轴平行，X 轴在干涉仪所在的子午面内。(X,Y,Z) 坐标系中射电源的位置矢量可用式(4.2)中的射电源时角 H 和赤纬 δ 表示

$$s = \begin{bmatrix} s_X \\ s_Y \\ s_Z \end{bmatrix} = \begin{bmatrix} \cos\delta\cos H \\ -\cos\delta\sin H \\ \sin\delta \end{bmatrix} \quad (12.5)$$

对式(12.5)进行微分，可得

$$\Delta s \simeq \begin{bmatrix} -\sin\delta\cos H \Delta\delta + \cos\delta\sin H \Delta\alpha \\ \sin\delta\sin H \Delta\delta + \cos\delta\cos H \Delta\alpha \\ \cos\delta\Delta\delta \end{bmatrix} \quad (12.6)$$

其中 $\Delta\alpha$ 和 $\Delta\delta$ 为赤经和赤纬方向上的角度误差，$\Delta\alpha$ 与相应的时角误差的符号相反。将式(12.4)~式(12.6)代入式(12.3)，测得的相位表达式可写成如下形式：

$$\begin{aligned}\Delta\phi(H) &= \phi_0 + \phi_1 s_X - \phi_2 s_Y \\ &= \phi_0 + \phi_1 \cos\delta\cos H + \phi_2 \cos\delta\sin H\end{aligned} \quad (12.7)$$

其中

$$\phi_0 = 2\pi(\Delta Z_\lambda \sin\delta + Z_\lambda \cos\delta\Delta\delta) + \phi_{in} \quad (12.8)$$

$$\phi_1 = 2\pi(\Delta X_\lambda + Y_\lambda \Delta\alpha - X_\lambda \tan\delta\Delta\delta) \quad (12.9)$$

及

$$\phi_2 = 2\pi(-\Delta Y_\lambda + X_\lambda \Delta\alpha + Y_\lambda \tan\delta\Delta\delta) \quad (12.10)$$

从式(12.7)可见，$\Delta\phi(H)$ 为 H 的正弦函数，偏移量为 ϕ_0，因此射电源幅度、相位和偏移量三个参数可通过周期观测或约 12h 连续观测进行测量。如果观测 n_s

个射电源,则得到 $3n_s$ 个未知量的解。确定 n_s 个射电源位置、基线和设备相位(假设为常数)所需的未知参数个数为 $2n_s+3$,射电源赤经是任意选取的。因此,如果 $n_s \geqslant 3$,则可求解所有未知参数。注意,射电源的赤纬范围应尽可能宽以便从式(12.8)的 ϕ_{in} 中区分出 ΔZ_λ。最小二乘法同时提供了设备参数和射电源位置的解。一般情况下观测的射电源远多于三个,因此信息是冗余的,设备相位随时间变化以及其他参数可以包含在求解中。在本章附录中讨论了最小二乘法。

利用 VLBI 系统测量

除非特殊情况下,在 VLBI 系统中天线使用独立本振不容易对条纹相位进行定标。在 VLBI 中最早获得位置信息使用的方法是条纹频率(条纹速率)分析法。条纹频率为干涉仪相位的时间变化率。从式(12.1)可得条纹频率为

$$f_f = \frac{1}{2\pi}\frac{d\phi}{dt} = -\omega_e D_\lambda \cos d \cos\delta \sin(H-h) + f_{in} \qquad (12.11)$$

其中 ω_e 为地球转动角速度(dH/dt),f_{in} 是设备相关项,等于 $d\phi_{in}/dt$。分量 f_{in} 主要来自给天线提供参考本振的氢脉泽频率的残差。

$D_\lambda \cos d$ 为基线在赤道平面内的投影,用 D_E 表示,因此式(12.11)可写成如下形式:

$$f_f = -\omega_e D_E \cos\delta \sin(H-h) + f_{in} \qquad (12.12)$$

由上述表达式可以看出,基线的极轴分量(基线在极轴方向的投影)并没有出现在条纹频率等式中。基线平行于地球自转轴的干涉仪具有平行于天赤道的等相位线,且干涉仪相位不随时角而变化。因此,基线的极轴分量不能从条纹频率分析得出。

在 VLBI 中,通常时角相对于格林尼治子午线,这里遵照此惯例,并使用右手定则坐标系,X 轴在格林尼治子午线平面内,Z 轴指向北天极。因此,用笛卡儿坐标系来表示基线,式(12.12)变成如下形式:

$$f_f = -\omega_e \cos\delta(X_\lambda \sin H + Y_\lambda \cos H) + f_{in} \qquad (12.13)$$

残留条纹频率 Δf_f,即条纹频率观测值与期望值之差,可通过对式(12.13)关于 δ、H、X_λ、Y_λ 以及 f_{in} 求导计算得出。因此可得

$$\Delta f_f = f_{in} + a_1 \cos H + a_2 \sin H \qquad (12.14)$$

其中

$$a_1 = \omega_e(Y_\lambda \sin\delta \Delta\delta + X_\lambda \cos\delta \Delta\alpha - \cos\delta \Delta Y_\lambda) \qquad (12.15)$$

以及

$$a_2 = \omega_e(X_\lambda \sin\delta \Delta\delta - Y_\lambda \cos\delta \Delta\alpha - \cos\delta \Delta X_\lambda) \qquad (12.16)$$

注意 Δf_f 为日正弦周期函数,其均值为 f_{in}。射电源位置和基线信息一定源于 a_1 和 a_2 两个参数。式(12.7)的条纹相位中,每个射电源幅度、相位和偏移量三个

参数是可获得的。与此情况不同,利用条纹频率数据无法对射电源和基线两组参数都进行求解。例如,对 n_s 个射电源进行观测,得到 $2n_s+1$ 个射电源参数,所有未知参数数量为 $2n_s+3$(基线参数 2 个,射电源参数为 $2n_s$ 个以及 1 个 f_{in})。如果一个射电源的位置是已知的,则其余射电源的位置和 X_λ、Y_λ 及 f_{in} 都可以确定。需要注意的是,当射电源接近天球赤道时射电源赤纬测量精度会下降,原因是式(12.15)和式(12.16)中 $\sin\delta$ 因子的影响。

在此举一个条纹频率观测中参数幅度量级的例子,若两个天线单元间距在赤道方向分量为 1000km,观测波长为 3cm,则 $D_E \simeq 3\times 10^7$ 波长,低赤纬射电源的条纹频率约为 2kHz。假设独立频率标准之间相干时间约为 10 分钟,则此时间等于 10^6 个条纹周期。如果假设相位测量精度为 0.1 周,则 f_f 的测量精度为 10^{-7},相应的 D_E 和角位置误差分别为 10cm 和 $0.02''$。

为克服条纹频率分析中的限制,开发了天线端口信号相对群延时的精确测量技术。9.8 节中讨论了使用带宽合成可以改善延时测量精度。群延时除了测量几何延时 τ_g 之外,还包括来自天线端口的时钟误差和由于信号路径不同带来的大气差别的干扰分量。观测频率为 f 的连接单元干涉仪测量的条纹相位为 $2\pi f\tau_g$,模为 2π。除色散电离层之外,群延时包括与条纹相位相同类型的信息,且没有以 2π 为模的限制产生的相位模糊。因此类似于之前讨论的连接单元阵列,除时钟偏差项必须考虑之外,群延时测量可对基线和射电源位置求解。

在大多数天体测量实验中,对群延时和条纹频率(或者等效的相位延时变化速率)的测量结果一起进行分析。这些参数的固有精度可从附录 12.1[式(A12.27)和式(A12.34)]导出,且可写成如下形式:

$$\sigma_f = \sqrt{\frac{3}{2\pi^2}}\left(\frac{T_S}{T_A}\right)\frac{1}{\sqrt{\Delta f \tau^3}} \tag{12.17}$$

及

$$\sigma_\tau = \frac{1}{\sqrt{8\pi^2}}\left(\frac{T_S}{T_A}\right)\frac{1}{\sqrt{\Delta f \tau}\Delta f_{rms}} \tag{12.18}$$

其中 σ_f 和 σ_τ 分别为条纹频率和延时的均方根误差,T_S 和 T_A 为系统温度和天线温度,Δf 为中频带宽,τ 为积分时间,Δf_{rms} 为 9.8 节[另见式(A12.32),以及附录 12.1 中的相关内容]介绍的带宽均方根值。Δf_{rms} 的典型值为中频带宽的 40%。对于单个矩形射频带宽,$\Delta f_{rms}=\Delta f/\sqrt{12}$。将测量误差表示为角度,注意几何延时为

$$\tau_g = \frac{D}{c}\sin\theta \tag{12.19}$$

其中 θ 为射电源矢量与垂直于基线的平面之间的夹角,因此,延时相对角度变化的灵敏度为

$$\frac{\Delta \tau_g}{\Delta \theta_\tau} = \frac{D}{c}\cos\theta \quad (12.20)$$

其中 $\Delta\theta_\tau$ 为 θ 的增量,与 τ_g 的增量 $\Delta\tau_g$ 相对应。类似地,条纹频率相对角度变化 [因为 $f_f = f(\mathrm{d}\tau_g/\mathrm{d}t)$] 的灵敏度为(东西向基线)

$$\frac{\Delta f_f}{\Delta \theta_f} = D_\lambda \omega_e \cos\theta \quad (12.21)$$

其中 $\Delta\theta_f$ 为 θ_f 的增量,与 f_f 的增量 Δf_f 相对应。因此,设 $\Delta f_f = \sigma_f$ 和 $\Delta\tau_g = \sigma_\tau$,并忽略几何延时因子,可得等式

$$\frac{\Delta\theta_\tau}{\Delta\theta_f} \simeq 2\pi\frac{\tau/\tau_e}{\Delta f/f} \quad (12.22)$$

其中 $\tau_e = 2\pi/\omega_e$ 为地球自转周期。式(12.22)给出了延时和条纹频率测量的相对精度。实际上,由于噪声来自大气,所以延时测量一般精度更高。条纹频率测量对大气路径长度的时间导数很敏感,虽然平均路径长度相对固定,但湍流大气中此导数很大。要注意的是条纹频率测量和延时测量具有互补性,例如,已知基线和设备参数的 VLBI 系统,射电源的位置可通过单次观测的延时和条纹频率获得,因为这些参数约束了大约在正交方向的射电源位置。用条纹频率和延时测量结果确定射电源位置和基线的分析最早由 Cohen 和 Shaffer(1971)以及 Hinteregger et al.(1972)完成。

用于测量射电源位置的群延时的精度与带宽 Δf 成反比。类似地,用于测量射电源位置的相位精度与观测频率 f 成反比。由于比例常数基本相同,此类技术的相对精度为 $f/\Delta f$。观测频率与带宽之比,包括带宽合成的影响,一般为 $1\sim 2$ 个数量级。另外一方面,VLBI 中天线单元的间距比单元连接型阵列天线单元间距大 $1\sim 2$ 个数量级。因此,利用 VLBI 系统的群延时测量结果对射电源位置的估计精度,与利用基线较短的连接单元阵列的条纹相位测量结果对射电源位置的估计精度相当。VLBI 使用如下所述的相位参考对射电源位置进行测量,结果是射电方法中精度最高的。

地基干涉测量的最大局限来自大气。双频测量能有效去除电离层相位噪声(见 13.3 节电离层延时定标)。对于长度小于几公里的基线[见式(13.101)和表 13.3],对流层相位噪声的均方根值增加约 $d^{5/6}$,其中 d 为基线投影长度。在此情况下,角度测量精度随着基线长度的增加改善缓慢。对于基线大于 $\sim 100\mathrm{km}$ 的情况,各干涉仪天线单元上空对流层的影响是不相关的,测量精度可通过增加基线长度得到快速改善。然而,对于间距大的天线单元,天顶角差别很大,大气模型变得很重要。连接单元阵列可达到的角度精度接近 10^{-2} 角秒(Kaplan et al., 1982; Perley, 1982),VLBI 角度精度超过 10^{-3} 角秒(Fanselow et al., 1984; Herring, Gwinn and Shapiro, 1985; Lestrade, 1991; Ma et al., 1998)。举个例子,Backer

和 Sramek（1999）利用 VLA（连接单元阵列）对银河系中心人马座 A* 射电源的运动进行了 16 年观测，Reid 等（1999）利用 VLBA（VLBI 阵列）对银河系中心人马座 A* 射电源的运动进行了两年观测。VLBA 测量到的人马座 A* 射电源位置变化如图 12.1 所示。

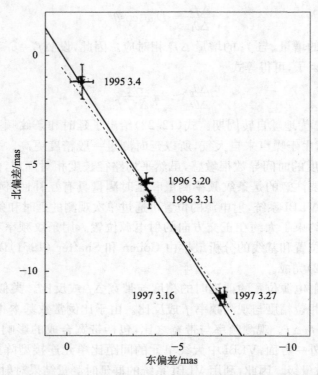

图 12.1　使用 VLBI 在 43GHz 频率进行两年测量，得到银河系中心人马座 A* 射电源相对河外定标源 J1745-283 的视在位置

测量点附近的椭圆阴影代表人马座 A* 散射扩大尺寸（图 13.25），图中也给出了测量结果的 1σ 误差线。虚线为对数据变权重最小二乘法的拟合，实线代表银河系平面的方位。运动几乎完全在银河系经度方向上，该运动是由太阳围绕银河系中心以速度为 $(219\pm20)\mathrm{km\cdot s^{-1}}$ 的运动导致的，太阳与银河系中心的距离为 8kpc（$1\mathrm{pc}=3.1\times10^{16}\mathrm{m}$）。人马座 A* 的残留运动范围比位于与人马座 A* 投影距离在 0.02pc 内星体残留运动范围约小两个数量级。这些恒星运动表明在距离人马座 A* 0.02pc 内包含的物质质量约为 $2.6\times10^6 M_\odot$，人马座 A* 运动检测的缺失本身表明与射电源人马座 A* 相关的质量至少为 $10^3 M_\odot$。来自文献 Reid et al.（1999），© 1999 American Astron. Soc

VLBI 中的相位参考

　　VLBI 测量间隔较近的射电源的相对位置时，可测量相对条纹的相位，从而获得与长基线固有的高角度分辨率对应的位置准确度。当射电源非常接近且两个

射电源都在天线方向图波束内,或者两个射电源的距离小于几度,对流层和电离层影响良好匹配(Shapiro et al., 1979;Bartel et al., 1984;Ros et al., 1999)时,测量准确度达到最高[参见文献 Marcaide and Shapiro(1983)]。在此情况下一个射电源可用作定标源,类似于连接单元阵列中的相位定标。在 VLBI 中此过程被称为相位参考,使流量密度很低而不能进行良好自定标的射电源能够被成像。下面内容是 Alef(1989)及 Beasley 和 Conway(1995)给出的相位参考处理过程的综述。

在相位参考观测中,测量要在目标射电源和附近定标源之间进行切换,每个源的观测周期为几分钟(注意定标源也称为相位参考射电源)。在从测量定标源变换到测量射电源的期间,相位变化率必须足够慢,在没有相位模糊 2π 因子的条件下实现相位解译。因此有必要使用精细模型去除大地和大气的影响,包括构造板块运动、极移、固体潮、海潮,对射电源位置的岁差与章动进行精确修正。还有更微小的影响可能需要考虑,例如,因为 VLBI 远距离天线仰角之间的差别天线结构重力变形对连接单元阵列无影响,但对 VLBI 的基线会产生影响。相位参考作为研究这些影响的非常有用的良好模型,和提高接收机系统的灵敏度及相位稳定度一起,均被进行了研究。

考虑如下情况:在 t_1 时刻观测定标源,然后在 t_2 时刻观测目标源,然后在 t_3 时刻再次观测定标源。任意一次观测的测量相位为

$$\phi_{\text{meas}} = \phi_{\text{vis}} + \phi_{\text{inst}} + \phi_{\text{pos}} + \phi_{\text{ant}} + \phi_{\text{atmos}} + \phi_{\text{ionos}} \tag{12.23}$$

上面等式右边的各项分别为与射电源可见度函数、设备影响(电缆、时钟误差等)、假定射电源位置误差、假设天线位置误差、中性大气影响和电离层影响相关的相位分量。为了对目标射电源相位进行修正,需要对 t_1 时刻和 t_3 时刻定标源测量结果进行插值,以估计 t_2 时刻定标源的相位,然后从目标源测量的相位中减去插值相位。如果天空中目标源位置与定标源位置足够接近(间隔小于几度),任意天线到两个源的视线将经过相同的等晕面元,因此大气和电离层相位差异可被忽略。假设射电源位置小变化引起的设备相位变化不大,且如果为未分辨射电源,则其可见度函数相位为零。如果定标源为部分分辨的,其强度须足够强才能通过自定标成像,并可对其相位进行修正。因此目标源修正相位简化如下:

$$\phi^{\text{t}} - \widetilde{\phi}^{\text{c}} = \phi_{\text{vis}}^{\text{t}} + (\phi_{\text{pos}}^{\text{t}} - \widetilde{\phi}_{\text{pos}}^{\text{c}}) \tag{12.24}$$

其中上标 t 和 c 分别代表目标源和定标源,波浪符号代表插值,等式(12.24)右边部分只和目标源的结构和位置及定标源的位置有关。图 12.2 给出对参考源数据进行条纹拟合的相位参考的例子,即确定基线误差、站点处时间标准的偏差以及设备相位。相位参考源(定标源)的结果如图中的十字所示,最终的相位和相位变化率修正被插值于目标源数据点的倍数上,如图中空心正方形所示。目标源修正相位如底部图所示。对于条纹拟合,理想情况是有一个未分辨的强辐射射电源,

因此当目标源很弱或已分辨时,需选用具有上述特性的相位参考源。

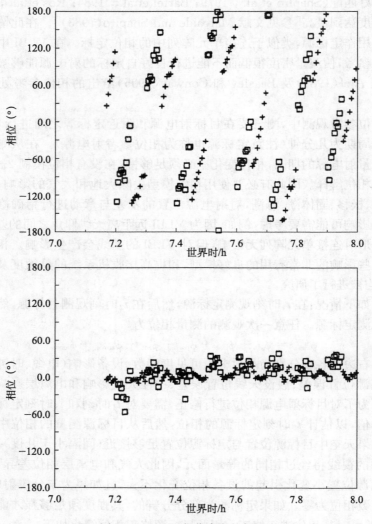

图 12.2　VLBI 相位参考的例子

数据来自 Brewster-Pie Town 基线,观测频率为 8.4GHz。顶图给出目标源 1638+398(空心正方形代表目标源)和定标源 1641+399(十字代表定标源)的未定标数据。底图给出了定标源 1641+399 条纹拟合后数据,以及目标源 1638+398 使用 1641+399 作为参考源进行相位参考后的数据。以上来自文献:Beasley and Conway (1995), courtesy of the Astron. Soc. Pacific Conf. Ser.

式(12.23)中的各种影响可通过相位参考去除,其中随时间变化最快的是大气分量,并且频率高于几吉赫兹时,大气影响来自对流层而不是电离层。因此在厘米波段,对流层的变化限制了观测目标源和定标源每个周期的时间。在 13.1

节"相位波动"中描述了对流层移动屏模型(Moving-Screen Model)的变化结果,移动屏模型的特性是基于湍流理论(Tartarski,1961)。光线从目标源和定标源出发通过大气距离 d_{tc} 时,目标源和定标源相位变化的相对均方根值与 $d_{tc}^{5/6}$ 成正比

$$\sigma = \sigma_0 d_{tc}^{5/6} \tag{12.25}$$

其中 σ_0 为光线经过 1km 距离产生的相位变化。为了能够从一次定标源观测到下一次定标源观测中无模糊地解译出 VLBI 相位参考值,要求相继定标源扫描之间的观测路径长度的均方根值变化不超过 $\sim \lambda/8$。那么,如果散射屏以速度 v_s 水平运动,则上述准则的结果是目标源和定标源观测周期 t_{cyc} 有限。为确定此限制,将 $d_{tc} = v_s t_{cyc}$ 代入式(12.25)可得

$$t_{cyc} < \left(\frac{\pi}{4\sigma_0}\right)^{6/5} v_s^{-1} \tag{12.26}$$

此结论可用于说明开关周期的时间限制。表 13.3 中的经验数据表明,当 $\lambda = 6$cm(频率为 5GHz)时,在 VLA 站,对于 $d_{tc} = 1$km 的延时路径均方根值的典型值为 1mm。6cm 波长相应的 σ_0 值为 6°,如果 $v_s = 0.01$km·s^{-1},则 $t_{cyc} < 19$min。此结果为 VLA 站的典型情况。对于相同站点且光线距离为 1km,但在"湍流剧烈"的情况下,Sramek(1990)给出路径偏差的均方根值为 7.5mm,当 $t_{cyc} < 1.7$min 时,6cm 波长相应的 σ_0 值为 45°。最后观测中源的俯仰角不能低于 60°,因此低仰角射电源观测的开关时间可以更短。

频率小于 $\sim$1GHz 时,电离层变成了限制因素,中尺度传输电离层扰动(MSTIDs)变得很重要(Hocke and Schlegel,1996),其速度为 100$\sim$300m·s^{-1},波长最长到几百公里。在 5$\sim$15GHz 范围内来自电离层和对流层的相位波动最小,在 VLBI 中可通过相位参考获得良好的性能。

开关切换到相位参考源时应该使用的角度范围也存在限制,因为即使是静止大气也会引入随开关角度增大而增加的相位误差。Ros 等(1999)证明 7°相位参考的精度为 0.1″。相位参考的一个非常有意义的应用是文献 Counselman et al.(1974)中描述的用于测量由太阳引起的射电源 3C273B 辐射中的引力弯曲现象。此测量中选取 3C279 作为比较源,与 3C273B 之间的角度间隔约为 10°,相对来说不受太阳的影响。在 VLBI 的两个站,两个天线共用一个频率标准,其中一个天线用来跟踪每个源,以提供连续的相位比较并精确去除时钟偏移的影响。在工作频率为 8.1GHz 下位置精度能达到的量级为 3″。银河系外射电源的相对位置测量也可用于确定脉冲星 PSR B2021+51 视差与自行运动(Campbell et al.,1996)。由于脉冲星的强度随频率升高而降低,所以被限制为 2.218GHz 处的单频率观测,但使用距离脉冲星 2.5°内的两个参考源,位置精度可达到约 0.3″。与使用傅里叶变换和去卷积成像一样,相位参考允许对弱射电源长时间积分,否则射电源太弱以至于在相干时间内不能测到条纹频率。自定标则可用于流量密度低于可

检测射电源的情况。可用于相位定标的射电源列表见文献 Patnaik et al.(1992)，Johnston et al.(1995)和 Ma et al.(1998)。

12.3 时间与地球运动

现在研究干涉测量中地球自转矢量的幅度和方向变化的影响。这些变化会引起天球坐标系下射电源的视在位置、天线基线矢量和世界时的变化。地球自转变化可分为以下三类：

(1)自转轴方向变化，主要来自旋转体的进动和章动。因为自转轴方向定义了天球坐标系中的极点位置，自转轴方向变化将导致目标天体赤经和赤纬的变化。

(2)自转轴相对地球略微变化，即自转轴与地球表面的交点位置发生变化，此效应即为所熟知的极移。因为4.1节中介绍的确定基线参数的(X,Y,Z)坐标系取地球自转轴作为Z轴，极移导致测量基线矢量(不是基线长度)以及世界时发生变化。

(3)大气和地壳的影响会使地球转速发生变化，该变化也会引起世界时的变化。

这里仅简单地讨论了这些影响，从地球物理学角度的详细讨论见文献 Lambeck(1980)。

进动与章动

太阳、月亮及行星对非球形地球的引力给地球轨道和旋转运动带来各种各样的扰动。为考虑这些影响，有必要了解地球轨道平面定义的黄道面变化以及由地球旋转运动定义的天赤道变化。太阳和月亮对地球赤道隆起的引力导致地球自转轴围绕黄道极点进动。

地球自转矢量与轨道平面(黄道)极点的夹角约为$23.5°$，所产生的进动周期约为26000年，相当于转动矢量运动为每年$20''[2\pi\sin(23.5°)/26000$弧度/年]。倾角$23.5°$不是固定值，由于行星的影响，目前倾角减小的速度为每世纪$47''$。行星也会产生进动分量。月亮-太阳和行星进动共同作用产生的相对较小进动被称为总岁差。进动导致黄道面与天球赤道交线产生运动，此交线定义了春分点和零度赤经，进动速率为每年$50''$。另外，太阳-月亮引力影响的时间变化引起周期约为18.6年的地轴章动，总振幅约为$9''$。黄道与赤道的主要变化如上所述，但也会产生其他小的影响。总岁差中位置变化是可计算的，精度优于1mas(Herring, Gwinn and Shapiro, 1985)。进动的表达式见文献 Lieske et al.(1977)，有关章动的表达式见文献 Wahr(1981)。所需要的处理过程在球面天文学中进行了讨论，见 Woolard and Clemence(1966)，Taff(1981)和 Seidelmann(1992)等文献。

由于进度和章动会引起低赤纬天体天球坐标的变化高达每年$50''$，所以在所有的观测工作中必须考虑这些影响,不论这些观测是否为天体测量。星表中天体的位置简化为 B1900.0、B1950.0 或 J2000.0 的标准纪元坐标,日期代表贝塞尔年或儒略年的岁首,字母 B 和 J 分别代表贝塞尔年和儒略年。位置与特定纪元的平赤道和平春分点相对应,"平"代表总岁差导致的赤道和春分点的位置,但不包括章动。有关标准纪元坐标之间转换方法的进一步说明和讨论见文献 Seidelmann (1992)。此外还需要进行偏差修正,即有限光速和观测者运动所产生的位置明显偏移。该位置偏移包括两部分,一是地球轨道运动产生的周年光行差,其最大值约为 $20''$;二是地球自转产生的周日光行差,其最大值为 $0.3''$。在 VLBI 数据压缩中使用的延迟基线概念解释了周日光行差。对于较近星体的自行运动(星体穿过太空的实际位置)需要修正,在某些情况下地球在其轨道上位置变化引起的视差也需要修正。无线电技术的影响,特别是 VLBI,导致传统表达式和参数更加细化,如太阳引力场引起的电磁波弯曲效应在高精度位置测量工作中也必须考虑。

极移

极移这一术语代表地球自转极(地极)相对地壳的变化。极移导致的天极运动的分量不同于进动和其他运动。极移是绝大部分地球物理的起源。地球自转极绕地图上地极的运动是不规则的,但在 20 世纪,地球自转极与地图上地极之间的最远距离为 $0.5''$或地球表面上 15m。在一年之中,地球自转极的运动范围通常为 6m 或更少。极移可归结为几个分量,一些是规则的,一些是高度不规则的,但并不是所有的极移分量都能够被解释。两个主要极移分量的周期为 12 个月和 14 个月,周期为 12 个月的分量是由水和大气角动量每年再分配导致的受迫运动,远离其他谐振频率。周期为 14 个月的分量被称为钱德勒晃动(Chandler,1891),该分量是在谐振频率处的运动,其驱动力还不清楚。有关极移的详细描述可参见文献 Wahr(1996)。

极点的旋转运动用角度或者 x 和 y 方向的距离来度量,如图 12.3 所示。(x,y) 原点为 1900~1905 年间极点的平均值,被称为国际协议原点(CIO),x 轴在格林尼治子午线(Markowitz and Guinot,1968)平面内。因为极点运动为小角度效应,在

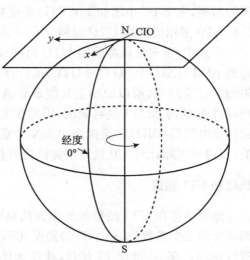

图 12.3 极移测量坐标系

x 轴在格林尼治子午线平面内,y 轴与 x 轴成 $90°$朝西,CIO 为国际协议原点

成像观测时经常被忽略,特别是当定标源距离成像中心只有几度时,测量到的可见度函数可忽略其影响。

世界时

类似于地球的运动,基于地球转动的计时系统很复杂,详细讨论可参考文献 Smith(1972)或上述进动和章动讨论中的内容,这里对一些关键内容进行简单回顾。太阳时是根据地球围绕太阳转动定义的,在实际中,用星体作参考更便于测量,因此太阳时来自恒星自转周期的测量。用于这种测量的星体或射电源的位置根据进动、章动等进行调整,得到的时间测量值仅依赖于地球的角速度和极移。当转换成太阳时标时,这些测量提供了世界时(UT)的形式,称为UT0。由于极移的影响,UT0 不是真正的"世界时"。极移影响总计约为 35ms,和观测位置有关。当对 UT0 进行极移修正后,得到 UT1。由于测量的是地球相对固定天体的转动,因此 UT1 为天体测量所需要的时间形式,包括干涉测量分析、导航和测绘。然而,UT1 包含地球自转率微小变化的影响,地球自转率变化是导致地球物理效应(如水在地球表面和大气中分布的季节变化)的主要原因。一年中的天长度波动典型值约为 1ms。为给出更加统一的时间测量,将 UT1 去除季节性变化,得到 UT2,但 UT2 很少使用。UT1 和 UT2 包含地球自转率逐渐降低效应,该效应使 UT1/UT2 的天长度比国际原子时(IAT)的天长度有微小增加。IAT 基于色谱线频率(见 9.5 节,铷和铯标准)。IAT 的秒为 UT 另外一种形式,即协调世界时(UTC)的基础,UTC 与 IAT 有时间偏差,$|UT1-UTC|<1s$。根据一年中特殊天的需要,在 UTC 中增加 1s(闰秒)来保持上述关系。大多数授时系统如 Loran C 和 GPS 采用的都是 UTC 时间。

实际中,很多测量都采用 UTC 时间或使用原子标准的 IAT 时间,然后从公布的 $\Delta UT1(\Delta UT1=UT1-UTC)$ 值计算获得 UT1 时间。因为 $\Delta UT1$ 为测量结果而非计算结果,所以原则上只能事后确定。但是,以满意的精度通过外推预计 1~2 个星期的 $\Delta UT1$ 是可能的,因此在实际中使用 UT1 时间。$\Delta UT1$ 的值可通过国际时间局(BIH)和美国海军天文台获得,BIH 是 1912 年在巴黎天文台建立的,以协调国际计时。从这些研究机构可获得实时的适合外推的快速服务数据。

极移和 UT1 测量

测量极移和 UT1 的传统光学方法是对已知位置恒星子午线穿越进行计时。确定全部三个参数$(x, y, \Delta UT1)$需要在不同经度进行观测,即在不同赤纬对恒星进行观测。在 20 世纪 70 年代,此类天体测量任务也可通过射电干涉测量完成(McCarthy and Pilkington,1979)。

要确定这类测量的干涉仪基线分量,这里使用 4.1 节中的(X, Y, Z)坐标系,

将坐标系旋转以使 X 轴位于格林尼治子午线平面内,而不是在本地子午线平面内。设 ΔX、ΔY 和 ΔZ 是极移(x,y)和 Θ 弧度对应的时间变化(UT1－UTC)引起的基线分量变化,可得

$$\begin{bmatrix} \Delta X \\ \Delta Y \\ \Delta Z \end{bmatrix} = \begin{bmatrix} 0 & -\Theta & x \\ \Theta & 0 & -y \\ -x & y & 0 \end{bmatrix} \begin{bmatrix} X \\ Y \\ Z \end{bmatrix} \quad (12.27)$$

式中的矩形三维旋转矩阵适用于小旋转角度,Θ、x 和 y 分别为关于 Z、Y 和 X 轴的旋转角度。从式(12.27)可得

$$\Delta X = -\Theta Y + xZ$$
$$\Delta Y = \Theta X - yZ \quad (12.28)$$
$$\Delta Z = -xX + yY$$

因此,如果周期观测一系列射电源并确定基线参数变化,式(12.28)可用于确定 UT1 和极移。对于东西向基线($Z=0$)干涉仪,可确定角 Θ,但不能区分 x 和 y 的影响。位于格林尼治子午线上的东西向基线干涉仪($X=Z=0$),可给出 Θ 和 y 的测量值,但不能给出 x 的测量值。如果该干涉仪具有南北向基线分量($Z\neq 0$),则可对 y 进行测量,但不能区分 Θ 和 x 的影响。一般情况下,单一基线不能对三个参数都进行测量,这是因为单一方向仅用两个参数确定。适合完全解的系统可能是两个东西向干涉仪但经度分开约90°,或者是三单元非共线干涉仪。文献 Carter, Robertson and MacKay(1985)中给出 VLBI 测量极点位置的例子。GPS 的开发也提供了极点位置测量方法[见文献 Herring(1999)]。

上述方法适用于使用相位可定标的连接单元干涉仪的测量,也适用于带宽足够宽能够获得准确群延时测量的 VLBI。如果仅条纹频率可测,如在窄带宽 VLBI 系统中,则测量结果对基线的 Z 分量不敏感。那么,式(12.28)中仅有 ΔX 和 ΔY 分量的测量值,一般情况下无法区分极移和 UT1 变化的影响。然而,如果 $Z=0$(东西向基线),则可推导出 UT1。文献 Robertson et al.(1983)和 Carter et al.(1984)给出了利用 VLBI、卫星激光测距和标准天体测量数据的 BIH 分析确定 UT1 和极移的比较。

12.4 大地测量

特定的地球物理现象,如固体潮(Melchior, 1978)和地球板块运动会导致 VLBI 系统基线矢量发生变化。这类现象显然会导致基线长度发生变化,而极移和旋转变化会导致基线方向发生变化。板块运动影响量级为每年 1～10cm,固体潮影响量级为每日 30cm,因此这些影响可使用最准确的 VLBI 技术进行测量。固体潮由 Shapiro 等(1974)首次探测到,Herring 等(1983)报道了其更精细的测量

结果。除了固体潮外，水质量的潮汐变化引起的陆地质量位移，称为海洋负荷，被认为是可测量的影响。现代板块运动的早期证据由 Herring 等(1986)给出。VLBI 大地测量应用的综述见参考文献 Shapiro(1976)，Counselman(1976)，Clark et al.(1985)，Carter and Robertson(1993)和 Sovers, Fanselow and Jacobs (1998)。

12.5 天体脉泽成像

在很多新星体的演化过程中，或已高度演化的星体中，脉泽过程产生如 H_2O 和 OH 分子射电辐射。辐射频谱一般很复杂，包括很多谱线特征或者气体云不同视向速度运动产生的分量。强脉泽射电源成像揭示了上百个致密射电源分量，其亮度温度达 10^{15}K，角径小到 10^{-4} 角秒，流量密度高达 10^6 Jy。这些射电源分量典型分布在以几个角秒为直径的面积内，多普勒速度范围为 $10\sim 300 km\cdot s^{-1}$（$H_2O$ 脉泽在 22GHz 频率跃迁产生的多普勒频移为 $0.7\sim 20$MHz），各谱线线宽约为 $1 km\cdot s^{-1}$ 或更窄（22GHz 的线宽为 74kHz）。文献 Reid and Moran(1988)和 Elitzur(1992)讨论了脉泽的物理及现象。脉泽数据分析和处理需要大的相关器系统，因为所需带宽与谱线分辨率之比很大（$10^2\sim 10^4$）。此外，由于视场与空间分辨率之比很大（$10^2\sim 10^4$），脉泽数据分析和处理还需要大量的图像处理。举个极端例子，W49 中 H_2O 脉泽在 3 个角秒之内分布上百个特征谱线（Gwinn, Moran and Reid, 1992），如果分辨率为 10^{-3} 角秒且每个分辨率间隔内含 3 个像素，则此射电源完整成像需要 600 幅图像，每幅图像至少包含 10^8 个像素。然而大多数图像单元无信号，因此，通常处理过程为通过条纹频率分析粗略测量特征谱线的位置，然后通过傅里叶变换合成技术在此位置附近的小区域内进行成像。条纹频率分析成像例子见参考文献 Walker, Matsakis and Garcia-Barreto(1982)，相位分析成像例子见参考文献 Genzel et al.(1981)和 Norris and Booth(1981)，傅里叶变换合成技术成像例子见参考文献 Reid et al.(1980)，Norris, Booth and Diamond (1982)和 Boboltz, Diamond and Kemball(1997)。后面将简单讨论用于脉泽成像的技术及其准确度，需要注意的是由于脉泽谱线带宽窄，所以不能准确测量几何（群）延时。

在脉泽成像中，必须考虑条纹可见度函数随频率的变化。假设脉泽射电源由很多点源组成，并假设利用 VLBI 系统进行测量，期望的 RF 带宽被转换成单一基带通道。利用式(9.23)，可得频率 f 处脉泽分量的残留条纹相位

$$\Delta\phi(f)=2\pi[f\Delta\tau_g(f)+(f-f_{LO})\tau_e+f\tau_{at}]+\phi_{in}+2\pi n \quad (12.29)$$

其中 τ_e 是和时钟偏差有关的相对延时，τ_{at} 为差分大气延时，$\Delta\tau_g(f)$ 为射电源几何延时 τ_g 与参考延时之差，f_{LO} 为本振频率，ϕ_{in} 为设备相位，包括本振频率漂移且可

能随时间快速变化,$2\pi n$ 代表相位模糊。一个频率一般只有一个未分辨脉泽分量,此分量可用作参考相位。参考相位的使用是所有脉泽分析过程的基础,使脉泽分量相对位置的高准确度成像成为可能。频率 f 处脉泽特征与频率 f_R 处参考特征的残留条纹相位之差为

$$\Delta^2 \phi(f) = \Delta \phi(f) - \Delta \phi(f_R) \tag{12.30}$$

式(12.29)代入(12.30)可得

$$\Delta^2 \phi(f) = 2\pi \{ f[\tau_g(f) - \tau_g(f_R)] \\ + (f - f_R)[\tau_g(f_R) - \tau'_g(f_R)] + (f - f_R)[\tau_e + \tau_{at}] \} \tag{12.31}$$

其中 $\tau'_g(f_R)$ 为参考特征延时的期望值,$\tau_g(f_R)$ 为参考特征延时的实际值。在式(12.31)中消除了和频率相关的 ϕ_{in} 和 $2\pi n$,但还有与目标特征和参考特征的频率差成正比的残留项。产生这些残留项的原因是式(12.30)中不同频率对应的相位不同。遵从式(12.3)的习惯,使用传统符号 $\Delta =$(假设值)$-$(真值),则式(12.31)可写成如下形式:

$$\Delta^2 \phi(f) = \frac{2\pi f}{c} \boldsymbol{D} \cdot \Delta \boldsymbol{S}_{fR} - \frac{2\pi f}{c} \Delta \boldsymbol{D} \cdot \Delta \boldsymbol{S}_{fR} \\ - \frac{2\pi}{c}[(f - f_R)(\Delta \boldsymbol{D} \cdot \boldsymbol{S}_R + \boldsymbol{D} \cdot \Delta \boldsymbol{S}_R)] + 2\pi(f - f_R)(\tau_e + \tau_{at}) \tag{12.32}$$

其中 $\boldsymbol{D}$ 为假设的基线,$\Delta \boldsymbol{D}$ 为基线误差,$\boldsymbol{S}_R$ 为参考特征的假设位置,$\Delta \boldsymbol{S}_R$ 为参考特征位置误差。$\Delta \boldsymbol{S}_{fR}$ 为频率 f 的特征与参考特征之间的分离向量,因此频率 f 的特征的实际位置为 $\boldsymbol{S}_R - \Delta \boldsymbol{S}_R + \Delta \boldsymbol{S}_{fR}$。

式(12.32)中右侧第一项为期望得到的值,根据该值可确定相对于参考特征的特征位置,其余项描述了基线、射电源位置、时钟偏差和大气延时的不确定性引入的相位误差,相位误差除以 $c/2\pi fD$ 可近似转换成角度误差。例如,式(12.32) $\Delta \boldsymbol{D} \cdot \boldsymbol{S}_R$ 项中基线分量 0.3m 误差会引入约 1ns 的延时误差,10^{-3} 周的相位误差相当于特征频谱相差 1MHz,此相位误差与 22GHz 频率下 2500km 基线的 10^{-6} 角秒误差相对应,产生的条纹间距为 10^{-3} 角秒。类似地,时钟或大气 1ns 误差可产生相同的位置误差。通过 $\Delta \boldsymbol{D} \cdot \Delta \boldsymbol{S}_{fR}$ 项,相同的基线误差也可产生每角秒 10^{-7} 角秒的额外位置误差。由此定标方法引起成像误差的详细讨论见文献 Genzel et al. (1981)。

条纹相位定标的另一方法是将参考特征的相位根据待定标特征的频率缩放,即

$$\Delta^2 \phi(f) = \Delta \phi(f) - \Delta \phi(f_R) \frac{f}{f_R} \tag{12.33}$$

此定标方法比式(12.30)的方法更准确,因为不存在与 $f - f_R$ 成正比的误差项。但是,此方法存在与相位模糊和设备相位相关的附加误差项,因此仅适用于条纹相位可被精确跟踪从而能够避免引入相位模糊的条件。

利用条纹频率数据生成图像比利用相位数据生成图像的准确度和灵敏度低。假设干涉仪定标良好，差分条纹频率即频率 f 处的特征与参考特征条纹频率之差，可写成如下形式[使用式(12.14)]：

$$\Delta^2 f_{\mathrm{f}}(f) \simeq \dot{u}\Delta\alpha'(f) + \dot{v}\Delta\delta(f) \tag{12.34}$$

其中 $\dot{u}$ 和 $\dot{v}$ 为基线投影分量的时间导数，$\Delta\alpha'(f)$ 和 $\Delta\delta(f)$ 为与参考特征的坐标偏差，且 $\Delta\alpha'(f) = \Delta\alpha(f)\cos\delta$，则脉泽特征的相对位置可通过将式(12.34)拟合成不同时角的一系列条纹频率测量值来获得。此技术首先被 Moran 等(1968)用于 OH 脉泽成像，条纹频率测量误差按照 $\tau^{3/2}$[式(A12.27)]规律下降，其中 τ 为观测时间，但对于数值较大的 τ，差分条纹频率 $\Delta^2 f_{\mathrm{f}}$ 并不是常数，因为 $\dot{u}$ 和 $\dot{v}$ 不是零。因此，在视场有限区域内可用条纹频率测量值准确成像。可通过将式(A12.27)条纹频率误差的均方根值等于 τ 乘以差分条纹频率对时间的导数来估计视场大小。因此，对于东西向基线，有

$$D_\lambda \omega_{\mathrm{e}}^2 \Delta\theta\tau\cos\theta \simeq \sqrt{\frac{3}{2\pi^2}}\left(\frac{T_{\mathrm{S}}}{T_{\mathrm{A}}}\right)\frac{1}{\sqrt{\Delta f\tau^3}} \tag{12.35}$$

其中 $\Delta\theta$ 为视场，当 $\sqrt{2\pi^2/3}\cos\theta \simeq 1$ 时，视场为

$$\Delta\theta \simeq \frac{T_{\mathrm{S}}}{D_\lambda T_{\mathrm{A}} \omega_{\mathrm{e}}^2 \tau^2 \sqrt{\Delta f\tau}} \tag{12.36}$$

或

$$\Delta\theta \simeq \frac{1}{\mathscr{R}_{\mathrm{sn}} D_\lambda \omega_{\mathrm{e}}^2 \tau^2} \tag{12.37}$$

其中 $\mathscr{R}_{\mathrm{sn}}$ 为信噪比。设 $\mathscr{R}_{\mathrm{sn}} = 10$ 及 $\tau = 100\mathrm{s}$，则视场大约等于 2000 倍条纹间距。此限制条件通常很重要。当谱线特征被发现时，将成像区域的相位中心移动到该特征的估计位置，则该特征被重新定位。只有每个基线单独观测到的分量才能使用条纹频率成像技术进行成像，因此条纹频率成像比合成成像灵敏度低。条纹频率成像能够获得完全一致的灵敏度。

条纹频率分析处理可用于处理一个频率通道内包含多个点源分量的情况，由每次观测的结果(如一个基线测量持续几分钟)计算得到条纹频率谱。如图 12.4 所示，各分量作为不同条纹频率特征出现。每个特征的条纹频率在脉泽分量 $(\Delta\alpha',\Delta\delta)$ 空间内确定一条直线，直线的斜率为 $\tan^{-1}(\dot{v}/\dot{u})$。当投影基线改变时，直线的斜率也改变。直线的交点确定了射电源的位置(图 12.4)。为了使此方法有效，分量之间距离必须足够大以便在条纹频率谱中产生独立的峰值，条纹频率的分辨率约为 τ^{-1}，定义有效波束宽度如下：

$$\Delta\theta \simeq \frac{1}{D_\lambda \omega_{\mathrm{e}} \tau \cos\theta} \tag{12.38}$$

有关条纹频率成像的详细讨论见文献 Walker(1981)。

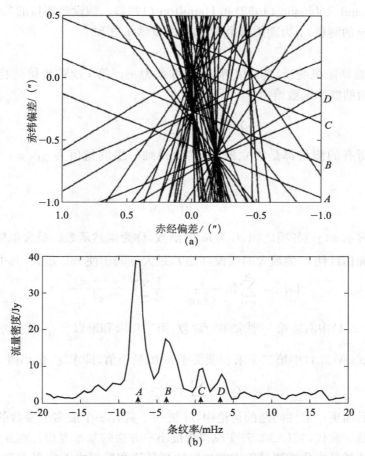

图 12.4　(a)多次扫描后得到的谱线,(b)W49N 中水汽脉泽在特定时角和脉泽中射电谱的一个频率下的条纹频率谱

(b)的纵坐标为流量密度,且存在四个峰值,分别对应天空中单独的特征。(b)中峰值及其在(a)中对应的线分别标记为 $A\sim D$。这些数据的频率至少存在四个独立特征,这些特征的位置由很多线的相交点标记出。和谱线 D 相对应的特征远离相位中心,在 20 分钟积分时间内其条纹频率变化较大,明显降低特征位置的估计值。窗区中赤经方向位置精度为 $0.5''$,赤纬方向位置精度为 $2''$。可通过改变数据相位中心移动窗区。图片来自 Walker(1981),the Astronomical Journal

附录 12.1　最小二乘法分析

最小二乘法分析原理是射电天文测量的基础,其目的是在一组包含噪声的测量结果中提取一系列参数。这里用基本方法简单讨论其原理,避开复杂的数学推导,将此原理应用到干涉测量面临的问题中。数据统计分析的详细讨论见文献

Bevington and Robinson (1992)和 Hamilton (1964)。假设要测量的参量为 m，进行了一组 y_i 的测量，y_i 为理想参量 m 和噪声贡献 n_i 之和

$$y_i = m + n_i \tag{A12.1}$$

其中 n_i 为高斯随机变量，其均值等于零，方差为 σ_i^2。第 i 次测量得到特定值 y_i 的概率由下面的概率函数给出：

$$p(y_i) = \frac{1}{\sqrt{2\pi}\sigma_i} e^{-(y_i - m)^2/2\sigma_i^2} \tag{A12.2}$$

如果所有的测量都是独立的，则实验得到一组测量值为 $y_1, y_2, \cdots, y_N$ 的概率为

$$L = \prod_{i=1}^{N} p(y_i) \tag{A12.3}$$

其中 $\prod$ 表示 $p(y_i)$ 各项之积，L 为 m 的函数，称为似然函数。最大似然法是基于 m 的最准确估计使 L 值最大的假设。使 L 最大等同于使 $\ln L$ 最大，其中

$$\ln L = \sum_{i=1}^{N} \ln \frac{1}{\sqrt{2\pi}\sigma_i} - \frac{1}{2}\sum_{i=1}^{N} \frac{(y_i - m)^2}{\sigma_i^2} \tag{A12.4}$$

式(A12.4)中右边第一项求和为常数，第二项求和乘以 $-\frac{1}{2}$，因此求 L 最大值等价于求式(A12.4)中第二个求和项关于 m 的最小值，即求 χ^2 最小值

$$\chi^2 = \sum_{i=1}^{N} \frac{(y_i - m)^2}{\sigma_i^2} \tag{A12.5}$$

在此附录后面更一般性问题的讨论中，m 被一个具有一个或多个参数的描述系统模型的函数所取代，式(A12.5)变成权重最小平方法的基本方程。在此方法中，模型参数是通过最小化按测量值方差加权的测量值和模型之差的平方和来确定的。随机变量 χ^2 代表拟合质量，当模型能够充分描述测量时，其均值等于数据点数减去参数数量，当噪声为高斯随机过程时，最小二乘法是一般最大似然法的特殊情况。高斯大约在 1795 年提出了最小二乘法，用于估计行星和彗星的轨道参数(Gauss, 1809)。勒让德在 1806 年独立发展了此方法(Hall, 1970)。

回到式(A12.5)，可通过令 χ^2 关于 m 的导数等于零来求解 m，得到的 m 的估计值用 m_e 表示，即

$$m_e = \frac{\sum \frac{y_i}{\sigma_i^2}}{\sum \frac{1}{\sigma_i^2}} \tag{A12.6}$$

其中求和是 $i=1 \sim N$，利用式(A12.2)且 $\langle y_i \rangle = m$ 和 $\langle y_i^2 \rangle = m^2 + \sigma_i^2$。因此，通过计算式(A12.6)的期望值，明显可得 $\langle m_e \rangle = \langle y_i \rangle = m$，很容易得出

$$\langle m_e^2 \rangle = m^2 + \Big(\sum \frac{1}{\sigma_i^2}\Big)^{-1} \qquad (A12.7)$$

因此估计值 m_e 的方差为

$$\sigma_m^2 = \langle m_e^2 \rangle - \langle m_e \rangle^2 = \Big(\sum \frac{1}{\sigma_i^2}\Big)^{-1} \qquad (A12.8)$$

式(A12.8)表明当质量差的数据或噪声数据加上质量好的数据时，σ_m 的值可能仅略微降低。如果每次测量的统计误差 σ_i 都为 σ，则式(A12.8)可简化为熟知的结论

$$\sigma_m = \frac{\sigma}{\sqrt{N}} \qquad (A12.9)$$

m_e 为测量值的均值。很多情况下 σ 是未知的，其估计值为

$$\sigma_e^2 = \frac{1}{N} \sum (y_i - m)^2 \qquad (A12.10)$$

然而，m 是未知的，只有其估计值 m_e，如果用 m_e 代替式(A12.10)中的 m，则 σ_e^2 是 σ^2 的一个低估值，这是因为 m_e 是通过最小化 χ^2 得到的。σ^2 的无偏差估计为

$$\sigma_e^2 = \frac{1}{N-1} \sum (y_i - m_e)^2 \qquad (A12.11)$$

将式(A12.6)代入式(A12.11)容易得出 $\langle \sigma_e^2 \rangle = \sigma^2$。式(A12.11)中的 $N-1$ 称为自由度数，这是因为有 N 个数据点和一个自由参数。

考虑用函数 $f(x; p_1, \cdots, p_n)$ 描述的模型，其中 x 为独立变量，当采样点 $i = 1 \sim N$ 时，x 取值为 x_i，$p_1, \cdots, p_n$ 为一组参数。假设独立变量的取值精确已知，如果函数 f 对测量系统进行了正确建模，则测量集合由下式给出：

$$y_i = f(x; p_1, \cdots, p_n) + n_i \qquad (A12.12)$$

其中 n_i 代表测量误差。常见问题是找到使式(A12.5)中的 χ^2 最小的参数值，即

$$\chi^2 = \sum \frac{[y_i - f(x_i)]}{\sigma_i^2} \qquad (A12.13)$$

最小。

此问题的一个简单例子就是对一组数据进行线性拟合，设

$$f(x; a, b) = a + bx \qquad (A12.14)$$

其中 a 和 b 为要确定的参数。最小化 χ^2 可通过求解下列方程来完成：

$$\frac{\partial \chi^2}{\partial a} = -\sum \frac{2(y_i - a - bx_i)}{\sigma_i^2} = 0 \qquad (A12.15a)$$

$$\frac{\partial \chi^2}{\partial b} = -\sum \frac{2(y_i - a - bx_i)x_i}{\sigma_i^2} = 0 \qquad (A12.15b)$$

用矩阵表示法可得

$$\begin{bmatrix} \sum \frac{y_i}{\sigma_i^2} \\ \sum \frac{x_i y_i}{\sigma_i^2} \end{bmatrix} = \begin{bmatrix} \sum \frac{1}{\sigma_i^2} & \sum \frac{x_i}{\sigma_i^2} \\ \sum \frac{x_i}{\sigma_i^2} & \sum \frac{x_i^2}{\sigma_i^2} \end{bmatrix} \begin{bmatrix} a_e \\ b_e \end{bmatrix} \quad (A12.16)$$

参数的真值和估计值用下标 e 进行区分,解为

$$a_e = \frac{1}{\Delta} \Big[\Big(\sum \frac{x_i^2}{\sigma_i^2} \Big) \Big(\sum \frac{y_i}{\sigma_i^2} \Big) - \Big(\sum \frac{x_i}{\sigma_i^2} \Big) \Big(\sum \frac{x_i y_i}{\sigma_i^2} \Big) \Big] \quad (A12.17)$$

和

$$b_e = \frac{1}{\Delta} \Big[\Big(\sum \frac{1}{\sigma_i^2} \Big) \Big(\sum \frac{x_i y_i}{\sigma_i^2} \Big) - \Big(\sum \frac{x_i}{\sigma_i^2} \Big) \Big(\sum \frac{y_i}{\sigma_i^2} \Big) \Big] \quad (A12.18)$$

其中 Δ 为式(A12.16)中方阵的行列式,由下式给出:

$$\Delta = \Big(\sum \frac{1}{\sigma_i^2} \Big) \Big(\sum \frac{x_i^2}{\sigma_i^2} \Big) - \Big(\sum \frac{x_i}{\sigma_i^2} \Big)^2 \quad (A12.19)$$

参数 a_e 和 b_e 的误差估计可用式(A12.17)和式(A12.18)计算并由下式给出:

$$\sigma_a^2 = \langle a_e^2 \rangle - \langle a_e \rangle^2 = \frac{1}{\Delta} \sum \frac{x_i^2}{\sigma_i^2} \quad (A12.20)$$

和

$$\sigma_b^2 = \langle b_e^2 \rangle - \langle b_e \rangle^2 = \frac{1}{\Delta} \sum \frac{1}{\sigma_i^2} \quad (A12.21)$$

注意:a_e 和 b_e 为随机变量,一般情况下 $\langle a_e b_e \rangle$ 不为零,因此参数估计是相关的。式(A12.20)和式(A12.21)中的估计误差包含参数相关的不利影响。在此特例中,通过调整 x 轴的原点使参数相关等于零,即 $\sum (x_i/\sigma_i^2) = 0$。

上述分析可用于估计使用干涉仪进行条纹频率和延时测量的准确度。条纹频率即条纹相位随时间的变化率

$$f_f = \frac{1}{2\pi} \frac{\partial \phi}{\partial t} \quad (A12.22)$$

通过对均匀时间间隔相位测量序列进行直线拟合来估计条纹频率,条纹频率与这条直线的斜率成正比。假设相位 ϕ_i 的 N 个测量值的测量时刻是 t_i,每个测量值的均方根误差均为 σ_ϕ,测量时间范围为 $-NT/2 \sim NT/2$,即整个观测时间为 $\tau = NT$,测量的时间间隔为 T。从式(A12.21)和上面的定义,以及式(A12.22),可得条纹频率估计误差

$$\sigma_f^2 = \frac{\sigma_\phi^2}{(2\pi)^2 \sum t_i^2} \quad (A12.23)$$

因为 $\sum t_i = 0$,所以 $\sum t_i^2$ 为

$$\sum t_i^2 \simeq \frac{1}{T} \int_{-\tau/2}^{\tau/2} t^2 \mathrm{d}t = \frac{1}{T} \frac{\tau^3}{12} = \frac{N\tau^2}{12} \quad (A12.24)$$

$\tau/\sqrt{12}$可被认为是数据的均方根时间宽度,因此式(A12.23)可写成如下形式:

$$\sigma_f^2 = \frac{12\sigma_\phi^2}{(2\pi)^2 N\tau^2} \tag{A12.25}$$

式(6.64)中σ_ϕ的表达式适用于射电源为未分辨且无处理损耗的情况,σ_ϕ的表达式为

$$\sigma_\phi = \frac{T_S}{T_A\sqrt{2\Delta f T}} \tag{A12.26}$$

其中T_S为系统温度,T_A为射电源贡献的天线温度,Δf为带宽。将式(A12.26)代入式(A12.25)可得

$$\sigma_f = \sqrt{\frac{3}{2\pi^2}}\left(\frac{T_S}{T_A}\right)\frac{1}{\sqrt{\Delta f \tau^3}}(\mathrm{Hz}) \tag{A12.27}$$

需要注意的是此结果和分析过程的细节无关,如N的选取,即可通过在条纹频谱中查找峰值来估计条纹频率,条纹频谱的峰值即为$e^{j\phi_t}$的傅里叶变换峰值。

延时为相位随频率的变化率

$$\tau = \frac{1}{2\pi}\frac{\partial \phi}{\partial f} \tag{A12.28}$$

因此延时可通过对作为频率函数的相位进行测量,并用测量序列拟合直线的斜率来估计。对于单波段,此数据可从互功率谱中获得,互功率谱即互相关函数的傅里叶变换。假设在频率f_i处获得N个相位测量值,每个测量的带宽为$\Delta f/N$,且测量误差为σ_ϕ。在此计算中仅关心相对频率。为方便分析需设置频率轴的零点,如$\sum f_i = 0$。延时误差[从式(A12.19)、式(A12.21)和式(A12.28)得到]为

$$\sigma_\tau^2 = \frac{\sigma_\phi^2}{(2\pi)^2 \sum f_i^2} \tag{A12.29}$$

采用类似式(A12.24)中$\sum t_i^2$的方法计算$\sum f_i^2$,则式(A12.29)可写成如下形式:

$$\sigma_\tau^2 = \frac{12\sigma_\phi^2}{(2\pi)^2 N\Delta f^2} \tag{A12.30}$$

则将式(A12.26)(积分时间为τ,带宽为$\Delta f/N$)代入式(A12.30)可得

$$\sigma_\tau = \sqrt{\frac{3}{2\pi^2}}\left(\frac{T_S}{T_A}\right)\frac{1}{\sqrt{\Delta f^3 \tau}} \tag{A12.31}$$

定义均方根带宽如下:

$$\Delta f_{\mathrm{rms}} = \sqrt{\frac{1}{N}\sum f_i^2} \tag{A12.32}$$

利用式（A12.26）和式（A12.29）得到 9.8 节的式（9.159）

$$\sigma_\tau = \frac{1}{\xi}\left(\frac{T_S}{T_A}\right)\frac{1}{\sqrt{\Delta f_{rms}^3 \tau}} \tag{A12.33}$$

其中 $\xi = \pi (768)^{1/4}$（注意 9.8 节中，σ_ϕ 应用于全带宽 Δf）。式（A12.30）、式（A12.26）和式（A12.33）中 σ_τ 的表达式满足条件 $\Delta f_{rms} = \Delta f/\sqrt{12}$ 并应用到带宽为 Δf 的连续通带。

在 9.8 节描述的带宽合成中，测量系统包含 N 个带宽为 $\Delta f/N$ 的通道，这些通道通常是不连续的。将式（A12.26）和式（A12.32）代入式（A12.29）可得延时误差的均方根值为

$$\sigma_\tau = \frac{1}{\sqrt{8\pi^2}}\left(\frac{T_S}{T_A}\right)\frac{1}{\sqrt{\Delta f \tau}\,\Delta f_{rms}} \tag{A12.34}$$

其中 Δf_{rms} 由式（A12.32）给出，Δf 为总带宽，Δf_{rms} 通常等于总频率范围宽度的 40%。

当模型函数 f 为参数 p_k 的线性函数时，能够找到线性最小二乘解的一般形式。f 与 p_k 的线性关系表示如下：

$$f(x;p_1,\cdots,p_n) = \sum_{k=1}^{n}\frac{\partial f}{\partial p_k}p_k \tag{A12.35}$$

其中 n 为参数个数。例如，模型可能是三次多项式

$$f(x;p_0,p_1,p_2,p_3) = p_0 + p_1 x + p_2 x^2 + p_3 x^3 \tag{A12.36}$$

在此例中对于 $k=0,1,2$ 和 3，$\partial f/\partial p_k = x^k$。如果参数表现为线性乘法因子，则式（A12.13）最小化可得出 n 个方程构成的方程组

$$\frac{\partial \chi^2}{\partial p_k} = 0, \quad k = 1,2,\cdots,n \tag{A12.37}$$

将式（A12.13）代入式（A12.37）并利用式（A12.35）可得 n 个方程构成的方程组

$$D_k = \sum_{j=1}^{n}T_{kj}p_j, \quad k=1,2,\cdots,n \tag{A12.38}$$

其中

$$D_k = \sum_{i=1}^{n}\frac{y_i}{\sigma_i^2}\frac{\partial f(x_i)}{\partial p_k} \tag{A12.39}$$

及

$$T_{kj} = \sum_{i=1}^{n}\frac{1}{\sigma_i^2}\frac{\partial f(x_i)}{\partial p_j}\frac{\partial f(x_i)}{\partial p_k} \tag{A12.40}$$

其中求和是针对 N 个独立测量结果进行的。式（A12.38）用矩阵形式表示如下：

$$[D] = [T][P_e] \tag{A12.41}$$

其中$[D]$是元素为D_k的列矩阵，$[p_e]$是参数p_{ek}估计值的列矩阵，$[T]$是元素为T_{jk}的对称方阵，有时称为正则矩阵。注意式(A12.41)为式(A12.16)的一般形式。矩阵$[T]$和矩阵$[D]$有时写成其他矩阵相乘的形式(Hamilton (1964)，第4章)。设$[M]$为方差矩阵(大小为$N \times N$)，对角元素为σ_i^2，非对角元素为零；设$[F]$为包含数据y_i的列矩阵；设$[A]$为偏导矩阵(大小为$n \times N$)，其元素为$\partial f(x_i)/\partial p_k$，则可得$[T]=[A]^T[M]^{-1}[A]$和$[D]=[A]^T[M]^{-1}[F]$，$[A]^T$为$[A]$的转置矩阵，$[M]^{-1}$为$[M]$的逆矩阵。上述分析可以推广到测量误差之间是相关的情形，$[M]$修订为包括非对角线元素$\sigma_i\sigma_j\rho'_{ij}$，其中$\rho'_{ij}$为第$i$次测量和第$j$次测量的相关系数。

式(A12.41)的解为

$$[p_e] = [T]^{-1}[D] \tag{A12.42}$$

其中$[T]^{-1}$为$[T]$的逆矩阵，$[p_e]$为包含参数估计的列矩阵。$[T]^{-1}$中元素用T'_{jk}表示。通过直接计算发现，参数误差估计值σ_{ek}^2为$[T]^{-1}$的对角线元素，$[T]^{-1}$被称为协方差矩阵。因此

$$\sigma_{ek}^2 = T'_{kk} \tag{A12.43}$$

参数p_k在其真值的$\pm \sigma_k$区间的概率为0.68，该概率为一维高斯概率分布在$\pm \sigma_k$区间的积分。当相关性适中时，所有n个参数在其真值的$\pm \sigma$区间(例如，在n维空间误差盒的范围内)的概率约为0.68^n。

参数之间的归一化相关系数与$[T]^{-1}$非对角线元素成正比：

$$\rho_{jk} = \frac{\langle (p_{ej}-p_j)(p_{ek}-p_k) \rangle}{\sigma_{ek}\sigma_{ej}} = \frac{T'_{jk}}{\sqrt{T'_{jj}T'_{kk}}} \tag{A12.44}$$

对于任意两个参数，其误差概率分布可用二维高斯概率分布来描述：

$$p(\varepsilon_j, \varepsilon_k) = \frac{1}{2\pi\sigma_j\sigma_k\sqrt{1-\rho_{jk}^2}}\exp\left\{-\frac{1}{2(1-\rho_{jk}^2)}\left[\frac{\varepsilon_j^2}{\sigma_j^2}+\frac{\varepsilon_k^2}{\sigma_k^2}-\frac{2\rho_{jk}\varepsilon_j\varepsilon_k}{\sigma_j\sigma_k}\right]\right\} \tag{A12.45}$$

其中$\varepsilon_k = p_{ek}-p_k$及$\varepsilon_j = p_{ej}-p_j$。$p(\varepsilon_k,\varepsilon_j)=p(0,0)\mathrm{e}^{-1/2}$的廓线为椭圆，如图A12.1所示，即大家所熟知的误差椭圆。两个参数都位于误差椭圆范围内的概率为式(A12.45)对误差椭圆面积的积分，该概率等于0.46。误差椭圆的方向由下式给出：

$$\psi_{jk} = \frac{1}{2}\tan^{-1}\left(\frac{2\rho_{jk}\sigma_j\sigma_k}{\sigma_j^2-\sigma_k^2}\right) \tag{A12.46}$$

参数p_k的误差由式(A12.43)～式(A12.45)中矩阵$[T]^{-1}$决定。$[T]^{-1}$中的元素仅和模型函数的偏导数以及测量误差有关，测量误差通常可根据仪器特性提前预测。因此，当实验计划好后，其参数的误差不用参考数据，可根据$[T]^{-1}$进行预计。因此$[T]$有时被称为设计矩阵。特殊实验的设计矩阵研究可能会揭示出两个参数之间具有很强的相关性，该相关性导致参数估计值误差较大。通常修改实验以获得较多数据，从而降低参数之间的相关性。数据经分析后，χ^2的值可计

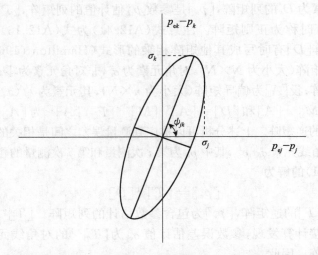

图 A12.1　误差椭圆或误差廓线，定义了参数 p_k 和 p_j 估计的联合概率函数的 e^{-1}，$p_{ek}-p_k$ 和 $p_{ej}-p_j$ 为参数估计值减去其真值，角 ψ_{jk} 的定义见式(A12.46)

算得出。如果模型与数据拟合很好，$\chi^2 \simeq N-n$，即测量值的数量减去参数的数量。如果模型与数据拟合得不好，带来的困难通常是 σ_i 的值估计不正确，或者是模型不能充分描述测量系统，即模型的参数过少或不正确。即使 $\chi^2 \simeq N-n$，从式(A12.43)得到的误差也不一定是真实的，称其为"常规误差"。常规误差描述参数估计的精度。参数测量的准确度为参数估计值与其真值之差。测量的准确度一般很难确定，例如，一种高度模拟和模型参数相关的函数的未知效应可能会出现在实验中。模型可能很好，但由于未建模的效应引入的系统误差，上述问题中特定模型参数的准确度比预期差很多。

可用简单方式将线性最小二乘法分析讨论推广到非线性函数的情况。假设 $f(x;p)$ 具有一个非线性参数 p_n，为方便讨论，将 f 分解成线性和非线性两部分，即 $f_L(x;p_1,\cdots,p_{n-1})$ 和 $f_{NL}(x;p_n)$，并将非线性函数近似等于其泰勒展开的前两项：

$$f_{NL}(x;p_n) \simeq f_{NL}(x;p_{0n}) + \frac{\partial f_{NL}}{\partial p_n}\Delta p_n \tag{A12.47}$$

其中 p_{0n} 为参数 p_n 的初始估计且 $\Delta p_n = p_n - p_{0n}$。假设参数初始估计准确度足够高，式(A12.47)有效。用 $y_i - f_{NL}(x_i;p_{0n})$ 代替数据，然后从偏导数(包括 $\partial f_{NL}/\partial p_n$)计算矩阵 $[D]$ 和 $[T]$ 中的元素。式(A12.42)中矩阵 $[p_e]$ 的第 n 个参数为式(A12.47)定义的差分参数 Δp_n，该参数求解需要利用参数 $p_{0n}+\Delta p_n$ 新泰勒展开迭代。因此，非线性函数可采用线性化的分析，但需要非线性参数的初始估计和迭代求解。在有些情况下，非线性估计问题可能会带来困难[见文献 Lampton，

Margon and Bowyer(1976)和 Press et al.(1992)]。

可以想象最小二乘法原理是如何应用到大型射电实验的。考虑假想的三站阵列的 VLBI 实验,假设在一天(时间戳)的观测中,20 个射电源中每个射电源都有 10 次记录,每年重复 6 次观测,测量持续 5 年。数据将包括 18000 个延时和条纹频率测量结果(20 个射电源×10 次观测×3 个基线×30 个时间戳),即总共 36000 个测量数据。延时和条纹频率的测量值可在分析中进行组合,这是因为在最小二乘法中,相关量为测量数据的平方除以其方差,式(A12.13)中的方差无量纲。现在可以计算分析模型中参数的数量:39 个射电源坐标(一个赤经坐标是固定的),9 个站的坐标,90 个大气参数(每个站、每个时间戳都有一个天顶点路径长度增量),120 个时钟参数(每个时间戳两站之间都存在时钟误差和时钟率误差),90 个极移及 90 个 UT1-UTC 参数,此外还包括用于模拟进动、章动、固体潮、太阳引力弯曲、站的移动和天线转轴偏差等影响的其他参数(4.6 节)。参数总共约 360 个。因为相同的时钟和大气参数,每次观测时间戳的参数是相互关联的。时间戳之内的参数是相互关联的,因为基线、进动和章动参数是相同的。在试图得到全局解之前应先从数据子集中获得部分解。目前已有获得全局解的处理程序,且不需要对与参数总数同样大的矩阵进行求逆运算[参见文献 Morrison(1969)]。此处描述的实验以及更大规模的实验已完成[如文献 Fanselow et al.(1984),Herring,Gwinn and Shapiro(1985),Ma et al.(1998)]。

最后讨论利用准确定标的干涉仪估计射电源坐标,精确已知基线和设备相位。在此情况下,可从式(12.1)得差分干涉仪相位

$$\Delta\phi = 2\pi D_\lambda \{[\sin d\cos\delta - \cos d\sin\delta\cos(H-h)]\Delta\delta \\ + \cos d\cos\delta\sin(H-h)\Delta\alpha\} \quad (A12.48)$$

用投影基线来表达几何量,可将式(A12.48)写成如下形式:

$$\Delta\phi = 2\pi(u\Delta\alpha' + v\Delta\delta) \quad (A12.49)$$

其中 $\Delta\alpha' = \Delta\alpha\cos\delta$。可用最小二乘法分析一个或多个基线的一组相位测量结果,确定 $\Delta\alpha'$ 和 $\Delta\delta$。偏导数为 $\partial f/\partial p_1 = 2\pi u$ 及 $\partial f/\partial p_2 = 2\pi v$,其中 $p_1 = \Delta\alpha'$ 及 $p_2 = \Delta\delta$。根据式(A12.40)和式(A12.49),正则矩阵如下:

$$[T] = \frac{4\pi^2}{\sigma_\phi^2} \begin{bmatrix} \sum u_i^2 & \sum u_i v_i \\ \sum u_i v_i & \sum v_i^2 \end{bmatrix} \quad (A12.50)$$

假设所有测量值都具有式(A12.26)给出的相同不确定度 σ_ϕ。矩阵 $[T]$ 的逆矩阵为

$$[T]^{-1} = \frac{1}{\Delta} \begin{bmatrix} \sum v_i^2 & -\sum u_i v_i \\ -\sum u_i v_i & \sum u_i^2 \end{bmatrix} \quad (A12.51)$$

其中 Δ 为式(A12.50)中矩阵的行列式

$$\Delta = \frac{4\pi^2}{\sigma_\phi^2}\left[\sum u_i^2 \sum v_i^2 - \left(\sum u_i v_i\right)^2\right] \quad \text{(A12.52)}$$

式(A12.44)定义的相关系数为

$$\rho_{12} = \frac{-\sum u_i v_i}{\sqrt{\sum u_i^2 \sum v_i^2}} \quad \text{(A12.53)}$$

参数估计的方差由式(A12.51)中的对角元素给出

$$\sigma_\alpha^{2\prime} = \frac{\sigma_\phi^2 \sum v_i^2}{4\pi^2\left[\sum v_i^2 \sum u_i^2 - \left(\sum u_i v_i\right)^2\right]} \quad \text{(A12.54)}$$

$$\sigma_\delta^2 = \frac{\sigma_\phi^2 \sum u_i^2}{4\pi^2\left[\sum v_i^2 \sum u_i^2 - \left(\sum u_i v_i\right)^2\right]} \quad \text{(A12.55)}$$

如果(u,v)轨迹很长(即观测延长到占一天的很大比例),则$\sum u_i v_i$与$\sum u_i^2$和$\sum v_i^2$相比很小,因此

$$\sigma_\alpha' \simeq \frac{\sigma_\phi}{2\pi\sqrt{\sum u_i^2}} \quad \text{(A12.56)}$$

和

$$\sigma_\delta \simeq \frac{\sigma_\phi}{2\pi\sqrt{\sum v_i^2}} \quad \text{(A12.57)}$$

此外,如果高赤纬射电源观测只用一个基线,则$u_i \simeq v_i \simeq D_\lambda$,且两项误差降低到直观结果

$$\sigma_\alpha' \simeq \sigma_\delta \simeq \frac{\sigma_\phi}{2\pi\sqrt{N}D_\lambda} \quad \text{(A12.58)}$$

此外,射电源位置可从可见度函数数据的傅里叶变换获得。此过程可视为成像或将可见度函数数据乘以指数因子$\exp[2\pi(u_i\Delta\alpha' + v_i\Delta\delta)]$并对数据求和,得到的函数关于$\Delta\alpha'$和$\Delta\delta$最大。根据后面的观点,很容易将(基本)成像(不进行锥化或数据网格化)理解为寻找点源位置的最大似然处理过程,因此形式上等效于最小二乘法。N次测量的合成波束b_0为

$$b_0(\Delta\alpha', \Delta\delta) = \frac{1}{N}\sum \cos[2\pi(u_i\Delta\alpha' + v_i\Delta\delta)] \quad \text{(A12.59)}$$

峰值附近b_0方向图可通过对式(A12.59)进行二阶展开获得

$$b_0(\Delta\alpha', \Delta\delta) \simeq 1 - \frac{2\pi^2}{N}\left(\Delta\alpha'^2 \sum u_i^2 + \Delta\delta^2 \sum v_i^2 - 2\Delta\alpha'\Delta\delta \sum u_i v_i\right) \quad \text{(A12.60)}$$

从式(A12.60)容易看出,合成波束的廓线与式(A12.45)、式(A12.46)和式

(A12.53)~式(A12.55)定义的误差椭圆成正比。注意最小二乘法只能应用于高信噪比的情况(此时其相位模糊问题可解决),而基于傅里叶变换的孔径合成法可应用于任何情况。

参 考 文 献

Calame, O., Ed., *High-Precision Earth Rotation and Earth-Moon Dynamics*, Reidel, Dordrecht, 1982.

Davis, R. J., and R. S. Booth, Eds., *Sub-arcsecond Radio Astronomy*, Cambridge Univ. Press, Cambridge, UK, 1993.

Enge, P. and P. Misra, Eds., *Proc. IEEE*, Special Issue on Global Positioning System, 87, No. 1, Jan. 1999.

Jespersen, J. and D. W. Hanson, Eds., *Proc. IEEE*, Special Issue on Time and Frequency, 79, No. 7, July 1991.

Johnston, K. J. and C. de Vegt, Reference Frames in Astronomy, *Ann. Rev. Astron. Astrophys.*, 37. 97-125, 1999.

McCarthy, D. D. and J. D. H. Pilkington, Eds., *Time and the Earth's Rotation*, IAU Symp. 82, Reidel, Dordrecht, 1979.

NASA, *Radio Interferometry Techniques for Geodesy*, NASA Conf. Pub. 2115, National Aeronautics and Space Administration, Washington, DC, 1980.

Reid, M. J. and J. M. Moran, Eds., *The Impact of VLBI on Astrophysics and Geophysics*, IAU Symp. 129. Kluwer, Dordrecht, 1988.

引 用 文 献

Alef, W., Introduction to Phase-Reference Mapping, *Very Long Baseline Interferometry. Techniques and Applications*, M. Felli and R. E. Spencer, Eds., Kluwer, Dordrecht, 1989, pp. 261-274.

Backer, D. C. and R. A. Sramek, Proper Motion of the Compact, Nonthermal Radio Source in the Galactic Center, Sagittarius A*, *Astrophys. J.*, 524, 805-815, 1999.

Bartel, N., M. I. Ratner, I. I. Shapiro, R. J. Cappallo, A. E. E. Rogers, and A. R. Whitney, Pulsar Astrometry via VLBI, *Astron. J.*, 90, 318-325. 1985.

Bartel, N., M. I. Ratner, I. I. Shapiro, T. A. Herring, and B. E. Corey, Proper Motion of Components of the Quasar 3C345, in *VLBI and Compact Radio Sources*, R. Fanti, K. Kellermann, and G. Setti, Eds., IAU Symp. 110, Reidel, Dordrecht, 1984, pp. 113-116.

Beasley, A. J. and J. E. Conway, VLBI Phase-Referencing, *Very Long Baseline Interferometry and the VLBA*, J. A. Zensus, P. J. Diamond, and P. J. Napier, Eds., Astron. Soc. Pacific Conf. Ser., 82, 327-343, 1995.

Bevington, P. R. and D K. Robinson, *Data Reduction and Error Analysis for the Physical Sciences*, 2nd ed., McGraw-Hill, New York, 1992.

Boboltz, D. A., P. J. Diamond, and A. J. Kemball, R. Aquarri, First Detection of Circumstellar SiO Maser Proper Motions, *Astrophys. J.*, 487, L147-L150, 1997.

Campbell, R. M., N. Bartel, I. I. Shapiro, M. I. Ratner, R. J. Capallo. A. R. Whitney, and N. Putnam, VLBI-Derived Trigonometric Parallax and Proper Motion of PSRB2021+51, *Astrophys. J.*, 461, L95-L98, 1996.

Carter, W. E. and D. S. Robertson, Very-Long-Baseline Interferometry Applied to Geophysics, in *Developments in Astrometry and Their Impact on Astrophysics and Geodynamics*, I. I. Mueller and B. Kolaczek, Eds., Kluwer, Dordrecht, 1993, pp. 133-144.

Carter, W. E., D. S. Robertson, and J. R. MacKay, Geodetic Radio Interferometric Surveying: Applications and Results, *J. Geophys. Res.*, 90, 4577-4587, 1985.

Carter, W. E., D. S. Robertson, J. E. Pettey, B. D. Tapley, B. E. Schutz, R. J. Eanes, and M. Lufeng. Variations in the Rotation of the Earth, *Science*, 224, 957-961, 1984.

Chandler, S. C., On the Variation of Latitude, *Astron. J.*, 11, 65-70, 1891.

Clark, T. A., B. E. Corey, J. L. Davis, G. Elgered, T. A. Herring, H. F. Hinteregger, C. A. Knight, J. I. Levine, G. Lundqvist, C. Ma, E. F. Nesman, R. B. Phillips, A. E. E. Rogers, B. O. Rönnäng, J. W. Ryan, B. R. Schupler, D. B. Shaffer, I. I. Shapiro, N. R. Vandenberg, J. C. Webber, and A. R. Whitney, Precise Geodesy Using the Mark-Ⅲ Very-Long-Baseline Interferometer System, *IEEE Trans. Geosci. Remote Sensing*, GE-23, 438-449, 1985.

Cohen, M. H. and D. B. Shaffer, Positions of Radio Sources from Long-Baseline Interferometry, *Astron. J.*, 76, 91-100, 1971.

Counselman, C. C., Ⅲ, Radio Astrometry, *Ann. Rev. Astron. Astrophys.*, 14, 197-214, 1976.

Counselman, C. C., Ⅲ, S. M. Kent, C. A. Knight, I. I. Shapiro. T. A. Clark, H. F. Hinteregger, A. E. E. Rogers, and A. R. Whitney, Solar Gravitational Deflection of Radio Waves Measured by Very Long Baseline Interferometry, *Phys. Rev. Lett.*, 33, 1621-1623, 1974.

Elitzur, M., *Astronomical Masers*, Kluwer, Dordrecht, 1992.

Elsmore, B. and M. Ryle, Further Astrometric Observations with the 5-km Radio Telescope, *Mon. Not. R. Astron. Soc.*, 174, 411-423, 1976.

Fanselow, J. L., O. J. Sovers, J. B. Thomas, G. H. Purcell. Jr., E. J. Cohen, D. H. Rogstad, L. J. Skjerve, and D. J. Spitzmesser, Radio Interferometric Determination of Source Positions Utilizing Deep Space Network Antennas—1971 to 1980, *Astron. J.*, 89, 987-998, 1984.

Fey, A. L. and P. Charlot, VLBA Observations of Radio Reference Frame Structures. Ⅱ. Astrometric Suitability Based on Observed Structure, *Astrophys. J. Suppl.*, 111, 95-142, 1997.

Fomalont, E. B., W. M. Goss, A. G. Lyne, R. N. Manchester, and K. Justtanont, Positions and Proper Motions of Pulsars, *Mon. Not. R. Astron. Soc.*, 258, 479-510, 1992.

Gauss, K. F., *Theoria Motus*, 1809; repr. in transl. as *Theory of the Motion of the Heavenly Bodies Moving about the Sun in Conic Sections*, Dover, New York, 1963, p. 249.

Genzel, R., M. J. Reid, J. M. Moran, and D. Downes, Proper Motions and Distances of H_2O Maser Sources. I. The Outflow in Orion-KL, *Astrophys. J.*, 244, 884-902. 1981.

Gwinn, C. R., J. M. Moran, and M. J. Reid, Distance and Kinematics of the W49N H_2O Maser Outflow, *Astrophys. J.*, 393, 149-164, 1992.

Hall, T., *Karl Friedrich Gauss*, MIT Press, Cambridge, MA, 1970, p. 74.

Hamilton, W. C., *Statistics in Physical Science*, Ronald, New York, 1964.

Hazard, C., J. Sutton, A. N. Argue, C. M. Kenworthy, L. V. Morrison, and C. A. Murray, Accurate Radio and Optical Positions of 3C273B, *Nature Phys. Sci.*, 233, 89-91, 1971.

Herring, T. A., Geodetic Applications of GPS, *Proc. IEEE*, Special Issue on Global Positioning System, 87, No. 1, 92-110, 1999.

Herring, T. A., B. E. Corey, C. C. Counselman III. I. I. Shapiro, A. E. E. Rogers, A. R. Whitney, T. A. Clark, C. A. Knight, C. Ma, J. W. Ryan, B. R. Schupler, N. R. Vandenberg, G. Elgered, G. Lundqvist, B. O. Rönnäng, J. Campbell, and P. Richards, Determination of Tidal Parameters from VLBl Observations, in *Proc. 9th Int. Symp. Earth Tides*, J. Kuo, Ed., E. Schweizerbart' sche Verlagsbuchhandlung, Stuttgart, 1983, pp. 205-211.

Herring, T. A., C. R. Gwinn, and I. I. Shapiro, Geodesy by Radio Interferometry: Corrections to the IAU 1980 Nutation Series, in *Proc. MERIT/COTES Symp.*, I. I. Mueller, Ed., Ohio State Univ. Press, Columbus, OH, 1985.

Herring, T. A., I. I. Shapiro, T. A. Clark, C. Ma, J. W. Ryan, B. R. Schupler, C. A. Knight, G. Lundqvist, D. B. Shaffer, N. R. Vandenberg, H. F. Hinteregger, R. B. Phillips, A. E. E. Rogers, J. C. Webber, A. R. Whitney, G. Elgered, B. O. Rönnäng, B. E. Corey, and J. L. Davis, Geodesy by Radio Interferometry: Evidence for Contemporary Plate Motion, *J. Geophys. Res.*, 91, 8344-8347, 1986.

Hinteregger, H. F., I. I. Shapiro, D. S. Robertson, C. A. Knight, R. A. Ergas, A. R. Whitney, A. E. E. Rogers, J. M. Moran, T. A. Clark, and B. F. Burke, Precision Geodesy Via Radio Interferometry, *Science*, 178, 396-398, 1972.

Hocke. K. and K. Schlegel, A Review of Atmospheric Gravity Waves and Travelling Ionospheric Disturbances 1982-1995, *Ann. Geophysicae*, 14, 917-940, 1996.

Johnston, K. J., A. L. Fey, N. Zacharias, J. L. Russell, C. Ma, C. de Vegt, J. E. Reynolds, D. L. Jauncey, B. A. Archinal, M. S. Carter, T. E. Corbin, T. M. Eubanks, D. R. Florkowski, D. M. Hall, D. D. McCarthy, P. M. McCulloch, E. A. King, G. Nicolson, and D. B. Shaffer, A Radio Reference Frame, *Astron. J.*, 110, 880-915. 1995.

Johnston, K. J., P. K. Seidelmann, and C. M. Wade, Observations of 1 Ceres and 2 Pallas at Centimeter Wavelengths, *Astron. J.*, 87, 1593-1599, 1982.

Kaplan, G. H., F. J. Josties, P. E. Angerhofer, K. J. Johnston, and J. H. Spencer, Precise Radio Source Positions from Interferometric Observations, *Astron. J.*, 87, 570-576, 1982.

Lambeck, K., *The Earth's Variable Rotation: Geophysical Causes and Consequences*, Cambridge Univ. Press, Cambridge, UK, 1980.

Lampton, M., B. Margon, and S. Bowyer, Parameter Estimation in X-Ray Astronomy, *Astrophys. J.*, 208, 177-190, 1976.

Lestrade, J. F., VLBI Phase-Referencing for Observations of Weak Radio Sources, *Radio Interferometry: Theory, Techniques and Applications*, T. J. Cornwell and R. A. Perley, Eds., Astron. Soc. Pacific Conf. Ser., 19, 289-297, 1991.

Lestrade, J. F., D. L. Jones, R. A. Preston, R. B. Phillips, M. A. Titus, J. Kovalevsky, L. Lindegren, R. Hering, M. Froeschlé, J.-L. Falin, F. Mignard, C. S. Jacobs, O. J. Sovers, M. Eubanks, and D. Gabuzda, Preliminary Link of the Hipparcos and VLBI Reference Frames, *Astron. Astrophys*, 304, 182-188, 1995.

Lestrade. J. F., A. E. E. Rogers, A. R. Whitney, A. E. Niell, R. B. Phillips, and R. A. Preston, Phase-Referenced VLBI Observations of Weak Radio Sources. Milliarcsecond Position of Algol, *Astron. J.*, 99, 1663-1673, 1990.

Lieske, J. H., T. Lederle, W. Fricke, and B. Morando, Expressions for the Precession Quantities Based upon the IAU (1976) System of Astronomical Constants, *Astron. Astrophys.*, 58, 1-16, 1977.

Ma, C., E. F. Arias, T. M. Eubanks, A. L. Fey, A.-M. Gontier, C. S. Jacobs, O. J. Sovers, B. A. Archinal, and P. Charlot, The International Celestial Reference Frame as Realized by Very Long Baseline Interferometry, *Astron. J.*, 116, 516-546, 1998.

McCarthy, D. D. and J. D. H. Pilkington, Eds., *Time and the Earth's Rotation*, IAU Symp. No. 82, Reidel, Dordrecht, 1979 (see papers on radio interferometry).

Marcaide, J. M. and I. I. Shapiro, High Precision Astrometry via Very-Long-Baseline Radio Interferometry: Estimate of the Angular Separation between the Quasars 1038 + 528A and B, *Astron. J.*, 88, 1133-1137, 1983.

Markowitz, W. and B. Guinot. Eds., *Continental Drift, Secular Motion of the Pole, and Rotation of the Earth*. IAU Symp. No. 32, Reidel, Dordrecht, 1968, pp. 13-14.

Melchior, P., *The Tides of the Planet Earth*, Pergamon Press, Oxford, 1978.

Moran, J. M., B. F. Burke, A. H. Barrett, A. E. E. Rogers, J. A. Ball, J. C. Carter, and D. D. Cudaback. The Structure of the OH Source in W3. *Astrophys. J. (Lett.)* 152, L97-L101, 1968.

Morrison, N., *Introduction to Sequential Smoothing and Prediction*, McGraw-Hill, New York, 1969, p. 645.

Mueller, I. I., Reference Coordinate Systems for Earth Dynamics: A Preview, in *Reference Coordinate Systems for Earth Dynamics*, E. M. Gaposchkin and B. Kolaczek, Eds., Reidel, Dordrecht, 1981. pp. 1-22.

Norris, R. P. , and R. S. Booth, Observations of OH Masers in W3OH. *Mon. Not. R. Astron. Soc.* , 195, 213-226, 1981.

Norris, R. P. , R. S . Booth, and P. J. Diamond, MERLIN Spectral Line Observations of W3OH. *Mon. Not. R. Astron. Soc.* , 201, 209-222, 1982.

Patnaik, A. R. , I. W. A. Browne, P. N. Wilkinson, and J. M. Wrobel, Interferometer Phase Calibration Sources- I . The Region $35°\leqslant \delta \leqslant 75°$, *Mon. Not. R. Astron. Soc.* , 254, 655-676, 1992.

Perley, R. A. , The Positions, Structures, and Polarizations of 404 Compact Radio Sources, *Astron. J.* , 87, 859-880, 1982.

Petley, B. W. , New Definition of the Metre, *Nature*, 303, 373-376, 1983.

Press, W. H. , S . A. Teukolsky, W. T. Vetterling, and B. P. Flannery. *Numerical Recipes*, 2nd ed. , Cambridge U. Press, 1992.

Reid, M. J. , A. D. Haschick, B. F. Burke, J. M. Moran, K. J. Johnston, and G. W. Swenson, Jr. , The Structure of Interstellar Hydroxyl Masers: VLBI Synthesis Observations of W3(OH), *Astrophys. J.* , 239, 89-111, 1980.

Reid, M. J. , A. C. S. Readhead, R. C. Vermeulen, and R. N. Treuhaft, The Proper Motion of Sagittarius A*. I . First VLBA Results, *Astrophys. J.* , 524, 816-823, 1999.

Reid, M. J. and J. M. Moran, Astronomical Masers, in *Galactic and Extragalactic Radio Astronomy*, G. L. Verschuur and K. I. Kellermann, Eds. , Kluwer, Dordrecht, 1988.

Robertson, D. S. , W. E. Carter, R. J. Eanes, B. E. Schutz, B. D. Tapley, R. W. King, R. B. Langley, P. J. Morgan, and I. I. Shapiro, Comparison of Earth Rotation as Inferred from Radio Interferometric, Laser Ranging, and Astrometric Observations, *Nature*, 302, 509-511, 1983.

Ros, E. , J. M. Marcaide, J. C. Guirado, M. I. Ratner, I. I. Shapiro, T. P. Krichbaum, A. Witzel, and R. A. Preston, High Precision Difference Astrometry Applied to the Triplet of S5 Radio Sources B 1803 + 784/Q1928 + 738/B2007 + 777, *Astron. Astrophys.* , 348, 381-393, 1999.

Ryle, M. and B. Elsmore, Astrometry with 5-km Telescope, *Mon. Not. R. Astron. Soc.* , 164, 223-242, 1973.

Seidelmann, P. K. , Ed. , *Explanatory Supplement to the Astronomical Almanac*, University Science Books, Mill Valley, CA, 1992.

Shapiro, I. I. , Estimation of Astrometric and Geodetic Parameters, in *Methods of Experimental Physics*, Vol. 12C, M. L. Meeks, Ed. , Academic Press, New York, 1976, pp. 261-276.

Shapiro, I. I. , D. S . Robertson, C. A. Knight, C. C. Counselman III, A. E. E. Rogers, H. F. Hinteregger, S. Lippincott, A. R. Whitney, T. A. Clark, A. E. Niell, and D. J. Spitzmesser, Transcontinental Baselines and the Rotation of the Earth Measured by Radio Interferometry, *Science*, 186, 920-922, 1974.

Shapiro, I. I., J. J. Wittels, C. C. Counselman III, D. S. Robertson, A. R. Whitney, H. F. Hinteregger, C. A. Knight, A. E. E. Rogers T. A. Clark, L. K. Hutton, and A. E. Niell, Submilliarcsecond Astrometry via VLBI. I. Relative Position of the Radio Sources 3C345 and NRAO512, *Astron. J.*, 84, 1459-1469, 1979.

Smith, F. G., The Determination of the Position of a Radio Star, *Mon. Not. R. Astron. Soc.*, 112, 497-513, 1952.

Smith, H. M., International Time and Frequency Coordination, *Proc. IEEE*, 60, 479-487, 1972.

Sovers, O. J., J. L. Fanselow, and C. S. Jacobs, Astrometry and Geodesy with Radio Interferometry: Experiments, Models, Results, *Rev. Mod. Phys.*, 70, 1393-1454, 1998.

Sramek, R. A., Atmospheric Phase Stability at the VLA, in *Radio Astonomical Seeing*, J. E. Baldwin and Wang Shouguan, Eds., International Academic Publishers and Pergamon Press, Oxford, 1990. pp. 21-30.

Taff, L. G., *Computational Spherical Astronomy*, Wiley, New York, 1981.

Tartarski, V. I., *Wave Propagation in a Turbulent Medium*, transl. by R. A. Silverman, McGraw-Hill, New York. 1961.

Taylor, J. H., C. R. Gwinn, J. M. Weisberg, and L. A. Rawley, Pulsar Astrometry, in *VLBI and Compact Radio Sources*, R. Fanti, K. Kellermann, and G. Setti, Eds., 1AU Symposium 110, Reidel, Dordrecht, 1984, pp. 347-353.

Wahr, J. M., The Forced Nutations of an Elliptical, Rotating, Elastic and Oceanless Earth, *Geophys. J. R. Astron. Soc.*, 64, 705-727, 1981.

Wahr, J. M., *Geodesy and Gravity*, Samezdot Press, Golden, CO, 1996.

Walker, R. C., The Multiple-Point Fringe-Rate Method of Mapping Spectral-Line VLBI Sources with Application to H_2O Masers in W3-IRS5 and W3(OH), *Astron. J.*, 86, 1323-1331, 1981.

Walker, R. C., D. N. Matsakis, and J. A. Garcia-Barreto, H_2O Masers in W49N. I. Maps. *Astrophys. J.*, 255, 128-142, 1982.

Woolard, E. W. and G. M. Clemence, *Spherical Astronomy*, Academic Press, New York, 1966.

13 传输效应

处于射电源与地球表面之间的中性层和电离层,对穿过其中的辐射场有很大的影响。这些介质中最重要的是低层中性大气,或对流层、电离层、行星际电离层及星际电离层。这里着重关注这些介质的三类效应。第一,介质中大尺度结构产生的折射效应,包括射电波的偏转、传播速度的改变以及偏振面的旋转。折射效应可用几何光学和费马原理进行分析。第二,辐射的吸收效应。第三,由于介质中的湍流结构导致的散射效应。散射效应的结果是产生闪烁或影响视宁度。

对流层中的水汽在射电传播中扮演着特别重要的角色,水汽在射电频段的折射率大约为其在近红外或光学频段折射率的 20 倍。厘米波、毫米波和亚毫米波波段的射电干涉仪相位波动主要是由水汽分布的波动引起的。水汽在大气中混合不充分,水汽的总柱密度不能通过地面气象测量准确感知。水汽含量的不确定性是限制 VLBI 准确度的主要因素。小尺度($<$1km)水汽分布波动限制了连接单元类型干涉仪的角度分辨率。另外,水汽谱线对频率 100GHz 以上的射电波产生大量吸收,通常使对流层在 $1\sim 10$THz($300\sim 30\mu$m)的频率范围内完全不透明。因此,任何有关中性大气的讨论都必须重点关注水汽的影响。从无线电通信角度出发,对射电波在中性大气中的传输的讨论见文献:Crane(1981)和 Bohlander,McMillan and Gallagher(1985)。

在中性大气之上,辐射会遭遇三种不同形态的等离子体:电离层、行星际介质和星际介质。我们所关注的大多数等离子体效应与 f^{-2} 成正比。因此,在尽可能的情况下采用更高频率来研究可减弱等离子体效应的不良影响。然而,在至少高于 10GHz 的频率范围,VLBI 很容易探测到电离层影响。此外,由于天体物理学研究的需要,很多观测必须在有等离子体影响的频率处进行。

对传输介质感兴趣是因为介质降低了射电源的干涉测量值。另外,射电源的观测可用于探测传输介质的特性。射电干涉测量已广泛用于此类研究。

13.1 中性大气

低层大气的温度从地表面开始单调降低,速率为 6.5K·km^{-1}(除偶尔小幅度的温度升高外),直至大约 11km 高度处达到 218K。此最底层大气称为对流层。在 11km 以上大约有 10km 高度的大气层温度为常数,此区间称为对流层顶。在对流层顶以上为平流层,温度开始随高度上升。在中性大气中,射电波的传输主要受到对流层的影响。在详细讨论射电波在对流层中的折射、吸收和散射之前，先引入一些基本的物理概念。

基础物理

考虑一平面波在均匀耗散电介质中沿 y 方向传播，用以下方程表述：

$$E(y,t) = E_0 e^{j(kny - 2\pi ft)} \tag{13.1}$$

其中 $k = 2\pi f/c$，为自由空间中的传播常数，c 为光速，E_0 为电场强度，$n = n_R + jn_I$，为复折射指数。如果折射指数的虚部为正，则电磁波呈指数衰减。功率吸收系数定义为

$$\alpha = \frac{4\pi f}{c} n_I \tag{13.2}$$

大气传播常数为 k 乘上折射指数的实部，可写成如下形式：

$$kn_R = \frac{2\pi n f}{c} = \frac{2\pi f}{v_p} \tag{13.3}$$

其中 $n = n_R$，为忽略吸收时的折射指数，v_p 为相位速度，低层大气中的相位速度 c/n 比 c 小约 0.03%。在折射指数为 $n(y)$ 的介质中传输比在相同距离下自由空间传输所需的额外时间为

$$\Delta t = \frac{1}{c} \int (n-1) dy \tag{13.4}$$

其中假设实际的路径与直线路径的物理长度之差的影响可忽略不计。附加路径长度定义为 $c\Delta t$，即

$$\mathscr{L} = 10^{-6} \int N(y) dy \tag{13.5}$$

其中引入了折射率 N，定义为 $N = 10^6(n-1)$。注意附加路径长度的概念，其在本章中广泛使用，并不代表实际的物理路径。

射电波频率范围内的湿大气折射率可由经验公式给出（见本节中关于 Smith-Weintraub 方程的讨论）

$$N = 77.6 \frac{p_D}{T} + 64.8 \frac{p_V}{T} + 3.776 \times 10^5 \frac{p_V}{T^2} \tag{13.6}$$

其中 T 为温度，单位为 K，p_D 为干燥空气的分压，p_V 为水汽的分压，单位为 mbar（1mbar=100N/m²=100Pa；1 个标准大气压=1013mbar）。式(13.6)右侧的前两项由空气气体成分的位移偏振引起，第三项由水汽永久偶极矩引起。频率低于 100GHz 时式(13.6)的准确度优于 1%。与谐振有关的折射率色散分量的贡献很小（详情见本节有关折射起源的讨论）。

折射率可用气体密度来表示，利用理想气体定律

$$p = \frac{\rho R T}{\mathscr{M}} \tag{13.7}$$

其中 p 和 ρ 为成分气体分压和密度，R 为通用气体常数，其值为 $8.314\text{J}\cdot\text{mol}^{-1}\cdot\text{K}^{-1}$，$\mathscr{M}$ 为分子量，对流层中的干燥空气的分子量 $\mathscr{M}_D=28.96\text{g}\cdot\text{mol}^{-1}$，水汽的分子量 $\mathscr{M}_V=18.02\text{g}\cdot\text{mol}^{-1}$。因此 $p_D=\rho_D RT/\mathscr{M}_D$ 及 $p_V=\rho_V RT/\mathscr{M}_V$，其中 ρ_D 和 ρ_V 分别为干燥空气和水汽的密度。因为总压强为各个分压之和，总密度 ρ_T 为各个成分气体密度之和，式(13.7)可写成 $p_T=\rho_T RT/\mathscr{M}_T$，其中

$$\mathscr{M}_T=\left(\frac{1}{\mathscr{M}_D}\frac{\rho_D}{\rho_T}+\frac{1}{\mathscr{M}_V}\frac{\rho_V}{\rho_T}\right)^{-1} \quad (13.8)$$

将方程 $\rho_D=\rho_T-\rho_V$ 及式(13.7)的适当形式代入式(13.6)可得

$$N=0.2228\rho_T+0.076\rho_V+1742\frac{\rho_V}{T} \quad (13.9)$$

其中 ρ_T 和 ρ_V 的单位为 $\text{g}\cdot\text{m}^{-3}$。因为式(13.9)右侧的第二项比第三项小，可与第三项合并，当 $T=280\text{K}$ 时

$$N\simeq 0.2228\rho_T+1763\frac{\rho_V}{T}=N_D+N_V \quad (13.10)$$

式(13.10)分别定义了干、湿大气的折射率 N_D 和 N_V，这些定义并不完全与文献相同。注意 N_D 与总密度成正比，因此包含来自水汽感应电偶极矩的贡献。世界各地 N_V 的平均值如图 13.1 所示。

大气高精确度遵循流体静力平衡方程(Humphreys，1940)。在压强和重力之间保持静力平衡状态的气体满足如下方程：

$$\frac{\mathrm{d}P}{\mathrm{d}h}=-\rho_T g \quad (13.11)$$

其中 g 为重力加速度，约为 $980\text{cm}\cdot\text{s}^{-2}$，$h$ 为距离地面的高度。利用理想气体定律，在特定的温度廓线和混合比的情况下，可对式(13.11)进行积分。假设大气为混合比为常数的等温大气，则 ρ_T 为 290K 时标高 $RT/\mathscr{M}_g\simeq 8.5\text{km}$ 的指数函数，此标高接近观测到的标高。Hess(1959)对其他模型进行了描述。在流体静力平衡的条件下，由干燥大气折射分量引起的附加路径长度与总密度或温度的高度分布无关，只与地球表面的气压 P_0 有关。假设 g 不随高度变化，地球表面气压可通过对式(13.11)积分获得

$$P_0=g\int_0^\infty \rho_T(h)\mathrm{d}h \quad (13.12)$$

从式(13.5)、式(13.10)和式(13.12)可得天顶点方向干燥大气附加路径长度为

$$\mathscr{L}_D=10^{-6}\int_0^\infty N_D \mathrm{d}h=AP_0 \quad (13.13)$$

其中 $A=77.6R/g\mathscr{M}_D=0.228\text{cm}\cdot\text{mbar}^{-1}$。在 $P_0=1013\text{mbar}$ 的标准条件下，$\mathscr{L}_D$ 的值为 231cm。

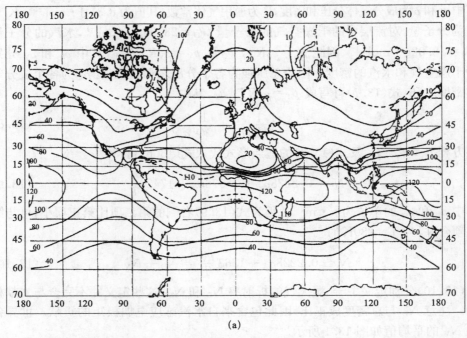

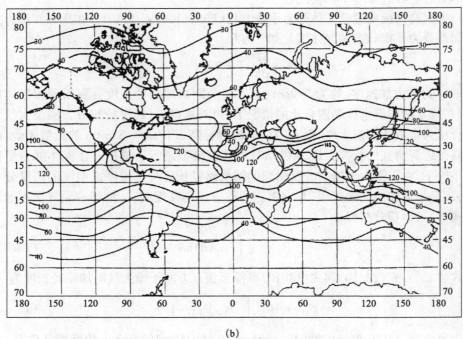

图 13.1 (a)2 月份海平面大气湿折射率平均值 N_V 的世界分布;(b)8 月份的 N_V,注意平均水汽含量的季节变化。来自 Bean et al. (1966)

水汽在大气中混合不充分,因此与地基气象参数相关性差(Reber and Swope, 1972)。平均来说,水汽密度呈指数分布,标高为2km。从式(13.7)可得大气水汽的分压与密度之间的关系为

$$\rho_V = \frac{217 p_V}{T} (\text{g} \cdot \text{m}^{-3}) \tag{13.14}$$

在240~310K温度范围内,由克劳修斯-克拉珀龙方程得到温度为T时湿度饱和的大气水汽分压p_{VS}(Clausius-Clapeyron equation)(Hess, 1959),可以利用式(13.15)来近似(Crane, 1976),近似的准确度优于1%。

$$p_{VS} = 6.11 \left(\frac{T}{273}\right)^{-5.3} e^{25.2(T-273)/T} (\text{mbar}) \tag{13.15}$$

相对湿度为p_V/p_{VS}。主要由水汽永久偶极矩引起的路径长度分量为

$$\mathscr{L}_V = 1736 \times 10^{-6} \int_0^\infty \frac{\rho_V(h)}{T(h)} dh \tag{13.16}$$

其中$\mathscr{L}_V$的单位与h的单位相同。假设等温大气且标高为2km时,p_V呈指数下降,则从式(13.14)和式(13.16)可得

$$\mathscr{L}_V = 7.6 \times 10^4 \frac{p_{V0}}{T^2} (\text{cm}) \tag{13.17}$$

其中p_{V0}为地表大气的水汽分压。因此,在大气环境温度下,以厘米为单位的$\mathscr{L}_V$近似等于以毫巴为单位的p_{V0}。大气密度呈标高为2km的指数分布且温度为280K时,路径长度可由$\mathscr{L}_V = 1.26\rho_{V0}$给出,其中$\rho_{V0}$为地表大气的水汽密度。

水汽密度总量(或大气中凝聚的水柱高度)由下式给出:

$$w = \frac{1}{\rho_w} \int_0^\infty \rho_V(h) dh \tag{13.18}$$

其中ρ_w等于$10^6 \text{g} \cdot \text{m}^{-3}$,为水的密度。因此,对于280K的等温大气,从式(13.16)可得

$$\mathscr{L}_V \simeq 6.3 w \tag{13.19}$$

此式在文献中广泛出现,当频率低于100GHz时是一个非常好的近似。在大于100GHz的窗区频率,$\mathscr{L}_V/w$的变化范围为6.3~8(见图13.8和相关讨论)。在极端条件下海平面处的$\mathscr{L}_V$值可用上述方程进行计算。当$T=300\text{K}(30℃)$且相对湿度为0.8时,可得$p_{V0}=34\text{mbar}$,$\rho_{V0}=24\text{g} \cdot \text{m}^{-3}$,$w=4.9\text{cm}$,$\mathscr{L}_V=28\text{cm}$。当$T=258\text{K}(-15℃)$且相对湿度为0.5时,可得$p_{V0}=1.0\text{mb}$,$\rho_{V0}=0.8\text{g} \cdot \text{m}^{-3}$,$w=0.15\text{cm}$,$\mathscr{L}_V=1.1\text{cm}$。天顶方向大气总的附加路径长度为$\mathscr{L} \simeq \mathscr{L}_D + \mathscr{L}_V$,可从式(13.13)和式(13.19)中得到

$$\mathscr{L} \simeq 0.228 p_0 + 6.3 w (\text{cm}) \tag{13.20}$$

其中p_0的单位为mbar,w的单位为cm。式(13.20)用于估计时具有足够的准确

度,因为低层大气温度和水汽标高的变化百分比通常小于10%。但是在毫米波段,对若干分之一波长的路径长度进行估计通常是不够准确的。

折射和传输延时

如果大气温度和水汽压力的垂直分布已知,则可根据射线追踪技术来对以任意角度入射大气的射线在到达点处的入射角以及传输时间增量进行准确的估计。此处考虑几种基本情况来导出一些简单的解析式。最简单的情况是干涉仪位于均匀大气或平行分层大气,如图 13.2 所示。光线折射满足斯内尔定律(Snell's law),即

$$n_0 \sin z_0 = \sin z \tag{13.21}$$

其中 z 为在大气顶端(此处 $n=1$)的天顶角,z_0 为在地球表面处(此处 $n=n_0$)的天顶角。如第 2 章所定义,干涉仪的几何延时为

$$\tau_g = \frac{n_0 D}{c} \sin z_0 = \frac{D}{c} \sin z \tag{13.22}$$

τ_g 可根据 z_0 和在大气层表面的光速 c/n_0 来计算,或根据 z 和自由空间的光速来计算。因此,如果忽略地球曲率且大气为均匀大气,则几何延时与自由空间中的几何延时相同。只有在确保天线对射电源正确跟踪时才需要对折射角进行计算,利用式(13.21),折射角 $\Delta z = z - z_0$ 可写成如下形式:

$$\Delta z = z - \sin^{-1}\left(\frac{1}{n_0}\sin z\right) \tag{13.23}$$

此式可在 $n_0 - 1$ 处进行泰勒展开,一阶泰勒展开如下:

$$\Delta z \simeq (n_0 - 1)\tan z \tag{13.24}$$

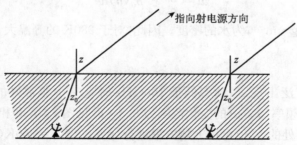

图 13.2 二单元干涉仪,大气模型为均匀平层,几何延时
与干涉仪放在自由空间的几何延时相同

由于地球表面处的 $n_0 - 1 \simeq 3 \times 10^{-4}$,式(13.24)可写成如下形式:

$$\Delta z(') \simeq \tan z \tag{13.25}$$

折射角也可在一些更实际的情况下进行计算。忽略地球曲率并假设大气是由第 0 层到第 m 层的很多平行层组成,如图 13.3 所示。设地球表面处的折射指数为 n_0,

最顶层处的折射率为 $n_m=1$。对每层应用斯内尔定律可得到以下方程组：

$$n_0 \sin z_0 = n_1 \sin z_1$$
$$n_1 \sin z_1 = n_2 \sin z_2$$
$$\vdots$$
$$n_{m-1} \sin z_{m-1} = \sin z \tag{13.26}$$

其中 $z=z_m$。从这些方程中可以得出 $n_0 \sin z_0 = \sin z$，此结果与均匀大气的结果是一样的。因此，无论折射指数的垂直分布如何，折射角均由式（13.21）给出，其中 n_0 为地球表面处的折射指数。此结果也可利用费马原理获得。此结果的一个非常有意义的应用是当 $n_0=1$ 时，若测量装置位于地球表面的真空室里面，则最终将没有净折射，即 $z_0=z$。

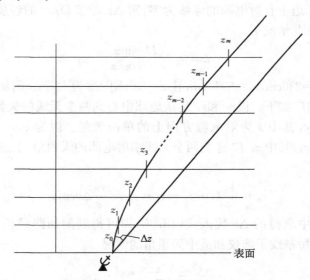

图 13.3　大气建模由一组薄的均匀层组成
在顶层的入射角为 z_m，等于自由空间的天顶角 z，在地球表面层的入射角为 z_0，
总折射角 $\Delta z = z - z_0$

如果大气由球形层面组成，则折射角由下式给出（Smart，1977）：

$$\Delta z = r_0 n_0 \sin z_0 \int_1^{n_0} \frac{\mathrm{d}n}{n\sqrt{r^2 n^2 - r_0^2 n_0^2 \sin^2 z_0}} \tag{13.27}$$

其中 r 为地球中心到折射指数为 n 的球形层的距离，r_0 为地球半径。此结论可由球坐标下斯内尔定律 $nr\sin z = \text{constant}$（Smart，1977）导出。对于小天顶角，式（13.27）的展开式如下：

$$\Delta z \simeq (n_0 - 1)\tan z_0 - a_2 \tan z_0 \sec^2 z_0 \tag{13.28}$$

其中 a_2 为常数。式（13.28）也可写成如下形式：

$$\Delta z \simeq a_1 \tan z_0 - a_2 \tan^3 z_0 \tag{13.29}$$

对于标准条件(COESA,1976)下的干燥大气,有 $a_1 \simeq 56''$, $a_2 \simeq 0.07''$。在水平方向的折射角约为 $0.46°$(图13.5),更加详细的处理见文献 Saastamoinen(1972a)。

干涉仪中由水平分层的对流层引入的差分延时是由于在各天线端口处射电源的天顶角不同。考虑两个间距很小的天线,若在天顶方向的附加路径长度为 $\mathscr{L}_0$,则在其他方向的附加路径长度约为 $\mathscr{L}_0 \sec z$,但此近似在大天顶角时不准确。附加路径长度之差为

$$\Delta \mathscr{L} \simeq \mathscr{L}_0 \Delta z \frac{\sin z}{\cos^2 z} \tag{13.30}$$

其中 Δz 为两个天线的天顶角之差。

若天线在赤道上且射电源的赤纬为零,则 Δz 等于 D/r_0 的经度之差,其中 D 为天线间距。在此情况下

$$\Delta \mathscr{L} \simeq \frac{\mathscr{L}_0 D}{r_0} \frac{\sin z}{\cos^2 z} \tag{13.31}$$

若 $D=10\text{km}$, $\mathscr{L}=230\text{cm}$, $r_0=6370\text{km}$,且 $z=80°$,则 $\Delta\mathscr{L}$ 为 12cm。附加路径长度之差的计算很容易推广如下。设 r_1 和 r_2 是从地球中心到两个天线的矢量,几何延时为 $(r_1 \cdot s - r_2 \cdot s)/c$,其中 s 为射电源方向上的单位矢量。因为 $\cos z_1 = (r_1 \cdot s)/r_0$, $\cos z_2 = (r_2 \cdot s)/r_0$,其中 z_1 和 z_2 为两个天线端射电源的天顶角,上述几何延时可写成如下形式:

$$\tau_g = \frac{r_0}{c}(\cos z_1 - \cos z_2) \simeq \frac{r_0}{c}\Delta z \sin z \tag{13.32}$$

将从式(13.32)中求得的 Δz 代入式(13.30)即可得到附加路径长度之差的表达式,该式适用于短基线干涉仪和适中天顶角的情况

$$\Delta \mathscr{L} \simeq \frac{c\tau_g \mathscr{L}_0}{r_0} \sec^2 z \tag{13.33}$$

对于甚长基线干涉仪,式(13.30)不再适用。附加路径长度之差约为 $\Delta\mathscr{L} = \mathscr{L}_1 \sec z_1 - \mathscr{L}_2 \sec z_2$,其中 $\mathscr{L}_1$、$\mathscr{L}_2$、z_1 和 z_2 为两个天线端的天顶附加路径长度和天顶角。现在推导每个天线附加路径长度更加准确的表达式。假设标高为 h_0 时的折射指数为指数分布,几何示意图如图13.4所示,则附加路径长度为

$$\mathscr{L} = 10^{-6} N_0 \int_0^\infty \exp\left(-\frac{h}{h_0}\right) dy \tag{13.34}$$

其中 N_0 为地表大气的折射率,h 为地表以上的高度,dy 为射线路径上的微分长度,忽略射线弯曲部分。从图13.4可得

$$h \simeq y\cos z + \frac{y^2}{2r_0}\sin^2 z \tag{13.35}$$

因此

$$\mathcal{L} \simeq 10^{-6} N_0 \int_0^\infty \exp\left(-\frac{y}{h_0}\cos z\right)\exp\left(-\frac{y^2}{2r_0 h_0}\sin^2 z\right)\mathrm{d}y \qquad (13.36)$$

式(13.36)中右侧第二项指数函数中的参数值很小,且此指数函数可用泰勒级数展开。因此

$$\mathcal{L} \simeq 10^{-6} N_0 \int_0^\infty \exp\left(-\frac{y}{h_0}\cos z\right)$$
$$\times \left(1 - \frac{y^2}{2r_0 h_0}\sin^2 z + \cdots\right)\mathrm{d}y$$
$$(13.37)$$

对式(13.37)求积分可得

$$\mathcal{L} \simeq 10^{-6} N_0 h_0 \sec z\left(1 - \frac{h_0}{r_0}\tan^2 z\right) \qquad (13.38)$$

式(13.38)也可写成如下形式:

$$\mathcal{L} \simeq 10^{-6} N_0 h_0 \left[\left(1+\frac{h_0}{r_0}\right)\sec z - \frac{h_0}{r_0}\sec^3 z\right] \qquad (13.39)$$

因此,$\mathcal{L}$ 为 $\sec z$ 奇次幂的函数,但式(13.29)中给出的折射角是 $\tan z$ 的奇次幂函数。当 z 接近 $90°$ 时,式(13.38)和式(13.39)均会发散,$h \simeq y^2/2r_0$。因此,当 $r_0 = 6370\mathrm{km}$ 及 $h_0 = 2\mathrm{km}$ 时,对于式(13.34),水平方向的附加路径长度为

$$\mathcal{L} \simeq 10^{-6} N_0 \sqrt{\frac{\pi r_0 h_0}{2}} \simeq 70 \mathscr{L}_0 \simeq 14 N_0 (\mathrm{cm}) \qquad (13.40)$$

将式(13.38)同时应用于干燥大气部分(利用式(13.13))和湿大气部分(利用式(13.17)),可以获得一个同时包含标高为 $h_D = 8\mathrm{km}$ 的干燥大气和标高为 $h_V = 8\mathrm{km}$ 的湿大气的统一模型

$$\mathcal{L} \simeq 0.228 P_0 \sec z(1 - 0.0013\tan^2 z) + \frac{7.5\times 10^4 p_{V0}\sec z}{T^2}(1 - 0.0003\tan^2 z)$$
$$(13.41)$$

更加复杂的模型已由 Marni(1972)、Saastamoinen(1972b)、Davis et al.(1985)、Niell(1996)和其他文献给出。公式(13.41)的近似结果与射线追踪结果之间的对比由图 13.5 给出。

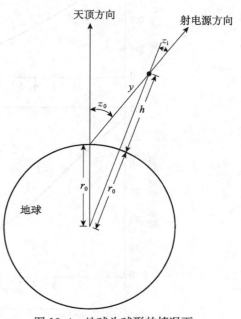

图 13.4 地球为球形的情况下射线传输的几何路径

假设射线沿 y 轴的路径为直线,z_i 为射线在高度 h 处的天顶角,在计算通过电离层路径长度增量时需要此角度[式(13.139)和式(13.140)]

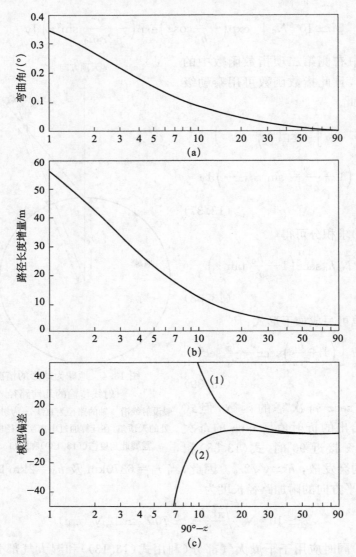

图 13.5 (a)利用射线追踪算法计算标准干燥大气(COESA,1976)得到的弯曲角与 $90°-z$ 的关系,其中 z 为射线无折射情况下的天顶角。(b)利用射线追踪算法计算得到的路径长度增量与 $90°-z$ 的关系。天顶方向的路径长度增量为 2.31m。(c)利用射线追踪算法与利用 $\mathscr{L}_0 \sec z$ 模型及式(13.41)模型得到的路径长度增量之间的偏差,两个模型的 $\rho_{V0}=0$ 及天顶方向的路径长度增量与(b)一致

吸收

当天空晴朗时,大气衰减的主要来源是水汽、氧气及臭氧的分子共振。水汽

和氧气的分子共振是由于压力展宽效应,在离谐振频率很远的频率处仍然有衰减作用。图 13.6 给出大气吸收与频率的关系,频率低于 30GHz 的吸收以 22.2GHz 处 H_2O 的 $6_{16}-5_{23}$ 弱跃迁(Liebe,1969)为主,此吸收线在天顶方向很少超过 20%。频段为 50~70GHz 的氧气吸收线更强,在此频段内从地面无法进行天文观测。独立的 118GHz 氧气吸收线使 116~120GHz 的频段也不能进行天文观测。在更高频率如 183GHz,325GHz,380GHz,448GHz,557GHz,621GHz,752GHz 和 1097GHz 下存在一系列强的水汽吸收线(Liebe,1981)。观测可选择在吸收线之间的窗区频率内进行,地点通常在干燥的高海拔地区。大气吸收物理机理的详细讨论见 Waters(1976),频率小于 1000GHz 的大气吸收模型见 Liebe(1981,1985,1989)。这里只关注大气吸收现象及其定标。吸收系数取决于温度、气体密度和总气压。例如,22GHz 的 H_2O 吸收线的吸收系数可写成如下形式(Staelin,1966):

$$\alpha = (3.24 \times 10^{-4} e^{-644/T}) \frac{v^2 P \rho_V}{T^{3.125}} \left(1 + 0.0147 \frac{\rho_V T}{P}\right)$$
$$\times \left[\frac{1}{(v-22.235)^2 + \Delta f^2} + \frac{1}{(v+22.235)^2 + \Delta f^2}\right]$$
$$+ 2.55 \times 10^{-8} \rho_V v^2 \frac{\Delta f}{T^{3/2}} (\text{cm}^{-1}) \tag{13.42}$$

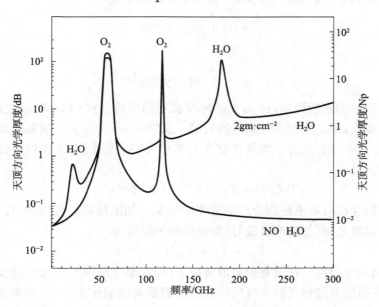

图 13.6 大气天顶方向不透明度,忽略了窄带臭氧吸收线,选自 Waters(1976)。高于 300GHz 的天顶方向不透明度见文献 Liebe(1981,1989)

注意:H_2O 密度为 $2\text{g}\cdot\text{cm}^{-2}$ 对应 $w=2\text{cm}$

其中 Δf 近似等于吸收线半功率宽度的一半,单位为 GHz,由下式给出:

$$\Delta f = 2.58 \times 10^{-3} \left(1 + 0.0147 \frac{\rho_V T}{P}\right) \frac{P}{(T/318)^{0.625}} \tag{13.43}$$

频率 f 的单位为 GHz,温度 T 的单位为 K,总压强 P 的单位为 mb,水汽密度 ρ_V 的单位为 $g \cdot m^{-3}$。式(13.42)定义的线形称为 van Vleck-Weisskopf 廓线,与经验数据的拟合优于其他理论廓线(Hill, 1986)。其他廓线的线参数是可获取的,见文献 Pol, Ruf and Keihm(1998)。

射线强度在通过吸收介质时满足辐射传输方程。假设介质处于温度为 T 的局部热力学平衡且其散射可被忽略。在普朗克方程中的瑞利-金斯近似区内,辐射强度正比于亮度温度,辐射传输方程可写成如下形式(Rybicki and Lightman, 1979):

$$\frac{dT_B}{dy} = -\alpha(T_B - T) \tag{13.44}$$

其中 T_B 为亮度温度,α 为式(13.2)和式(13.42)定义的吸收系数。辐射传输沿 y 轴时,式(13.44)的解为

$$T_B(f) = T_{B0}(f)e^{-\tau_f} + \int_0^\infty \alpha(f,y)T(y)e^{-\tau'_f}dy \tag{13.45}$$

其中 T_{B0} 为穿透介质前的亮度温度,包括宇宙背景分量

$$\tau'_f = \int_0^y \alpha(f,y')dy' \tag{13.46}$$

及

$$\tau_f = \int_0^\infty \alpha(f,y')dy' \tag{13.47}$$

这里 y 为距观测点的距离,τ_f 为光学厚度或不透明度。式(13.45)右边的第一项为信号的吸收,第二项为大气辐射的贡献。式(13.45)阐明了一项基本定律,即介质有吸收,也必定有发射。如果在整个介质中 $T(y)$ 为常数,则式(13.45)可写成如下形式:

$$T_B(f) = T_{B0}(f)e^{-\tau_f} + T(1-e^{-\tau_f}) \tag{13.48}$$

吸收现象的存在对系统性能会产生重要的影响。如果接收机温度为 T_R,则 T_R 与大气亮度温度之和(忽略地表辐射)构成的系统温度为

$$T_S = T_R + T_{at}(1-e^{-\tau_f}) \tag{13.49}$$

其中 T_{at} 为大气温度。在没有射电源情况下,天线温度取值等于天空的亮度温度。此外,如果亮度温度标尺以大气层外某点的测量亮度温度乘以 e^{τ_f} 为参考,则有效系统温度为 $T_S e^{\tau_f}$ 或

$$T'_S = T_R e^{\tau_f} + T_{at}(e^{\tau_f}-1) \tag{13.50}$$

实际上,大气衰减可建模为接收机输入端口的等效衰减器。假设 $T_R = 30K, T_{at} =$

290K，$\tau_f=0.2$，则有效系统温度为 100K。在此条件下大气衰减使系统的灵敏度恶化 3 倍以上。注意，灵敏度损失主要来自系统温度升高而不是信号衰减，信号衰减只占灵敏度损失的 20%。大气辐射导致有间隔的天线端的信号不相关，因此只对干涉仪输出产生噪声贡献。

吸收系数可直接用射电望远镜的测量来估计。倾斜扫描法（Tipping-Scan Method）利用大气辐射确定大气的光学厚度。如果天线从天顶扫描到水平，那么在没有背景射电源情况下，观测到的亮度温度取决于天顶角，因为光学厚度与穿过大气的路径长度成正比，比例关系约为 sec$z$。因此，大气亮度温度为

$$T_B = T_{at}(1 - e^{-\tau_0 \sec z}) \tag{13.51}$$

其中 τ_0 为天顶方向的光学厚度，τ_0 是 $\ln(T_{at} - T_B)$ 关于 sec$z$ 作图所得的曲线负斜率，因为

$$\ln\left(1 - \frac{T_B}{T_{at}}\right) = -\tau_0 \sec z \tag{13.52}$$

所以此方法的准确度受从旁瓣进入的地面辐射的影响，是天顶角的函数。光学厚度也可通过一组天顶角的射电源吸收测量进行估计。在同一天顶角下，包含射电源测量到的天线温度减去不包含射电源测量的天线温度为

$$\Delta T_B = T_{S0} e^{-\tau_0 \sec z} \tag{13.53}$$

其中 T_{S0} 为无大气时射电源贡献的天线温度分量，由式(13.53)有

$$\ln \Delta T_B - \ln T_{S0} = -\tau_0 \sec z \tag{13.54}$$

因此，如果 sec$z$ 取值范围足够充分，在 T_{S0} 未知情况下也可获得 τ_0。此方法受天线增益随天顶角变化的影响。

另外一种技术被称为斩波轮法，一般用于毫米波波段。一个轮子由放置在馈源之前的交替由开口和吸波截面组成，当轮子转动时，辐射计交替观测天空和吸波截面，同步测量天空温度与 T_0 下斩波轮温度之差。因此，有射电源和无射电源时天线温度分别为

$$\Delta T_{on} = T_{S0} e^{-\tau_f} + T_{at}(1 - e^{-\tau_f}) - T_0 \tag{13.55}$$

与

$$\Delta T_{off} = T_{at}(1 - e^{-\tau_f}) - T_0 \tag{13.56}$$

两个测量相结合可获得 T_{S0}，从而消除大气吸收的影响。当 $T_0 = T_{at}$ 时，

$$T_{S0} = \left(\frac{\Delta T_{off} - \Delta T_{on}}{\Delta T_{off}}\right) T_0 \tag{13.57}$$

当灵敏度至关重要时，斩波轮法仅用于给无射电源位置输出定标，式(13.57)中的分子则用 $T_{off} - T_{on}$ 代替。T_{S0} 的测量可给出射电源的流量密度，其决定了 (u,v) 平面原点处的可见度函数。

当其他数据不可获得时，光学厚度也可通过地球表面气象测量进行估计。此方

法不如上述的直接辐射测量那样准确，但优点是不占用观测时间。Waters(1976)通过将海平面随表面水汽密度变化的不同频率吸收数据拟合到方程 $\tau_0 = \alpha_0 + \alpha_1 \rho_{V0}$，对吸收数据进行分析，系数 α_0 和 α_1 如表13.1所示。

表 13.1 从地表绝对湿度估算光学厚度的经验参数[a]

f/GHz	α_0/Np	α_1/(Np·m^3·g^{-1})
15	0.013	0.0009
22.2	0.026	0.0110
35	0.039	0.0030
90	0.039	0.0090

数据来自：Waters(1976)。

[a] 用于拟合光学厚度的方程 $\tau_0 = \alpha_0 + \alpha_1 \rho_{V0}$，光学厚度数据来自无线电探空仪测量值及地表绝对湿度 ρ_{V0}(g·m^{-3})测量值。

折射起源

这里分别讨论了传输延时和中性大气层吸收的影响。然而，延时和吸收密切相关，这是因为延时和吸收来自于大气层中气体介电常数的实部和虚部。介电常数的实部和虚部不是相互独立的，它们之间符合 Kramers-Kronig 关系，该关系类似于希尔伯特变换(van Vleck，Purcell and Goldstein，1951)。现在从经典色散理论的角度讨论实部和虚部之间的关系。通过此分析将弄清为何大气引入的延时本质上与频率无关，即使在吸收较大的谱线附近也如此。

分子稀薄气体可采用束缚振荡模型建模，在每个分子中都有一个电子束缚在原子核上，电子的质量为 m，电荷为 $-e$。电子运动的谐振频率为 f_0，衰减常数为 $2\pi\Gamma$。由电磁波中的电场产生的谐波驱动力 $-eE_0 \mathrm{e}^{-\mathrm{j}2\pi ft}$ 形成的运动方程为

$$m\ddot{x} + 2\pi m\Gamma \dot{x} + 4\pi^2 mf_0^2 x = -eE_0 \mathrm{e}^{-\mathrm{j}2\pi ft} \tag{13.58}$$

其中 x 为束缚电子的位移，E_0 和 f 为外加电场的幅度和频率，变量上面的点代表时间导数。稳态解的形式为 $x = x_0 \mathrm{e}^{-\mathrm{j}2\pi ft}$，其中

$$x_0 = \frac{eE_0/4\pi^2 m}{f^2 - f_0^2 + \mathrm{j}f\Gamma} \tag{13.59}$$

单位体积内偶极矩的幅度 P 等于 $-n_m e x_0$，其中 n_m 为气体分子密度。介电常数 ε 等于 $1 + P/(\epsilon_0 E)$，因此

$$\varepsilon = 1 - \frac{n_m e^2/4\pi^2 m \epsilon_0}{f^2 - f_0^2 + \mathrm{j}f\Gamma} \tag{13.60}$$

此经典模型既不能预测谐振频率，也不能预测谐振绝对幅度。此问题的彻底解决需要运用量子力学，多谐振系统量子力学计算结果与式(13.60)相似[见文献Loudon(1983)]

$$\varepsilon = 1 - \frac{n_m e^2}{4\pi^2 m \epsilon_0} \sum_i \frac{f_i}{f^2 - f_{0i}^2 + \mathrm{j} f \Gamma_i} \tag{13.61}$$

其中 f_i 为第 i 次谐振的振子强度，f_i 的值满足求和准则，$\sum f_i = 1$。

介电常数（$\varepsilon = \varepsilon_R + \mathrm{j}\varepsilon_I$）和折射指数（$n = n_R + \mathrm{j} n_I$）通过麦克斯韦方程建立联系

$$n^2 = \varepsilon \tag{13.62}$$

因此，$\varepsilon_R = n_R^2 - n_I^2$ 及 $\varepsilon_I = 2 n_I n_R$。对于稀薄气体有 $n_R \simeq 1$ 及 $n_I \ll 1$，由此可得 $n_R \simeq \sqrt{\varepsilon_R}$ 和 $n_I \simeq \varepsilon_I/2$。因此，对于单谐振气体，有

$$n_R \simeq 1 - \frac{n_m e^2 (f^2 - f_0^2)/8\pi^2 m \epsilon_0}{(f^2 - f_0^2)^2 + f^2 \Gamma^2} \tag{13.63}$$

及

$$n_I \simeq \frac{n_m e^2 f \Gamma (f^2 - f_0^2)/8\pi^2 m \epsilon_0}{(f^2 - f_0^2)^2 + f^2 \Gamma^2} \tag{13.64}$$

谐振通常比较陡峭，即 $\Gamma \ll f_0$，n_R 和 n_I 的表达式可通过考虑其在接近谐振频率 f_0 时的特性来简化，在此情况下

$$f^2 - f_0^2 = (f + f_0)(f - f_0) \simeq 2 f_0 (f - f_0) \tag{13.65}$$

即

$$n_R \simeq 1 - \frac{2b(f - f_0)}{(f^2 - f_0^2)^2 + \Gamma^2/4} \tag{13.66}$$

及

$$n_I \simeq \frac{b\Gamma}{(f^2 - f_0^2)^2 + \Gamma^2/4} \tag{13.67}$$

其中 $b = n_m e^2 / 32 \pi^2 m \epsilon_0 f_0$。

式(13.67)定义了 n_I 的非归一化洛伦兹光谱廓线，其关于频率 f_0 对称，在 Γ 最大值一半处为全带宽，峰值幅度为 $4b/\Gamma$。函数 $n_R - 1$ 关于频率 f_0 反对称，并在频率为 $f_0 \pm \Gamma/2$ 处具有极大值 $\pm 2b/\Gamma$。函数 n_R 和 n_I 的曲线见图 13.7。注意折射指数实部减去 1 的最大值 Δn 等于 n_I 峰值的一半。峰值标记为 $n_{I\max}$。因此从式(13.2)可得峰值吸收系数 $\alpha_m = 4\pi n_{I\max} f_0/c$ 和 Δn 之间的关系如下：

$$\Delta n = \frac{\alpha_m \lambda_0}{8\pi} \tag{13.68}$$

其中 λ_0 为谐振波长，大小为 c/f_0。折射指数实部的幅度等于长度为 $\lambda_0/8\pi$ 距离的吸收峰值。另外，式(13.66)表明折射指数的实部不是关于 f_0 完全对称的，即当 f 趋于 ∞ 时，n_R 趋于 1，当 f 趋于零时，n_R 趋于 $1 + 2b/f_0 = 1 + \Delta n \Gamma/f_0 = 1 + (\lambda_0 \alpha_m/8\pi)(\Gamma/f_0)$。因此，折射指数在谐振频率两侧渐进值的变化 δn 为

$$\delta n = \frac{\alpha_m \Gamma \lambda_0^2}{8\pi c} \tag{13.69}$$

则有 $\delta n / \Delta n = \gamma / f_0$，除非谐振非常强，否则 Δn 和 δn 均可忽略不计。考虑 22GHz

水汽吸收线,当 $\rho_V = 7.5\text{g} \cdot \text{m}^{-3}$ 时大气衰减为 $0.15\text{dB} \cdot \text{km}^{-1}$,因此 $\alpha_m = 3.5 \times 10^{-7}\text{cm}^{-1}$,则利用式(13.68)可计算出 $\Delta n = 1.9 \times 10^{-8}$ 或 $\Delta N = 0.019$,这与实验室测量值(Liebe, 1969)一致。对于相同 ρ_V 值,低频($10^{-6} N_V$)时所有水汽跃迁对折射指数的贡献可通过式(13.10)计算得出,其值为 4.4×10^{-5}。因此,在 22GHz 吸收线附近折射率变化只有 1/2500,非对称性的变化更小。在海平面处有 $\Gamma = 2.6\text{GHz}$ 及 $\delta n = 2.2 \times 10^{-8}$。在 557GHz 频率处的水汽吸收线($1_{10}$-$1_{01}$ 跃迁)的吸收系数为 $29000\text{dB} \cdot \text{km}^{-1}$ 或 0.069cm^{-1},Δn 和 δn 的值分别为 1.44×10^{-6} 和 0.7×10^{-6}。射电天文在频率大于 400GHz 的大气窗区进行观测时只有在空气非常干燥的站点才有可能,折射指数值与观测频率较低时折射指数值差异明显。归一化折射率如图 13.8 所示。

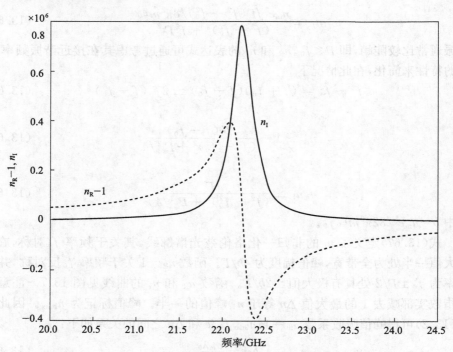

图 13.7 式(13.63)和式(13.64)给出的单谐振折射指数的实部和虚部与频率的关系

此处给出的是 $\rho_V = 7.5\text{g} \cdot \text{m}^{-3}$ 纯水汽中 6_{16}-5_{23} 的跃迁情况。大气在标准海平面压力 1013mbar 下,谱线展宽到 2.6GHz(Liebe, 1969)。$n_R - 1$ 曲线的峰值偏差为 Δn[参见式(13.68)],且折射指数在谐振频率两侧渐进值的变化为 δn[参见式(13.69)]

式(13.68)是一项非常通用的重要结论,由推导出吸收谱线为近似洛伦兹谱线的特殊模型[式(13.58)]导出。在实际中,实际谱线与洛伦兹谱线稍有区别,需更加精细的模型与它们精确拟合。但是,式(13.68)和式(13.69)可从 Kramers-

Kronig 关系中推导出。

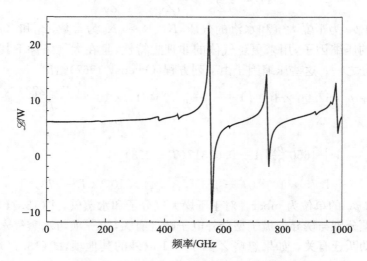

图 13.8 由单位柱密度水汽引起的附加路径长度预期值随频率的变化
来自 Liebe(1989)中的公式,以及 Sutton and Hueckstaedt (1996), courtesy of Astron Astrophys. Suppl.

式(13.9)给出的低频时的折射指数来源于所有高频跃迁的贡献。若每个谱线用参数 Δn_i、Γ_i、α_{mi} 和 f_{0i} 进行表征,则将多个谱线贡献[式(13.69)]累加可得低频时的折射指数为

$$n_s = 1 + \sum_i \frac{\alpha_{mi}\lambda_{0i}^2\Gamma_i}{8\pi c} = 1 + \sum_i \frac{\Delta n_i \Gamma_i}{f_{0i}} \qquad (13.70)$$

水汽分子在 30μm～0.3mm 波段(10THz～1000GHz)内具有很多强振动跃迁。由于这些谱线的存在,此区域内大气大部分区间是不透明的,这些谱线对低频折射的贡献约为 98%,其他贡献来自于 557GHz 谱线。在可见光区域内水汽引起的折射率很小,但在射频区间水汽引起的折射率比可见光区域的增加 22 倍。因此,在可见光区域水汽的影响较小,但在射频区域影响很大。干燥大气的折射率主要由紫外区域的氧气和氮气的谐振引起,其折射率在可见光和射频区域基本相同。

Smith-Weintraub 方程

射频折射率方程的详细讨论见文献 Bean and Dutton(1966)、Thayer (1974) 和 Hill, Lawrence and Priestley (1982)。从 Debye(1929)经典文献可知,诱导偶极子跃迁引起的分子折射率与压强及 T^{-1} 有关,永久偶极矩引起的分子折射率与压强及 T^{-2} 有关。大气中的主要成分是氧气分子 O_2 和氮气分子 N_2,二者是同核的,所以不存在永久电偶极矩。但是,H_2O 分子和其他微量痕量气体分子则具有永久偶极矩。因此,折射率方程的一般形式为

$$N = \frac{K_1 p_D}{T Z_D} + \frac{K_2 p_V}{T Z_V} + \frac{K_3 p_V}{T^2 Z_V} \quad (13.71)$$

其中 p_D 和 p_V 为干燥大气和水汽的分压,K_1、K_2 和 K_3 为常数,Z_D 和 Z_V 为干燥大气和水汽的压缩因子,用来更正气体的非理想特性,且在大气条件下其值与 1 的差小于千分之一。这些压缩因子由下列方程(Owens, 1967)给出

$$Z_D^{-1} = 1 + p_D \left[57.90 \times 10^{-8} \left(1 + \frac{0.52}{T} \right) - 9.4611 \times 10^{-4} \frac{(T-273)}{T^2} \right] \quad (13.72a)$$

及

$$Z_V^{-1} = 1 + 1650 \frac{p_V}{T^3} [1 - 0.01317(T-273) + 1.75 \times 10^{-4} (T-273)^2 + 1.44 \times 10^{-6} (T-273)^3] \quad (13.72b)$$

其中 p_D 和 p_V 的单位为 mbar。对于干燥大气分子和水蒸气,式(13.71)中的第一项和第二项分别与诱导偶极子型紫外电子跃迁有关,第三项与水蒸气永久偶极矩近红外转动跃迁有关。如果忽略 Z 因子中 1 以外的其他项,式(13.71)变成如下形式:

$$N = 77.6 \frac{p_D}{T} + 64.8 \frac{p_V}{T} + 3.776 \times 10^5 \frac{p_V}{T^2} \quad (13.73)$$

可用总气压来重写式(13.73):

$$N = 77.6 \frac{p}{T} - 12.8 \frac{p_V}{T} + 3.776 \times 10^5 \frac{p_V}{T^2} \quad (13.74)$$

当温度在 280K 附近时,将式(13.74)右边后面两项合并后得出

$$N \simeq \frac{77.6}{T} \left(p + 4810 \frac{p_V}{T} \right) \quad (13.75)$$

式(13.75)就是著名的 Smith-Weintraub 方程(Smith and Weintraub, 1953)。在低于 100GHz 频率下,此方程的准确度约为 1% 或 ±1N。式(13.74)和式(13.75)的准确度可通过引入一个随着频率单调上升的小项来提高,该小项随频率单调升高,可用于描述近红外跃迁的边缘效应(图 13.8)。Hill 和 Clifford(1981)的研究结果表明,因为近红外跃迁的边缘效应,低频时潮湿大气折射率的值在 100GHz 时增加约 0.5%,在 200GHz 时增加约 2%。

为获得光学折射率,忽略式(13.73)中永久偶极子项可得

$$N_{opt} \simeq 77.6 \frac{p_D}{T} + 64.8 \frac{p_V}{T} \quad (13.76)$$

对于更精细的研究,Cox(2000)提供更准确的 N_{opt} 值,该 N_{opt} 包括了和波长有关的小项来描述紫外跃迁的边缘效应。射频与光学频段下潮湿大气的折射指数之比可通过忽略式(13.73)和式(13.76)中同干燥空气相关的项得到:$N_{Vrad}/N_{Vopt} \simeq 1 + 5830/T$。当 $T \simeq 280K$ 时,此比值约等于 22,见式(13.70)后面的文字描述。

相位波动

在射频区域内,对流层中最重要的非均匀分布量是水汽密度。干涉仪观测时对流层中水汽分布的变化会引起相位波动,降低测量质量。在光学区域,温度变化是导致相位波动的主要原因,如图 13.9 所示。第一菲涅耳区的尺寸 $\sqrt{\lambda h}$ 是一个重要尺度,其中 h 为观测者与屏之间的距离,对于 $\lambda=1\text{cm}$ 及 $h=1\text{km}$,菲涅耳区尺寸约为 3m,在此尺度上大气引入的相位波动很小($\ll 1\text{rad}$)。在上述情况下,相位波动会引起图像扭曲,但不会引起幅度波动(如闪烁)。这就是所谓的弱散射机制。星际间介质中等离子体散射则属于强散射机制,其现象将更加复杂。

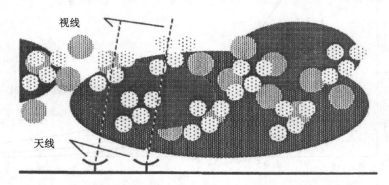

图 13.9 水蒸气尺寸变化不规则的对流层下面的两单元干涉仪卡通图片
对流层以速度分量 v_s 经过干涉仪上方,与基线平行。在 13.2 节中设计相位补偿方案设计的讨论中,这些水蒸气的分布很重要。注意,尺寸大于基线的波动同时覆盖两个天线单元的波束,对干涉仪相位的影响不大。来自 Masson(1994a), courtesy of the Astron. Soc. Pacific Conf. Ser.

穿越大气层的沿着初始平面波前的波动可用相位结构函数来表示,此函数定义如下:

$$\mathcal{D}_\phi(d) = \langle [\Phi(x) - \Phi(x-d)]^2 \rangle \tag{13.77}$$

其中 $\Phi(x)$ 为 x 处的相位,$\Phi(x-d)$ 为 $x-d$ 处的相位,角括号代表统计平均。假设 $\mathcal{D}_\phi$ 只与测量点之间的距离有关,即与干涉仪基线投影长度 d 有关。干涉仪相位均方根偏差为

$$\sigma_\phi = \sqrt{\mathcal{D}_\phi(d)} \tag{13.78}$$

为便于说明,假定 σ_ϕ 用一种简单的函数形式描述

$$\sigma_\phi = \frac{2\pi a d^\beta}{\lambda}, \quad d \leqslant d_m \tag{13.79a}$$

$$\sigma_\phi = \sigma_m, \quad d > d_m \tag{13.79b}$$

其中 a 为常数,$\sigma_m = 2\pi a d_m^\beta/\lambda$。式(13.79)的曲线如图 13.10(a)所示。此曲线可通过假设相位波动频谱为多尺度幂律模型而获得。必存在一个极限距离 d_m,大于此距离

的相位波动增加不明显,否则 VLBI 将无法工作。此极限距离被称为波动的外标尺长度,大约为几千米。大于此距离后,路径长度引起的相位波动不再相关。

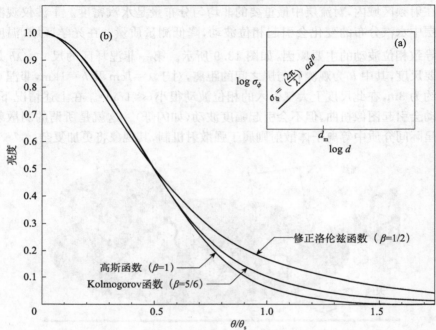

图 13.10 (a)式(13.79)给出以干涉仪基线长度为 d 表示的对流层引起的相位波动均方根值的简单模型。(b)在 $d<d_m$ 区域,通过对可见度函数进行傅里叶变换得到不同幂律模型的点源响应函数 $\overline{w}_a(\theta)$。θ_s 值为 $\overline{w}_a(\theta)$ 的半功率波束宽度,对于不同模型有:高斯函数($\beta=1$),θ_s 值为 $\sqrt{8\ln 2}\,a$;修正洛伦兹函数 $\left(\beta=\dfrac{1}{2}\right)$,$\theta_s$ 值为 $1.53\pi\lambda^{-1}a^2$;Kolmogorov 函数 $\left(\beta=\dfrac{5}{6}\right)$,$\theta_s$ 值为 $2.75\lambda^{-1/5}a^{6/5}$。$\lambda$ 为波长,a 为式(13.79a)定义的常数

首先,考虑基线长度小于 d_m 的干涉仪,测得的可见度函数与可见度函数真值之间的关系如下:

$$\mathcal{VB}_m = \mathcal{VB}e^{j\phi} \tag{13.80}$$

其中 $\phi=\Phi(x)-\Phi(x-d)$ 为描述大气引入相位波动的随机变量。如果假设 ϕ 是均值为零的高斯随机变量,则可见度函数的期望值为

$$\langle\mathcal{VB}_m\rangle = \mathcal{VB}\langle e^{j\phi}\rangle = \mathcal{VB}e^{-\sigma_\phi^2/2} = \mathcal{VB}e^{-D_\phi/2} \tag{13.81}$$

考虑只在概念上有用的 $\beta=1$ 的情况,此时将增加大气中尺度大于基线的非均匀边界的区域。在此情况下 σ_ϕ 与 d 成正比,且常数 a 无量纲。将式(13.79a)代入式(13.81),可得

$$\langle\mathcal{VB}_m\rangle = \mathcal{VB}e^{-2\pi^2 a^2 q^2} \tag{13.82}$$

其中 $q=\sqrt{u^2+v^2}=d/\lambda$。因此一般情况下,测得的可见度函数为真实可见度函数乘上大气权重函数 $w_a(q)$:

$$w_a(q) = e^{-2\pi^2 a^2 q^2} \tag{13.83}$$

在图像平面上,得到的图像为真实点源分布与 $w_a(q)$ 的傅里叶变换的卷积,即

$$\overline{w}_a(\theta) \propto e^{-\theta^2/2a^2} \tag{13.84}$$

其中 θ 为 q 的共轭变量。$\overline{w}_a(\theta)$ 的半功率波束宽度为 θ_s,由下式给出

$$\theta_s = \sqrt{8\ln 2}\, a \tag{13.85}$$

由于得到的图像与宽度为 θ_s 的高斯波束进行卷积(除了 10.2 节"可见度函数数据的权重"中描述的其他权重函数影响之外),因此图像分辨率将下降。θ_s 为角度分辨率,对于分辨率优于 θ_s 的图像,可用 11.4 节描述的自适应定标法获得。从式(13.79a),可得

$$a = \frac{\sigma_\phi \lambda}{2\pi d} = \frac{\sigma_d}{d} \tag{13.86}$$

其中 $\sigma_d = \sigma_\phi \lambda / 2\pi$ 为路径长度不确定度的均方根值。因此可得

$$\theta_s = 2.35 \frac{\sigma_d}{d} \text{(rad)} \tag{13.87}$$

由于 σ_d/d 为常数,所以 θ_s 与波长无关,此结论从式(13.79a)在 $\beta=1$ 时得出。射频波段内,在 1km 基线下 σ_d 约为 1mm,所以 $a \simeq 10^{-6}$ 及 $\theta_s \simeq 0.5''$。设 d_0 为 $\sigma_d = 1$rad 的基线长度,从式(13.86)可知,式(13.85)可写成如下形式:

$$\theta_s = \frac{\sqrt{2\ln 2}}{\pi} \frac{\lambda}{d_0} \simeq 0.37 \frac{\lambda}{d_0} \tag{13.88}$$

当 β 为任意值时,将式(13.79a)代入式(13.81)可得 $\overline{w}_a(\theta)$,并将二维傅里叶变换写成汉克尔变换(Bracewell, 2000),有

$$\overline{w}_a(\theta) \propto \int_0^\infty \exp[-2\pi^2 a^2 \lambda^{2(\beta-1)} q^{2\beta}] J_0(2\pi q\theta) q dq \tag{13.89}$$

其中,J_0 为零阶贝塞尔函数,a 的量纲为 $\text{cm}^{(1-\beta)}$。通常无法得到 $\overline{w}_a(\theta)$ 的解析解。但是,在式(13.89)中利用适当的替换,很容易得出 $\theta_s \propto a^{1/\beta} \lambda^{(\beta-1)/\beta}$。当 $\beta=1/2$ 时,可得解析解(Bracewell, 2000, p.338)

$$\overline{w}_a(\theta) \propto \frac{1}{[\theta^2 + (\pi a^2/\lambda)^2]^{3/2}} \tag{13.90}$$

此式为洛伦兹廓线的 3/2 次方,有很宽的旁瓣,$\overline{w}(\theta)$ 的半功率波束宽度为

$$\theta_s = \frac{1.53\pi a^2}{\lambda} \tag{13.91}$$

或者

$$\theta_s = \frac{0.77}{2\pi} \frac{\lambda}{d_0} \simeq 0.12 \frac{\lambda}{d_0} \tag{13.92}$$

在本节后面讨论 Kolmogorov 湍流情况时，$\beta=5/6$。对式(13.89)进行数值积分可得

$$\theta_s \simeq 2.75 a^{6/5} \lambda^{-1/5} \simeq 0.30 \frac{\lambda}{d_0} \tag{13.93}$$

在图 13.10(b) 中给出不同相位波动幂率模型下 $\overline{w}_a(\theta)$ 的曲线。

现在考虑干涉仪工作在基线大于 d_m 时的情况，此时 σ_ϕ 为常数并等于 σ_m。此条件在大多数情况下都适用于 VLBI 阵列或大型连接单元阵列。如果相位波动时间尺度相对于测量时间来说很小，则平均后的全部可见度函数测量值都会减小，减小幅度为乘以一个常数因子 $e^{-\sigma_m^2/2}$。因此，此类大气波动不会降低分辨率。然而，测得的流量密度均值比真值降低了 $e^{-\sigma_m^2/2}$ 倍。如果相位波动时间尺度相对于测量时间很长，则每个可见度函数的测量值都会受到相位误差 $e^{j\phi}$ 的影响。假设流量密度为 S 的点源测得的可见度函数为 K，为简便，只考虑一维情况下点源的图像，可得

$$\overline{w}_a(\theta) = \frac{S}{K} \sum_{i=1}^{K} e^{j\phi_i} e^{j2\pi u_i \theta} \tag{13.94}$$

$\theta=0$ 处 $\overline{w}_a(\theta)$ 的期望值为

$$\langle \overline{w}_a(\theta) \rangle = S e^{-\sigma_m^2/2} \tag{13.95}$$

上式表明测量得到的流量密度小于 S。损失的流量密度分散在图像周围。这直接证实了帕塞瓦尔定理

$$\sum_i |\overline{w}_a(\theta_i)|^2 = \frac{1}{K} \sum_i |\mathscr{VB}(u_i)|^2 = S^2 \tag{13.96}$$

因此，总的流量密度可通过对图像平面响应的平方进行积分获得。在 $\theta=0$ 处测得的源的峰值响应流量密度均方根值的偏差为 $\sqrt{\langle \overline{w}_a^2(\theta) \rangle - \langle \overline{w}_a(\theta) \rangle^2}$，称为 σ_s，其值可从式(13.94)计算得出

$$\sigma_s = \frac{S}{\sqrt{K}} \sqrt{1 - e^{-\sigma_m^2}} \tag{13.97}$$

当 $\sigma_m \ll 1$ 时，此式可简化为 $\sigma_s \simeq S\sigma_m/\sqrt{K}$。

Kolmogorov 湍流

中性大气湍流中的传播理论在文献 Tatarski(1961,1971) 中有详细介绍。此理论在光学领域[如文献 Roddier(1981)，Woolf(1982)，Coulman(1985)]和近红外干涉测量领域(Sutton, Subramanian and Townes, 1982)被广泛研究与应用。本节讨论限于相位结构函数的一些核心思想，并指出相位结构函数是如何与其他一些用于描述大气湍流特性的函数相关联的。

当雷诺数(无量纲参量，和黏度、特征尺度和流速有关)超过临界值时，流动就变成了湍流。大气中的雷诺数一般总是很高，因而流动能够完全发展成湍流。在

Kolmogorov 的湍流模型中，大尺度湍流相关的动能会转变成越来越小的尺度湍流，直至最后被黏性摩擦转换成热能。如果湍流完全形成并且各向同性，则相位波动（或折射指数变化）产生的二维功率谱按照 $q_s^{-11/3}$ 规律变化，其中 q_s（周期/米）为空间频率，与 q 为 θ 的共轭变量类似，q_s 为 d 的共轭变量。折射指数 $\mathcal{D}_n(d)$ 的结构函数定义与式(13.77)中相位结构函数相似，即 $\mathcal{D}_n(d)$ 为间距为 d 的两个点折射指数均方差的差值，即 $\mathcal{D}_n(d)=\langle[n(x)-n(x-d)]^2\rangle$。在上述条件下，$\mathcal{D}_n$ 可由下式给出：

$$\mathcal{D}_n(d) = C_n^2 d^{2/3}, \quad L_{\text{inner}} \ll d \ll L_{\text{outer}} \tag{13.98}$$

其中 L_{inner} 和 L_{outer} 称为湍流的内尺度和外尺度，内尺度可能小于 1cm，外尺度可能小于几公里。参数 C_n^2 表征湍流强度。水汽是导致折射指数波动的主要因素，考虑到水汽在对流层混合不佳，因此可能只有水汽是合适的机械湍流示踪气体。

C_n^2 随离地总高度 L 变化的大气相位结构函数由文献 Tatarski(1961) 中式 (6.65) 给出

$$\mathcal{D}_\phi(d) = 2.91 \left(\frac{2\pi}{\lambda}\right)^2 d^{5/3} \int_0^L C_n^2(h) dh \tag{13.99}$$

此式在 $\sqrt{L\lambda}<d<L_{\text{outer}}$ 时有效。注意，因子 2.91 为无量纲常数，C_n^2 的量纲为 $L^{-2/3}$。d 的下限和折射效应可被忽略时的限制需求相同。如果 C_n^2 不随高度而变化，则式(13.99)可简化成如下形式：

$$\mathcal{D}_\phi(d) = 2.91 \left(\frac{2\pi}{\lambda}\right)^2 C_n^2 L d^{5/3} \tag{13.100}$$

因此，从式(13.78)可得相位偏差的均方根值为

$$\sigma_\phi = 1.71 \left(\frac{2\pi}{\lambda}\right) \sqrt{C_n^2 L} d^{5/6} \tag{13.101}$$

设式(13.100)中的 $\mathcal{D}_\phi$ 等于 1rad^2，可得 $\sigma_\phi=$1rad 下的基线长度 d_0 的表达式如下：

$$d_0 = 0.058 \lambda^{6/5} (C_n^2 L)^{-3/5} \tag{13.102}$$

另外一种与 d_0 成正比的标称长度为弗里德长度（大气相干长度）r_0 (Fried, 1966)。弗里德长度在关于湍流对圆孔径望远镜影响的讨论中非常有用，同时在光学领域中被广泛使用。相位结构函数可写成 $\mathcal{D}_\phi = 6.88 (d/r_0)^{5/3}$，其中因子 6.88 为 $2[(24/5)\Gamma(6/5)]^{5/6}$ (Fried, 1967) 的近似值。因此，从式(13.100)和式(13.102)可得 $r_0=3.18 d_0$。弗里德长度的定义为：在 Kolmogorov 湍流存在的条件下，均匀照射的大型圆孔径有效接收面积为 $\pi r_0^2/4$。因此，口径直径小于 r_0 的望远镜分辨率主要取决于孔径处的衍射，孔径直径大于 r_0 的望远镜分辨率主要取决于湍流并近似为 λ/r_0，后一种情况的准确分辨率可从式(13.93)中得出，结果为 $\theta_s=0.97\lambda/r_0$。另外，直径为 r_0 的孔径的相位误差均方根值为 1.01rad。$r_0 > d_0$ 的原因与二维孔径下长基线的减权有关[见式(14.13)及相关讨论]。在光学领域内直径为 r_0 的孔径，其接收

面积与几何面积之比称为斯特列尔比,比值等于 0.45(Fried,1965)。

式(13.102)表明 d_0 与 $\lambda^{6/5}$ 成正比,因此角度分辨率或观测极限($\sim \lambda/d_0$)与 $\lambda^{-1/5}$ 成正比[见图 13.10 和式(13.93)]。当 C_n^2 为常数时,此关系可能在比较宽的波段内均适用。在光学频率下 C_n^2 与温度波动有关,但在射频频率下 C_n^2 主要受水汽中湍流的影响。一个非常有趣的巧合是,对于比较理想的观测点,光学和射频频率的角度分辨率均约为 $1''$。重要区别是波动的时间尺度 τ_c。如果波动的临界值为 $1''$,则 $\tau_c = d_0/v_s$,其中 v_s 为平行于基线的对流层的速度分量。任何自适应光学补偿工作的时间尺度都必须小于 τ_c。从式(13.93)可得 τ_c 的表达式如下:

$$\tau_c \simeq 0.3 \frac{\lambda}{\theta_s v_s} \tag{13.103}$$

当 $v_s = 10\text{m} \cdot \text{s}^{-1}$ 和 $\theta_s = 1''$ 时,$0.5\mu\text{m}$ 波长对应 $\tau_c = 3\text{ms}$,1cm 波长对应 $\tau_c = 60\text{s}$。

相位二维功率谱 $\mathcal{S}_2(q_x, q_y)$ 为相位自相关函数 $R_\phi(d_x, d_y)$ 的二维傅里叶变换。如果 R_ϕ 只是 d 的函数,其中 $d^2 = d_x^2 + d_y^2$,则 $\mathcal{S}_2$ 为 q_s 的函数,其中 $q_s^2 = q_x^2 + q_y^2$,$\mathcal{S}_2(q_s)$ 和 $R_\phi(d)$ 组成汉克尔变换对。由于 $\mathcal{D}_\phi(d) = 2[R_\phi(0) - R_\phi(d)]$,可得

$$\mathcal{D}_\phi(d) = 4\pi \int_0^\infty [1 - J_0(2\pi q_s d)] \mathcal{S}_2(q_s) q_s \mathrm{d}q_s \tag{13.104}$$

其中 J_0 为零阶贝塞尔函数。当 $\mathcal{D}_\phi(d)$ 由式(13.100)给出时,$\mathcal{S}_2(q_s)$ 为

$$\mathcal{S}_2(q_s) = 0.0097 \left(\frac{2\pi}{\lambda}\right)^2 C_n^2 L q_s^{-11/3} \tag{13.105}$$

通常研究大气湍流引起的时间变化非常有用。为将时空变化相关联,提出冷冻对流层假设,见文献 Taylor(1938)。在此近似中,假设对流层通过基线 d 时湍流涡保持不动,相位波动的一维时间频谱可由下式计算:

$$\mathcal{S}'_\phi(f) = \frac{1}{v_s} \int_{-\infty}^\infty \mathcal{S}_2\left(q_x = \frac{f}{v_s}, q_y\right) \mathrm{d}q_y \tag{13.106}$$

v_s 的单位为 $\text{m} \cdot \text{s}^{-1}$。将式(13.105)代入式(13.106),可得

$$\mathcal{S}'_\phi(f) = 0.016 \left(\frac{2\pi}{\lambda}\right)^2 C_n^2 L v_s^{5/3} f^{-8/3} (\text{rad}^2 \cdot \text{Hz}^{-1}) \tag{13.107}$$

水汽波动时间频谱的例子可以在文献 Hogg, Guiraud and Sweezy (1981) 和 Masson (1994a) 中找到(图 13.15)。时间结构函数 $\mathcal{D}_\tau(\tau) = \langle [\phi(t) - \phi(t-\tau)]^2 \rangle$ 与空间结构函数的关系为 $\mathcal{D}_\tau(\tau) = \mathcal{D}_\phi(d = v_s \tau)$。因此,对于 Kolmogorov 湍流,从式(13.100)可得

$$\mathcal{D}_\tau(\tau) = 2.91 \left(\frac{2\pi}{\lambda}\right)^2 C_n^2 L v_s^{5/3} \tau^{5/3} \tag{13.108}$$

$\mathcal{D}_\tau(\tau)$ 和 $\mathcal{S}'_\phi(f)$ 之间互为傅里叶变换。使用时间结构函数估计波动对干涉仪的影响见文献 Treuhaft and Lanyi(1987) 和 Lay(1997a)。

阿伦方差 $\sigma_y^2(\tau)$,或与 $\mathcal{S}'_\phi(f)$ 相关的时间间隔 τ 内频率稳定度的百分比已经在

9.5节"相位波动分析"中进行了定义。阿伦方差可通过将式(9.99)代入式(9.111)得出

$$\sigma_y^2(\tau) = \left(\frac{2}{\pi f_0 \tau}\right)^2 \int_0^\infty \mathcal{S}_\phi'(f) \sin^4(\pi \tau f) \quad (13.109)$$

将式(13.107)代入式(13.109),并结合下式:

$$\int_0^\infty [\sin^4(\pi x)]/x^{8/3} \mathrm{d}x = 4.61$$

可得

$$\sigma_y^2(\tau) = 1.3 \times 10^{-17} C_n^2 L v_s^{5/3} \tau^{-1/3} \quad (13.110)$$

Armstrong 和 Sramek(1982)给出任意幂指数下 $\mathcal{S}_2$、$\mathcal{S}_\phi'$、$\mathcal{D}_\phi$ 和 σ_y 之间关系的一般表达式。如果 $\mathcal{S}_2 \propto q^{-\alpha}$,则 $\mathcal{D}_\phi(d) \propto d^{\alpha-2}$,$\mathcal{S}_\phi' \propto f^{1-\alpha}$ 及 $\sigma_y^2 \propto \tau^{\alpha-4}$。这些关系的总结见表 13.2。

表 13.2 湍流的幂律关系

物理量		幂指数	3D湍流 ($\alpha=11/3$)	3D湍流 ($\alpha=8/3$)
2D、3D 功率谱	$\mathcal{S}_2(q_s), \mathcal{S}(q_s)$	$-\alpha$	$-11/3$	$-8/3$
结构函数(3D)	$\mathcal{D}_\phi(d)$	$\alpha-2$	$5/3$	$2/3$
时间相位谱	$\mathcal{S}_\phi'(f)$	$1-\alpha$	$-8/3$	$-5/3$
阿伦方差	$\sigma_y^2(\tau)$	$\alpha-4$	$-1/3$	$-4/3$
时间结构函数	$\mathcal{D}_\tau(\tau)$	$\alpha-2$	$5/3$	$2/3$

选自 Wright(1996. p.526),得到 Astronomical Society of the Pacific 许可

可用下面方法建立合理的对流层湍流模型。当基线小于某值 d_{trans} 时,湍流为三维结构且 $\mathcal{D}_\phi \propto d^{5/3}$,$d_{\text{trans}}$ 的值相对于约为 2km 的水汽标高来说很小。当 $d > d_{\text{trans}}$ 时,湍流为二维结构且 $\mathcal{D}_\phi \propto d^{2/3}$。当基线大于 d_{outer} 时,大气湍流将变得不相关,且 $\mathcal{D}_\phi \propto d^0$,换句话说,此时大气湍流与基线长度无关。$d_{\text{outer}}$ 值的量级同云块大小相当,约为几千米(Hamaker, 1978)。这三个区域在图 13.11 中显示得非常清楚。对于这组特殊的数据($d_{\text{trans}}=1.2$km, $d_{\text{outer}}=6$km),其斜率很接近 Kolmogorov 湍流的预计值。表 13.3 给出了许多射电源的结构函数,数据涵盖多次观测和不同大气条件情况,但没有给出不同观测点之间数据质量详细准确的比较。不过,数据与预期的一样,均表明延时波动与频率并无关系,且随着观测点仰角的增大而趋于降低。13.2 节图 13.13 中左下角曲线数据表明莫纳克亚山(Mauna Kea)观测点白天和黑夜的观测值变化为 50%,查南托高原白天和夜的观测值变化类似。Rogers 和 Moran (1981)及 Rogers 等(1984)讨论了对流层对 VLBI 的影响,大气的阿伦方差曲线如图 9.14 中 VLBI 数据曲线所示。测量与理论结果之间的一般性比较见文献 Coulman(1990)。其他观测点的比较参见文献 Masson(1994b)。

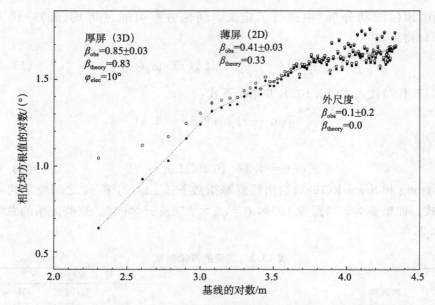

图 13.11　在 22GHz 利用 VLA 观测得到的均方根值相位结构函数

空心圆为对射电源 0748+240 观测 90min 得到的相位均方根值随基线长度的变化曲线,实心正方形为去除接收机引入的均方根值幅度为 10°的固定噪声分量后的数据。相位结构函数的三个区间用两条竖线标明(竖线分别在 1.2km 和 6km 处)。来自 Carilli and Holdaway(1999),®1999 by the American Geophys. Union.

表 13.3　结构函数测量值

位置	基线/km	高度/m	频率/GHz	σ_{d0}/mm	β^b	$10^7\sqrt{C_n^2 L}$/m$^{1/6}$	参考文献[c]
Cambridge	1.6	17	5	0.7～2.6	1.3	13～50	1
Green Bank	2.5	840	2.7	0.4～4	—	7～70	2
Hat Creek	0.006～0.1	1043	86	0.7～1.0	1.1～1.4	13～18	3
Hat Creek	0.006～0.85	1043	86	0.8～2.2	0.8～1.3	15～41	4
Hat Creek	0.01～0.15	1043	86	1.2	1～2	22	5
Hat Creek	1～1200	1043	100	0.7	0.3～0.6	13	3
NRO	0.035	1350	19	1.9	1.2	35	6
NRO	0.03～0.54	1350	22	0.5～0.9	1.6	9～17	7
VLA Site	0.1～3	2124	22	0.6	0.72	11	8
VLA Site	0.1～35	2124	22	0.65	0.85	12	9
VLA Site	1～35	2124	5	1.0	1.4	18	10
VLA Site	0.05～35	2124	5/15	0.6～1.6	0.6～0.8	11～30	11
Plateau de Bure	0.02～0.3	2552	86	0.3～0.7	1.1～1.9	6～13	12
Mauna Kea[d]	0.1	4070	12	0.4～1.2	0.75	7～49	13
Chajnantor[d]	0.3	5000	11	0.3～1.5	—	5～29	14

数据来源:改编来自文献 Wright(1996, p.524),经 Astronomical Society of Pacific 许可。

a σ_{d0}:1000m 基线路径偏差的均方根值。因此,$\sigma_d=\sigma_{d0}(d/1000m)^\beta$。如果测量时的基线不是 d=1000m,则假定 β=5/6。

b 和基线相关的 σ_{d0} 的幂指数,对于 2D 和 3D Kolmogorov 湍流,β 分别为 0.33 和 0.83。

c 参考文献:(1)Hinder(1970),Hinder and Ryle(1971);(2)Baars(1967);(3)Wright and Welch(1990);(4)Wright(1996);(5)Bieging et al.(1984);(6)Ishiguro,Kanzawa and Kasuga(1990);(7)Kasuga,Ishigum and Kawabe(1986);(8)Sramek(1983);(9)Carilli and Holdaway(1999);(10)Armstrong and Sramek(1982);(11)Sramek(1990);(12)Olmi and Downes(1992);(13)Masson(1994a);(14)NRAO(1998)。

d 最小值和最大值分别代表所有季节夜间(～6h 当地时)和白天(～15h 当地时)相位波动均方根值的中值(见 13.2 节图 13.13,Mauna Kea 观测站相位波动日间和季节变化)。

相位波动强度可用参数 σ_d [定义见式(13.86)]或 $C_n^2 L$ 来表征,相位波动强度很难预计。VLA 的测量结果表明 $C_n^2 L$ 与地表绝对湿度不相关,可能主要与太阳引起的对流相关。13.2 节中描述了相位稳定性与一天中时间的强相关性。在阴天条件下,米波干涉仪具有良好的相位稳定性早已为人所知[见文献 Hinder(1972)]。

不规则折射

很多毫米波射电望远镜的波束宽度足够小,以至于大气相位波动的影响能够被检测到。典型地,在特定气象条件下,观测到的未分辨射电源的视在位置在几秒钟内的波动约为 $5''$ [见文献 Altenhoff et al. (1987),Downes and Altenhoff (1990)]。如果这些影响是对流层内水汽分布不规则引起的,则这些影响的幅度一般与波长并无关系,这与预期相一致。水汽不规则分布与 Kolmogorov 湍流部分或密切相关,此湍流对干涉观测产生影响(图 13.11)。因此术语"不规则折射"并不是非常准确。如果假设这些不规则为楔形,则其主要影响是在它们穿过天线波束时使波前在此时间段内产生了倾斜(相位随位置线性变化)。在 300m 尺度上产生的附加路径长度为 0.5mm 时,可产生 $6''$ 波前倾斜,对应时间尺度在风速为 $10\text{m} \cdot \text{s}^{-1}$ 时为 30s。射电源位置的视在移动与波长无关。由于散射较弱(在菲涅耳区相位波动较小,菲涅耳区典型值为几米),对信号幅度没有影响。同时,由于对波前的主要影响是倾斜,因此对射电源的视在角径没有影响。

水汽辐射测量

在特定方向上由水汽引起的路径长度增量可通过测量相同方向上接近水汽谐振频率或谐振频率之间的窗区频率的亮度温度来进行估计。此方法最初由 Westwater (1967)和 Schaper, Staelin and Waters (1970)进行研究。为弄清潮湿大气路径长度与亮度温度之间的相关性,需要研究这些量在不同压强、水汽密度和温度之间的相互关系。以下说明在 22.2GHz 谐振频率附近的测量。式(13.42)和式(13.43)给出的吸收系数较复杂,但在吸收谱线中心频率处的吸收系数可近似如下:

$$\alpha_m \simeq 0.36 \frac{\rho_V}{PT^{1.875}} e^{-644/T} \tag{13.111}$$

温度 T 的单位为开尔文,此处忽略了式(13.42)中除主要项之外的所有项。假设式(13.47)给出的不透明度很小,则式(13.45)定义的亮度温度可写成如下形式:

$$T_B \simeq 1.78 \int_0^\infty \frac{\rho_V}{PT^{1.875}} e^{-644/T} dh \tag{13.112}$$

若忽略背景亮度温度 T_{B0} 以及云的贡献,回顾式(13.16)可得

$$\mathscr{L}_V \simeq 0.001763 \int_0^\infty \frac{\rho_V}{T} dh \tag{13.113}$$

因此，如果 P 和 T 不随高度变化且分别等于 1013mbar 和 280K，则可利用式(13.19)，$\mathscr{L}_V \simeq 6.3w$，由式(13.112)得出关系式：$T_B \simeq 12.7w$，其中 w 为水汽的柱高[式(13.18)]。因此，在上述近似的情况下，可得

$$T_B(22.2\text{GHz})(\text{K}) \simeq 2.1 \mathscr{L}_V(\text{cm}) \tag{13.114}$$

注意此近似在海平面高度处有效。由于压制展宽，亮温尺度与总压强成反比[式(13.112)]。在海拔 5000m 处，压强约为 540mbar 时，式(13.114)中的系数增加到 3.9。亮度温度测量与无线电探空仪廓线数据表明式(13.114)是一个很好近似[见文献 Moran and Rosen(1981)]。前面介绍 $\mathscr{L}_V$ 是标高为 2km 的近似指数分布，温度平均每公里降低约 2%。这些变化仅通过式(13.112)中的指数因子以及温度幂律的微小差异来影响 T_B 和 $\mathscr{L}_V$ 之间的比值。因此，温度的影响很小。压强每公里减少 10%，因此高空水汽对 T_B 贡献比辐射测量的理想估计更大。当频率从谐振频率移动到跃迁半功率点频率附近时，T_B 对压强的灵敏度将降低。原因是随着压强增加，若积分谱线廓线为常数，则谱线廓线将展宽，且谱线中心频率处的吸收将降低而谱线边缘频率处的吸收将增加。Westwater（1967）的研究表明 20.6GHz 频率处的吸收基本不随压强改变，此特殊频率点称为铰接点，此频率点处的不透明度低于谱线中心处的不透明度，因此 T_B 与不透明度之间的非线性关系并不重要。

上述讨论假设 T_B 的测量都在晴空条件下进行。云或雾中的液滴会导致大量吸收，但与水汽相比，对折射指数的改变很小。幸运的是，通过两个频率的组合测量可抵消云的影响。非降雨云中的水滴尺寸一般小于 100μm，对于波长大于几个毫米的频率，散射较小，衰减主要来自吸收。吸收系数可由经验公式给出（Staelin，1966）

$$\alpha_{\text{clouds}} \simeq \frac{\rho_L 10^{0.0122(291-T)}}{\lambda^2} (\text{m}^{-1}) \tag{13.115}$$

其中 ρ_L 为液态水滴的密度，单位为 $\text{g} \cdot \text{m}^{-3}$，$\lambda$ 为波长，单位为 m，T 的单位为 K。当 λ 大于 $\sim$3mm 时此公式才有效，此时雨滴尺寸小于 $\lambda/(2\pi)$。对于较短波长，吸收系数小于式(13.115)的预计值(Freeman，1987；Ray，1972)。对于水密度为 $1\text{g} \cdot \text{m}^{-3}$ 的湿度较大且尺寸为 1km 的积雨云，其吸收系数为 $7\times 10^{-5} \text{m}^{-1}$，在 22GHz 频率下其亮度温度为 20K。在 $T=280\text{K}$，频率为 22GHz 时液态水的折射率约为 5 (Goldstein，1951)。穿越云层时由液态水引起的路径长度增量约为 4mm，但式(13.114)的预期结果为 10cm。因此，当存在云时，单频率下的亮度温度不能可靠地估计路径长度的增量。为消除云层带来的亮度温度影响，必须在 f_1 和 f_2 两个频率下分别进行测量，一个频率在水吸收线附近，一个频率远离水吸收线。亮度

温度为

$$T_{Bi} = T_{BVi} + T_{BCi} \tag{13.116}$$

其中 T_{BVi} 和 T_{BCi} 为在频率 i 处水汽和云贡献的亮度温度，这里忽略大气中 O_2 的影响。从式(13.115)可知，$T_{BC} \propto f^2$，可通过组合观测

$$T_{B1} - T_{B2}\frac{f_1^2}{f_2^2} = T_{BV1} - T_{BV2}\frac{f_1^2}{f_2^2} \tag{13.117}$$

来消除云的影响。$T_{BV1} - T_{BV2} \times f_1^2/f_2^2$ 与 $\mathscr{L}_V$ 之间的关系可由基于式(13.45)和式(13.16)的模型计算来建立。远离吸收线的频率 f_2 一般选为约 31GHz。找到两个最佳频率和估计 $\mathscr{L}_V$ 所使用的合适的修正系数问题已被广泛讨论（Westwater，1978；Wu，1979；Westwater and Guiraud，1980）。云中液态水含量也可用双频率技术进行测量[参考文献 Snider, Burdick and Hogg (1980)]。

多频微波辐射测量用于湿大气路径长度定标见文献 Guiraud, Howard and Hogg(1979), Elgered, Rönnäng and Askne (1982), Resch (1984), Elgered et al. (1991)和 Tahmoush and Rogers (2000)。结果表明，$\mathscr{L}_V$ 的估计准确度可优于几个毫米。这对于 VLBI 延时测量和延长相干时间定标非常有用，短基线干涉仪天线处的 T_B 测量对干涉仪相位修正非常有用（见 13.2 节）。可通过增加其他波段测量获得 $\mathscr{L}_V$ 或干涉仪相位的更准确估计。例如，在地表氧气吸收边线附近约 50GHz 的测量可用于探测对流层垂直温度结构[参考文献 Miner, Thornton and Welch(1972), Snider(1972)]。此方法的准确度分析见文献 Solheim et al. (1998)。

13.2 毫米波段大气的影响

不透明度测量的现场测试

在毫米波和亚毫米波段，大气中吸收和路径长度的波动限制了合成孔径成像的质量。本节主要关注监测大气参数用于最佳观测地点的选择，以及用来减少相位误差的大气定标方法。此类问题由于毫米波和亚毫米波段的几个重要测量设备的开发已引起足够多的重视。

给定大气参数时，作为频率函数的天顶点不透明度（光学厚度）τ_0 可用 Liebe 传输模型(1989)计算。图 13.12 给出海拔 2124m、可降雨量为 4mm 时和海拔 5000m、可降雨量为 1mm 时透过率曲线 $\exp(-\tau_0)$，两处地点分别为 VLA 和 ALMA。选择合适的观测地点的目的是详细监测大气的日变化和年变化。假设天顶点光学厚度具有如下形式：

$$\tau_f = A_f + B_f w \tag{13.118}$$

其中 A_f 和 B_f 为与频率、观测地点的高度以及气象条件有关的经验常数,经挑选的这些参数的测量值见表 13.4。

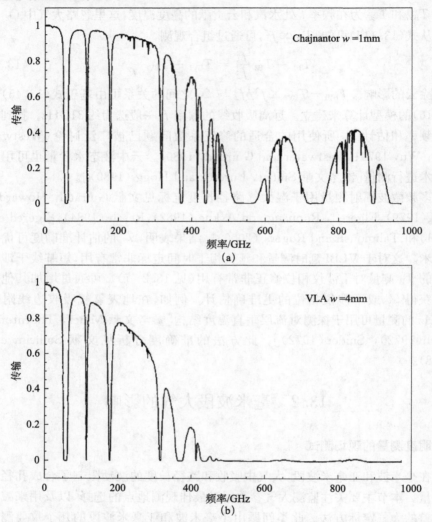

图 13.12 (a)用 Liebe(1989)模型计算高度为 5000m、1mm 降雨时,0～1000GHz 频率范围内天顶点的大气不透明度。在 1100GHz、1300GHz 和 1500GHz 附近存在额外的窗区,不透明度约为 0.1。(b)高度为 2124m、4mm 降雨时的大气不透明度。注意,大气压强使吸收线展宽,因此大气不透明度与高度有关。通常,在相同降水量条件下,在任何频率下大气窗区的不透明度在低高度下更差

曲线来自 Carlli and Holdaway(1999),版权归 American Geophys. Union. 所有

表 13.4 天顶点大气不透明度与水汽柱高的关系

f/GHz	地点[a]	高度/m	A_f/Np	B_f/(Np·mm^{-1})	方法[b]	参考文献[c]
15	海平面	0	0.013	0.002	1	1
22.2	海平面	0	0.026	0.02	1	1
35	海平面	0	0.039	0.006	1	1
90	海平面	0	0.039	0.018	1	1
225	南极	2835	0.030	0.069	2	2
225	Mauna Kea	4070	0.01	0.04	2	3
225	Chajnantor	5000	0.006	0.033	2	4
225	Chajnantor	5000	0.007	0.041	2	5
493	南极	2835	0.33	1.49	2	6

a 地点:南极 = Amundsen-Scott 站;Mauna Kea = 位于 Mauna Kea 的亚毫米波望远镜;Chajnantor = Llano de Chajnantor,阿塔卡马沙漠,智利。

b 方法:(1)从无线电探空仪数据得到大气不透明度,根据表面湿度估计标高为 2km 的水汽含量;(2)斜入射辐射计得到大气不透明度,由无线电探空仪数据得出水汽柱高。

c 参考文献:(1) Waters (1976);(2) Chamberlin and Bally (1995);(3) Masson (1994a);(4) Holdaway et al. (1996);(5) Delgado et al. (1998);(6) Chamberlin, Lane and Stark (1997)

光学厚度可通过测量一个小天线接收到的一组全噪声功率(此功率是天顶角的函数)进行计算(见 13.1 节"吸收"中描述的倾斜扫描法)。探测光学厚度通常选用的频率为 225GHz,位于 200~310GHz 的大气窗区(图 13.6 和图 13.12),接近 CO 吸收线附近。

测量大气不透明度的典型现场测试辐射计一般采用波束宽度约为 3°的小抛物面主反射镜,工作频率为 225MHz。位于主反射镜与次反射镜之间束腰位置的旋转叶片充当平面反射镜,将天线输出、45℃参考负载以及 65℃参考负载轮流切换为辐射计的输入。信号经放大后到达线性功率检波器,然后到达同步检波器,其输出电压正比于天线输入和 45℃参考负载输入之差,此即最终输出量,而 45℃和 65℃参考负载之差用于定标。测量不同天顶角下的天线温度,当接收机与天线连接时,此系统测量到的噪声温度 T_{meas} 包括三个分量:

$$T_{meas} = T_{const} + T_{at}(1 - e^{-\tau_0 \sec z}) + T_{cb} e^{-\tau_0 \sec z} \tag{13.119}$$

其中 T_{const} 代表当天线俯仰角变化时噪声分量之和中不变的部分,即接收机噪声、天线与接收机输入之间插入损耗引入的热噪声以及检波器的偏置等。式(13.119)中的第二项代表大气引入的噪声分量,T_{at} 为大气噪声温度,z 为天顶角。$T_{cb} \simeq 2.7K$,代表宇宙背景辐射。假设 T_{at} 和 T_{cb} 代表与物理温度相关的亮度温度,其关系见 7.1 节噪声温度测量中的普朗克定律和 Callen and Welton 定律。如果 T_{at} 已知,则从作为 z 的函数的 T_{meas} 中可直接获得 τ_0。假设大气温度从地表环境温度 T_{amb} 以垂直递减率 l 递减,l 不随高度而变化,则在高度 h 处的大气温度为 $T_{amb} - lh$。令平均温度的权重与水汽密度成正比,水汽以标高 h_0 呈指数分布,则有

$$T_{at} = T_{amb} - \frac{l \int_0^\infty h e^{h/h_0} dh}{\int_0^\infty e^{h/h_0} dh} = T_{amb} - lh_0 \tag{13.120}$$

递减率来自上升空气的绝对膨胀,9.8K·km^{-1}可用作近似值,但如前面所述,测得的典型值约为6.5K·km^{-1}。水汽的标高约为2km,因此,T_{at}通常比T_{amb}低13~20K。

图13.13展示了Mauna Kea处获得的演示数据,给出此站点昼夜和季节对大气不透明度的影响。图13.14给出在智利的Llano de Chajnantor、Mauna Kea和南极测量到的225Hz天顶点大气不透明度的累积分布。大气不透明度均值测量是计算由信号吸收和大气附加噪声贡献[式(13.50)]引起的灵敏度损失的基础。大气不透明度随昼夜和年度而变化,因此,对不同地点进行可靠比较,需要一年或多年以小时为间隔的测量。由气候影响(如厄尔尼诺效应)引起的长期变化会非常明显。表13.4给出观测站海拔对不透明度的影响。A_f与B_f的测量值对比表

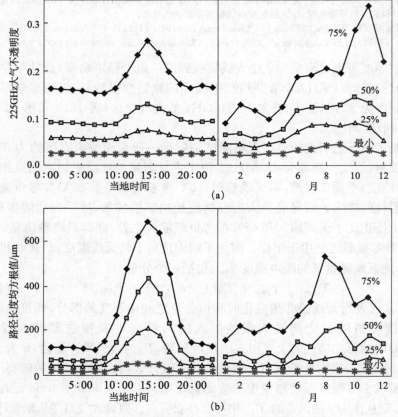

图13.13 (a)根据Mauna Kea(海拔4070m)CSO站三年(1989年8月~1992年7月)内14900次测量结果计算得到的225GHz天顶点大气不透明度的昼夜和季节性变化。图中给出最小、25%、50%和75%。白天不透明度的增加是由下午时山上升起的逆温层引起的。(b)在Mauna Kea利用100m基线、观测频率为11GHz的静止轨道卫星得到的路径长度均方根值昼夜与季节性变化。

资料来自Masson(1994a),courtesy of the Astron. Soc. Pacific Conf. Ser.

明,由于压制展宽效应,两个参数都随海拔的增加而降低。利用宽带傅里叶变换频谱仪可对不同频率下大气不透明度进行比较(Hills et al., 1978; Matsushita et al., 1999; Paine et al., 2000; Pardo, Serabyn and Cernicharo, 2001)。

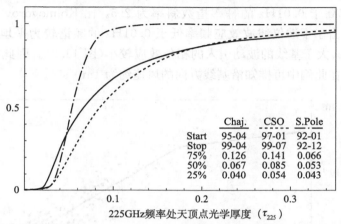

图 13.14 位于智利的 Llano de Chajnantor 站(海拔 5000m)、夏威夷 Mauna Kea 的 CSO 站(海拔 4070m)和南极站(海拔 2835m)225GHz 频率处天顶点光学厚度的累积分布,时间分别为 1995 年 4 月~1999 年 4 月、1997 年 1 月~1999 年 7 月和 1992 年 1 月~1992 年 12 月。注意与 CSO 站同期的 Mauna Kea 的 VLBA(海拔 3720m)测得的不透明度中值为 0.13, VLA 站(海拔 2124m)在 1990~1998 年不透明度中值为 0.3(Butler, 1998)。在低海拔站相应的不透明度会更差,例如,在海平面高度处马萨诸塞州坎布里奇站,通过 1994~1997 年 6 个月冬季的 115GHz 观测结果,推导出其在 225GHz 的不透明度为 0.5。参见文献 Radford and Chamberlin(2000)

相位稳定度直接测量的现场测试

干涉仪观测提供了一种直接确定大气相位波动的方法。静止轨道卫星的信号通常被采用,这是由于强信号可用小的非跟踪天线进行接收。文献 Ishiguro, Kanzawa and Kasuga(1990); Masson(1994a)和 Radford, Reiland and Shillue(1996)中对该方法进行了开发和研究。此方法曾用于夏威夷 Mauna Kea 站的 SAO 毫米波天线阵和 Llano de Chajnantor 站的 Atacama 大型毫米波阵列的现场测试。几个合适的静止轨道卫星工作在分配给固定广播服务的近 11GHz 频段,两个直径为 1.8m 的商业卫星电视天线提供的信噪比接近 60dB。为测量大气相位,曾使用 100~300m 的基线进行测量。卫星残余运动变化和任何温度的变化都会引起相位波动,此类波动与大气影响相比较慢并可通过对输出数据减去均值和求斜率的办法去除。由系统噪声引起的相位波动变化也能被确定及从测得相位的变化中减去。投影基线为 d 时(图 13.13(b)),测试干涉仪提供了一次相位结构函数 $\mathcal{D}_\phi(d)$ 的测量。

在冷冻对流层近似条件下,如图 13.15 的实例所示,幂率指数可用功率谱的波动来确定。因此,从单间距测量外推 $\mathscr{D}_\phi(d)$,可不必依赖指数 d 的理论值,但可用 $\mathscr{D}_\phi(\tau)$ 的测量值来确定其范围与变化[式(13.108)和表 13.2]。图 13.15 给出的例子中,频率高于 0.01Hz 的幂率指数斜率为 2.5,比 Kolmogorov 湍流预计的 2.67 略小。由于干涉仪滤波效应频率低于 0.01Hz 的频谱较为平坦。在此例中基线为 100m,大于基线的波动引入的相位效应较小(图 13.9)。因此拐点频率 f_c 等于 v_s/d。在此例中可推知沿基线方向的风速约为 $1\mathrm{m\cdot s^{-1}}$。

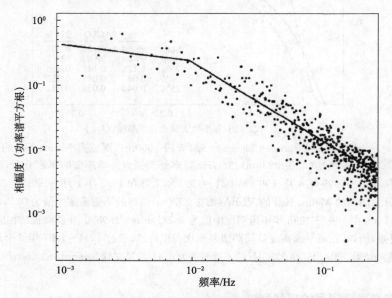

图 13.15 在 Mauna Kea(CSO 站)用 100m 基线测量得到的瞬时功率谱的平方根
由功率谱的拐点可计算出沿基线方向对流层的风速
参见文献 Masson(1994a),courtesy of the Astron. Soc. Pacific Conf. Ser.

在计算预期的相位波动时,需要注意的是相位随天顶角的变化取决于基线长度。当基线长度小于水汽层厚度时,相位变化(均方根值)与 $\sqrt{\sec z}$ 成正比,当基线大于水汽层厚度时,相位变化(均方根值)与 $\sec z$ 成正比。此结论可从下列事实中直观得出:短基线时大尺度不规则体的效应在两个天线间相互抵消,相位变化来自小尺度的不规则体效应,且相位变化大致与路径长度成正比。对于长基线,当基线与水汽层厚度相当时,大尺度不规则体效应占主导地位。

在考虑大气相位误差对地图或图像的影响时可视其为基于天线的相位误差。在 11.5 节给出瞬时成像动态范围约为

$$\frac{\sqrt{n_a(n_a-1)}}{\phi_{\mathrm{rms}}} \tag{13.121}$$

其中 ϕ_{rms} 为一对天线测量到的相位误差的均方根值,单位为 rad,n_a 为天线数量。例如,ϕ_{rms} 为 1rad,$n_a = 30$,则动态范围约为 30。作为粗略指导,ϕ_{rms} 的范围为 0.5~1rad,代表天线阵的性能为正常到临界值。通过长时间积分带来的图像质量提升依赖于相位波动的频谱。

用定标减少大气相位误差

对于厘米波段的相位定标,一般是以 20~30min 的时间间隔来观测相位定标源的。对于毫米波段,由于大气引入的相位波动更大,所以 20~30min 的定标观测周期不能满足要求。下面讨论在毫米波段和亚毫米波段降低大气相位波动影响的处理过程。

自定标 去除大气相位波动最简单的办法是10.3节和11.4节所述的自定标方法。此方法与一组为三个或更多个天线的相位闭环关系有关。使用此方法需要对相关器的输出数据进行足够长时间的积分,使射电源能够被检测到。即测得的可见度函数相位必须主要来自射电源,而不是设备噪声。然而,积分时间受限于变化速率,因此对于需要长时间积分才能检测到的射电源,自定标方法并不适用。

快速定标(快速切换) 利用和目标源接近的未分辨射电源进行快速相位定标可大幅度降低大气相位噪声误差(Holdaway et al., 1995; Lay, 1997b)。为确保观测定标源得到的大气相位与观测目标源得到的相位接近,两个射电源的角距必须小于几度,时间间隔必须小于~1min,因此需要目标源与定标源间快速的位置切换。对于水汽集中的大气分层,天线到目标源和到定标源切换经过的距离小于 d_{tc}。对于 1km 的一般对流层厚度,$d_{tc} \simeq 17\theta$,其中 θ 为两个源的角距,单位为度,d_{tc} 的单位为 m。对于一个天线,两个路径相位差的均方根值在任意时刻均为 $\sqrt{\mathcal{D}_\phi(d_{tc})}$。如果 t_{cyc} 是完成目标源和定标源切换的一个完整观测周期所消耗的时间,则测量这两个源的平均时间差为 $t_{cyc}/2$,在 $t_{cyc}/2$ 时间内大气移动距离为 $v_s t_{cyc}/2$,则这两个路径测量的相位差的有效值为 $\mathcal{D}_\phi(d_{tc} + v_s t_{cyc}/2)$。以上是最坏情况下的估计值,因为这里取的是与 d_{tc} 及 v_s 有关的矢量的标量和。对于干涉仪测量的到两个天线的路径之差,均方根值是一个天线路径均方根值的 $\sqrt{2}$ 倍,因此测得的可见度函数中的大气相位残差为

$$\phi_{rms} = \sqrt{2\mathcal{D}_\phi(d_{tc} + v_s t_{cyc}/2)} \tag{13.122}$$

注意 ϕ_{rms} 与基线无关,因此相位误差不随基线长度的增加而增加。观测两个源的一个完整周期的总时间为观测目标源和观测定标源时间之和,再加上两个源之间天线的旋转时间的两倍,最后加上天线旋转停止到记录数据开始的建立时间的两倍。每个源所需的观测时间与源的流量密度以及设备的灵敏度有关。对于定标

源,可能面临在附近弱射电源和需要较少的观测时间但需要更多天线扫描时间的强射电源之间的选择。为了将定标射电源作为解决大气相位问题的常规办法,必须在天空任意点处几度范围内有合适的定标源。因为定标源流量密度一般随频率的升高而降低,因此可能有必要使观测定标源时的频率低于观测目标源时的频率。在将目标源相位减去定标源相位之前,测得的定标源的相位必须乘上 f_{source}/f_{cal},(因为对流层本质上是非色散的),因此需要增加定标源相位的准确度,定标源的观测频率也不能太低。如果目标源的观测频率为几百吉赫兹,则在实际应用中定标源的观测频率选择在 90GHz 附近。快速定标技术的效果如图 13.16 中的数据所示。注意天线间距为 1500m、平均时间为 300s 下的曲线中的拐点表明风速约为 $2\times 1500/300 = 10\mathrm{m\cdot s^{-1}}$ (Carilli and Holdaway, 1999)。

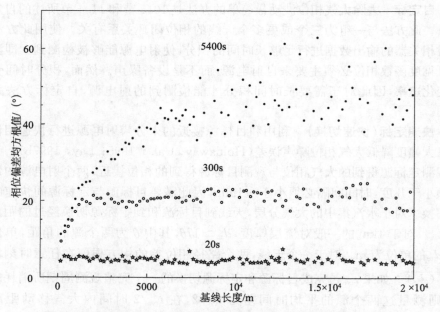

图 13.16 相位结构的平方根,即随基线长度变化的相位偏差均方根值

数据来自 22GHz 频率、不同平均时间下的 VLA 测量。数据表明了快速定标的有效性,在此测量中目标源和定标源是同一个,即 0748+240。实心方块(积分时间为 540s)代表无切换情况下相位波动的均方根(与图 13.11 数据相同),圆圈和星形分别代定标周期为 300s 和 20s 情况下相位波动的均方根。选自 Carilli and Holdaway (1999),© 1999 by the American Geophys. Union.

天线对或天线簇 天线对之间的间隔很近是实现目标源和定标源快速切换的另外一种方法。天线对中的一台天线连续观测目标源,另外一台连续观测定标源,利用此策略使式(13.122)中的 $t_{cyc}=0$,但需包括天线对间距 d_p。可见度函数中大气相位残差均方根变成如下形式:

$$\phi_{rms} = \sqrt{2\mathcal{D}_\phi(d_{tc}+d_p)} \qquad (13.123)$$

与式(13.122)一样,这里取与 d_{tc} 和 d_p 相关矢量的标量和,因此 ϕ_{rms} 为最坏情况下的估计值。当目标源和定标源之间位置差为 2°时,对于 1km 有效水汽高度,$d_{tc}=$ 35m;对于直径~10m 的天线,天线的典型工作频率为 300GHz,由于 v_s 一般为 6~12m·s^{-1},t_{cyc} 一般为 10s 或更长,为避免严重遮挡,d_p 约为 15m,小于快速定标方法中的 $v_s t_{cyc}/2$。因此,使用天线对测量的残留相位误差小于快速定标测量的残留相位误差。另外,观测时间也没有浪费在天线旋转和天线设置等过程中。然而,采用快速切换时约一半的时间用于目标源观测,而采用天线对时其中一半天线用于目标源观测,因此后一种方法的灵敏度降低~$\sqrt{2}$ 倍。如果天线是以 3 个或 4 个为一簇进行分组来取代天线对,则一簇中只有一个天线观测定标源,这将会减轻灵敏度的损失。

水汽直接测量 相位定标的一种实用方法是测量每个天线波束方向上的水汽总量。如 13.1 节"水汽辐射测量"部分所述,此方法通常需要在每个天线上配有测量水汽的辅助辐射计测量天空的亮度温度。Welch(1999)讨论了各种水汽直接测量技术。对于 VLBI 系统延时修正,水汽测量辐射计使用辅助天线足以满足要求。对于毫米波和亚毫米波干涉仪的相位修正,水汽测量辐射计系统与干涉仪单元天线的方向图相匹配非常重要。因为对流层在天线的近场区域,两个天线的方向图可以设计成通过对流层的体积几乎相同。在射频频率(除了氧气吸收频段 50~70GHz 和 118GHz)水汽是大气不透明度的主要因素,甚至在远离水汽吸收线中心的频率处也一样,如图 13.6 所示。远离谱线中心频率的不透明度是红外跃迁边缘远端吸收线导致的。大气吸收中有一个重要的连续分量是水汽造成的,其随 f^2 而变化(Rosenkranz,1998)。此分量包括与水分子比如二聚物有关的一系列量子力学效应(Chylek and Geldart,1997)。一般需要利用经验系数给此分量建模。另外,如 13.1 节"水汽辐射测量"所述,云状和雾状水滴以及冰晶对吸收的贡献随 f^2 变化。因此有两种不同定标方法:基于吸收线之间频段的天空亮度温度测量和基于吸收线频率附近的天空亮度温度测量。表 13.5 给出了特定频率和特定不透明度下亮度温度随传输延时变化的灵敏度。

表 13.5 在 5000m 海拔观测站及 $\omega=1mm$ 条件下路径长度变化 1mm ($\Delta\omega=0.16mm$)引起的亮度温度[a]变化

f/GHz	不透明度位置	ΔT_B/K
22.2	吸收线中心($6_{16}-5_{23}$)	0.5
90	连续谱	0.3
183.3	吸收线中心($3_{13}-2_{20}$)	10.0[b]
185.5	吸收线边缘	16.0
230	连续谱	2.0

a 从文献 Carilli and Holdaway(1999)中的数据计算得出。
b $w=1mm$ 时不透明度已经饱和

在90GHz或230GHz频率下测量天空亮度温度连续谱有若干优点。用于天文测量的辐射计同样也可用于测量天空亮度温度。在230GHz,如果相位定标准确度的要求为1/20波长,则从表13.5中的灵敏度可得,所需的亮度温度测量的准确度为0.1K,对于噪声温度为200K的系统,所需的增益稳定度为5×10^{-4}。该量级的增益稳定度一般需要特殊关注接收机制冷技术的温度稳定度。另外,增益值必须准确定标。地面接收到的噪声变化可能会被误认为是天空亮度温度变化。由于液态水对不透明度有贡献,所以云存在时此定标方法将失效。

谱线观测提供了一种对增益波动和地表噪声不敏感的定标技术。如13.1节"水汽辐射测量"部分所述,采用多频点探测能够校正云的影响以及水汽分布随高度变化的影响。对于适度干燥的毫米波观测站,22GHz吸收线可能是最好选择。图13.17给出了基于此吸收线进行相位修正的实例。对于很干燥的亚毫米波观测站,183GHz吸收线可能会给出更好的结果(Lay,1998;Wiedner and Hills,2000)。183GHz吸收线本质上比22GHz吸收线的灵敏度高约40倍。但是,183GHz吸收线比22GHz吸收线更容易饱和(例如,其不透明度会大于1),这大大降低了183GHz吸收线的可用程度。为避免此问题,可采用183GHz吸收线翼展区(不透明度小于1)的频率去观测。另外,吸收系数随f^2变化,183GHz吸收系数是22GHz吸收系数的70倍。由于非水汽因素的贡献,吸收系数的变化可能对高频观测的相位修正不利。

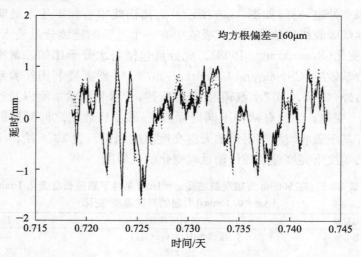

图13.17 采用欧文斯谷射电天文台(实线)一个基线在3mm波长测量到的干涉相位(单位为延时)随时间的变化,以及利用22GHz水汽辐射计测量结果(虚线)预计的延时随时间的变化。两者之差的均方根偏差为160μm,所用的射电源为3C273。来自文献Welch(1999);另见文献Woody,Carpenter and Scoville(2000)

13.3 电离层

自 Appleton 和 Bamett（1925）以及 Breit 和 Tuve（1926）的开创性实验之后，电离层开始被广泛研究并有大量文献发表。Ratcliffe（1962）和 Budden（1961）对与电离层相关的磁离子传输理论进行了深入的研究，Rawer（1956）描述了电离层的形态，Davies（1965）给出了电离层传播的最佳通用处理方法。文献 Evans and Hagfors（1968）和 Hagfors（1976）中给出了和射电天文相关的综述，Beynon（1975）给出了电离层早期研究时非常有意义的一些历史事例。本节仅研究电离层对干涉测量有负面影响的部分。表 13.6 给出白天和夜间多种传输影响的大小。这些影响大部分与 f^{-2} 成正比，因此可通过提高观测频率来降低这些影响。电离层路径增量大小一般等于中性大气 2GHz 附近的路径增量，但此等效成立的频率变化范围为 1~5GHz。因此在 20GHz 时，电离层的路径增量一般只有对流层路径增量的 1%。

表 13.6　60°天顶角、100MHz 频率下电离层影响最大可能值[a]

影响	最大值[b]（白天）	最小值[c]（夜间）	与频率的关系
法拉第旋转	15 周	1.5 周	f^{-2}
群延时	12μs	1.2μs	f^{-2}
路径增量	3500m	350m	f^{-2}
相位变化	7500rad	750rad	f^{-1}
相位稳定度（峰峰值）	±150rad	±15rad	f^{-1}
频率稳定度（rms）	±0.04Hz	±0.004Hz	f^{-1}
吸收系数（在 D 和 F 区间）	0.1dB[d]	0.01dB	f^{-2}
折射（环境）	0.05°	0.005°	f^{-2}
等晕面	—	~5°	f

选自 Evans and Hagfors(1968)。

a 天顶方向参数值除以 $\sec z_i$，$\sec z_i$ 值约为 1.7[式(13.140)]。对于典型（不是最大值）参数，$\sec z_i$ 值约为 2。

b 电子总量 $=5\times 10^{17} \mathrm{m}^{-2}$。

c 电子总量 $=5\times 10^{16} \mathrm{m}^{-2}$。

d 1dB=0.230Np

基础物理

高层大气的电离是由来自太阳的紫外辐射引起的。典型的白天和夜间电子密度垂直分布如图 13.18 所示。电子分布和电子总量随地磁纬度、一年中的不同时间以及太阳的黑子周期而变化。在电离层中存在飓风、行扰和不规则体等现象，此外还充斥着地球的类偶极磁场。电磁波在电离层的传播遵循有碰撞的磁化等离子体中的波理论。

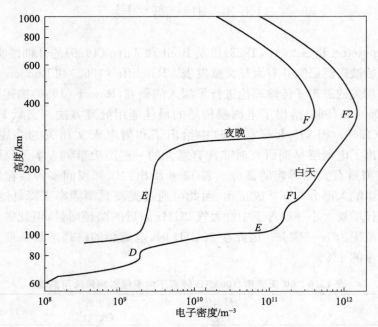

图 13.18　地球电离层理想电子密度分布
曲线给出的是中纬度太阳黑子极大值时的密度情况。峰值太阳黑子活动的周期为 11 年，
最近的是 1989 年和 2000 年。来自 Evans and Hagfors（1968）

通过考虑一些基本情况来推导和电磁波传播有关的一些电离层基本特性。首先考虑单频、线极化平面波在电子密度为 n_e 的均匀等离子体中传播的情形，此类等离子体中的磁场和粒子间的碰撞可以被忽略。电子随电场而振动，但质子由于质量较大，基本不被电场干扰。可以通过感应电流或偶极矩来计算折射指数，两种方法得出的结果相同。这里使用后一种方法，与 13.1 节"折射起源"中利用束缚振荡模型计算水气折射指数的方法相同。自由电子在等离子体中的运动方程为

$$m\ddot{x} = -e\boldsymbol{E}_0 e^{-j2\pi ft} \tag{13.124}$$

其中 m、e 和 x 分别为电子的质量、电荷和位移，$\boldsymbol{E}_0$ 和 f 为入射波电场 $\boldsymbol{E}$ 的幅度和频率。当电子的速度远小于光速 c 时，平面波磁场对电子的影响可被忽略，而电场对质子的运动影响也可忽略不计。式（13.124）的稳态解为

$$x = \frac{e}{(2\pi f)^2 m} \boldsymbol{E}_0 e^{-j2\pi ft} \tag{13.125}$$

注意感应电流密度 $\boldsymbol{i} = n_e e \dot{\boldsymbol{x}}$，其中 $\dot{\boldsymbol{x}}$ 为粒子的运动速度，与激励电场有 90°的相位差。因此电磁波作用于粒子的功 $\langle \boldsymbol{i} \cdot \boldsymbol{E} \rangle$ 为零，由于式（13.124）中无损耗项，所以

电磁波和预期一样无损传播。单位体积 P 内的偶极矩等于 $n_e e x_0$,其中 x_0 为振动幅度。介电常数 ε 为 $1+(P/E_0)/\epsilon_0$,其中 ϵ_0 为真空电容率,所以

$$\varepsilon = 1 - \frac{n_e e^2}{4\pi^2 f^2 \epsilon_0 m} \tag{13.126}$$

由于感应偶极子与激励场的相位相差 180°,所以介电常数为实数且小于 1。折射指数 n 等于介电常数 ε 的平方根,介电常数为实数,所以

$$n = \sqrt{1 - \frac{f_p^2}{f^2}} \tag{13.127}$$

其中

$$f_p = \frac{e}{2\pi}\sqrt{\frac{n_e}{\epsilon_0 m}} \simeq 9\sqrt{n_e}\,(\text{Hz}) \tag{13.128}$$

n_e 的量纲为 m^{-3},f_p 是等离子体频率,也称为等离子体中机械振动的本征频率[参见文献 Holt and Haskell(1965)]。电离层(图 13.18)的等离子频率通常小于 12MHz,频率小于 f_p 的电磁波垂直进入等离子体时会被完全反射。频率大于 f_p 的电磁波在等离子体中的相位速度为 c/n,大于光速 c;电磁波的群速度为 cn,小于光速 c。

现在考虑等离子体携带静态磁场 B,B 的方向与平面电磁波传播方向一致,电子的运动方程为

$$m\dot{v} = -e[E + v \times B] \tag{13.129}$$

设入射波为圆极化电磁波,如果 B 为零,则粒子将跟随电场矢量尖端运动形成圆形的运动轨迹。如果 B 不为零,$v \times B$ 的合力方向为径向方向,且电场产生的力将被向心加速度平衡掉。因此,在等离子体中存在基本的各向异性,此特性和电磁波是左旋圆极化或右旋圆极化有关,因为上述两种情况下 $v \times B$ 的符号是相反的。电子圆轨道的半径 R_e 可从力的平衡方程 $eE_0 \pm evB = mv^2/R_e$ 中导出,其中 $v = 2\pi f R_e$,B 为磁场强度,加号和减号分别代表左旋和右旋圆极化。因此,可得

$$R_e = \frac{eE_0}{4\pi^2 m v^2 \mp 2\pi feB} \tag{13.130}$$

遵照式(13.125)下面描述的相同操作步骤,可得折射指数

$$n^2 = 1 - \frac{f_p^2}{f(f \mp f_B)} \tag{13.131}$$

其中 f_B 为旋转频率或回旋频率,由下式给出:

$$f_B = \frac{eB}{2\pi m} \tag{13.132}$$

回旋频率为在没有任何电磁辐射情况时电子围绕磁力线螺旋运动的频率。在没有阻尼的情况下,如果激励电场的频率为 f_B,R_e 将趋于无穷大。地球磁场在电离层($\sim 0.5 \times 10^{-4}$T)中的回旋频率约为 1.4MHz。

式(13.131)给出的是纵向磁场(磁场方向平行于波的传播方向)情况下的折射指数。横向磁场情况下的解是不同的。准纵向磁场情况下的解可通过用 $B\cos\theta$ 代替 B 来获得,其中 θ 为传播矢量与磁场方向的夹角。当 θ 小于由下面不等式决定的角度时,可使用准纵向磁场情况下的解

$$\frac{1}{2}\sin\theta\tan\theta < \frac{f^2 - f_p^2}{ff_B} \tag{13.133}$$

当 $f > 100\text{MHz}$、$f_p \simeq 10\text{MHz}$ 且 $f_B \simeq 1.4\text{MHz}$ 时,准纵向磁场情况下解有效的 θ 值的范围为 $|\theta| < 89°$,几乎所有情况都满足。因此为获得高准确度,当 $f \gg f_p$ 和 $f \gg f_B$ 时,可将式(13.131)以高准确度展开,忽略 f^4 项和更高阶项,得到如下形式:

$$n \simeq 1 - \frac{1}{2}\frac{f_p^2}{f^2} \mp \frac{1}{2}\frac{f_p^2 f_B}{f^3}\cos\theta \tag{13.134}$$

对于沿着磁场 **B** 方向的传播,左旋圆极化波的折射指数小于右旋圆极化波的折射指数。

著名的法拉第旋转现象是右旋圆极化波与左旋圆极化波折射指数不同导致的,该不同也是线极化波穿过等离子体时其极化平面旋转的原因。位置角为 ψ 的线极化波可分解成幅度相同、相位差为 2ψ 的左旋圆极化波和右旋圆极化波,两个圆极化波在沿 y 方向传播穿过等离子体时的相位分别为 $2\pi f n_r y/c$ 和 $2\pi f n_l y/c$,其中 n_r 和 n_l 分别代表右旋圆极化模式和左旋圆极化模式的折射指数。上述两个波的相位差为 $2\pi f(n_r - n_l)y/c$。从式(13.134)可得 $n_r - n_l = f_p^2 f_B f^{-3}\cos\theta$,很容易得出极化平面旋转的角度为

$$\Delta\psi = \frac{\pi}{cf^2}\int f_p^2 f_B \cos\theta \mathrm{d}y \tag{13.135}$$

其中 f_p、f_B 和 θ 是 y 的函数。

对于磁场和电子密度恒定的情况,式(13.135)可写成如下形式:

$$\Delta\psi = 2.6 \times 10^{-13} n_e B \lambda^2 L \cos\theta \tag{13.136}$$

其中 $\Delta\psi$ 的单位为 rad;n_e 的单位为 m^{-3};B 的单位为 T,当磁场方向指向观测者时,其值为正;λ 为波长,单位为 m;L 为路径长度,单位为 m。指向观测者的磁场使位置角增加(例如,在地面观测时入射波极化平面的逆时针旋转)。

折射和传输延时

电离层中的折射降低了来自地球大气层之外信号的天顶角,此信号路径偏转是由电离层的曲率引起的。如果电离层是分层的平行平面结构,则从式(13.26)可知偏转角度为零。在一个众所周知的近似(Bailey,1948)中,假设电离层的厚度为 Δh,其内部电子密度呈抛物线分布,在高度 h_i 处密度最大,在此情况下的偏转角为

$$\Delta z = \frac{2\Delta h \sin z}{3r_0}\left(\frac{f_p}{f}\right)^2\left(1+\frac{h_i}{r_0}\right)\left(\cos^2 z + \frac{2h_i}{r_0}\right)^{-3/2} \quad (13.137)$$

其中 f_p 为在 h_i 处的等离子频率。如果常量 $\Delta h f_p^2$ 选取得合适,则对于所有 z 值,Δz 的准确度均优于 5%。

假设 $f \gg f_p$ 和 $f \gg f_B$,天顶方向的路径增量可用式(13.5)、式(13.128)和式(13.134)计算得出

$$\mathscr{L}_0 \simeq -\frac{1}{2}\int_0^\infty \left[\frac{f_p(h)}{f}\right]^2 dh \simeq -\frac{40.3}{f^2}\int_0^\infty n_e(h)dh \quad (13.138)$$

其中 f 的单位为 Hz,$n_e(h)$ 为电子密度(m^{-3}),$f_p(h)$ 为等离子体频率,是高度的函数。式(13.138)中电子密度以高度进行积分后被称为电子总含量或柱密度。电离层相位延时引起的路径增量为负值。如果假设在高度 h_i 处有一层薄的电离层,则路径增量将随入射波穿过电离层的天顶角的正割而变化,即

$$\mathscr{L} = \mathscr{L}_0 \sec z_i \quad (13.139)$$

其中 z_i(图 13.4)由下式给出:

$$z_i = \sin^{-1}\left[\left(\frac{r_0}{r_0+h_i}\right)\sin z\right] \quad (13.140)$$

当 $z=90°$,$h_i=400$km 时,$\sec z_i$ 约为 3。上述正割关系为估计电离层路径增量提供了合理的模型。文献 Spoelstra(1983)中给出了更复杂的模型。根据式(13.137)和式(13.139)以及实际射线跟踪计算得到的 Δz 和 $\mathscr{L}$ 的曲线如图 13.19 所示。

在一些应用中,测量条纹频率时有必要校正电离层的延时效应。电离层在天线端口引起的频率偏移为 $(f/c)d\mathscr{L}/dt$。路径增量的时间变化率 $d\mathscr{L}/dt$ 有两个分量:一个分量是由天顶角的时间变化率 dz/dt 导致的,

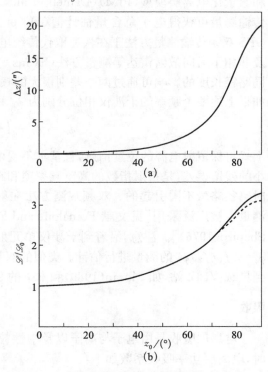

图 13.19 (a)依据图 13.12 中日间电子密度廓线并采用射线跟踪算法计算得到的 1000MHz 频率下电离层弯曲角随天顶角的变化。利用公式(13.137)并选取参数 $f_p=12$MHz,$h_i=350$km,$\Delta h=225$km 和 $r_0=6370$km,计算得到的弯曲角与图中曲线的差别不超过 5%。(b)对相同电子密度廓线用射线跟踪方法和用式(13.139)(虚线)计算得到的归一化电离层路径增量随天顶角的变化。电子总含量为 $6.03\times10^{17}m^{-2}$,天顶方向路径长度增量为 24.3m。弯曲角和路径长度增量与 f^{-2} 成正比

另外一个分量是 $\mathcal{L}$ 的时间变化率 $d\mathcal{L}/dt$ 导致的。在很多情况下,特别是在日出和日落时,后一个分量可能起主要作用(Mathur, Grossi and Pearlman, 1970)。

电离层延时定标

电离层引起的路径增量必须尽可能准确定标,包括准确确定射电源位置或基线。有三种可行的方法,第一种方法,根据地磁纬度、太阳时、季节和太阳活动等参数创建电离层模型。两个此类模型为国际参考电离层模型(IRI)(Bilitza, 1997)和参量化电离层模型(PIM)(Daniell et al., 1995)。第二种方法,通过 GPS 双频传输测量可获得电子总含量估计值(Ho et al., 1997; Mannucci et al., 1998)。GPS 双频传输测量方法正在快速取代传统电离层探测仪、卫星信号法拉第旋转以及非相干后向散射雷达等测量方法(Evans, 1969)。第三种方法,未分辨射电源不同路径长度的影响可通过两个差别很大的频率 f_1 和 f_2 同时进行天文观测而消除。如果上述两个频率的干涉仪相位分别为 ϕ_1 和 ϕ_2,则

$$\phi_c = \phi_2 - \left(\frac{f_1}{f_2}\right)\phi_1 \tag{13.141}$$

上式将保留射电源的位置信息,且基本不受电离层延时效应的影响。但有一个较小的残留误差,是折射指数的高阶频率项和在上述两个频率上的射线穿过电离层时路径略微不同引起的。双频观测方法在射电源结构可被忽略的天文射电干涉测量中被广泛采用[见文献 Fomalont and Sramek(1975), Kaplan et al. (1982), Shapiro(1976)]。注意,沿着到干涉仪单元射线路径上的电子总含量之差可通过 $\phi_2 - (f_1/f_2)\phi_1$ 的测量进行估计。类似的双频系统可应用于将本振参考频率发射到星载 VLBI 站,如 Moran(1989)和本书的 9.10 节。

吸收

电离层吸收是由电子与离子以及中性粒子的碰撞引起的。当频率远大于 f_p 时,电离层功率吸收系数如下:

$$\alpha = 2.68 \times 10^{-7} \frac{n_e f_c}{f^2} (\text{m}^{-1}) \tag{13.142}$$

其中 f_c 为碰撞频率,n_e 的单位为 m^{-3},单位为 Hz 的碰撞频率近似为

$$f_c \simeq 6.1 \times 10^{-9} \left(\frac{T}{300}\right)^{-3/2} n_i + 1.8 \times 10^{-14} \left(\frac{T}{300}\right)^{1/2} n_n \tag{13.143}$$

其中 n_i 为离子密度,n_n 为中性粒子密度,单位均为 m^{-3} (Evans and Hagfors, 1968),吸收系数如表 13.6 所示。

电子密度分布小尺度和大尺度不规则体

电子密度分布小尺度不规则体使穿过的电磁波波前产生随机波动。因此,频

率小于几百兆赫兹的干涉仪能够很容易观测到条纹幅度和相位的波动。在射电天文的早期,观测到天鹅座 A 以及其他致密射电源的信号有时间尺度为 0.1～1min 的波动。最初认为这些波动是射电源的固有特性(Hey,Parsons and Phillips,1946),但后来用分开的接收机观测表明,当接收机之间的距离大于几公里时,这些波动并不相关(Smith,Little and Lovell,1950),因此电离层的不规则体受宇宙信号干扰。电离层不规则的尺度主要为几公里或更小,波动的时间尺度表明电离层风速范围为 $50\sim300\mathrm{m\cdot s^{-1}}$。电离层波动的影响在频率范围 20～200MHz 内已被广泛研究。电离层波动的观测频率最高已达 7GHz(Aarons et al.,1983)。图 13.20 给出干涉仪测量到电离层波动的早期实例,文献 Hewish(1952)、Booker(1958)和 Lawrence,Little and Chivers(1964)对早期研究结果和技术进行了综述,电离层波动的原理与观测的全面综述见文献 Crane(1977),Fejer and Kelley(1980)和 Yeh and Liu(1982)。电离层全球形态图总结见文献 Aarons(1982)和 Aarons et al.(1999)。GPS 测量对监测电离层波动非常有用[如文献 Ho et al.(1996)和 Pi et al.(1997)]。Spoelstra 和 Kelder(1984)描述了电离层闪烁对合成孔径的影响。在 13.4 节讨论了闪烁的原理,此原理可用于电离层、行星际和行星际介质。

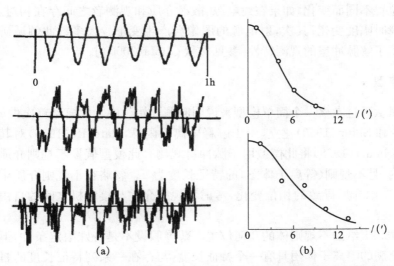

图 13.20 (a)位于英格兰剑桥的相位开关干涉仪对三次典型事件的相关器输出记录。干涉仪基线为 1km,工作波长为 8m。异常响应是由电离层波动引起的。(b)根据相关器响应过零点情况得出入射角概率分布。来自文献 Hewish(1952)

视线路径上电子总含量的大尺度变化是穿越电离层干扰(TIDs)引起的。TIDs 是高层大气中声重力波的表现形式,给电子密度带来准周期的大尺度波动。大气具有自然浮力,因此,一部分气体将垂直移动和释放并以布维频率进行振动。

布维频率也称为浮力频率,在电离层高度上此频率为 0.5~2mHz(周期为 10~20min)。对于大于浮力频率的波,恢复力为压力(声波)。对于小于浮力频率的波,其恢复力为重力(重力波)。文献 Hunsucer(1982) 和 Hocke and Schlegel (1996)对声重力波进行了综述。TIDs 有很多潜在来源,包括极光加热、恶劣天气、地震和火山爆发。中尺度 TIDs 的长度为 100~200km,时间尺度为 10~20min,引起电子总含量 0.5%~5%的变化。很大一部分时间都会存在中尺度 TIDs。大尺度 TIDs 相对不常见,其长度尺度为 1000km,时间尺度较小时,最大可使电子总含量变化 8%。此类波动由火山爆发引起,被 VLBI 观测到(Roberts et al., 1982)。TIDs 对射电干涉测量的影响主要是慢相位变化,见文献 Hinder and Ryle(1971),对卫星跟踪的影响见文献 Evans, Holt and Wand(1983)。

13.4 等离子体不规则体引起的散射

了解辐射在随机介质中的传输在很多领域都非常重要,来自宇宙射电源的信号传播到地球空间要经过几种随机介质,包括银河系中电离化的星际气体、太阳风、电离层和对流层的中性大气。从观测者角度看,存在两种影响,首先是幅度随观测者位置不同而变化,如果在射电源、散射介质和观测者之间存在相对运动,则会导致瞬时幅度变化;其次,射电源的图像会产生变形。大多数此领域研究的动机是试图了解脉冲星的观测特性[参见文献 Gupta(2000)]。

高斯屏模型

这里从通过考察一个简单模型来说明问题开始讨论。此模型首次由 Booker, Ratcliffe 和 Shinn(1950)建立,用于解释电离层闪烁,Ratcliffe(1956)对其进行了改进。Scheuer(1968)将此模型用于脉冲星观测。此模型假设不规则介质局限于一薄屏内,且不规则(等离子体团)的特征长度为 a。忽略在不规则介质中的折射效应,只考虑介质导致的相位变化,考虑不规则介质与接收机之间的自由空间折射影响。

图 13.21 给出不规则体的几何位置。薄屏假设不是特殊限定条件,但假设限定薄屏充满的等离子体团具有一个特征长度,与存在一系列特征长度的幂指数模型不同。由式(13.128)和式(13.134),等离子体的折射指数可写成如下形式:

$$n \simeq 1 - \frac{r_e n_e \lambda^2}{2\pi} \tag{13.144}$$

其中 r_e 为经典电子半径,等于 $e^2/4\pi\epsilon_0 mc^2$ 或 2.82×10^{-15} m,并忽略了含有 f_B 的项。因此穿过一个等离子体团产生的相位增量为

$$\Delta \phi_1 = r_e \lambda a \Delta n_e \tag{13.145}$$

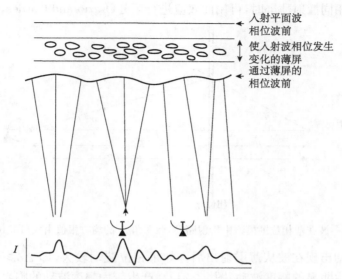

图 13.21　薄屏闪烁模型几何示意图

初始平面波入射到薄屏上,使平面波相位发生变化,波前变得不规则。当波传输到观测者时,产生幅度波动。天线下面为强度随波前位置的变化曲线。如果在薄屏与观测者之间存在相对运动,空间波动能够在接收到的功率瞬时波动或条纹可见度函数波动中观测到

其中 Δn_e 为不规则体等离子体团产生的相对于周围环境的电子密度增量。如果薄屏的厚度为 L,则入射波将会遇到 L/a 个等离子体团,相位偏差的均方根值 $\Delta\phi = \Delta\phi_1 \sqrt{L/a}$,或

$$\Delta\phi = r_e \lambda \Delta n_e \sqrt{La} \tag{13.146}$$

从薄屏传播出的波呈波浪形状,即幅度不发生变化,但相位不再是常数,而是随机波动量,其均方根值为 $\Delta\phi$。因此从薄屏传播出的波可分解成波的角度谱,沿一系列不同角度进行传播。角度谱的全带宽为 θ_s,可通过想象随机介质由折射三角形组成且使波前在长度为 a 的距离内倾斜了 $\pm\Delta\phi\lambda/2\pi$ 来估计,即

$$\theta_s = \frac{1}{\pi} r_e \lambda^2 \Delta n_e \sqrt{\frac{L}{a}} \tag{13.147}$$

如果射电源不是处于无限远位置,则入射波将不是平面波。在此情况下观测到的散射角 θ'_s 和薄屏相对于射电源和观测者的位置有关。因为 θ_s 和 θ'_s 均为小角度,则从图 13.22 的几何关系可得

$$\theta'_s = \frac{R'}{R+R'} \theta_s \tag{13.148}$$

其中 R 和 R' 的定义见图 13.6。因此,如果薄屏向射电源方向移动,则其散射影响将逐步变小。在天体物理学中此杠杆效应非常重要,当银河系和河外星系射电源

的辐射穿过相同散射薄屏时,可用此效应进行区分(Lazio and Cordes, 1998)。

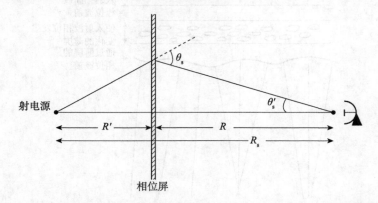

图 13.22 波在薄相位屏模型中折射路径,散射角 θ_s 的均方根值由式(13.147)给出

幅度波动出现在波从薄屏射出后。如果相位波动较大,即 $\Delta\phi > 1$,则波穿过薄屏后会产生明显的幅度波动(图 13.21)。产生较大幅度波动的临界距离为

$$R_f \simeq \frac{a}{\theta'_s} \qquad (13.149)$$

注意,如果 $\Delta\varphi = 2\pi$,则 R_f 为等离子体团的尺度等于第一菲涅耳区尺度时的距离。地球上垂直于传播方向平面内电场的随机分布称为衍射图,其特征相关长度 d_c 由下式给出:

$$d_c \simeq \frac{\lambda}{\theta'_s} \qquad (13.150)$$

如果薄屏沿着与传播方向垂直的方向运动且相对速度为 v_s,使衍射图扫过观测者,则变化的时间尺度为

$$\tau_d \simeq \frac{d_c}{v_s} \frac{R'}{R+R'} \simeq \frac{\lambda}{\theta_s v_s} \qquad (13.151)$$

通过散射路径到达观测者的信号相对直接传输信号的延时为

$$\tau_c \simeq \frac{RR'\theta_s^2}{2c(R+R')} \qquad (13.152)$$

散射波相对直接传输波的相位为 $2\pi f \tau_c$,这两种信号的干涉会产生闪烁。相位相对变化 2π 的带宽称为相关带宽 Δf_c,相关带宽为 τ_c 的倒数。当 $R = R'$ 时

$$\Delta f_c \simeq \frac{8c}{R_s \theta_s^2} \qquad (13.153)$$

其中 R_s 为射电源与观测者之间的距离。如果接收机的带宽大于 Δf_c,则幅度波动将会大大降低。从式(13.153)和式(13.147)可看出 Δf_c 与 λ^{-4} 成正比。

最后,如果射电源包含两个相等的分量,二者距离为 l,则每个分量都将产生相同的衍射图,但在地球上两个衍射图分开的距离为 lR/R'。如果 l 大于 d_c,则衍

射图将被平滑且幅度波动也将降低。如果射电源尺度大于临界尺度 θ_c,由于来自射电源两个分量的衍射图将产生重叠,幅度波动将被大幅降低且被平滑。根据式(13.148)和式(13.150),θ_c 可写成如下形式:

$$\theta_c = \frac{\lambda}{R\theta_s} \tag{13.154}$$

因此,只有小角径射电源会产生闪烁。在光学领域,类似现象为星光闪闪,但通常行星不产生闪烁。式(13.154)的一个非常重要的应用是用于确定和 γ 爆有关的扩展射电源的角径是由 Frail 等(1997)提出并实现的。Frail 等假设射电源辐射幅度波动是由星际间的散射引起的,在 γ 爆爆发一周后停止测量,结果表明在爆发时刻射电源的直径增加超过临界尺度 3 个微角秒。

条纹可见度函数的统计平均 $\mathcal{VB}_m$ 是一个非常有用的量,为闪烁条件下干涉仪的测量结果。假设沿着薄屏方向距离为 d 的两个点的相位 ϕ_1 和 ϕ_2 为联合高斯分布随机变量,其方差为 $\Delta\phi^2$,归一化相关函数为 $\rho(d)$。$\rho(d)$ 为相位相关函数或折射指数的可变分量。沿着波前的相位联合概率密度函数为

$$p(\phi_1, \phi_2) = \frac{1}{2\pi\Delta\phi^2 \sqrt{1 - \rho(d)^2}} \exp\left[-\frac{\phi_1^2 + \phi_2^2 - 2\rho(d)\phi_1\phi_2}{2\Delta\phi^2[1 - \rho(d)^2]}\right] \tag{13.155}$$

其中 $\rho(d) = \langle \phi_1\phi_2 \rangle / \Delta\phi^2$。$e^{j(\phi_1 - \phi_2)}$ 的期望值为

$$\langle e^{j(\phi_1 - \phi_2)} \rangle = \iint e^{j(\phi_1 - \phi_2)} p(\phi_1, \phi_2) d\phi_1 d\phi_2 \tag{13.156}$$

利用式(13.155)估计可得如下结果:

$$\langle e^{j(\phi_1 - \phi_2)} \rangle = e^{-\Delta\phi^2[1 - \rho(d)]} \tag{13.157}$$

对于流量密度为 S 的点源,条纹可见度函数的统计平均为

$$\langle \mathcal{VB}_m \rangle = S \langle e^{j\phi_1} e^{-j\phi_2} \rangle \tag{13.158}$$

或

$$\langle \mathcal{VB}_m \rangle = S e^{-\Delta\phi^2[1 - \rho(d)]} \tag{13.159}$$

如果射电源的本征可见度函数为 $\mathcal{VB}_0$,则可见度函数的统计平均为

$$\langle \mathcal{VB}_m \rangle = \mathcal{VB}_0 e^{-\Delta\phi^2[1 - \rho(d)]} \tag{13.160}$$

此结果最先由 Ratcliffe(1956) 和 Mercier(1962) 导出。在很多早期射电天文文献中,均假设 $\rho(d)$ 为高斯函数

$$\rho(d) = e^{-d^2/2a^2} \tag{13.161}$$

其中特征长度 a 与上述讨论的等离子体团的尺度有关。此模型称为高斯屏模型,由于等离子体团存在很多尺度,所以这里的假设可能有些不切实际。当 $\Delta\phi \gg 1$ 时,随着 d 增大 $\mathcal{VB}_m$ 快速下降。这里只需考虑 $d \ll a$ 的情况。将式(13.161)代入式(13.160)可得

$$\langle \mathcal{VB}_m \rangle \simeq \mathcal{VB}_0 e^{-\Delta\phi^2 d^2/2a^2} \tag{13.162}$$

因此,通过高斯屏观测点源的强度分布为高斯分布,其直径(最大值一半的宽度)为

$$\theta_s \simeq \sqrt{2\ln 2}\,\frac{\Delta\phi\lambda}{\pi a} = \frac{\sqrt{2\ln 2}}{\pi}r_e\lambda^2\Delta n_e\sqrt{\frac{L}{a}} \qquad (13.163)$$

此 θ_s 的表达式与式(13.147)完全等价。在 $\Delta\phi\ll 1$ 情况下,当 $d\gg a$ 时,归一化可见度函数从 1 降到 $e^{-\Delta\phi^2}$。因此,得到的点源强度分布为一个被光晕所包围的未分辨的核。在光晕中的流量密度与在核内的流量密度之比为 $e^{-\Delta\phi^2}-1$。

幂律模型

在电离的天体等离子体中,电子密度波动谱通常用幂律模型来描述

$$P_{n_e} = C_{n_e}^2 q^{-\alpha} \qquad (13.164)$$

其中 q 为三维空间频率,$q^2 = q_x^2 + q_y^2 + q_z^2$,$C_{n_e}^2$ 表征波动强度。$C_{n_e}^2$ 的定义在不同文献中不同,与其在波动谱还是结构函数中作为常数使用有关。二维相位功率谱[见 ϕ 与 n_e 之间的关系式(13.145)]如下:

$$p_\phi(q) = 2\pi r_e^2\lambda^2 L P_{n_e} \qquad (13.165)$$

因此,从式(13.104)可得相位的结构函数为

$$\mathcal{D}_\phi(d) = 8\pi^2 r_e^2\lambda^2 L\int_0^\infty [1-J_0(qd)]P_{n_e}(q)q\,dq \qquad (13.166)$$

对于形如式(13.164)的幂律波动谱,其结构函数为

$$\mathcal{D}_\phi(d) = 8\pi^2 r_e^2\lambda^2 C_{n_e}^2 L f(\alpha) d^{\alpha-2} \qquad (13.167)$$

其中 $f(\alpha)$ 为统一序。指数 α 一般取值 11/3,为 Kolmogorov 湍流对应的指数值,其 $f(\alpha)=1.45$[对于 $f(\alpha)$ 的其他值参见文献 Cordes, Pidwer-betsky and Lovelace (1986)]。干涉仪可见度函数统计平均[式(13.81)]为

$$\langle\mathcal{VB}\rangle = \mathcal{VB}_0 e^{-\mathcal{D}_\phi/2} \qquad (13.168)$$

或者

$$\langle\mathcal{VB}\rangle = \mathcal{VB}_0 e^{-4\pi^2 r_e^2\lambda^2 C_{n_e}^2 L f(\alpha) d^{\alpha-2}} \qquad (13.169)$$

从图 13.10(b)可以看出,观测到的强度分布即式(13.169)的傅里叶变换和高斯分布略有不同。从强度分布宽度得到的散射角(最大值一半的宽度)为

$$\theta_s \simeq 4.1\times 10^{-13}\,(C_{n_e}^2 L)^{3/5}\lambda^{11/5}\,('') \qquad (13.170)$$

其中 λ 的单位为 m,$C_{n_e}^2 L$ 的单位为 $m^{-17/3}$。因此,幂律模型与高斯屏模型的区别为 θ_s 的不同(θ_s 的测量是通过一系列基线可见度函数数据的傅里叶变换获得的)。幂律模型的 θ_s 与 $\lambda^{2.2}$ 成正比,高斯屏模型的 θ_s 与 λ^2 成正比。注意 $\langle\mathcal{VB}\rangle$ 如果是用单一基线测量得到的,即 d 是固定的,且如果 θ_s 是通过可见度函数测量值与高斯强度分布可见度函数期望值相比较得到的,则在两种模型中 θ_s 均与 λ^2 成正比。

如果式(13.168)、式(13.169)和式(13.170)有效,为达到统计平均的目的,可见度函数测量必须有足够长的积分时间(Cohen and Cronyn, 1974)。有关获得统

计平均所需平均时间的详细讨论由 Narayan(1992)给出。

对于等离子体，期望幂律模型从内尺度长度 q_0 到外尺度长度 q_1 都适用，即在长度尺度小于 $1/q_1$ 或大于 $1/q_0$ 时没有波动。在 $qd \ll 1$ 的情况下，即基线小于内长度尺度，式(13.166)中贝塞尔函数变成 $1-q^2r^2/4$ 且直接对其进行积分，可得

$$\mathcal{D}_\phi(d) = \frac{2\pi^2 r_e^2 \lambda^2 L C_{ne}^2}{4-\alpha}(q_1^{4-\alpha} - q_0^{4-\alpha})d^2 \tag{13.171}$$

此结果有两个非常有意义的结论。首先，结构函数与 d^2 成正比，与 α 无关。其次，对于 $\alpha<4$ 的情况，结构函数主要取决于小尺度不规则体，对于 $\alpha>4$ 情况，结构函数主要取决于大尺度不规则体。此结论也给出等离子体现象在 $\alpha<4$ 和 $\alpha>4$ 的分界线。$\alpha<4$ 情况称为 Type A(浅谱)，$\alpha>4$ 情况称为 Type B(陡谱)(Narayan, 1988)。

考虑功率谱具有三个区间的情况

$$\begin{aligned} p_{ne} &= C_{ne}^2 q_0^{-\alpha}, & q &< q_0 \\ &= C_{ne}^2 q_0^{-\alpha}, & q_0 &< q < q_1 \\ &= 0, & q &> q_1 \end{aligned} \tag{13.172}$$

将式(13.172)代入式(13.166)可得

$$\begin{aligned} \mathcal{D}_\phi(d) &= \left(\frac{2\pi}{q_1 d_0}\right)^\alpha d^2, & d &< \frac{2\pi}{q_1} \\ &= \left(\frac{d}{d_0}\right)^{\alpha-2}, & \frac{2\pi}{q_1} &< d < \frac{2\pi}{q_0} \\ &= \left(\frac{2\pi}{q_0 d_0}\right)^{\alpha-2}, & d &> \frac{2\pi}{q_0} \end{aligned} \tag{13.173}$$

式中引入了归一化因子 d_0，使 $\mathcal{D}_\phi(d_0)=1$，类似于 13.2 节讨论的对流层中 Kolmogorov 湍流情况，也假设 $2\pi/q_1 < d_0 < 2\pi/q_0$。模型的波动谱与结构函数见图 13.23。

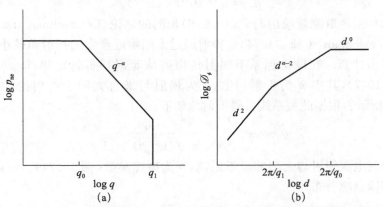

图 13.23　(a)内尺度的空间频率为 q_0 和外尺度的空间频率为 q_1 时电子密度波动谱模型。(b)相应的相位结构函数，见式(13.172)和式(13.173)

来自文献 Moran(1989)，© 1989 经 Kluwer Academic Publishers 授权复制

13.5 行星际介质

折射

无线电波通过太阳附近时由于日冕和太阳风的离子化作用将产生弯曲。日冕和太阳风的一般特性见文献 Winterhalter et al. (1996)。扩展太阳大气层中折射的计算对于理解低频太阳射电和检验电磁辐射经过太阳附近的真实弯曲(Shapiro, 1967, Fomalont and Sramek, 1977)都非常重要。低频太阳射电辐射在太阳大气中传播时折射产生的偏转角很大(Kundu, 1965)。测量射电频率区域真实偏转角的准确度受电离介质引入的偏转角准确度的限制。这里讨论和真实弯曲实验有关的折射,即在偏转角较小的微波频率区域的折射。

电子密度是太阳距离的函数。分析日食期间汤姆孙散射的光学观测,给出如下电子密度模型:

$$n_e = (1.55 r^{-6} + 2.99 r^{-16}) \times 10^{14} (m^{-3}) \qquad (13.174)$$

其中 r 为以太阳为起点的径向距离,单位为太阳半径, $r<4$。式(13.174)为著名的艾伦-鲍姆巴赫等式(Allen, 1947)。对于 $r>3$ (见文献 Muhleman, Ekers and Fomalont, 1970),日食期间电子密度模型为

$$n_e = a_1 r^{-6} + a_2 r^{-2.33} \qquad (13.175)$$

参数 a_1 和 a_2 与太阳活动有关,在 11 年太阳活动周期中参数可变化 5 倍。对于 $4<r<20$, 26MHz 频率的蟹状星云掩星闪烁测量结果可用下列模型表示(Erickson, 1964; Evans and Hagfors, 1968):

$$n_e = 5 \times 10^{11} r^{-2} (m^{-3}) \qquad (13.176)$$

掩日法脉冲星色散测量给出与式(13.176)相同的结论(Counselman and Rankin, 1972; Counselman et al., 1974)。辐射通过太阳附近产生的折射角较小时,该折射角很容易计算。在球坐标系下辐射传播遵从菲涅耳折射定律, $nr\sin z = $ 常数 (Smart, 1977),其中 n 为折射指数, z 为辐射与来自太阳中心射线的夹角,如图 13.24 所示。根据此关系式可得折射角如下:

$$\theta_b = \pi - 2 \int_{r_m}^{\infty} \frac{dr}{r \sqrt{(nr/p)^2 - 1}} \qquad (13.177)$$

其中 r_m 为射电源辐射与太阳的最近距离, p 为碰撞参数(图 13.24)。假设电子密度具有幂律概率分布

$$n_e = n_{e0} r^{-\beta} \qquad (13.178)$$

其中 n_{e0} 为在一个太阳半径下的电子密度,单位为 m^{-3}, β 为常数。对于用质量损失率常数和速度来表征的完全电离的太阳风, $\beta=2$。式(13.178)适用于 $r \geqslant 10$ 的情况。

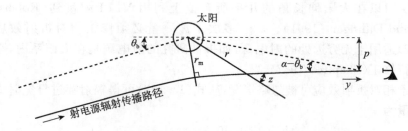

图 13.24 辐射通过太阳周围电离气体的传播路径
p 为碰撞参数，α 为太阳伸长角，即在没有太阳折射情况下太阳与射电源之间的角度

将式(13.178)和式(13.128)代入式(13.134)且忽略式(13.134)中 f_B 项可得折射指数。对于大折射角情况，式(13.177)的图形解由文献 Jaeger and Westfold (1950)给出。对于小折射角情况，式(13.177)的近似解可通过用 $\sec\theta$ 代替 nr/p 获得[见式(13.185)下面的讨论]：

$$\theta_b \simeq 80.6\sqrt{\pi}\,\frac{n_{e0}}{f^2}\,\frac{\Gamma\left(\frac{\beta+1}{2}\right)}{\Gamma\left(\frac{\beta}{2}\right)}\,p^{-\beta} \tag{13.179}$$

其中 p 的单位为太阳半径，Γ 为伽马函数。注意辐射是向远离太阳方向偏转的，折射角和式(13.176)模型有关：

$$\theta_b \simeq 2.4\lambda^2 p^{-2}\,(') \tag{13.180}$$

其中 λ 为波长，单位为 m。当折射角较小时，式(13.174)和式(13.175)给出电子密度多幂律模型，每个幂律分量的偏转角可进行累加。

相对折射 传统采用有效折射指数即 $1+2GM_\odot/rc^2$ 描述一般相对折射，其中 G 为重力常数，$M_\odot$ 为太阳质量。p 值较小时，折射角为(Weinberg, 1972)：

$$\theta_{GR} \simeq -1.75 p^{-1}\,('') \tag{13.181}$$

式中的负号代表传播向太阳方向偏转。相对折射效应已经被 VLBI 观测所证实，且准确度优于千分之一(Lebach et al., 1995)。在测量相对折射的实验中，干涉仪相位模型用式(13.179)来表达，具有幂律分量的太阳模型由式(13.178)给出，每个幂律分量的密度系数为 n_{e0i}，相对折射角与系数可利用干涉仪数据同时估计得出。但是，如果电子密度分布有一个分量的 $\beta=1$，仅用一个频率进行测试时，则相对折射效应可能会被掩盖。太阳风变化很大，所以对于高精度实验，用常数系数的幂律模型来描述太阳风可能是不够的。

对于距离太阳较大角距情况，一般相对折射效应的更适当近似如下：

$$\theta_{GR} \simeq -0.00407\sqrt{\frac{1+\cos\alpha}{1-\cos\alpha}}\,('') \tag{13.182}$$

其中 α 为太阳伸长角，即太阳与射电源之间的角度。在 $\alpha=90°$ 时，折射角（约为

4.1mas)可以在太阳伸长角的几乎所有值上利用 VLBI 测量到(Robertson, Carter and Dillinger, 1991)。对于多次干涉测量必须修正相对折射效应。式(13.182)适用于无穷远处的射电源,如果被研究的射电源是在太阳系内,则此式必须进行修正(Shapiro, 1967)。

对于相对折射效应可被忽略情况,从式(13.138)可得辐射穿过日冕时的相位路径增量为

$$\mathscr{L} \simeq -\frac{40.3}{f^2}\int_{-\infty}^{\infty} n_e \mathrm{d}y \tag{13.183}$$

如图 13.24 所示,y 的测量沿着辐射传播路径。对于式(13.178)给出的幂律模型,路径增量为

$$\mathscr{L} \simeq -\frac{40.3 n_{e0}}{f^2}\int_{-\infty}^{\infty} \frac{\mathrm{d}y}{(p^2+y^2)^{\beta/2}} \tag{13.184}$$

积分后得出结果如下:

$$\mathscr{L} \simeq -\frac{40.3\sqrt{\pi}}{f^2} \frac{\Gamma\left(\frac{\beta-1}{2}\right)}{\Gamma\left(\frac{\beta}{2}\right)} n_{e0} p^{1-\beta} \tag{13.185}$$

注意 $\mathscr{L}$ 随 p 的变化描述了波前的倾斜,即为折射角,因此 $\theta_b \simeq \mathrm{d}\mathscr{L}/\mathrm{d}p$(Bracewell, Eshleman and Hollweg, 1969)。对式(13.185)关于变量 p 进行微分得到式(13.179)。

行星际闪烁

文献 Clarke(1964)和 Hewish, Scott and Wills(1964)报道了太阳风中的不规则体引起的河外射电源闪烁。星际间闪烁与电离层引起的闪烁很容易区分,因为星际间闪烁时间尺度[式(13.151)]和临界射电源尺寸[式(13.154)]分别约为 1s 和 0.5″,而电离层引起的闪烁尺度为 30s 和 10′。Cohen 等(1967)对星际间闪烁的进一步观测表明 3C273B 射电源的角尺寸比应用式(13.154)得到的计算结果小 0.02″。此结果和长基线干涉测量结果促进了 VLBI 的发展。文献 Salpeter(1967)、Young(1971)和 Scott, Coles and Bourgois(1983)给出解释星际间闪烁的全面讨论。经粗略计算,星际间介质引起的散射角可近似由下式给出(Erickson, 1964):

$$\theta_s \simeq 50\left(\frac{\lambda}{p}\right)^2 (') \tag{13.186}$$

λ 的单位为 m,撞击参数 p 的单位为太阳半径。此关系是基于 1960~1961 年用 11m 波长、撞击参数在 5~50 太阳半径间的测量结果得出的。通过对 1991 年波长为 3.6cm 和 6cm、撞击参数范围为 10~50 太阳半径的 VLBI 观测结果分析,得出的 C_{ne}^2 的模型为 $C_{ne}^2 = 1.5 \times 10^{14} (r/R_{sun})^{-3.7}$(Spangler and Sakurai, 1995)。注

意，从 C_{ne}^2 与电子密度变化成正比、电子密度变化与密度平方成正比的基本考虑出发，期望幂律指数约为 -4。在太阳风速度为常数的情况下，电子密度与 r^{-2} 成正比，因此 C_{ne}^2 与 r^{-4} 成正比。与 4 之间的偏差是磁场强度依赖于太阳半径引起的，磁场在驱动湍流中扮演着重要角色。沿着视线对 C_{ne}^2 进行积分，并利用式 (13.170) 可得出散射角的估计值，即 $\theta_s = 3100 \, (p/\lambda)^{-2.2}$ 角秒，与式 (13.186) 得到的结果接近。

扩展源不像点源那样闪烁[式(13.154)]的概念可普遍化，从而获得射电源结构的更多信息。假设闪烁是由位于距离地球 R 处的薄屏引起的，如图 13.22 所示，$R \ll R_s$，且在地球表面的强度为 $I(x,y)$，x 和 y 为平行于图 13.21 中薄屏平面内的坐标。函数 $\Delta I(x,y) = I(x,y) - \langle I(x,y) \rangle$，其中 $\langle I(x,y) \rangle$ 为强度平均值。点源的功率谱为 $\mathscr{S}_{I0}(q_x, q_y)$，扩展源的功率谱为 $\mathscr{S}_I(q_x, q_y)$，其中 q_x 和 q_y 为空间频率（周期·米$^{-1}$）。如果射电源的可见度函数为 $\mathscr{VB}(q_x R, q_y R)$，则可得如下关系式 (Cohen, 1969)：

$$\mathscr{S}_I(q_x, q_y) = \mathscr{S}_{I0}(q_x, q_y) |\mathscr{VB}(q_x R, q_y R)|^2 \qquad (13.187)$$

其中 $q_x R$ 和 $q_y R$ 对应于基线投影坐标 u 和 v。射电源 m_s 的闪烁指数定义如下：

$$m_s^2 = \frac{\langle \Delta I(x,y)^2 \rangle}{\langle I(x,y) \rangle^2} = \frac{1}{\langle I(x,y) \rangle^2} \int_{-\infty}^{\infty} \int_{-\infty}^{\infty} \mathscr{S}_I(q_x, q_y) \mathrm{d}q_x \mathrm{d}q_y \qquad (13.188)$$

原理上，可用大量具有一定间距的接收机获得的 $\Delta I(x,y)$ 瞬时测量结果计算得到 $\mathscr{S}_I(q_x, q_y)$。在实际中，太阳风运动时会扫过单一望远镜的衍射图，因此根据 $\Delta I(t)$ 的测量结果可计算得出瞬时功率谱 $\mathscr{S}(f)$。如果衍射图沿着 x 方向的运动速度为 v_s，因为 $q_x = f/v_s$，则 $\mathscr{S}(f)$ 可与空间频谱联系起来

$$\mathscr{S}(f) = \frac{1}{v_s} \int_{-\infty}^{\infty} \mathscr{S}_I\left(q_x = \frac{f}{v_s}, q_y\right) \mathrm{d}q_y \qquad (13.189)$$

原理上，$|\mathscr{VB}|^2$ 可通过一组从相对太阳风矢量不同方向对射电源进行的观测获得，由式 (13.187) 计算得出。除掩月观测下还能获得可见度函数的相位外，其与掩月观测的情形完全类似 (16.2 节)。可从瞬时功率谱的宽度 (Cohen, Gundermann and Harris, 1967) 或者从闪烁指数[式 (13.188)] (Little and Lewish, 1966) 推导出射电源直径。

星际间散射通常较弱，除非是靠近太阳的方向。折射效应（将在 13.6 节和 14.3 节讨论）在强散射情况下可能很重要，Narayan, Anantharamaiah 和 Cornwell (1989) 对此问题进行了研究。

13.6　星际介质

表 13.7 列出行星际介质引起的各种效应的典型幅度和尺度，下面章节将对这些效应逐个讨论。

表 13.7 星际介质对频率为 100MHz 辐射影响的典型值[a]

影响	方程数	幅度	与频率关系
角度展宽[b]	13.163	$0.3''$	f^{-2}
脉冲展宽[b]	13.152	10^{-4} s	f^{-4}
闪烁带宽[b]	13.153	10^4 Hz	f^4
频谱展宽[b]	—	1 Hz	f^{-1}
闪烁时间尺度[b]	13.151	10 s	f
闪烁时间尺度[c]	—	10^6 s	f^{-1}
自由光学深度	13.142	0.01	f^{-2}
法拉第旋转	13.193	10 rad	f^{-2}

来自 Cordes(2000)。
a 在银道面 1kpc 距离处的射电源，实际值可能会有一个数量级的差异。
b 衍射。
c 折射。

色散和法拉第旋转

银河系星际介质中平滑的电离分量引起延时和法拉第旋转，从而对传播产生影响。例如，来自脉冲星的辐射脉冲到达时间为

$$t_p = \int_0^L \frac{dy}{v_g} \tag{13.190}$$

其中 L 为传播路径长度，$v_g = cn$ 为群速度，n 由式(13.127)给出。对式(13.190)进行微分

$$\frac{dt_p}{d\nu} \simeq -\frac{e^2}{4\pi\epsilon_0 mc\nu^3} \int_0^L n_e dy \tag{13.191}$$

n_e 沿着路径长度的积分称为色散度量

$$D_m = \int_0^L n_e dy \tag{13.192}$$

其与电子总量相同。通过在不同频率下测量脉冲星脉冲信号到达时间可估计 $dt_p/d\nu$ 的值，并且用式(13.191)可得色散测量。如果脉冲星的距离已知，则电子平均密度可计算得出。在银道面上 $\langle n_e \rangle$ 的典型值为 0.03cm^{-1}（Weisberg, Rankin and Boriakoff, 1980）。另外，如果脉冲星的距离未知，则可利用 n_e 的估计平均值和式(13.191)估计电子平均密度。

银河系的磁场引起河外射电源辐射平面的法拉第旋转。式(13.135)可写成如下形式：

$$\Delta\Psi = \lambda^2 R_m \tag{13.193}$$

其中 R_m 为旋转度量，由下式给出：

$$R_m = 8.1 \times 10^5 \int n_e B_\| dy \tag{13.194}$$

其中 R_m 的单位为 rad·m^{-2}，λ 的单位为 m，$B_\|$ 为磁场的径向分量，单位为 G(1G=

10^{-4}T),n_e 单位为 cm^{-3},dy 的单位为 pc(1pc=3.1×10^{16}m)。可通过色散测量分开旋转测量结果,从而估计行星际磁场。用此方法测量得到的行星际磁场典型值为 2μG(Heiles,1976)。如果磁场和视线的方向相反,则此方法会低估行星际磁场。银河系磁场导致的旋转度量的粗略估计如下式(Spitzer,1978):

$$R_m = -18|\cot b|\cos(l-94°) \tag{13.195}$$

其中 l 和 b 为银经和银纬。作为方向函数的旋转度量的扩展测量见文献 Simard-Normandin and Krogberg(1980)。

法拉第旋转发生在射电源辐射去极化过程中。去极化是射电源中不同深度辐射的法拉第旋转不同造成的。此类射电源可能是产生法拉第旋转的热等离子体包围的相对论气体,能够产生偏振同步辐射。当自吸收可被忽略时,观测辐射的偏振度可简洁地用傅里叶变换关系描述。线偏振的复数偏振度定义如下:

$$M = m_1 e^{j2\Psi} = \frac{Q+jU}{I} \tag{13.196}$$

其中 m_1 为线偏振度,Ψ 为电场的位置角,Q,U 和 I 为 4.8 节定义的斯托克斯参量。如果 y 为到射电源的线性距离,$\Psi(y)$ 为在深度 y 处的辐射本征位置角,$j_f(y)$ 为射电源的发射率,$\lambda^2\beta(y)$ 为在深度 y 处辐射的法拉第旋转,则观测辐射的极化度可写成如下形式:

$$M(\lambda^2) = \frac{\int_0^\infty m_1(y)j_f(y)e^{j2[\Psi(y)+\lambda^2\beta(y)]}dy}{\int_0^\infty j_f(y)dy} \tag{13.197}$$

式(13.197)中的分母为总强度,$\beta(y)$ 为法拉第深度,当径向磁场方向不发生变化时,其随射电源深度单向增加。在任何情况下,可将法拉第旋转相同的辐射进行叠加,并将式(13.197)中 y 函数的积分项写成 β 的函数,即

$$M(\lambda^2) = \int_{-\infty}^{\infty} F(\beta)e^{j2\lambda^2\beta}d\beta \tag{13.198}$$

其中

$$F(\beta) = \frac{m_1(y)j_f(y)e^{j2\Psi(y)}}{\int_0^\infty j_f(y)dy} \tag{13.199}$$

因此 $M(\lambda^2)$ 和 $F(\beta)$ 构成傅里叶变换对。$F(\beta)$ 有时称为法拉第色散函数,M 对于 λ^2 的负值是不可测量的,因此通常 $F(\beta)$ 不可得。由于傅里叶变换的困难,$F(\beta)$ 一般通过模型拟合进行估计。然而,如果 $\Psi(y)$ 为常数,则 $M(-\lambda^2)=M^*(\lambda^2)$,$F(\beta)$ 可通过傅里叶变换得到。

考虑 m_1、Ψ 和 j_f 为常数的简单射电源模型结果。从式(13.198)可得

$$M(\lambda^2) = M(0)\left[\frac{\sin\lambda^2 R_m}{\lambda^2 R_m}\right]e^{j\lambda^2 R_m} \tag{13.200}$$

其中 R_m 为整个射电源的法拉第旋转度量。如果法拉第旋转发生在射电源的前面，则复极化度为

$$M(\lambda^2) = M(0)e^{i\lambda^2 R_m} \qquad (13.201)$$

在此情况下不存在退极化，法拉第旋转为式(13.200)的两倍，射电源均匀分布在全部旋转介质中。关于本征法拉第旋转的详细讨论见参考文献 Burn(1966)和 Gardner and Whiteoak(1966)。

衍射

通过脉冲星和河外致密射电源的观测，星际衍射被广泛研究。对于脉冲星，脉冲宽度的瞬时展宽[式(13.152)]、去相关带宽[式(13.153)]和角度展宽[式(13.147)]均可测量。用薄屏模型进行测量反演得出的结论为 $\Delta n_e/n_e \simeq 10^{-3}$，闪烁的星体尺度的数量级为 10^{11} cm。来自脉冲星信号闪烁的瞬时变化是由观测者的移动和脉冲星相对准静止状态的星际介质引起的。去相关带宽的测量可用于估计散射角度[式(13.153)]。利用散射角的估计、衰落时间尺度的测量(在 408MHz 频率为 $10^2 \sim 10^3$ s)及式(13.151)，可估计散射屏的相对速度。根据散射屏的相对速度，可得到脉冲星的横向速度。用此方法估计脉冲星的运动速度和天体的固有运动(Lyne and Smith, 1982)与干涉仪直接测量结果(参见文献 Campbell et al.(1996))一致。同时也进行了脉冲双星轨道速度横向分量的测量(Lyne, 1984)。

观测结果表明，电子密度的波动可用幂律谱来描述，幂律指数约为 3.7 ± 0.3，与 Kolmogorov 湍流(Rickett, 1990; Cordes, Pidwerbetsky and Lovelace, 1986)的指数值 11/3 很接近。幂指数谱可从小于 10^{10} cm 扩展到大于 10^{15} cm。内尺度由质子回旋频率($\sim 10^7$ cm)决定，外尺度由银河系的标高($\sim 10^{20}$ cm)决定。内尺度观测证明由文献 Spangler and Gwinn(1990)给出。

Harris, Zeissig 和 Lovelace(1970), Readhead 和 Hewish(1972), Cohen 和 Cronyn(1974), Duffett-Smith 和 Readhead(1976)以及其他学者基于高斯屏模型，利用河外射电源角宽度的扩展测量导出 θ_s 的近似公式为

$$\theta_s \simeq \frac{15}{\sqrt{|\sin b|}}\lambda^2 \text{(mas)}, \quad |b| > 15° \qquad (13.202)$$

其中 b 为银纬，λ 为波长，单位为 m。利用幂律模型，Cordes(1984)对脉冲星数据进行了解译，得到 θ_s 的近似公式如下：

$$\begin{aligned}\theta_s &\simeq 7.5\lambda^{11/5}('') , & |b| &\leqslant 0.6° \\ &\simeq 0.5|\sin b|^{-3/5}\lambda^{11/5}('') , & 0.6° < |b| &< 3° \sim 5° \\ &\simeq 13|\sin b|^{-3/5}\lambda^{11/5}(\text{mas}), & |b| &\geqslant 3° \sim 5°\end{aligned} \qquad (13.203)$$

式(13.203)的准确度随 $|b|$ 的降低而降低。特别是 $|b|<1°$ 时，散射角的取值范围

很宽(Cordes, Ananthakrishnan and Dennison, 1984)。Taylor 和 Cordes(1993)建立了更加详细的用 23 个参数表征银河系电子分布的模型,用此模型计算得到 θ_s 的准确度更高。

致密射电源遭受强烈星际散射的一个例子是位于银河系动力中心的人马座。该射电源在 3.6cm 波长的角宽度约为 15mas[式(13.203)的估计值为 7.7mas]。如图 13.25 所示,在 0.3~30cm 波长测量范围内角宽度大约与波长的平方成正比。$\lambda=0.7$cm 和 0.3cm 数据预示着射电源的结构在 $\lambda<0.7$mm 时可能是可见的(Lo et al., 1998)。

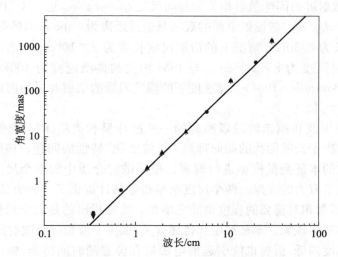

图 13.25 银心致密射电源(Sgr A*)的角宽度随波长的变化曲线
散射有轻微的各向异性[参见文献 Lo et al.(1998)],图中每个数据点均为赤经和赤纬坐标下角直径的几何平均。数据拟合直线的数学形式为 $\theta_s=1.04\lambda^{2.0}$,其中 θ_s 的单位为 mas,λ 的单位为 cm,$\lambda^{2.0}$ 依赖关系表明干涉仪基线(10^6m 或小于 10^6m)均小于湍流内尺度[式(13.168)和式(13.171)]

星际散射可能使干涉仪角宽度测量有极限。大部分在银河系低银纬的星际脉泽的视在角宽度一般受限于星际散射(Gwinn et al., 1988)。

折射

Sieber(1982)认识到脉冲星闪烁幅度变化的本征周期,其时间尺度从几天到几个月。本征周期与色散测量相关,使 Rickett, Coles 和 Bourgois(1984)确认了星际介质湍流另外一个非常重要的长度尺度——折射尺度 d_{ref}。折射尺度为衍射圆盘尺寸,即为散射辐射圆锥在散射屏的投影,散射屏与观测者的距离为 R,衍射圆盘的直径为 $R\theta_s$。散射盘代表散射屏的最大范围,在此范围的辐射能够到达观测者。幂律分布的不规则为最大幅度和最有影响允许的最大尺度的不规则。因此,折射尺度为 $d_{\text{ref}} \simeq R\theta_s$。由于 $\theta_s = \lambda/d_0$,其中 d_0 为 $\mathcal{D}_\phi(d_0) = 1$ 定义的衍射尺寸。折射尺度可写成如下形式:

$$d_{\text{ref}} = \frac{R\lambda}{d_0} \tag{13.204}$$

或者

$$d_{\text{ref}} = \frac{d_{\text{Fresnel}}^2}{d_0} \tag{13.205}$$

其中 $d_{\text{Fresnel}} = \sqrt{R\lambda}$ 为菲涅耳尺度。长度尺度 d_{ref} 与 d_0 分开的距离很大,因此,与速度为 v_s 的散射屏的闪烁散射相关的时间尺度 $t_{\text{ref}} = d_{\text{ref}}/v_s$,远大于与衍射相关的时间尺度 $t_{\text{dif}} = d_{\text{dif}}/v_s$。假设射电源的观测是通过距离为 1kpc 处的散射屏进行的,则 $b \simeq 20°$,波长为 0.5m,此情况下的衍射尺度长度为 2×10^9 cm,菲涅耳尺度为 4×10^{11} cm,折射尺度为 8×10^{13} cm。与 ISM 相关的典型速度为 100km^{-1} (Rickett, Coles and Bourgois, 1984)。此速度下的幅度闪烁的衍射和折射时间尺度分别为 3 分钟和 3 个月。

折射是米波和厘米波段观测到的一些脉冲星和类星体幅度慢变化的原因。这一认识解决了长期困扰的如何理解"长波变化"特性的问题。该问题不能用基于同步辐射的本征变量模型进行解释。星际散射介质中的两个尺度的认知给幂律模型提供了有力的支撑。两个尺度给幂指数估计提供了一种方法,因为随功率谱变陡峭,折射相对重要的程度也随之增加。值得指出的是两个尺度来源于没有本征尺度的幂律现象。本征尺度和传播有关,取决于波长以及散射屏的距离。

除了幅度闪烁,折射也能引起射电源视在位置随时间游走,幅度和时间尺度分别约为 θ_s 和 t_{ref}。此游走特性与波动的幂指数有关。根据射电源在一簇脉泽中的相对位置游走图像的幅度限制可以得到幂指数的限制(Gwinn et al.,1988)。

一些河外射电源强度少有的突然变化称为费德勒事件,或极端散射事件(Fiedler et al.,1987)。此类事件很有可能是星际介质折射引起的。在典型例子中,河外射电源 0954+658 在一个月的周期中流量密度先增加 30%,然后再下降 50%,之后又恢复到对称形态。大尺度等离子体云可能在射电源与地球之间漂移,由于聚焦和折射作用产生流量密度的变化。

由于有两个时间尺度与星际介质中强散射有关,利用在时间尺度 t_{int} 获得的干涉仪数据进行图像重建时,有三个不同的非常重要的数据平均体制,分别为 $t_{\text{int}} > t_{\text{ref}}$(统计平均)、$t_{\text{ref}} > t_{\text{int}} > t_{\text{dif}}$(图像平均)和 $t_{\text{int}} < t_{\text{dif}}$(瞬时图像)。文献 Narayan(1992),Narayan and Goodman(1989),和 Goodman and Narayan(1989)描述了这些体制的图像特性。对于统计平均体制[式(13.168)~式(13.170)],图像本质上是与合适的"可见"函数进行卷积的。快照体制提供了很好的图像重建可能性。利用此体制对射电源成像的分辨率可达 λ/d_{ref},远小于陆地干涉仪可达到的分辨

率。在此情况下,散射屏的作用相当于干涉仪的口径。由于折射引起的多路径传输,将散射屏上分布较散的辐射会聚到观测者,则有效基线可以变得很长。14.3 节将进一步进行讨论,包括 Wolszczan 和 Cordes (1987)的观测结果的讨论。

参考文献

Baldwin, J. E. and Wang Shougun, Eds., *Radio Astronomical Seeing*, International Academic Publishers, Pergamon Press, Oxford, 1990.

Cordes, J. M., B. J. Rickett, and D. C. Backer, *Radio Wave Scattering in the Interstellar Medium*, American Institute of Physics Conference Proceedings 174, New York. 1988.

Janssen, M. A., *Atmospheric Remote Sensing by Microwave Radiometry*, Wiley, New York, 1993.

Narayan, R., The Physics of Pulsar Scintillation, *Phil. Tran. R. Soc. Lond. A*, 341, 151-165, 1992.

Tatarski, V. I., *Wave Propagation in a Turbulent Medium*, Dover, New York, 1961.

Westwater, R., Ed., *Specialist Meeting on Microwave Radiometry and Remote Sensing Applications*, National Oceanic and Atmospheric Administration, U. S. Dept. Commerce, 1992.

引用文献

Aarons, J., Global Morphology of Ionospheric Scintillations, *Proc. IEEE*, 70, 360-378, 1982.

Aarons, J., J. A. Klobuchar, H. E. Whitney, J. Austen, A. L., Johnson, and C. L. Rino, Gigahertz Scintillations Associated with Equatorial Patches, *Radio Sci.*, 18, 421-434, 1983.

Aarons, J., M. Mendillo, B. Lin, M. Colerico, T. Beach, P. Kintner, J. Scali, B. Reinisch, G. Sales, and E. Kudeki, Equatorial F-Region Irregularity Morphology during an Equinoctial Month at Solar Minimum, *Space Science Reviews*, 87, 357-386, 1999.

Allen, C. W., Interpretation of Electron Densities from Corona Brightness, *Mon. Not. R. Astron. Soc.*, 107, 426-432, 1947.

Altenhoff, W. J., J. W. M. Baars, D. Downes, and J. E. Wink, Observations of Anomalous Refraction at Radio Wavelengths, *Astron. Astrophys.*, 184, 381-385, 1987.

Appleton, E. V. and M. A. F. Barnett, On Some Direct Evidence for Downward Atmospheric Reflection of Electric Rays, *Proc. R. Soc. Lond. A*, 109, 621-641, 1925.

Armstrong, J. W. and R. A. Sramek, Observations of Tropospheric Phase Scintillations at 5GHz on Vertical Paths, *Radio Sci.*, 17, 1579-1586, 1982.

Baars, J. W. M., Meteorological Influences on Radio Interferometer Phase Fluctuations, *IEEE Trans. Antennas Propag.*, AP-15, 582-584, 1967.

Bailey, D. K., On a New Method of Exploring the Upper Atmosphere, *J. Terr. Mag. Atmos. Elec.*, 53, 41-50, 1948.

Bean, B. R., B. A. Cahoon, C. A. Samson, and G. D. Thayer, *A World Atlas of Atmos-*

pheric Refractivity, U. S. Government Printing Office, Washington, DC, 1966.

Bean, B. R. and E. J. Dutton, *Radio Meteorology*, National Bureau of Standards Monograph 92, U. S. Government Printing Office, Washington, DC, 1966.

Beynon, W. J. G., Marconi, Radio Waves, and the Ionosphere, *Radio Sci.*, 10, 657-664, 1975.

Bieging. J. H., J. Morgan, J. H., J. Morgan, W. J. Welch, S. N. Vogel, and M. C. H. Wright, Interferometer Measurements of Atmospheric Phase Noise at 86 GHz, *Radio Sci.*, 19, 1505-1509, 1984.

Bilitza, D., International Reference Ionosphere-Status 1995/96, *Adv. Space Res.*, 20, 1751-1754, 1997.

Bohlander, R. A., R. W. McMillan, and J. J. Gallagher, Atmospheric Effects on Near-Millimeter-Wave Propagation, *Proc. IEEE*, 73, 49-60, 1985.

Booker, H. G., The Use of Radio Stars to Study Irregular Refraction of Radio Waves in the Ionosphere, *Proc. IRE*, 46, 298-314, 1958.

Booker, H. G., J. A. Ratcliffe, and D. H. Shinn, Diffraction from an Irregular Screen with Applications to Ionospheric Problems, *Philos. Tran. R. Soc. Land. A*, 242, 579-607, 1950.

Bracewell, R. N., *The Fourier Transform and Its Applications*, 3rd ed., McGraw-Hill, New York, 2000.

Bracewell, R. N., V. R. Eshleman, and J. V. Hollweg, The Occulting Disk of the Sun at Radio Wavelengths, *Astrophys. J.*, 155, 367-368, 1969.

Breit, G. and M. A. Tuve, A Test of the Existence of the Conducting Layer, *Phys. Rev.*, 28, 554-575, 1926.

Budden, K. G., *Radio Waves in the Ionosphere*. Cambridge Univ. Press, Cambridge, UK, 1961.

Burn, B. J., On the Depolarization of Discrete Radio Sources by Faraday Dispersion, *Mon. Not. R. Astron. Soc.*, 133, 67-83, 1966.

Butler, B., Precipitable Water at the VLA-1990-1998. MMA Memo. 237, Nat. Radio Astron. Obs., Socorro, NM, 1998.

Campbell, R. M., N. Bartel, I. I. Shapiro, M. I. Ratner, R. J. Cappallo. A. R. Whitney, and N. Putnam, VLBI-Derived Trigonometric Parallax and Proper Motion of PSR B2021+51, *Astrophys. J.*, 461, L95-L98, 1996.

Carilli, C. L. and M. A. Holdaway, Tropospheric Phase Calibration in Millimeter Interferometry, *Radio Science*, 34, 817-840, 1999.

Chamberlin, R. A. and J. Bally, The Observed Relationship Between the South Pole 225GHz Atmosphere Opacity and the Water Vapor Column Density, *Int. J. Infrared and Millimeter Waves*, 16, 907-920, 1995.

Chamberlin, R. A., A. P. Lane, and A. A. Stark, The 492GHz Atmospheric Opacity at the

Geographic South Pole, *Astrophys. J.*, 476, 428-433, 1997.

Chylek, P., and D. J. W. Geldart, Water Vapor Dimers and Atmospheric Absorption of Electromagnetic Radiation, *Geophys. Res. Lett.*, 24, 2015-2018, 1997.

Clarke, M., *Two Topics in Radiophysics*, Ph. D. thesis, Cambridge Univ., 1964 (see App. II).

COESA, *U. S. Standard Atmosphere, 1976*, NOAA-S/T 76-1562, U. S. Government Printing Office, Washington, DC, 1976.

Cohen, M. H., High-Resolution Observations of Radio Sources, *Ann. Rev. Astron, Astrophys.*, 7, 619-664, 1969.

Cohen, M. H. and W. M. Cronyn, Scintillation and Apparent Angular Diameter, *Astrophys. J.*, 192, 193-197, 1974.

Cohen, M. H., E. J. Gundermann, H. E. Hardebeck, and L. E. Sharp, Interplanetary Scintillations. II Observations, *Astrophys. J.*, 147, 449-466, 1967.

Cohen, M. H., E. J. Gundermann. and D. E. Harris, New Limits on the Diameters of Radio Sources, *Astrophys. J.*, 150, 767-782, 1967.

Cordes, J. M., Interstellar Scattering, in *VLBI and Compact Radio Sources*, R. Fanti, K. Kellermann, and G. Setti, Eds., IAU Symp. 110, Reidel, Dordrecht, Netherlands, 1984, pp. 303- 307.

Cordes, J. M., Interstellar Scattering: Radio Sensing of Deep Space through the Turbulent Interstellar Medium, in *Radio Astronomy at Long Wavelengths*, R. G. Stone, K. W. Weiler, M. L. Goldstein, and J. -L. Bougeret, Eds., Geophysical Monograph 119, Amer. Geophys. Union, pp. 105-114, 2000.

Cordes, J. M., S. Ananthakrishnan, and B. Dennison, Radio Wave Scattering in the Galactic Disk, *Nature*, 309, 689-691, 1984.

Cordes, J. M., A. Pidwerbetsky, and R. V. E. Lovelace, Refractive and Diffractive Scattering in the Interstellar Medium, *Astrophys. J.*, 310, 737-767, 1986.

Coulman, C. E., Fundamental and Applied Aspects of Astronomical "Seeing," *Ann. Rev. Astron. Astrophys.*, 23, 19-57, 1985.

Coulman, C. E., Atmospheric Structure, Turbulence and Radioastronomical "Seeing," in *Radio Astronomical Seeing*, J. E. Baldwin and Wang Shouguan, Eds., International Academic Publishers, Pergamon Press, Oxford, 1990, pp. 11-20.

Counselman, C. C., III., S. M. Kent, C. A. Knight, I. I. Shapiro, T. A. Clark, H. F. Hinteregger, A. E. E. Rogers, and A. R. Whitney, Solar Gravitational Deflection of Radio Waves Measured by Very-Long-Baseline Interferometry, *Phys. Rev. Lett.*, 33, 1621-1623, 1974.

Counselman, C. C., III and J. M. Rankin, Density of the Solar Corona from Occultations of NP0532, *Astrophys. J.*, 175, 843-856, 1972.

Cox, A. N., Ed., *Allen's Astrophysical Quantities*, 4th ed., AIP Press, New York, Springer, 2000, Sec. 11.20, p. 262.

Crane, R. K., Refraction Effects in the Neutral Atmosphere, in *Methods of Experimental Physics*. Vol. 12B, M. L. Meeks, Ed., Academic Press, New York, 1976, pp. 186-200.

Crane, R. K., Ionospheric Scintillation, *Proc. IEEE*, 65, 180-199, 1977.

Crane, R. K., Fundamental Limitations Caused by RF Propagation, *Proc. IEEE*, 69, 196-209, 1981.

Daniell, R. E., L. D. Brown, D. N. Anderson, M. W. Fox, P. H. Doherty, D. T. Decker, J. J. Sojka, and R. W. Schunk, Parameterized Ionospheric Model: A Global Ionospheric Parameterization Based on First Principles Models, *Radio Sci.*, 30, 1499-1510, 1995.

Davies, K., *Ionospheric Radio Propagation*, National Bureau of Standards Monograph 80, U. S. Government Printing Office, Washington, DC, 1965.

Davis, J. L., T. A. Herring, I. I. Shapiro, A. E. E. Rogers, and G. Elgered, Geodesy by Radio Interferometry: Effects of Atmospheric Modeling Errors on Estimates of Baseline Length, *Radio Sci.*, 20, 1593-1607, 1985.

Debye, P., *Polar Molecules*, Dover, New York, 1929.

Delgado, G., A. Otárola, V. Belitsky, and D. Urbain, The Determination of Precipitable Water Vapour at Llano de Chajnantor from Observations of the 183GHz Water Line, AL-MAMemo 271, National Radio Astronomy Observatory, Socorro, NM, 1998.

Downes, D. and W. J. Altenhoff, Anomalous Refraction at Radio Wavelengths, in *Radio Astronomical Seeing*. J. E. Baldwin and Wang Shouguan, Eds., International Academic Publishers, Pergamon Press, Oxford, 1990, pp. 31-40.

Duffett-Smith, P. J. and A. C. S. Readhead, The Angular Broadening of Radio Sources by Scattering in the Interstellar Medium, *Mon. Not. R. Astron. Soc.*, 174, 7-17, 1976.

Elgered, G., J. L. Davis, T. A. Herring, and I. I. Shapiro, Geodesy by Radio Interferometry: Water Vapor Radiometry for Estimation of the Wet Delay, *J. Geophys. Res.*, 96, 6541-6555, 1991.

Elgered, G., B. O. Rönnäng, and J. I. H. Askne, Measurements of Atmospheric Water Vapor with Microwave Radiometry, *Radio Sci.*, 17, 1258-1264, 1982.

Erickson, W. C., The Radio-Wave Scattering Properties of the Solar Corona, *Astrophys. J.*, 139, 1290-1311, 1964.

Evans, J. V., Theory and Practice of Ionospheric Study by Thomson Scatter Radar, *Proc. IEEE*, 57, 496-530, 1969.

Evans, J. V. and T. Hagfors, *Radar Astronomy*, McGraw-Hill, New York, 1968.

Evans, J. V., J. M. Holt, and R. H. Wand, A Differential-Doppler Study of Traveling Ionospheric Disturbances from Millstone Hill, *Radio Sci.*, 18, 435-451, 1983.

Fejer, B. G. and M. C. Kelley, Ionospheric Irregularities, *Rev. Geophys. Space Sci.*, 18, 401-454, 1980.

Fiedler, R. L., B. Dennison, K. J. Johnston, and A. Hewish, Extreme Scattering Events Caused by Compact Structures in the Interstellar Medium, *Nature*, 326, 675478, 1987.

Fomalont, E. B. and R. A. Sramek, A Confirmation of Einstein's General Theory of Relativity by Measuring the Bending of Microwave Radiation in the Gravitational Field of the Sun, *Astrophys. J.*, 199, 749-755, 1975.

Fomalont, E. B. and R. A. Sramek, The Deflection of Radio Waves by the Sun, *Comments Astrophys.*, 7, 19-33, 1977.

Frail, D. A., S. R. Kulkami, L. Nicastro, M. Ferocl, and G. B. Taylor, the Radio Afterglow from the γ-ray Burst of 8 May 1997, *Nature*, 389, 261-263, 1997.

Freeman, R. L., *Radio System Design for Telecommunications* (1-100GHz), Wiley, New York, 1987.

Fried, D. L., Statistics of a Geometric Representation of Wavefront Distortion, *J. Opt. Soc. Am.*, 55, 1427-1435, 1965.

Fried, D. L., Optical Resolution Through a Randomly Inhomogeneous Medium for Very Long and Very Short Exposures, *J. Opt. Soc. Am.*, 56, 1372-1379, 1966.

Fried, D. L., Optical Heterodyne Detection of an Atmospherically Distorted Signal Wave Front, *Proc. IEEE*, 55, 57-67, 1967.

Gardner, F. F. and J. B. Whiteoak, The Polarization of Cosmic Radio Waves, *Ann. Rev. Astron. Astrophys.*, 4, 245-292, 1966.

Goldstein, H., Attenuation by Condensed Water, in *Propagation of Short Radio Waves*, MIT Radiation Laboratory Series, Vol. 13, D. E. Kerr, Ed., McGraw-Hill, New York, 1951, p. 671.

Goodman, J. and R. Narayan, The Shape of a Scatter-Broadened Image: II. Interferometric Visibilities, *Mon. Not. R. Astron. Soc.*, 238, 995-1028, 1989.

Guiraud, F. O., J. Howard, and D. C. Hogg, A Dual-Channel Microwave Radiometer for Measurement of Preciptable Water Vapor and Liquid, *IEEE Trans. Geosci, Electron.*, GE-17, 129-136, 1979.

Gupta, Y., Pulsars and Interstellar Scintillations, in *Pulsar Asfrometry-2000 and Beyond*, M. Kramer, N. Wex, and R. Wielebinski, Eds., Astron. Soc. Pacific Conf. Ser., 202, 539-544, 2000.

Gwinn, C. R., J. M. Moran, M. J. Reid, and M. H. Schneps, Limits on Refractive Interstellar Scattering Toward Saggitarius B2, *Astrophys. J.*, 330, 817-827, 1988.

Hagfors, T., The Ionosphere, in *Methods of Experimental Physics*. Vol. 12B, M. L. Meeks, Ed., Academic Press, New York, 1976, pp. 119-135.

Hamaker, J. P., Atmospheric Delay Fluctuations with Scale Sizes Greater than One Kilometer, Observed with a Radio Interferometer Array, *Radio Sci.*, 13, 873-891. 1978.

Harris, D. E., G. A. Zeissig, and R. V. Lovelace, The Minimum Observable Diameter of Radio Sources, *Astron. Astrophys.*, 8. 98-104. 1970.

Heiles, C., The Interstellar Magnetic Field, *Ann. Rev. Astron. Astrophys.*, 14, 1-22, 1976.

Hess, S. L., *Introduction to Theoretical Meteorology*, Holt, Rinehart, Winston, New

York, 1959.

Hewish, A., The Diffraction of Galactic Radio Waves as a Method of Investigating the Irregular Structure of the Ionosphere, *Proc. R. Soc. Lond. A*, 214, 494-514, 1952.

Hewish, A,. P. F. Scott, and D. Wills, Interplanetary Scintillation of Small Diameter Radio Sources, *Nature*, 203, 1214-1217, 1964.

Hey, J. S., S. J. Parsons, and J. W. Phillips, Fluctuations in Cosmic Radiation at Radio Frequencies, *Nature*, 158, 234, 1946.

Hill, R. J., Water Vapor-Absorption Line Shape Comparison Using the 22-GHz Line: the Van Vleck-Weisskopf Shape Affirmed, *Radio Sci.*, 21, 447-451, 1986.

Hill, R. J. and S. F. Clifford, Contribution of Water Vapor Monomer Resonances to Fluctuations of Refraction and Absorption for Submillimeter through Centimeter Wavelengths, *Radio Sci.*, 16, 77-82, 1981.

Hill, R. J., R. S. Lawrence, and J. T. Priestly, Theoretical and Calculational Aspects of the Radio Refractive Index of Water Vapor, *Radio Sci.*, 17, 1251-1257, 1982.

Hills, R. E., A. S. Webster, D. A. Alston, P. L. R. Morse, C. C. Zammit, D. H. Martin, D. P. Rice, and E. I., Robson. Absolute Measurements of Atmospheric Emission and Absorption in the Range 100-1000GHz, *Infrared Phys.*, 18, 819-825, 1978.

Hinder, R. A,, Observations of Atmospheric Turbulence with a Radio Telescope at 5GHz, *Nature*, 225, 614-617, 1970.

Hinder, R. A., Fluctuations of Water Vapour Content in the Troposphere as Derived from Interferometric Observations of Celestial Radio Sources, *J. Atmos. Terr. Phys.*, 34, 1171-1186, 1972.

Hinder, R. A. and M. Ryle, Atmospheric Limitations to the Angular Resolution of Aperture Synthesis Radio Telescopes, *Mon. Not. R. Astron. Soc.*, 154, 229-253, 1971.

Ho, C. M., A. J. Mannucci, U. J. Lindqwister, X. Pi, and B. T. Tsurutani, Global Ionospheric Perturbations Monitored by the Worldwide GPS Network, *Geophys. Res. Lett.*, 23, 3219-3222, 1996.

Ho, C. M., B. D. Wilson, A. J. Mannucci, U. J. Lindqwister, and D. N. Yuan, A Comparative Study of Ionospheric Total Electron Content Measurements Using Global Ionospheric Maps of GPS, TOPEX Radar, and the Bent Model, *Radio Sci.*, 32, 1499-1512, 1997.

Hocke, K. and K. Schlegel, A Review of Atmospheric Gravity Waves and Travelling Ionospheric Disturbances: 1982-1995, *Ann. Geophysicae*, 14, 917-940, 1996.

Hogg, D. C., F. O. Guiraud, and W. B. Sweezy, The Short-Term Temporal Spectrum of Precipitable Water Vapor, *Science*, 213, 1112-1113, 1981.

Holdaway, M. A., M. Ishiguro, S. M. Foster, R. Kawabe, K. Kohno, F. N. Owen, S. J. E. Radford, and M. Saito, *Comparison of Rio Frio and Chajnantor Site Testing Data*, MMA Memo 152, National Radio Astronomy Observatory, Socorro, NM, 1996.

Holdaway, M. A., S. J. E. Radford, F. N. Owen, and S. M. Foster, *Fast Switching Phase*

Calibration: Effectiveness at Mauna Kea and Chajnantor, MMA Memo 139, National Radio Astronomy Observatory, Socorro, NM, 1995.

Holt, E. H. and R. E. Haskell, *Foundations of Plasma Dynamics*, Macmillan, New York, 1965. p. 254.

Humphreys, W. J., *Physics of the Air*, 3rd ed., McGraw-Hill, New York. 1940.

Hunsucker, R. D., Atmospheric Gravity Waves Generated in the High-Latitude Ionosphere: A Review, *Rev. Geophys. Space Phys.*, 20, 293-315, 1982.

Ishiguro, M., T. Kanzawa, and T. Kasuga, Monitoring of Atmospheric Phase Fluctuations Using Geostationary Satellite Signals, in *Radio Astronomical Seeing*, J. E. Baldwin and Wang Shouguan, Eds., International Academic Publishers, Pergamon Press, Oxford, 1990, pp. 60-63.

Jackson, J. D., *Classical Electrodynamics*, 3rd ed., Wiley, New York, 1999, pp. 775-784.

Jaeger, J. C. and K. C. Westfold, Equivalent Path and Absorption for Electromagnetic Radiation in the Solar Corona, *Aust. J. Phys.*, 3, 376-386, 1950.

Kaplan, G. H., F. J. Josties, P. E. Angerhofer, K. J. Johnston, and J. H. Spencer, Precise Radio Source Positions from Interferometric Observations, *Astron. J.*, 87, 570-576, 1982.

Kasuga, T., M. Ishiguro, and R. Kawabe, Interferometric Measurement of Tropospheric Phase Fluctuations at 22GHz on Antenna Spacings of 27 to 540m, *IEEE Trans. Antennas Propag.*, AP-34, 797-803, 1986.

Kundu, M. R., *Solar Radio Astronomy*, Wiley-Interscience, New York, 1965, p. 104.

Lawrence, R. S., C. G. Little, and H. J. A. Chivers, A Survey of Ionospheric Effects upon Earth-Space Radio Propagation, *Proc. IEEE*, 52. 4-27, 1964.

Lay, O. P., The Temporal Power Spectrum of Atmospheric Fluctuations Due to Water Vapor, *Astron. Astrophys. Suppl.*, 122, 535-545, 1997a.

Lay, O. P., Phase Calibration and Water Vapor Radiometry for Millimeter-Wave Arrays, *Astron. Astrophys. Suppl.*, 122, 547-557, 1997b.

Lay, O. P., 183GHz *Radiometric Phase Correction for the Millimeter Array*, MMA Memo. 209, National Radio Astronomy Observatory, Socorro, NM, 1998.

Lazio, T. J. W. and J. M. Cordes, Hyperstrong Radio-Wave Scattering in the Galactic Center. I. A Survey for Extragalactic Sources Seen through the Galactic Center, *Astrophys. J. Suppl.*, 118, 201-216, 1998.

Lebach, D. E., B. E. Corey, I. I. Shapiro, M. I. Ratner, J. C. Webber, A. E. E. Rogers, J. L. Davis, and T. A. Herring, Measurements of the Solar Deflection of Radio Waves Using Very Long Baseline Interferometry, *Phys. Rev. Lett.*, 75, 1439-1442, 1995.

Liebe, H. J., Calculated Tropospheric Dispersion and Absorption Due to the 22-GHz Water Vapor Line, *IEEE Trans. Antennas Propag.*, AP-17, 621-627, 1969.

Liebe, H. J., Modeling Attenuation and Phase of Radio Waves in Air at Frequencies below 1000GHz, *Radio Sci.*, 16, 1183-1199, 1981.

Liebe, H. J., An Updated Model for Millimeter Wave Propagation in Moist Air, *Radio Sci.*, 20, 1069-1089, 1985.

Liebe, H. J., MPM-An Atmospheric Millimeter-Wave Propagation Model, *Int. J. Infrared and MM Waves*, 10, 631-650, 1989.

Little, L. T., and A. Hewish, Interplanetary Scintillation and Relation to the Angular Structure of Radio Souces, *Mon. Not. R. Astron. Soc.*, 134, 221-237, 1966.

Lo, K. Y., Z.-Q. Shen, J. H. Zhao, and P. T. P. Ho, Instrinsic Size of Sagittarius A*: 72 Schwarzschild Radii, *Astrophys. J.*, 508, L61-L64, 1998.

Loudon, R., *The Quantum Theory of Light*, 2nd ed.. Oxford Univ. Press, London, 1983.

Lyne, A. G., Orbital Inclination and Mass of the Binary Pulsar PSR0655+64, *Nature*, 310, 300-302, 1984.

Lyne, A. G. and F. G. Smith, Interstellar Scintillation and Pulsar Velocities, *Nature*, 298, 825-827, 1982.

Mannucci, A. J., B. D. Wilson, D. N. Yuan, C. H. Ho, U. J. Lindqwister, and T. F. Runge, A Global Mapping Technique for GPS-Derived Ionospheric Total Electron Content Measurements, *Radio Sci.*, 33, 565-582, 1998.

Marini, J. W., Correction of Satellite Tracking Data for an Arbitrary Tropospheric Profile, *Radio Sci.*, 7, 223-231, 1972.

Masson, C. R., Atmospheric Effects and Calibrations, in *Astronomy with Millimeter and Submillimeter Wave Intelferometry*, M. Ishiguro and W. J. Welch, Eds., Astron. Soc. Pacific Conf. Series 59, 87-95, 1994a.

Masson, C. R., Seeing, in *Very High Angular Resolution Imaging*, J. G. Robertson and W. J. Tango, Eds., IAU Symp. 158, Kluwer, Dordrecht, 1994b. pp. 1-10.

Mathur, N. C., M. D. Grossi, and M. R. Pearlman, Atmospheric Effects in Very Long Baseline Interferometry, *Radio Sci.*, 5, 1253-126 1, 1970.

Matsushita, S., H. Matsuo, J. R. Pardo, and S. J. E. Radford, FTS Measurements of Submillimeter-Wave Atmospheric Opacity at Pampa la Bola II: Supra-Terahertz Windows and Model Fitting, *Pub. Ast. Soc. Japan*, 51, 603-610, 1999.

Mercier, R. P., Diffraction by a Screen Causing Large Random Phase Fluctuations, *Proc. R. Soc. Lond. A*, 58, 382-400, 1962.

Miner, G. F., D. D. Thomton, and W. J. Welch, The Inference of Atmospheric Temperature Profiles from Ground-Based Measurements of Microwave Emission from Atmospheric Oxygen. *J. Geophys. Res.*, 77, 975-991, 1972.

Misner, C. W., K. S. Thorne, and J. A. Wheeler, *Gravitation*, Freedman, San Francisco, 1973, Sec. 40.3.

Moran, J. M., The Effects of Propagation on VLBI Observations, in *Very Long Baseline Interferometry: Techniques and Applications*, M. Felli and R. E. Spencer, Eds., Kluwer, Dordrecht, 1989, pp. 47-59.

Moran, J. M. and B. R. Rosen, Estimation of the Propagation Delay through the Troposphere from Microwave Radiometer Data, *Radio Sci.*, 16, 235-244, 1981.

Muhleman, D. O., R. D. Ekers, and E. B. Fomalont, Radio Interferometric Test of the General Relativistic Light Bending Near the Sun, *Phys. Rev. Lett.*, 24, L1377-L1380, 1970.

Narayan, R., From Scintillation Observations to a Model of the ISM-The Inverse Problem, in *Radio Wave Scattering in the Interstellar Medium*, J. M. Cordes, B. J. Rickett, and D. C. Backer, Eds., American Institute of Physics Conf. Proc. 174, New York, 1988, pp. 17-31.

Narayan, R., The Physics of Pulsar Scintillation, *Phil. Tran. R. Soc. Lond. A*, 341, 151-165, 1992.

Narayan, R., K. R. Anantharamaiah, and T. J. Cornwell, Refractive Radio Scintillation in the Solar Wind, *Mon. Not. R. Astron. Soc.*, 241, 403-413, 1989.

Narayan, R. and J. Goodman, The Shape of a Scatter-Broadened Image: I. Numerical Simulations and Physical Principles, *Mon. Not. R. Astron. Soc.*, 238, 963-994, 1989.

Niell, A. E., Global Mapping Functions for the Atmospheric Delay at Radio Wavelengths, *J. Geophys Res.*, 101, 3227-3246, 1996.

NRAO, Recommended Site for the Millimeter Array, National Radio Astronomy Observatory, Charlottesville, VA, May 1998.

Olmi, L. and D. Downes, Interferometric Measurement of Tropospheric Phase Fluctuations at 86GHz on Antenna Spacings of 24m to 288m, *Astron. Astrophys.*, 262, 634-643, 1992.

Owens, J. C., Optical Refractive Index of Air: Dependence on Pressure, Temperature, and Composition, *Appl. Opt.*, 6, 51-58, 1967.

Paine, S., R. Blundell, D. C. Papa, J. W. Barrett, and S. J. E. Radford, A Fourier Transform Spectrometer for Measurement of Atmospheric Transmission at Submillimeter Wavelengths, *Pub. Astron. Soc. Pacific*, 112, 108-118, 2000.

Pardo, J. R., E. Serabyn, and J. Cernicharo, Submillimeter Atmospheric Transmission Measurements on Mauna Kea During Extremely Dry El Nino Conditions, *J. Quant. Spect and Rad Trans.*, 68, 419-433, 2001.

Pi, X., A. J. Mannucci, U. J. Lindqwister. and C. M. Ho, Monitoring of Global Ionospheric Irregularities Using the Worldwide GPS Network, *Geophys. Res. Lett.*, 24, 2283-2286, 1997.

Pol. S. L. C., C. S. Ruf, and S. J. Keihm, Improved 20- to 32-GHz Atmospheric Absorption Model, *Radio Sci.*, 33, 1319-1333, 1998.

Radford, S. J. E. and R. A. Chamberlin, *Atmospheric Transparency at 225GHz over Chajnantor, Mama Kea*, and the South Pole, ALMA Memo. 334, National Radio Astronomy Observatory, Socorro, New Mexico, 2000.

Radford, S. J. E., G. Reiland, and B. Shillue, Site Test Interferometer, *Pub. Astron. Soc. Pacific*, 108, 441-445, 1996.

Ratcliffe, J. A., Some Aspects of Diffraction Theory and Their Application to the Ionosphere,

Rep. Prog. Phys., 19, 188-267, 1956.

Ratcliffe. J. A., *The Magneto-Ionic Theory and Its Application to the Ionosphere*, Cambridge Univ. Press, Cambridge, UK, 1962.

Rawer, K., *The Ionosphere*, Ungar, New York, 1956.

149. Ray, P. S., Broadband Complex Refractive Indices of Ice and Water, *Applied Optics*, 11, 1836-1843, 1972.

Readhead, A. C. S. and A. Hewish, Galactic Structure and the Apparent Size of Radio Sources, *Nature*, 236, 440-443, 1972.

Reber, E. E. and J. R. Swope, On the Correlation of Total Precipitable Water in a Vertical Column and Absolute Humidity, *J. Appl. Meteorol.*, 11, 1322-1325, 1972.

Resch, G. M., Water Vapor Radiometry in Geodetic Applications, in *Geodetic Aspects of Electromagnetic Wave Propagation through the Atmosphere*. F. K. Brunner, Ed., Springer-Verlag, Berlin, 1984.

Rickett, B. J., W. A. Coles, and G. Bourgois, Slow Scintillation in the Interstellar Medium, *Astron. Astrophys.*, 134, 390-395, 1984.

Rickett, B. J., Radio Propagation through the Turbulent Interstellar Medium, *Ann. Rev. Astron. Astrophys.*, 28, 561-605, 1990.

Roberts, D. H., A. E. E. Rogers, B. R. Allen, C. L. Bennet, B. F. Burke, P. E. Greenfield, C. R. Lawerence, and T. A. Clark, Radio Interferometric Detection of a Traveling Ionospheric Disturbance Excited by the Explosion of Mt. St. Helens, *J. Geophys. Res.*, 87, 6302-6306, 1982.

Robertson. D. S., W. E. Carter, and W. H. Dillinger, New Measurement of Solar Gravitational Deflection of Radio signals using VLBI. *Nature*, 349, 768-770. 1991.

Roddier. F., The Effects of Atmospheric Turbulence in Optical Astronomy, in *Progress in Optics XIX*, E. Wolf. Ed., North-Holland, Amsterdam. 1981, pp. 281-376.

Rogers, A. E. E., A. T. Moffet, D. C. Backer, and J. M. Moran, Coherence Limits in VLBI Observations at 3-Millimeter Wavelength. *Radio Sci.*, 19, 1552-1560. 1984.

Rogers. A. E. E. and J. M. Moran, Coherence Limits for Very Long Baseline Interferometry, *IEEE Trans. Instrum. Meas.*, IM-30, 283-286. 1981.

Rosenkranz, P. W., Water Vapor Microwave Continuum Absorption: A Comparison of Measurements and Models, *Radio Sci.*, 33, 919-928. 1998.

Rybicki, G. B. and A. P. Lightman, *Radiative Processes in Astrophysics*, Wiley-Interscience, New York, 1979 (reprinted 1985).

Saastamoinen, J., Introduction to Practical Computation of Astronomical Refraction, *Bull. Geodesique*, 106, 383-397, 1972a.

Saastamoinen, J., Atmospheric Correction for the Troposphere and Stratosphere in Radio Ranging of Satellites, in *The Use of Artificial Satellites for Geodesy*, Geophysical Monograph 15, American Geophysical Union, Washington, DC, 1972b, pp. 247-251.

Salpeter, E. E., Interplanetary Scintillations. I. Theory, *Astrophys. J.* 147, 433-448, 1967.

Schaper, L. W., Jr., D. H. Staelin, and J. W. Waters, The Estimation of Tropospheric Electrical Path Length by Microwave Radiometry, *Proc. IEEE*, 58, 272-273, 1970.

Scheuer, P. A. G., Amplitude Variations in Pulsed Radio Sources, *Nature*, 218, 920-922, 1968.

Scott, S. L., W. A. Coles, and G. Bourgois, Solar Wind Observations Near the Sun Using Interplanetary Scintillation, *Astron. Astrophys.*, 123, 207-215, 1983.

Shapiro, I. I., New Method for the Detection of Light Deflection by Solar Gravity, *Science*, 157, 806-808, 1967.

Shapiro, I. I., Estimation of Astrometric and Geodetic Parameters, in *Methods of Experimental Physics*, Vol. 12C, M. L. Meeks, Ed., Academic Press, New York, 1976, pp. 261-276.

Sieber, W., Causal Relationship Between Pulsar Long-Term Intensity Variations and the Interstellar Medium, *Astron. Astrophys.*, 113, 311-313, 1982.

Simard-Normandin, M. and P. P. Kronberg, Rotation Measures and the Galactic Magnetic Field, *Astrophys. J.*, 242. 74-94, 1980.

Smart, W. M., *Textbook on Spherical Astronomy*, 6th ed., rev. R. M. Green, Cambridge Univ. Press, Cambridge, UK, 1977.

Smith, E. K., Jr. and S. Weintraub, The Constants in the Equation for Atmospheric Refractive Index at Radio Frequencies, *Proc. IRE*, 41, 1035-1037, 1953.

Smith, F. G., C. G. Little, and A. C. B. Lovell, Origin of the Fluctuations in the Intensity of Radio Waves from Galactic Sources, *Nature*, 165, 422-424, 1950.

Snider, J. B., Ground-Based Sensing of Temperature Profiles from Angular and Multi-Spectral Microwave Emission Measurements, *J. Appl. Mereorol.*, 11, 958-967, 1972.

Snider, J. B., H. M. Burdick, and D. C. Hogg, Cloud Liquid Measurement with a Ground-Based Microwave Instrument, *Radio Sci.*, 15, 683-693, 1980.

Solheim, F., Godwin, J. R., Westwater, E. R., Han, Yong, Keihm, S. J., Marsh, K., and Ware, R., Radiometric Profiling of Temperature, Water Vapor, and Cloud Liquid Water Using Various Inversion Methods, *Radio Sci.*, 33, 393-404, 1998.

Spangler, S. R. and C. R. Gwinn, Evidence for an Inner Scale to the Density Turbulence in the Interstellar Medium, *Astrophys. J.*, 353, L29-L32, 1990.

Spangler, S. R. and T. Sakurai, Radio Interferometry of Solar Wind Turbulence from the Orbit of Helios to the Solar Corona, *Astrophys. J.*, 445, 999-1061, 1995.

Spitzer, L., *Physical Processes in the Interstellar Medium*, Wiley-Interscience, New York, 1978, p. 65.

Spoelstra, T. A. T., The Influence of Ionospheric Refraction on Radio Astronomy Interferometry, *Astron. Astrophys.*, 120, 313-321, 1983.

Spoelstra, T. A. T. and H. Kelder, Effects Produced by the Ionosphere on Radio Interferometry, *Radio Sci.*, 19, 779-788, 1984.

Sramek, R., VLA Phase Stability at 22GHz on Baselines of 100m to 3km, VLA Test Memo. 143, National Radio Astronomy Observatory, Sororro, NM, 1983.

Sramek, R. A., Atmospheric Phase Stability at the VLA, in *Radio Astronomical Seeing*, J. E. Baldwin and Wang Shouguan, Eds., International Academic Publishers, Pergamon Press, Oxford, 1990, pp. 21-30.

Staelin, D. H., Measurements and Interpretation of the Microwave Spectrum of the Terrestrial Atmosphere near 1-Centimeter Wavelength, *J. Geophys. Res.*, 71, 2875-2881, 1966.

Sutton, E. C., and R. M. Hueckstaedt, Radiometric Monitoring of Atmospheric Water Vapor as It Pertains to Phase Correction in Millimeter Interferometry, *Astron. Astrophysics Suppl.*, 119, 559-567, 1996.

Sutton, E. C., S. Subramanian, and C. H. Townes, Interferometric Measurements of Stellar Positions in the Infrared, *Astron. Astrophys.* 110, 324-331, 1982.

Tahmoush, D. A. and A. E. E. Rogers, Correcting Atmospheric Variations in Millimeter Wavelength Very Long Baseline Interferometry Using a Scanning Water Vapor Radiometer, *Radio Sciences*, 35, 1241-1251, 2000.

Tatarski, V. I., *Wave Propagation in a Turbulent Medium*, Dover, New York, 1961.

Tatarski, V. I., *The Effects of the Turbulent Atmosphere on Wave Propagation*, National Technical Information Service, Springfield, VA, 1971.

Taylor, G. I., Spectrum of Turbulence, *Proc. Roy. Soc.*, 164A, 476-490, 1938.

Taylor, J. H. and J. M. Cordes, Pulsar Distances and the Galactic Distribution of Free Electrons, *Astrophys. J.*, 411, 674-684, 1993.

Thayer, G. D., An Improved Equation for the Radio Refractive Index of Air, *Radio Sci.*, 9, 803-807, 1974.

Treuhaft, R. N. and G. E. Lanyi, The Effect of the Dynamic Wet Troposphere on Radio Interferometric Measurements, *Radio Sci.*, 22, 251-265, 1987.

Van Vleck, J. H., E. M. Purcell, and H. Goldstein, Atmospheric Attenuation, in *Propagation of Short Radio Waves*, MIT Radiation Laboratory Series, Vol. 13, D. E. Kerr, Ed., McGraw-Hill, New York, 1951, pp. 641-692.

Waters, J. W., Absorption and Emission by Atmospheric Gases, in *Methods of Experimental Physics*, Vol. 12B, M. L. Meeks, Ed., Academic Press, New York, 1976, pp. 142-176.

Weinberg, S., *Gravitation and Cosmology: Principles and Applications of the General Theory of Relativity*, Wiley, New York, 1972, p. 188.

Weisberg, J. M., J. Rankin, and V. Boriakoff, HI Absorption Measurements of Seven Low Latitude Pulsars, *Astron. Astrophys.*, 88, 84-93, 1980.

Welch, W. J., Correcting Atmospheric Phase Fluctuations by Means of Water-Vapor Radiometry, in *Review of Radio Science*, 1996-1999, W. R. Stone, Ed., Oxford Univ. Press, Oxford, 1999, pp. 787-808.

Westwater, E. R., *An Analysis of the Correction of Range Errors due to Atmospheric Refraction by Microwave Radiometric Techniques*, ESSA Technical Report, IER 30-ITSA 30, Institute for Telecommunication Sciences and Aeronomy, Boulder, CO, 1967.

Westwater, E. R., The Accuracy of Water Vapor and Cloud Liquid Determination by Dual-Frequency Ground-Based Microwave Radiometry, *Radio Sci.*, 13, 677-685, 1978.

Westwater, E. R. and F. O. Guiraud, Ground-Based Microwave Radiometric Retrieval of Precipitable Water Vapor in the Presence of Clouds with High Liquid Content, *Radio Sci.*, 15, 947-957, 1980.

Wiedner, M. C. and R. E. Hills, Phase Correction on Mauna Kea Using 183 GHz Water Vapor Monitors, in *Imaging at Radio through Submillimeter Wavelengths*, J. G. Mangum and S. J. E. Radford, Eds., Astron. Soc. Pacific Conf. Ser., 217, 327-335, 2000.

Winterhalter, D., J. T. Gosling, S. R. Habbal, W. S. Kurth, and M. Neugebauer, Solar Wind Eight, Proc. 8th Int. Solar Wind Conf., *AIP Conference Proceedings*, Vol. 382, American Institute of Physics, New York, 1996.

Wolszczan, A. and J. M. Cordes, Interstellar Interferometry of the Pulsar PSR 1237+25, *Astrophys. J.*, 320, L35-L39, 1987.

Woody, D., J. Carpenter, and N. Scoville, Phase Correction at OVRO Using 22 GHz Water Line, in *Imaging at Radio through Submillimeter Wavelengths*, J. G. Mangum and S. J. E. Radford, Eds., Astron. Soc. Pacific Conf. Ser., 217, 317-326, 2000.

Woolf, N. J., High Resolution Imaging from the Ground, *Ann. Rev. Astron. Astrophys*, 20, 367-398, 1982.

Wright, M. C. H., Atmospheric Phase Noise and Aperture-Synthesis Imaging at Millimeter Wavelengths, *Pub. Astron. Soc. Pacific.*, 108, 520-534, 1996.

Wright, M. C. H. and Welch, W. J., Interferometer Measurements of Atmospheric Phase Noise at 3 mm, in *Radio Astronomical Seeing*, J. E. Baldwin and Wang Shouguan, Eds., International Academic Publishers, Pergamon Press, Oxford, 1990, pp. 71-74.

Wu, S. C., Optimum Frequencies of a Passive Microwave Radiometer for Tropospheric Path-Length Correction, *IEEE Trans. Antennas Propag.*, AP-27, 233-239, 1979.

Yeh, K. C. and C. H. Liu, Radio Wave Scintillations in the Ionosphere, *Proc. IEEE*, 70, 324-360, 1982.

Young, A. T., Interpretation of Interplanetary Scintillations, *Astrophys. J.*, 168, 543-562, 1971.

14 范西泰特-策尼克定理、空间相干性和散射

本章主要讨论范西泰特-策尼克(Van Cittert-Zernike)定理,包括其推导过程中假设的验证、射电源空间非相干条件以及干涉仪对相干射电源的响应。同时也对传播介质不规则所引起的散射特性进行了简单讨论。电磁辐射相干理论以及类似概念的研究大多可在与光学有关的文献中找到。光学中的术语有时与射电干涉测量中的术语不同,但很多物理情形是类似或相同的。这里在一些分析中使用了光学术语并引入互相关包括复可见度函数的概念。

14.1 范西泰特-策尼克定理

本书第 2 章和第 3 章内容指出:可利用分开一定距离的两个天线单元接收信号互相关函数的傅里叶变换对远距离宇宙射电源的强度分布进行成像。此结论是范西泰特-策尼克定理的一种形式,起源于光学。此定理基于范西泰特在 1934 年所发表的研究论文及若干年后策尼克给出的更简洁的推导过程。Born 和 Wolf(1999,Ch. 10)描述了范西泰特-策尼克所建立的结论。此结论的最初形式并没有特别指出强度和互相关函数之间的傅里叶变换关系,其推导过程如下所述。

如图 14.1 所示,考虑一个扩展、准单频和非相关的射电源,并在与射电源方向垂直平面上的两点 P_1 与 P_2 进行辐射互相关测量。然后假设用形状及大小相同的孔径来替代射电源,孔径后面由空间相干波前照射,孔径电场幅度分布与射电源的强度分布成正比。在包含 P_1 和 P_2 点的平面内可观测到孔径的夫琅禾费衍射图,P_1 和 P_2 的相对位置在上述两种情况下是相同的,但对于孔径几何示意图,P_2 位于衍射图的最大值处。将 P_1 和 P_2 间距为零时测量到的非相干射电源的互相关函数归一化为 1,则非相干射电源的互相关为基于 P_2 点最大场强值进行归一化的孔径衍射图在位置 P_1 处的复幅度。

范西泰特-策尼克定理的此种形式基于互相关函数和夫琅禾费衍射,可用类似傅里叶变换关系对齐进行描述。定理的推导提供了检验所涉及的假设的机会。分析过程与 Born 和 Wolf 给出的类似,当射电源为天文距离时,仅利用简化的几何关系作了一些修正。首先注意到在光学领域下 P_1 和 P_2 测量到的电场 $E(t)$ 的互相关函数可用下式表示:

$$\Gamma_{12}(u,v,\tau) = \lim_{T\to\infty} \frac{1}{2T} \int_{-T}^{T} E_1(t) E_2^*(t-\tau) \qquad (14.1)$$

其中 u 和 v 为两个测量点的空间坐标，单位为波长。$\Gamma_{12}(u,v,0)$ 为零时间偏移的互相关函数，等于射电测量情况下的复可见度函数 $\mathcal{VB}(u,v)$。

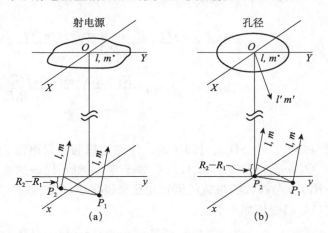

图 14.1 (a)远距离空间非相干射电源和辐射互相关测量点 P_1 与 P_2 的几何位置关系。射电源平面 (X,Y) 与测量平面 (x,y) 平行且相距很远。(b)从 (X,Y) 平面的孔径测量辐射场的几何位置关系与(a)类似，孔径由上方的相干波照射。辐射场在 P_2 点处最大，方向余弦 (l,m) 是相对测量平面 (x,y) 轴定义的，方向余弦 (l',m') 是相对孔径平面 (X,Y) 轴定义的

非相干射电源的互相关函数

图 14.1(a)给出了非相干射电源的几何位置。考虑到射电源位于远距离平面 (X,Y) 内，辐射场在与 (X,Y) 平行的 (x,y) 平面内的 P_1 和 P_2 点处进行测量。在射电测量情况下，这两个位置点为干涉仪天线单元所在位置。将 (X,Y) 平面内的点位置用相对 (x,y) 轴测量的方向余弦 (l,m) 来描述更加方便。当射电源的距离足够远时，射电源内任意一点在 P_1 与 P_2 处测得的方向均相同。射电源在 (l,m) 点处的分量在 P_1 和 P_2 点处的场强为

$$E_1(l,m,t) = \mathcal{E}\left(l,m,t-\frac{R_1}{c}\right) \frac{\exp[-j2\pi f(t-R_1/c)]}{R_1} \qquad (14.2)$$

和

$$E_2(l,m,t) = \mathcal{E}\left(l,m,t-\frac{R_2}{c}\right) \frac{\exp[-j2\pi f(t-R_2/c)]}{R_2} \qquad (14.3)$$

其中 $\mathcal{E}(l,m,t)$ 为 (l,m) 点处射电源分量电场复幅度的相量表示，R_1 和 R_2 分别为从 (l,m) 点到 P_1 和 P_2 点的距离，c 为光速。式(14.2)和式(14.3)中的指数项代表从射电源到 P_1 和 P_2 点时传播距离引起的相位变化。

对于零时间偏置,射电源(l,m)点处分量的辐射在P_1和P_2点电场电压的复相关函数为

$$\langle E_1(l,m,t)E_2^*(l,m,t)\rangle = \left\langle \mathscr{E}\left(l,m,t-\frac{R_1}{c}\right)\mathscr{E}^*\left(l,m,t-\frac{R_2}{c}\right)\right\rangle$$

$$\times \frac{\exp[-\mathrm{j}2\pi f(t-R_1/c)]\exp[-\mathrm{j}2\pi f(t-R_2/c)]}{R_1R_2}$$

$$= \left\langle \mathscr{E}(l,m,t)\mathscr{E}^*\left(l,m,t-\frac{R_2-R_1}{c}\right)\right\rangle \frac{\exp[\mathrm{j}2\pi f(R_1-R_2)/c]}{R_1R_2}$$

(14.4)

其中 * 号代表复共轭,符号⟨⟩代表时间平均。注意这里假设射电源为空间不相干的,即意味着$\langle E_1(l_p,m_p,t)E_2^*(l_q,m_q,t)\rangle$项等于零,p 和 q 代表射电源的不同分量。如果$(R_2-R_1)/c$与接收机带宽的倒数相比来说很小,可忽略式(14.4)尖括号中的该项,则式(14.4)变成如下形式:

$$\langle E_1(l,m,t)E_2^*(l,m,t)\rangle = \frac{\langle \mathscr{E}(l,m,t)\mathscr{E}^*(l,m,t)\rangle\exp[\mathrm{j}2\pi f(R_1-R_2)/c]}{R_1R_2}$$

(14.5)

$\langle \mathscr{E}(l,m,t)\mathscr{E}^*(l,m,t)\rangle$为射电源强度$I(l,m)$时间平均的度量。为获得$P_1$和$P_2$处电场的互相关函数,用$\mathrm{d}s$代表$(X,Y)$平面内射电源的面元分量并对整个射电源进行积分

$$\Gamma_{12}(u,v,0) = \int_{\mathrm{source}} \frac{I(l,m)\exp[\mathrm{j}2\pi f(R_1-R_2)/c]}{R_1R_2}\mathrm{d}s \quad (14.6)$$

其中u和v分别为P_1与P_2点间距的x和y分量,单位为波长。注意(R_1-R_2)为射电源所处位置(l,m)点到P_1和P_2点的路径差。P_1和P_2点的坐标分别为(x_1,y_1)和(x_2,y_2),因此$u=(x_1-x_2)f/c$,$v=(y_1-y_2)f/c$,其中c/f为波长。由此可得$(R_2-R_1)=(ul+vm)c/f$。因为到射电源的距离远大于P_1和P_2之间的距离,可设$R_1\simeq R_2\simeq R$,R为(X,Y)与(x,y)原点之间的距离。则$\mathrm{d}s=R^2\mathrm{d}l\mathrm{d}m$,则式(14.6)可写成如下形式:

$$\Gamma_{12}(u,v,0) = \iint_{\mathrm{source}} I(l,m)\mathrm{e}^{-\mathrm{j}2\pi(ul+vm)}\mathrm{d}l\mathrm{d}m \quad (14.7)$$

由于式(14.7)中的积分在射电源边缘以外处为零,所以积分范围可扩展为无限大,则与复可视度函数$\sqrt{\mathscr{B}}(u,v)$等价的互相关函数$\Gamma_{12}(u,v,0)$为射电源强度分布$I(l,m)$的傅里叶变换。此结论一般称为范西泰特-策尼克定理。但是,利用本节开始给出的孔径衍射图检验此定理具有重要意义。

孔径衍射和天线响应

作为角度函数的孔径夫琅禾费衍射可利用图 14.1(b)中的几何关系进行分析。图 14.1(b)中,孔径被幅度为 $\mathscr{E}(l,m,t)$ 的电磁场照射,这里再次使用相对 x 和 y 轴的方向余弦来表示从 P_1 和 P_2 看到的孔径内的点。(x,y) 平面位于来自孔径内任意点的波前的远场区,因此这样的波前在 $P_1 P_2$ 距离外可认为是平面。孔径的中心位于 O 点并与 OP_2 方向垂直。假设孔径上的相位相同,则场分量在 P_2 点同相叠加,因此 (x,y) 平面内 P_2 点处场强最大。现在考虑坐标为 (x,y) 的 P_1 点的场强。孔径 (l,m) 点的辐射分量在 P_1 点产生的场强分量可由式(14.2)给出。射电源 (l,m) 点到 P_1 和 P_2 的距离分别为 R_1 和 R_2,且有 $R_2 - R_1 = lx + my$,则式(14.2)可写成如下形式:

$$E_1(l,m,t) = \frac{e^{-j2\pi f(t - R_2/c)}}{R_1} \mathscr{E}\left(l, m, t - \frac{R_1}{c}\right) e^{-j2\pi f(xl + ym)} \tag{14.8}$$

再次假设 $R_1 \simeq R_2 \simeq R$,对孔径进行积分便得到 P_1 点的总场强

$$E(x,y) = \frac{e^{-j2\pi f(t - R/c)}}{R} \int_{\text{aperture}} \mathscr{E}\left(l, m, t - \frac{R}{c}\right) e^{-j2\pi[(x/\lambda)l + (y/\lambda)m]} ds \tag{14.9}$$

其中 λ 为波长,面元 ds 与 $dldm$ 成正比。等式右边积分外的项为传播因子,代表了图 14.1(b)中射电源到 P_2 点的路径引起的幅度和相位变化。在将此结果应用到孔径辐射方向图之前,将与时间相关的函数 E 和 $\mathscr{E}$ 用相应的场量幅度的均方根值替换,分别用 $\overline{E}$ 和 $\overline{\mathscr{E}}$ 表示

$$\overline{E}(x,y) \propto \iint_{\text{aperture}} \overline{\mathscr{E}}(l,m) e^{-j2\pi[(x/\lambda)l + (y/\lambda)m]} dldm \tag{14.10}$$

此处略去了式(14.9)中的传播因子。对比式(14.7)与式(14.10)可解释本节开始时描述的范西泰特-策尼克定理。由于非相干强度和相干场幅度之间的特定比例,可发现如下规律:

$$\frac{\Gamma_{12}(u,v,0)}{\Gamma_{12}(0,0,0)} = \frac{\overline{E}(x,y)}{\overline{E}(0,0)} \tag{14.11}$$

式(14.7)和式(14.10)中的被积函数在射电源和孔径之外均为零。因此,在这两种情况下,积分范围可以扩展到 $\pm \infty$,则积分式即为傅里叶变换。由射电源互相关函数和孔径辐射方向图的计算可得出相似结论,这是因为这些情况下的几何关系和数学近似相同。但是需要强调的是,两者的物理情况是不同的。第一种情况认为射电源表面是空间非相干的,而第二种情况时孔径上的场是完全相干的。

式(14.10)中的结果也给出了具有被照射孔径外形的天线的角度辐射方向图。若将辐射方向图用天线孔径辐射方向 (l',m') 来描述,而不是用 P_1 点的位置描述,且孔径的场分布用单位长度而不是角度来描述,则应用于天线将更加有用。

(l',m')是相对(X,Y)轴的方向余弦。由于所涉及的角度很小,可将$x=Rl'$,$y=Rm'$,$l=X/R$,$m=Y/R$,$\mathrm{d}l=\mathrm{d}X/R$和$\mathrm{d}m=\mathrm{d}Y/R$代入式(14.10),有

$$\overline{E}'(x',y') \propto \iint_{\text{aperture}} \overline{\mathcal{E}}_{XY}(X,Y) e^{-j2\pi[(X/\lambda)l'+(Y/\lambda)m']} \mathrm{d}X\mathrm{d}Y \quad (14.12)$$

此式即孔径夫琅禾费衍射所得出的场分布表达式[见文献 Silver(1949)],包括发射天线中抛物反射面孔径被焦点处馈源照射的情况。如果上述天线用于接收,则(l',m')方向射电源的接收电压正比于式(14.12)的右边部分。因此,在 3.3 节"天线"中介绍的电压接收方向图 $V_A(l',m')$ 正比于式(14.12)的右边部分。

为获得天线的功率辐射方向图,需要得到$|\overline{E}'(l',m')|^2$的响应。由傅里叶变换的自相关定理,$\overline{E}'(l',m')$幅度的平方等于$\overline{E}'(l',m')$傅里叶变换的自相关[见文献 Bracewell(2000),注意此关系也是 3.2 节得出的维纳-辛钦定理的普遍形式]。因此辐射功率作为角度的函数可由下式给出:

$$|\overline{E}'(l',m')|^2 \propto \iint_{\text{aperture}} [\overline{\mathcal{E}}_{XY}(X,Y) \bigstar\bigstar \overline{\mathcal{E}}_{XY}(X,Y)] e^{-j2\pi[(X/\lambda)l'+(Y/\lambda)m']} \mathrm{d}X\mathrm{d}Y \quad (14.13)$$

其中$\overline{\mathcal{E}}_{XY}(X,Y) \bigstar\bigstar \overline{\mathcal{E}}_{XY}(X,Y)$为孔径场分布的二维自相关函数。为获得辐射场的绝对值,可通过对式(14.13)在4π立体角上积分得到总辐射功率并使之等于天线负载功率,从而得到所需的比例常数。接收时,天线接收到的功率与传输的辐射功率成正比,因此发射和接收的天线方向图是相同的。为对式(14.13)的物理意义进行说明,考虑激励电场均匀分布的矩形孔径的简单情况,则函数$\overline{\mathcal{E}}_{XY}(X,Y)$为$X$的一维函数和$Y$的一维函数之积。如果$d$为$X$方向的孔径宽度,则$X$方向的自相关函数是宽度为$2d$的三角函数,且傅里叶变换给出

$$|\overline{E}_X(l')|^2 \propto \left[\frac{\sin(\pi dl'/\lambda)}{\pi dl'/\lambda}\right]^2 \quad (14.14)$$

在l'尺度上,半功率波束宽度为$0.886\lambda/d$。例如$d/\lambda=50.8$时,半功率波束宽度为$1°$。对于均匀照射且直径为d的圆孔径,天线方向图为圆对称的,由下式给出:

$$|\overline{E}_r(l'_r)|^2 \propto \left[\frac{2J_1(\pi dl'_r/\lambda)}{\pi dl'_r/\lambda}\right]^2 \quad (14.15)$$

式中下标 r 代表径向廓线,l'_r的测量从波束中心算起,半功率波束宽度为$1.03\lambda/d$。

更为直接获取孔径天线夫琅禾费辐射方向图的方法是考虑以方向为函数的辐射波前场强,而不是上述单点P_1处的场强。然而,所用方法被选择用来与空间非相干射电源的干涉仪响应进行更为直接的对比。关于天线响应更为详细的分析见文献 Booker and Clemmow(1950)和 Bracewell(1962),或者参考本书第 5 章有关天线的参考文献。

范西泰特-策尼克定理推导及应用过程中的假设

这里收集和回顾一下干涉仪相应理论所涉及的假设和限制。

1. 电场的极化

尽管电场为方向取决于其辐射电磁波的极化的矢量,不同单元天线接收到的射电源分量可用标量的形式进行叠加。电场被位于 P_1 和 P_2 点处的天线所测量,每个天线仅与其极化相匹配的辐射分量响应。若电场极化是随机的但天线极化相同,则式(14.4)中的乘积代表每个天线总接收功率的一半。但是一般情况下,由于干涉仪系统对天线极化决定的射电源强度分量的组合进行响应,天线极化不必相同。4.8 节"斯托克斯可见度函数"中给出了测量入射波所有极化的天线极化选择方法,因此用标量法研究场并不失一般性。

2. 射电源的空间非相干

射电源上任意点的辐射与其他点的辐射是统计独立的,此结论对于天体射电源普遍适用,且通过忽略射电源不同单元的向量积使式(14.6)中的积分式成立。范西泰特-策尼克定理提供的傅里叶变换关系的前提是射电源为空间非相干的。空间相干和非相干的讨论见 14.2 节。需要注意的是非相干射电源的辐射在空间传输时产生相干或部分相干波前,如果情况不是这样,那么间隔分布的天线单元测量到的非相干射电源的互相关函数(或可见度函数)总为零。

3. 带宽方向图

从式(14.4)推导式(14.5)时假设 $(R_2-R_1)/c$ 小于带宽倒数 $(\Delta f)^{-1}$,可写成如下形式:

$$\frac{\Delta f}{f} < \frac{1}{l_\mathrm{d} u}; \quad \frac{\Delta f}{f} < \frac{1}{m_\mathrm{d} v} \tag{14.16}$$

其中 l_d 和 m_d 为射电源的最大角尺寸。如 2.2 节所讨论,射电源尺寸必须在干涉仪带宽设置的限制条件范围内;相反地,所需的视场限制了最大使用带宽。在 6.3 节中进一步讨论了带宽效应引起的失真,如果失真不是很严重,一般可进行修正。

4. 射电源的距离

对于最大基线长度为 D 的天线阵,距离天线为 R 的射电源平面波前在天线边缘和天线中心产生的波程差为 $\sim D^2/R$。因此远场条件定义为该波程差小于 λ,远场距离 R_ff 由下式给出:

$$R_\mathrm{ff} \gg D^2/\lambda \tag{14.17}$$

远场条件意味着天线间距相对射电源的角度很小，由此得出夫琅禾费衍射近似。如果射电源位于比远场距离近的已知位置，则相位可进行补偿。在太阳系的研究中相位补偿有时是必须的，例如，天线间距为35km，波长为1cm，则远场距离大于1.2×10^{11}m，或近似为到太阳的距离。需要注意的是远场距离的限制条件意味着无法得到天体在经度方向上的结构信息，仅能得到投影到天球上的强度分布。

5. 方向余弦的使用

从式(14.6)推导出(14.7)，路径差 R_2-R_1 用基线坐标(u,v)和角度坐标(l,m)来描述。如果 l 和 m 用方向余弦来描述则路径差将非常精确。对整个射电源进行积分，增量 $dl\,dm$ 所界定的面元等于 $dl\,dm/n$，其中 n 为第三方向余弦，等于 $\sqrt{1-l^2-m^2}$。在光学领域，范西泰特-策尼克定理的推导通常假设射电源在测量平面只扩展很小的角度，则 l 和 m 可用相应的小角度近似，n 可近似为 1。因此，对于 3.1 节中讨论的有限场区域近似的情况，$\mathcal{VB}$ 与 I 之间为二维傅里叶变换的关系。对于射频情况，有时需要使式(3.7)中限制放宽，见 3.1 节与 11.8 节中的讨论。

6. 可见度函数测量结果的三维分布

当天线跟踪射电源时，(u,v)分量定义的天线间距矢量可能不在一个平面内，需要(u,v,w)三维坐标来描述天线间距矢量。因此傅里叶变换关系将变得更加复杂，但如果成像的视场较小，则可进行简化近似，相关讨论见 3.1 节与 11.8 节。

7. 空间折射

上面的分析假设在射电源和天线之间的空间为真空，或者至少该空间介质的折射指数为常数，所以射电源辐射电磁波的波前无失真。但在实际当中，星际和行星际介质、地球大气和电离层可引入线性极化分量位置角的旋转效应，如 13.3 节中所讨论，见式(13.135)。

14.2 空间相干

在第 2 章和第 3 章以及式(14.5)中推导干涉仪响应时，均假设所讨论的射电源为空间非相干，即来自射电源不同空间单元的电磁波不相干，这就允许在对射电源积分时，不同角度的增量在相关器输出中可进行累加。这里对该要求进行更详细讨论，为说明所涉及的原理，利用天空的一维足以说明问题，射电源的位置由方向余弦 l 给出。

入射电场

考虑地球表面电场 $E(l,t)$ 来自于 t 时刻方向 l 的入射波,几何示意如图 14.2 所示。$l=0$ 为 OS 方向或观测射电源的标称位置。l 是以 OB 为基准的方向余弦,OB 垂直于 OS。OS' 表示射电源的另外一部分的方向。来自 OS' 方向的辐射产生的波前平行于 OB'。由于射电源在干涉仪的远场区,所以射电源上点辐射的波前为平面。OA 代表基线在垂直于射电源方向平面上的投影,距离 OA 以波长为单位测量时等于 u。现在考虑来自 S 和 S' 方向的波前在相同时刻到达 O 点的情形。来自 S' 方向的波前到达 A 点比 S 方向波前到达 A 点的传播距离多一段长度 AA'。在通常小角度近似的条件下,距离 AA' 等于 ulc/f,即 ul 个波长。因此,来自 S' 方向的波到达 A 点比 S 方向的波延迟 $\tau=ul/v$。如果 O 点来自 S' 方向的波用 $E(l,t)$ 表示,则在 A 点的波用 $E(l,t-\tau)$ 表示。由于入射波为平面波,在 AA' 距离上波的幅度不变,但相位变化为 $f\tau=ul$。因此从 S' 方向到达 A 点的波为

$$E(l,t-\tau)=E(l,t)\mathrm{e}^{-\mathrm{j}2\pi ul} \tag{14.18}$$

如果 $e(u,t)$ 为射电源所有辐射分量在 A 点形成的电场,则

$$e(u,t)=\int_{-\infty}^{\infty} E(l,t)\mathrm{e}^{-\mathrm{j}2\pi ul}\mathrm{d}l \tag{14.19}$$

假设射电源的角径不是很大,则有

$$E(l,t)=0, \quad |l|\geqslant 1 \tag{14.20}$$

式(14.20)给出的条件允许式(14.19)中的积分区间为 $\pm\infty$。注意式(14.19)为傅里叶变换的形式,经傅里叶反变换可从 $e(u,t)$ 得出 $E(l,t)$。式(14.19)将用于后续讨论。

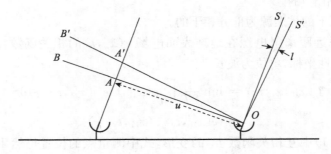

图 14.2 沿 OB 方向相位变化示意图

OB 垂直于射电源方向 OS,l 为相对 OB 定义的方向余弦,代表方向 OS'。角 SOS' 很小,近似等于 l。OS' 指向同一射电源的另外一部分,OB' 垂直于 OS'

射电源干涉

现在回到射电源空间相干并遵照文献 Swenson and Mathur(1968)中部分更广泛的分析。作为空间相干的度量,引入"射电源相关函数 γ",定义 γ 为接收到的来自不同方向 l_1 和 l_2 的信号在不同时刻的互相关函数

$$\gamma(l_1,l_2,\tau) = \lim_{T\to\infty} \frac{1}{2T}\int_{-T}^{T} E(l_1,t)E^*(l_2,t-\tau)\mathrm{d}t$$

$$= \langle E(l_1,t)E^*(l_2,t-\tau)\rangle \tag{14.21}$$

式中的积分区间有限以确保积分收敛。$\gamma(l_1,l_2,\tau)$ 与 Drane 和 Parrent(1962)以及 Beran 和 Parrent(1964)讨论的射电源或物体的相关函数类似。

扩展射电源的复相关度为归一化射电源相关函数

$$\gamma_N(l_1,l_2,\tau) = \frac{\gamma(l_1,l_2,\tau)}{\sqrt{\gamma(l_1,0)\gamma(l_2,0)}} \tag{14.22}$$

其中 $\gamma(l_1,\tau)$ 的定义通过令式(14.21)中的 $l_1=l_2$,即 $\gamma(l_1,\tau)=\gamma(l_1,l_1,\tau)$。利用施瓦茨不等式可以得出 $0\leqslant|\gamma_N(l_1,l_2,\tau)|\leqslant 1$,最小值 0 和最大值 1 分别对应完全不相干和完全相干两种情况。当处理任意频谱带宽扩展源时,对于给定的点 l_1 和 l_2,很有可能对于一个 τ 值的 $|\gamma_N(l_1,l_2,\tau)|$ 为零,而另外一个 τ 值的 $|\gamma_N(l_1,l_2,\tau)|$ 不为零。因此,更为严格的完全相干和完全非相干的定义是必要的。下面的定义来自文献 Parrent(1959):

(1) 若所有 τ 值下 $|\gamma_N(l_1,l_2,\tau)|=l(0)$,则来自方向 l_1 和 l_2 的辐射为完全相干(完全非相干)。

(2) 若所有来自扩展源内 l_1 与 l_2 方向对的辐射都是相干(非相干)的,则扩展源是相干(非相干)的。

其他情况下的扩展源为部分相干的。

现在考虑远距离射电源在地球表面电场 $e(x_\lambda,t)$ 的相关函数,x_λ 为垂直于 $l=0$ 方向的线性坐标,单位为波长

$$\Gamma(x_{\lambda 1},x_{\lambda 2},\tau) = \lim_{T\to\infty} \frac{1}{2T}\int_{-T}^{T} e(x_{\lambda 1},t)e^*(x_{\lambda 2},t-\tau)\mathrm{d}t$$

$$= \langle e(x_{\lambda 1},t)e^*(x_{\lambda 2},t-\tau)\rangle \tag{14.23}$$

此式是式(14.1)中互相关函数 Γ_{12} 的变形,式中测量点的位置仍然用 $x_{\lambda 1}$ 和 $x_{\lambda 2}$ 定义,而不是用基线分量给出的相对位置。利用式(14.19)中导出的 $E(l,t)$ 与 $e(u,t)$ 之间的傅里叶变换关系,并用 x_λ 替换 u,可得

$$\Gamma(x_{\lambda 1},x_{\lambda 2},\tau) = \int_{-\infty}^{\infty}\int_{-\infty}^{\infty} \gamma(l_1,l_2,\tau)\mathrm{e}^{-\mathrm{j}2\pi(x_{\lambda 1}l_1-x_{\lambda 2}l_2)}\mathrm{d}l_1\mathrm{d}l_2 \tag{14.24}$$

相应的傅里叶反变换为

$$\gamma(l_1,l_2,\tau) = \int_{-\infty}^{\infty}\int_{-\infty}^{\infty}\Gamma(x_{\lambda 1},x_{\lambda 2},\tau)e^{j2\pi(x_{\lambda 1}l_1-x_{\lambda 2}l_2)}dx_{\lambda 1}dx_{\lambda 2} \qquad (14.25)$$

除射电源是完全非相干之外，式(14.24)与式(14.25)之间的关系未提供射电源强度分布测量方法。射电源完全非相干时，相关函数可表示如下：

$$\gamma(l_1,l_2,\tau) = \gamma(l_1,\tau)\delta(l_1-l_2) \qquad (14.26)$$

式中 δ 为狄拉克函数。利用式(14.26)并结合式(14.24)和式(14.25)，可得完全非相干射电源的自相关函数及其空间频谱之间互为傅里叶变换

$$\Gamma(u,\tau) = \int_{-\infty}^{\infty}\gamma(l,\tau)e^{-j2\pi ul}dl \qquad (14.27)$$

$$\gamma(l,\tau) = \int_{-\infty}^{\infty}\Gamma(u,\tau)e^{j2\pi ul}du \qquad (14.28)$$

其中 $u=x_{\lambda 1}-x_{\lambda 2}$。很明显 $\Gamma(u,\tau)$ 与 $x_{\lambda 1}$ 和 $x_{\lambda 2}$ 值无关，只与它们的差有关。如 2.3 节"卷积定理"和"空间频率"中所述，u 为两个采样点之间的间距，这两个采样点之间的相关函数被测量；u 同时也为被同一条基线测量到的可见度函数的空间频率。$\tau=0$ 时，由式(14.21)和式(14.26)可得

$$\gamma(l,0) = \langle|E(l)|^2\rangle e^{-j2\pi ul}dl \qquad (14.29)$$

$\gamma(l,0)$ 为式(1.9)中的射电源的一维强度分布 I_1。则由式(14.27)和式(14.29)可得

$$\Gamma(u,0) = \int_{-\infty}^{\infty}\gamma\langle|E(l)|^2\rangle e^{-j2\pi ul}dl \qquad (14.30)$$

$\Gamma(u,0)$ 为垂直于 $l=0$ 方向的直线上两个测量点之间的强度。当利用干涉仪测量时，也为复可见度函数 $\mathcal{VB}$。式(14.30)为互相关函数与强度之间的傅里叶变换关系。

当将式(14.26)中的非相干条件引入式(14.24)和式(14.25)中时，可得出两个结论：①互相关函数与强度函数之间满足范西泰特-策尼克定理。②互相关函数关于 u 是平稳的。这两项结论的物理原因见图 14.2。当不同入射角的波在任意位置叠加时，频率分量的相对相位随位置线性变化（例如，图 14.2 中 OB 直线上的 A 点），当 l 较小时，它们也随天空角度线性变化。由此可得，两个点的傅里叶变换分量的相位差仅取决于这两个点的相对位置，而不是绝对位置。互相关函数的干涉仪测量是利用一些不同角度入射波的相位差，入射角由射电源的角径和天线波束宽度决定。利用相位与位置角之间的线性关系并通过傅里叶分析，能够从以 u 为自变量的互相关函数变化中恢复出入射波强度的角度分布。如果射电源的角径足够小，使得图 14.2 中的 AA' 距离总是远小于波长，则沿着 OA 的电场形态保持不变，且射电源不可分辨。

完全相干射电源

Parrent(1959)的研究结果表明只有单色扩展源才能够完全相干。例如，对于

一个大口径天线、射电源距离天线口径足够远,或者被同一单频信号驱动的辐射单元的组合。14.1 节"孔径衍射和天线响应"中讨论的孔径为概念上的相干射电源的例子。干涉仪对完全相干射电源和对完全不相干射电源的响应之间的差别可通过下面的物理描述解释。射电源可想象为在天空某个立体角内一系列辐射源的组合。相干射电源情况时,来自各辐射源的信号是单频且相关的,任意方向的辐射合成为一个单频波前并在干涉仪的每个天线处产生一个单频信号。相关器的输出直接正比于两个天线(复)信号幅度的乘积。因此如果用 n_a 个天线观测相干射电源,则测量到的 $n_a(n_a-1)/2$ 对信号互相关可计入 n_a 个复信号幅度值。

相比之下,对于非相干射电源,辐射单元的输出不相关,必须单独考虑,每个辐射单元在相关器输出端产生条纹分量。但因为条纹分量的相位和射电源内辐射单元的位置有关,合成响应不仅与天线端口的信号幅度成正比,也与一个和该辐射源角度分布有关的因子成正比。此因子的幅度≤1,其大小等于一个流量密度与被观测射电源相同的未分辨点源的可见度函数归一化的模。除非射电源是不可分辨的,否则不可能将测量的互相关函数转换成天线端口的信号幅度值。因为射电源各辐射单元的辐射不相干,源的分布信息被保存于各辐射单元在天线处产生的波前集合中。

从相干照射孔径辐射与角度关系的推导[式(14.12)],以及其与大孔径天线的类比可以看出,相干射电源的辐射具有很强的方向性。因此观测的信号强度与干涉仪两个天线的绝对位置有关,如式(14.24)和式(14.25),而不是非相干射电源情况时的只与天线相对位置有关。从一组基线识别输出信号的能力以及用天线绝对位置测量相关器输出的非平稳性,是识别相干射电源须具备的两个特性(MacPhie,1964)。从 14.1 节的分析可知,分辨非相干射电源或研究相同角径的相干射电源的辐射方向图所需的天线间距相似。

14.3 相干射电源的散射与传播

众所周知,利用光学望远镜对单个恒星成像时,如果曝光时间比大气闪烁时间尺度小,会成出多个星像(见 16.4 节"斑点成像")。这些图像是地球大气不规则使恒星发出的光线产生散射引起的。穿过不规则强散射介质对未分辨射电源的成像非常类似于上述情况,例如,13.5 节"行星际闪烁"中描述的距离太阳几度范围内的行星际介质。因为每个散射图像均来自同一射电源的辐射,因此上述情形有望模仿相干点源分布的影响。这里接着文献 Cornwell, Anantharamaiah and Narayan(1989)中的讨论,继续探讨通过研究相干源在空间的传播来检验散射效应,给出从观测图像重建非散射图像方法的建议。

给定一个辐射表面,希望得到其与空间中另外一个表面(可能是虚拟的)的互相关函数。在典型的射电天文情形下，关于此问题的几何关系可作很多种简化假设。考虑图 14.3 中给出的情况，窄带无线电波从表面 S 传播到表面 Q，空间两个点的互相关函数为两个点的（同极化）电场之积的期望值。任意时延信号的互相关函数为

$$\Gamma(Q_1,Q_2,\tau)=\langle E(Q_1,t)E^*(Q_2,t-\tau)\rangle \tag{14.31}$$

互相关函数 Γ 为两个点的电场及时间延时 τ 的函数。这里研究互强度的传播，即在 $\tau=0$ 下估计互相关函数值。遵循常用方法，用 $J(Q_1,Q_2)\equiv\Gamma(Q_1,Q_2,0)$ 代表互强度，J 将用下标 S 和 Q 标注，或 B 标注，B 代表互强度值的相应平面（图 14.3）。假设辐射表面为完全不相干，通常天体是这种情况，且辐射被限定在接收机系统带宽决定的窄带内。根据式（14.31）及惠更斯-菲涅耳辐射公式可以看出（Born and Wolf, 1999; Goodman, 1985），通过类似于推导式（14.6）的计算，Q_1 和 Q_2 点的互强度为

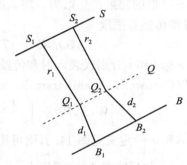

图 14.3　相干电磁波传播的简化几何示意
S 代表扩展源，Q 为散射屏位置，B 为测量平面。平面 S、Q 和 B 相互平行，且 r_1、r_2、d_1 和 d_2 远大于波长。所有波几乎（不必精确垂直）都与表面垂直

$$J_Q(Q_1,Q_2)=\lambda^{-2}\iint_S J_S(S_1,S_2)\frac{\exp[-\mathrm{j}2\pi(r_1-r_2)/\lambda]}{r_1 r_2}\mathrm{d}S_1\mathrm{d}S_2 \tag{14.32}$$

其中 $\mathrm{d}S_1\mathrm{d}S_2$ 为 S 的表面单元，λ 为测量带宽中心频率的波长。

如式（14.26），非相干条件可使用 δ 函数来表示（Beran and Parrent, 1964）。这里互强度用 δ 函数来表示，因此 Q 表面强度分布可将 Q_1 和 Q_2 合并求得

$$J_S(S_1,S_2)=\lambda^2 I(S_1)\delta(S_1-S_2) \tag{14.33}$$

其中因子 λ^2 的引入是为了保持强度的物理量纲，则式（14.32）变成如下形式：

$$J_Q(Q_1,Q_2)=\int_S I(S_1)\frac{\exp[-\mathrm{j}2\pi(r_1-r_2)/\lambda]}{r_1 r_2}\mathrm{d}S \tag{14.34}$$

当射电源角度尺度无限小时，即射电源不可分辨时，射电源上的积分变得不重要且互强度可分解成分别与 r_1 和 r_2 有关的两项乘积

$$J_Q(Q_1,Q_2)=I(S)\left(\frac{\exp(-\mathrm{j}2\pi r_1/\lambda)}{r_1}\right)\left(\frac{\exp(-\mathrm{j}2\pi r_2/\lambda)}{r_2}\right) \tag{14.35}$$

其中 r_1 和 r_2 的原点位于单个点 S 处。在更加普遍的情况下，对于分辨源，式（14.34）不能被分解。式（14.34）和式（14.35）分别描述了图 14.3 中满足限制条件的情况下互相干电磁波的传播，因此可用于确定来自平面 S 的非相干辐射的平面 Q 的互强度。考察式（14.31）可发现，对于扩展源 S，其与平面 Q 的互强度和平面 Q 上所有成对儿点的 r_1 和 r_2 有关。因此对于所有射电源，包括有限扩展射电

源，平面 Q 的电场至少是部分相关的。此结论在直觉上是合理的，因为平面 Q 上的所有点被平面 S 上的所有点照射。事实上，可以严格证明在自由空间不存在非相干电场。

假设平面 Q 实际上为传播介质中的不规则散射屏，比如等离子体或灰尘，对来自 S 平面的辐射产生散射。将入射到散射上的互强度用复传输因子 $T(Q)$ 来修正，可得传播互强度

$$J_{Qt}(Q_1,Q_2) = T(Q_1)T^*(Q_2)J_{Qi}(Q_1,Q_2) \tag{14.36}$$

其中下标 i 和 t 分别代表入射和传播互强度。根据式(14.34)可定义互强度"传播因子"(Cornwell, Anantharamaiah and Narayan, 1989)如下：

$$W(S,B) = \int_S \frac{T(Q)\exp[-j2\pi(r+d)/\lambda]}{rd} dS \tag{14.37}$$

其中 r 和 d 的定义见图14.3，则可用扩展源 S 的互强度给出平面 B 的互强度：

$$J_B(B_1,B_2) = \lambda^{-4}\iint_S J_S(S_1,S_2)W(S_1,B_1)W^*(S_2,B_2)dS_1dS_2 \tag{14.38}$$

对于非相干扩展源

$$J_B(B_1,B_2) = \lambda^{-2}\iint_S I(S)W(S,B_1)W^*(S,B_2)dS \tag{14.39}$$

对于流量密度为 F 的点源，平面 B 的互强度为

$$J_B(B_1,B_2) = F\lambda^{-2}W(S,B_1)W^*(S,B_2) \tag{14.40}$$

同样地，未分辨射电源在平面 B 的互强度由两个因子组成，每个因子只与平面 B 上的一点有关。但是对于在平面 S 上分布的非相干扩展源，互强度与位置差有关，所以其互强度不能分解成两个因子。

射电源与具有有限孔径设备的观测者之间大范围散射屏的存在提供了提高角度分辨率的可能性。散射屏辐射的部分相干性要求对平面 B 上所有间距符合奈奎斯特准则的点进行强度测量，而不是对满足范西泰特-策尼克定理的空间频谱点进行强度测量。前一个的观测模式比后一个的观测模式多很多数据，在二维空间产生大量的数据冗余，所以原理上不仅能够表征散射屏特性，也能够表征射电源特性，类似于自定标（见11.4节）。但是，对于散射屏情况，此类观测的实际难度极大，为应用此原理已经作了几次重大尝试。文献 Cornwell and Narayan (1993)中讨论了用散射获得超分辨率统计成像合成的可能性，此方法有些类似斑点成像（见16.4节）。

文献 Anantharamaiah, Cornwell and Narayan(1989)和 Cornwell, Anantharamaiah and Narayan(1989)研究了空间传播时经历强散射的射电源辐射。为展示射电望远镜对此类空间相干源分布的响应，Anantharamaiah 和 Cornwell 等观测辐射较强且基本为类点源的 3C279，它每年都近距离经过太阳。在上述条件下，散射足够强能够造成接收信号的幅度闪烁。Anantharamaiah 及其同事使用 VLA

的最大扩展配置,其最长基线接近 35km。太阳风的速度在 $100\sim400$km·s^{-1} 量级,造成不规则区域扫过天线阵的时间约为 100ms,因此为了避免散射屏的移动使图像产生拖尾效应,有必要将瞬时成像的时间控制在 $10\sim40$ms。观测在波长 20cm、6cm 和 2cm 上进行,射电源距离太阳的角距离为 $0.9°\sim5°$。结果如预期的相干源一样,相关器的输出值可进行分解。当对相关信号进行约 6s 的平均时,得到了放大后的射电源图像,射电源与太阳的距离越近,图像放大比例越大。这也表明通过地面测量互强度函数确定散射屏的特征是可行的,条件是互强度完全是在二维空间频率域内测量的。需要说明的是,将无法区分空间相干扩展源和点源照射下的散射屏。

Wolszczan 和 Cordes(1987)作了一次重大的观测,他们能够在发生星际散射的情况下推测脉冲星 PSR1237+25 的结构尺寸。上述脉冲星是 Arecibo 用单天线观测的,天线球形反射面尺寸为 308m,工作频率为 430MHz。接收信号动态频谱(例如,接收的功率是时间和频率的函数)展现了频率间隔为 $300\sim700$kHz 的极大的突出频带结构。该特性可用星际介质薄屏模型来解释,来自脉冲星的波在薄屏两个分开的点处产生折射。衍射和折射散射的同时发生使此模型的分析变得非常复杂,衍射是由结构小于菲涅耳尺度导致的,而折射散射是结构大于菲涅耳尺度导致的(Cordes,Pidwerbetsky and Lovelace,1986)。折射使射电源在射电望远镜处产生两个图像,导致接收信号产生强度条纹。通过其他观测可知脉冲星的距离(0.33kpc)及其横向速度(178km·s^{-1}),取散射屏的距离为脉冲星距离的一半。可推导出两个图像的角距离为 3.3mas,对应折射结构之间的距离约为 1AU。实际上折射结构组成了一个二单元干涉仪,其条纹间隔约为 1μas。为了比较,在 430MHz 频率、以地球直径为基线的干涉仪的角度分辨率为 44mas。该特定条件在此观测中持续了至少 19 天,在此期间其他脉冲星的观测并没有表现出类似的散射现象。这强烈表明此观测现象是由脉冲星方向星际介质的偶然异常结构引起的。

除描述的散射情形外,基本不存在空间相干天体射电源,尽管在脉冲星和脉泽源中会发生相干机制(Verschuur and Kellermann,1988)。完全相干射电源不能利用范西泰特-策尼克原理合成成像,因此不是本书的主要关注对象。关于相干源和部分相干源的详细材料见文献 Beran and Parrent(1964),Born and Wolf(1999),Drane and Parrent(1962),Mandel and Wolf(1965,1995),MacPhie(1964) 和 Goodman(1985)等。

引用文献

Anantharamaiah, K. R., T. J. Cornwell, and R. Narayan, Synthesis Imaging of Spatially Coherent Objects, in *Synthesis Imaging in Radio Astronomy*, R. A. Perley, F. R. Schwab, and A. H. Bridle, Eds., Astron. Soc. Pac. Conf. Ser., 6, 415-430, 1989.

Beran, M. J. and G. B. Parrent, Jr., *Theory of Partial Coherence*, Prentice-Hall, Englewood Cliffs, NJ, 1964; repr. by Society of Photo-Optical Instrumentation Engineers, Bellingham, WA, 1974.

Booker, H. G. and P. C. Clemmow, The Concept of an Angular Spectrum of Plane Waves, and Its Relation to that of Polar Diagram and Aperture Distribution, *Proc. IEE*, 97, 11-17, 1950.

Born, M. and E. Wolf, *Principles of Optics*, 7th ed., Cambridge Univ. Press, Cambridge, UK, 1999.

Bracewell, R. N., Radio Astronomy Techniques, in *Handbuch der Physik*, Vol. 54, S. Flugge, Ed., Springer-Verlag, Berlin, 1962, pp. 42-129.

Bracewell, R. N., *The Fourier Transform and Its Applications*, McGraw-Hill, New York, 2000 (earlier eds. 1965, 1978).

Cordes, J. M., A. Pidwerbetsky, and R. V. E. Lovelace, Refractive and Diffractive Scattering in the Interstellar Medium. *Astrophys. J.*, 310, 737-767, 1986.

Cornwell, T. J., K. R. Anantharamaiah, and R. Narayan, Propagation of Coherence in Scattering: An Experiment Using Interplanetary Scintillation, *J. Opt. Soc. Am.*, 6A, 977-986, 1989.

Cornwell, T. J., and R. Narayan, Imaging with Ultra-Resolution in the Presence of Strong Scattering, *Astrophys. J.*, 408, L69-L72, 1993.

Drane, C. J. and G. B. Parrent, Jr., On the Mapping of Extended Sources with Nonlinear Correlation Antennas, *IRE Trans. Antennas Propag.*, AP-10, 126-130, 1962.

Goodman, J. W., *Statistical Optics*, Wiley, New York, 1985.

MacPhie, R. H., On the Mapping by a Cross Correlation Antenna System of Partially Coherent Radio Sources, *IEEE Trans. Antennas Propag.*, AP-12, 118-124, 1964.

Mandel, L., and E. Wolf, Coherence Properties of Optical Fields, *Rev. Mod. Phys.*, 37, 231-287, 1965.

Mandel, L., and E. Wolf, *Optical Coherence and Quantum Optics*, Cambridge Univ. Press, 1995.

Parrent, G. B., Jr., Studies in the Theory of Partial Coherence, *Opt. Acta.*, 6, 285-296, 1959.

Silver, S., *Microwave Antenna Theory and Design*, Radiation Laboratory Series Vol. 12, McGraw-Hill, New York, 1949, p. 174.

Swenson, G. W., Jr. and N. C. Mathur. The Interferometer in Radio Astronomy, *Proc. IEEE*, 56, 2114-2130, 1968.

Verschuur, G. L. and K. I. Kellermann, Eds., *Galactic and Extragalactic Astronomy*, Springer-Verlag, New York, 1988.

Wolszczan, A. and J. M. Cordes, Interstellar Interferometry of the Pulsar PSR 1237+25, *Astrophys. J.*, 320, L35-39, 1987.

15 射电干涉

随着无线电频谱在通信、导航和其他服务设施中使用的增加，在射电天文测量中如何避免干扰信号是实际应用中必须考虑的问题。因为来自宇宙射电源的信号强度远小于主动（发射机）射频工作信号，并且射电天文测量为获得足够高的灵敏度需要较宽的带宽，因此干扰给射电天文学家提出了特殊难题。尽管一些频段只分配给射电天文和被动（无发射机）遥感使用，但部分这些米波或厘米波段的通带带宽太窄，不能获得理想的灵敏度，而且很多宇宙谱线频率在射电天文频带之外。因此，射电天文学家有时必须在分配给其他设施的频带进行观测。将射电望远镜安装在远离工业中心和类似的人类活动频繁的地方，并利用地形特征优势对发射机进行屏蔽，可最大程度地避免干扰。射电望远镜安装地点的选取及与其他频谱用户协调一致的一个基本参数是有害干扰的阈值，即大于此流量密度的干扰信号落入射电望远镜带宽内可被天文观测所检测到。干扰阈值为射电望远镜类型和工作参数的函数，此依赖关系是本章关注的重点。附录15.1简单介绍了国际无线电频谱管理机构。

15.1 概 述

射电望远镜灵敏度极限由系统噪声确定，如果干扰信号对输出的贡献小于噪声的波动，则干扰信号通常是可以容许的。干扰信号的响应为测量值中噪声均方根值的1/10是干扰门限计算的一个非常有用的准则。如果已知天线有效接收面积，则此干扰信号相应的流量密度是可计算的。射电天文天线通常为窄波束，在主波束或附近旁瓣接收到干扰信号特别是地基干扰发射机信号的可能性较低。因此可假设干扰通常被天线远旁瓣接收。图15.1给出最大旁瓣增益经验模型曲线，最大旁瓣增益为距离主轴角度的函数。此曲线来源于测量到的若干大型反射面天线响应方向图。目前的计算适宜于使用0dBi（即相对各向同性辐射源的增益为0dB），距离主轴的角度约为19°。0dBi也是天线4π立体角的平均增益，此增益下的天线有效接收面积为$\lambda^2/4\pi$，其中λ为波长。如果$F_h(W \cdot m^{-2})$为接收机带宽内干扰信号的流量密度，则接收机干扰噪声功率之比为

$$\frac{F_h \lambda^2}{4\pi k T_s \Delta f} \tag{15.1}$$

其中 k 为玻尔兹曼常量，T_S 为系统噪声温度，Δf 为接收机带宽。在此表达式中假设干扰信号极化与天线极化相匹配。由于射电天文测量天线通常接收双极化信号（互相垂直的两个线极化或两个方向的圆极化），天线极化的选择对避免干扰只起到一小部分作用。在实际情况下，由于传播效应以及射电望远镜的跟踪运动——跟踪运动使天线旁瓣扫过辐射源方向，接收到的干扰信号电平随时间变化。

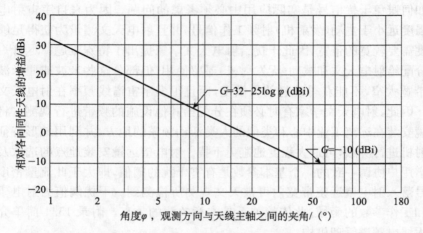

图 15.1　直径大于 100 个波长的反射面天线旁瓣包络经验模型
测量实际天线的结果表明，90％旁瓣峰值位于此曲线下方。在设计时通过减少或最小化馈源结构遮挡，可使旁瓣电平降低 3dB 或更多。图中给出的曲线为射电天文中常用的馈源，即三角或四角支撑的大型天线。来自 ITU-R(1997a)

为了与相关器系统对比，这里首先考虑一种简单情况，此时接收机测量单个天线的输出总功率。经过平方律检波和时间长度为 τ_a 的积分，得出接收机输出端干扰噪声之比为式（15.1）乘以 $\sqrt{\Delta f \tau_a}$。此结论与 6.2 节"相关器信号与噪声处理"中的讨论结果类似。那么，当满足有害干扰阈值准则，即输出干扰噪声比为 0.1 时

$$F_h = \frac{0.4\pi k T_S f^2}{c^2} \frac{\sqrt{\Delta f}}{\sqrt{\tau_a}} \tag{15.2}$$

注意，由于干扰阈值依赖于旁瓣接收面积，而旁瓣接收面积与 f^2 成正比，所以干扰信号的干扰阈值与 f^2 成正比。随着频率的增加，系统噪声温度和使用带宽通常也增加。用流量密度表示相应的阈值电平 S_h(W·m^{-2}·Hz^{-1})

$$S_h = \frac{F_h}{\Delta f} = \frac{0.4\pi k T_S f^2}{c^2 \sqrt{\tau_a \Delta f}} \tag{15.3}$$

为确定在射电天文观测频段内连续观测时的有害干扰电平，Δf 一般取值为分配

带宽。全功率射电望远镜对干扰最敏感,因此式(15.2)和式(15.3)给出最恶劣情况下射电天文干扰信号的干扰阈值。国际电联无线电规则 ITU-R(1995)和 ITU-R(1997b)给出不同射电天文频带内全功率系统典型参数下的 F_h 和 S_h 计算值,S_h 的值如图 15.2 最下面的曲线。因为大多数射电天文干扰信号来自宽带杂散辐射,因此 S_h 更有实际意义。

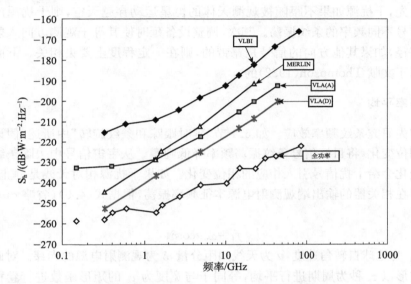

图 15.2　连续观测到的有害干扰阈值 S_h 曲线,S_h 的单位为 $dB \cdot W \cdot m^{-2} \cdot Hz^{-1}$
对于每个频带和每个类型的设备,这些曲线的计算使用典型设备参数。全功率辐射计干扰阈值的计算是根据式(15.3)以及 ITU-R(1997b)中的数值进行的。VLA 及 MERLIN 阵列代表单元连接阵列,曲线分别代表最紧凑和最延伸两种阵列构型。根据式(15.15)得到单元连接阵列曲线;根据式(15.25)得到 VLBI 系统干扰阈值曲线。注意,对于给定频率,阵列的 S_h 随合成波束宽度降低而增大

　　幅值与接收机噪声输出相当的低电平干扰会降低系统灵敏度和探测弱射电源的能力。对于辐射较强的射电源,此类干扰会降低测量准确度,因此会降低检测细节或结构和强度变化的可能性,而细节或结构和强度变化是射电天文新发现的关键。因此在有干扰发生的观测中,需要删除任何可能被干扰的数据。

　　根据观测与数据缩减基本方法得出的干涉响应的后续处理(不包括减轻干扰的特殊设计处理)包括接收机干扰信号自适应抵消,及在干扰信号方向阵列响应自适应零平衡技术[参见文献 Barnbaum and Bradley(1998)]。

15.2 短基线和中等长度基线阵列

本节开始研究天线间距为几十公里的相关器阵列干扰响应。此类阵列的典型阵列为单元连接阵列。与全功率系统相比,两种影响可降低此类阵列干扰响应。首先,干扰源如果不跟随被观测天体的恒星运动穿越天空,则干扰源产生与天体信号不同频率的条纹振荡。其次,调整设备延时使其等于观测方向入射波的信号路径,如果其他方向的信号是宽带的,则在一定程度上要去相关。下面的分析是基于文献 Thompson(1982)的。

条纹频率平均

首先研究条纹频率效应。如 6.1 节"延时跟踪和条纹旋转"中所述,假设引入设备相位变化,将目标信号条纹振荡频率降低到零。从宇宙信号中去除条纹频率相位变化会给干扰信号引入相应的相位变化。如果干扰源相对天线是静止的,则干扰源在相关器的输出端观测射电源本征频率振荡,根据式(4.9)(省略 dw/dt 的符号)得

$$f_\mathrm{f} = \omega_\mathrm{e} u \cos\delta \tag{15.4}$$

其中 ω_e 为地球自转角速度,u 为天线间距分量,δ 为观测射电源的赤纬。对此条纹频率波形以 τ_a 秒为周期进行平均,等同于与宽度为 τ_a 的矩形函数进行卷积。因此幅度降低因子为卷积函数的傅里叶变换,此因子为

$$f_\mathrm{I} = \frac{\sin(\pi f_\mathrm{f} \tau_\mathrm{a})}{\pi f_\mathrm{f} \tau_\mathrm{a}} \tag{15.5}$$

为得出干扰信号的有害阈值,这里计算射电图上干扰信号均方根值与噪声均方根值之比,并和之前一样,使比值等于 0.1。第一步确定可见度数据中干扰分量模的均方值。图 6.7(b)给出了相关器输出端的频谱分量,该图表明相关信号分量(此处为干扰信号)输出用 δ 函数来表示。和前面的假设一样,干扰信号从 0dBi 增益的旁瓣进入,且干扰信号和天线的极化相匹配,用 $kT_\mathrm{A}\Delta f = F_\mathrm{h} c^2 / 4\pi f^2$ 代替 δ 函数的幅度。因此 (u,v) 平面上 n_r 个网格点上干扰信号模的平方和为

$$\sum_{n_\mathrm{r}} \langle |r_\mathrm{i}|^2 \rangle = \left(\frac{H_0^2 F_\mathrm{h} c^2}{4\pi f^2} \right) n_\mathrm{r} \langle f_\mathrm{I}^2 \rangle \tag{15.6}$$

其中 r_i 为干扰信号的相关器响应,H_0 为电压增益因子,$\langle f_\mathrm{I}^2 \rangle$ 为根据式(15.5)给出 f_I 的均方值,式(15.5)代表可见度函数平均对条纹频率振荡的影响。为确定 f_I 的均方值,一种简单方法是研究 (u',v') 平面 f_I 的变化。(u',v') 平面内间距矢量以恒定角速度 ω_e 旋转,如 4.2 节所述,其扫描轨迹为一个圆。另外假设将可见度函数值插值到 (u,v) 平面矩形网格点上,在以网格点为中心的矩形单元内,测量值

用统一权重进行平均（见 5.2 节"离散二维傅里叶变换"中的单元平均）。如图15.3所示，则干扰信号的有效平均时间 τ 等于基线矢量扫过一个单元所用的时间。从式（15.4）可知，条纹频率在 v' 轴上过零且此时的 f_I 等于 1。如图 15.3 所定义，当 ψ 较小时，通过单元的路径长度近似等于 Δu，扫过单元的时间为 $\tau = \Delta u / \omega_\mathrm{e} q'$，其中 $q' = \sqrt{u'^2 + v'^2}$。另外 $f_\mathrm{f} \tau = \Delta u \sin\psi \cos\delta$，$\Delta u$ 等于合成视场宽度的倒数（除长波外），视场宽度小于 $0.5°$。因此假设 Δu 为 100 量级或更大，此假设允许后面的简化成立。对于 $\Delta u = 100$ 和 $\delta < 70°$，当 ψ 从 0 变到小于 $17°$ 时，f_I^2 的值从 1 变到 10^{-3}。因此 f_I^2 的大部分贡献发生在小角度 ψ 时，将式（15.5）中的 $f_\mathrm{f}\tau$ 用 $\psi \Delta u \cos\delta$ 代替，可得

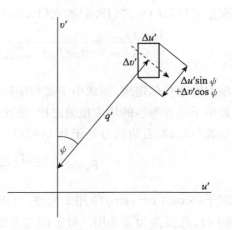

图 15.3 推导虚线所示的空间频率轨迹扫过平均单元所用的时间
(u', v') 平面空间频率矢量的速度为 $\omega_\mathrm{e} q'$，虚线方向扫过单元的平均路径长度为单元面积 $\Delta u' \Delta v'$ 除以单元宽度在虚线方向上的投影

$$\langle f_\mathrm{I}^2 \rangle = \frac{2}{\pi} \int_0^{\pi/2} \frac{\sin^2(\pi\psi\Delta u \cos\delta)}{(\pi\psi\Delta u \cos\delta)^2} \mathrm{d}\psi \simeq \frac{1}{\pi\Delta u \cos\delta} \quad (15.7)$$

因为 Δu 的值较大，这里估算积分时使用无穷大 ∞ 上限。

再次参考图 6.7(b) 中的噪声，其在零频附近的噪声功率谱密度为 $H_0^4 k^2 T_\mathrm{S}^2 \Delta f$，等效带宽为 τ^{-1}，带宽内信号包括负频率都经过平均处理，参见式（6.44）。因此，n_r 个网格点噪声分量的均方值为

$$\sum_{n_\mathrm{r}} \langle |r_\mathrm{n}|^2 \rangle = H_0^4 k^2 T_\mathrm{S}^2 \Delta f n_\mathrm{r} \langle \tau^{-1} \rangle \quad (15.8)$$

其中 $\langle \tau^{-1} \rangle$ 为 τ^{-1} 的均值。根据图 15.3，扫过单元的平均时间为

$$\tau = \frac{\Delta u |\operatorname{cosec}\delta|}{q' \omega_\mathrm{e}(|\sin\psi| + |\operatorname{cosec}\delta||\cos\psi|)} \quad (15.9)$$

其中 $q' = \sqrt{X_\lambda^2 + Y_\lambda^2}$，如 4.1 节所定义，$X_\lambda$ 和 Y_λ 为天线间距在赤道面上的投影分量。假设 $\Delta u' = \Delta v' \sin\delta$（如 $\Delta u = \Delta v$），除了少数单元外，穿过单元的空间频率轨迹的路径近似为一条直线。根据式（15.9）可知，围绕 (u', v') 平面轨迹的 τ^{-1} 的平均（参见 4.2 节）为

$$\frac{2}{\pi} \int_0^{\pi/2} \tau^{-1} \mathrm{d}\psi = \frac{2\omega_\mathrm{e} q'}{\pi \Delta u}(1 + |\sin\delta|) \quad (15.10)$$

且在 (u, v) 平面 n_r 个点的平均为

$$\langle \tau^{-1} \rangle = \frac{2\omega_\mathrm{e}}{\pi \Delta u}(1 + |\sin\delta|) \frac{1}{n_\mathrm{r}} \sum_{n_\mathrm{r}} q' \quad (15.11)$$

根据式(15.6)~式(15.8)和式(15.11),干扰噪声比为

$$\frac{(|r_i|)_{\rm rms}}{(|r_n|)_{\rm rms}} = \frac{F_h c^2}{4\pi k T_s f^2 \sqrt{2\Delta f \omega_e \cos\delta(1+|\sin\delta|)}} \frac{1}{\sqrt{\frac{1}{n_r}\sum_{n_r} q'}} \tag{15.12}$$

根据巴塞伐尔定理,图像中干扰和噪声的均方根值之比等于空间频率域可见度函数中干扰和噪声的均方根值之比,该比值由式(15.12)给出。为估算干扰阈值 F_h,令式(15.12)右边部分等于 0.1,可得

$$F_h = \frac{0.4\pi k T_s f^2 \sqrt{2\Delta f \omega_e}}{c^2} \sqrt{\frac{1}{n_r}\sum_{n_r} q'} \tag{15.13}$$

因子 $\sqrt{\cos\delta(1+|\sin\delta|)}$ 用 1 代替,当 $0<|\delta|<71°$ 时,此近似误差小于 1dB,当 $\delta=80°$ 时,此误差为 2.3dB。对于固定天线位置,q' 与 f 成正比,因此 F_h 与 $f^{2.5}$ 成正比。天线对贡献的在 (u',v') 平面的点数与 q' 成正比,因此在估算式(15.13)时,利用下面的表达式更方便:

$$\frac{1}{n_r}\sum_{n_r} q' = \frac{\sum_{n_p} q'^2}{\sum_{n_p} q'} \tag{15.14}$$

其中 n_p 为阵列中相关天线对数量。

干扰阈值 S_h 由下式给出,其单位为 $\rm dB \cdot W \cdot m^{-2} \cdot Hz^{-1}$

$$S_h = \frac{F_h}{\Delta f} = \frac{0.4\pi k T_s f^2 \sqrt{2\omega_e}}{c^2 \sqrt{\Delta f}} \sqrt{\frac{1}{n_r}\sum_{n_r} q'} \tag{15.15}$$

图 15.2 给出 VLA 和 MERLIN 阵列 S_h 值。VLA 有两个曲线,下面曲线和上面曲线分别对应每个臂上天线间距分别为 0.59km 和 21km 的阵列构型(图 5.17(b))。

当 u 穿越零点时,平均对减少干扰不起作用,因此,可见度函数值包含来自 v 轴附近的干扰簇的最大贡献。干扰是通过变化的旁瓣电平进入接收机的,因此预计发生最大值具有一定随机性。由于 (u,v) 分布,(l,m) 域的干扰具有准随机结构的形式,并且细长分布在东西方向上,见文献 Thompson(1982) 的例子。干扰簇也给出通过删除 v 轴附近的可疑可见度函数数据来减少干扰响应的可能性,产生的 (u,v) 覆盖退化会增大合成波束的旁瓣。通过第 11 章描述的去卷积过程,可在一定程度上减小这种旁瓣效应。

上面的讨论适用于观测时间足够长、(u,v) 平面被充分采样的情况,且在观测期间干扰信号的强度近似为常数。如果 (u,v) 轨迹只有 α 分数部分穿越 v 轴,则因子 $\sqrt{\alpha}$ 将引入式(15.13)和式(15.15)的分母中。根据上面的分析可知,较强的、分散的干扰会产生不同的响应。

宽带信号的去相关

因为干扰信号的入射方向通常与目标信号的入射方向不同,所以两个信号到达相关器输入端的延时通常不同。因此,通过对宽带干扰信号去相关,从而进一步降低干扰信号的响应。干扰信号响应降低通常不能利用一般的方法进行分析(例如,用于条纹频率平均导致的干扰信号响应降低的分析方法),但对于每个特殊天线阵列构型和干扰源的位置,干扰信号的降低程度是可计算的。出于此原因和仅宽带干扰信号被降低的事实,式(15.13)和式(15.15)干扰阈值讨论中不包括宽带信号去相关的影响。

在观测的任意时刻,设 θ_s 为垂直于天线对构成基线的平面与观测射电源方向之间的夹角,θ_s 定义了在天球上等延时的圆。类似地,设 θ_i 为垂直天线构成基线的平面与干扰源方向之间的夹角。相关器输入端干扰信号与射电源信号之间的延时为

$$\tau_d = \frac{D|\sin\theta_s - \sin\theta_i|}{c} \tag{15.16}$$

其中 D 为基线长度,由于 $\sin\theta_s = w\lambda/D$,$w$ 为图 3.2 所示的空间坐标的第三个分量,λ 为波长。假设接收到的干扰信号的有效矩形频谱宽度为 Δf,中心频率为 f_0,频谱宽度由信号本身带宽或者接收机带宽决定。利用维纳-辛钦定理,得到信号的自相关函数

$$\frac{\sin(\pi\Delta f\tau_d)}{\pi\Delta f\tau_d}\cos(2\pi f_0\tau_d) \tag{15.17}$$

式(15.17)代表作为延时之差 τ_d 函数的复相关器输出的实部,复相关器输出的虚部和上式类似,只是式中的余弦函数用正弦函数来代替。因此延时 τ_d 的复相关输出模的去相关因子为

$$f_2 = \frac{\sin(\pi\Delta f\tau_d)}{\pi\Delta f\tau_d} \tag{15.18}$$

对于固定干扰源,θ_i 为常数,但 θ_s 随天线跟踪而变化。因此 τ_d 可能会经过零点,使 f_2 达到最大,但和 f_1 不同,在 (u,v) 平面任何一点 f_2 都可能达到最大。f_1 和 f_2 峰值叠加的天线对在图像中产生非常强的干扰,f_1 和 f_2 峰值分离较远的天线对贡献较小。因此对于宽带信号,条纹频率和去相关效应应综合考虑。例如,在 VLA 对子午线上静止轨道卫星响应的计算中,因子

$$\sqrt{\frac{\sum q' f_1^2 f_2^2}{\sum q' f_1^2}} \tag{15.19}$$

代表去相关引起的干扰均方根值的进一步降低(Thompson,1982)。式(15.19)是对所有等增量时角天线对的求和,加入 q' 因子是对采样方法带来的 (u,v) 平面不

均匀采样点密度进行的补偿。对 VLA 最紧凑和最扩展阵列构型的天线间距都进行了考虑，VLA 的观测频率为 $1.4 \sim 23\mathrm{GHz}$，观测带宽为 $25\mathrm{MHz}$ 和 $50\mathrm{MHz}$。结果表明去相关对宽带干扰的抑制为 $4 \sim 34\mathrm{dB}$，与观测赤纬有很强的关联。假设干扰在带宽内均匀扩展，则在实际情况下趋于过高估计抑制。

15.3 甚长基线系统

VLBI 阵列的天线间距为几百到几千公里，其本征条纹频率高于基线为几十公里阵列的本征条纹频率，且来自非观测方向的信号的延时差也较大，因此，在相关器输入端干扰信号相关分量引起的输出通常可被忽略。另外，和来自卫星或航天器的干扰信号不同，VLBI 阵列的干扰信号不可能出现在两个分离较远的位置。

考虑一个干扰信号进入天线对中的一个天线，干扰将降低测量的相关性，总影响相当于增加了天线的系统噪声温度。图 15.4 中的 $x(t)$ 和 $y(t)$ 代表不存在干扰情况下来自两个天线的信号加上系统噪声，$z(t)$ 代表在一个天线端口的干扰信号。三个波形的均值为零，x 和 y 波形的标准差为 σ，z 波形的标准差为 σ_i。在没有干扰的情况下，相关系数测量值为

$$\rho_1 = \frac{\langle xy \rangle}{\sqrt{\langle x^2 \rangle \langle y^2 \rangle}} = \frac{\langle xy \rangle}{\sigma^2} \tag{15.20}$$

当存在干扰信号时，相关系数测量值为

$$\rho_2 = \frac{\langle xy \rangle + \langle xz \rangle}{\sqrt{\langle x^2 \rangle (\langle y^2 \rangle + 2\langle yz \rangle + \langle z^2 \rangle)}} \tag{15.21}$$

干扰信号与 x 和 y 信号不相关，因此 $\langle xz \rangle = \langle yz \rangle = 0$。另外，干扰信号处在干扰阈值时，$\sigma_i^2 \ll \sigma^2$。根据式 (15.20) 和式 (15.21) 可得

$$\rho_2 \simeq \rho_1 \left[1 - \frac{1}{2} \left(\frac{\sigma_i}{\sigma} \right)^2 \right] \tag{15.22}$$

干扰降低了相关系数测量值。在有自动增益控制的系统中，相关系数降低可认为是由系统增益的降低导致的。系统增益降低来源于干扰功率的增加。因此，相关系数测量引入的误差为一个乘法因子，而不是一个加性误差分量。对于单个天线或基线足够短，检波器或相关器直接响应干扰信号的阵列，干扰将引入加性误差。此两类误差的不同影响在 10.6 节"图像误差"中进行了讨论。在原理上，有效增益变化可用一个定标信号进行监测，如 7.6 节所讨论。然而，如果干扰信号强度变化很快，则定标过程将会很困难。因此要规定干扰阈值，以便引入的误差很小，不会明显增大测量的不确定性。一般情况下，由于干扰带来的可见度函数幅度 1% 变化是合理的。如果存在不相关干扰信号同时进入两个天线，其限制条件为

$$\left(\frac{\sigma_i}{\sigma}\right)^2 \leqslant 0.01 \tag{15.23}$$

根据巴塞伐尔定理,可见度函数 1% 的均方根值误差引入整个图像强度 rms 值的误差为真实强度分布相应 rms 值的 1%。对图像强度动态范围的影响与强度分布和误差分布有关。对于单一点源图像,强度 rms 误差约为峰值强度的 $10^{-2}\sqrt{f/n_r}$ 倍,其中 f 为 n_r 个可见度函数网格点中包含干扰的网格点数。这里假设接收的干扰信号波动足够快,每个网格点的可见度函数干扰电平基本相互独立。如果不是这种情况,引起的误差更大。

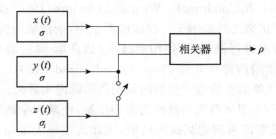

图 15.4 干扰对 VLBI 观测影响讨论中的相关器输入信号分量

按照式(15.23)的准则,式(15.1)给出的干扰与系统噪声功率之比不能大于 0.01。因此,对于干扰阈值,可得

$$F_h = \frac{0.04\pi k T_s f^2 \Delta f}{c^2} \tag{15.24}$$

单位为 $W \cdot m^{-2} \cdot Hz^{-1}$ 的有害阈值为

$$S_h = \frac{F_h}{\Delta f} = \frac{0.04\pi k T_s f^2}{c^2} \tag{15.25}$$

注意这里的 0.01 干扰噪声比指的是相关器输入端电平。对于全功率系统(单天线)及 15.2 节讨论的阵列,即加性误差系统,干扰噪声比为 0.1 的准则适用于相关器或检波器的输出时间平均。因此,结果低于式(15.24)和式(15.25)的 VLBI 干扰阈值。典型 T_s 值的 VLBI 的干扰阈值曲线如图 15.2 所示,VLBI 干扰阈值约比全功率系统干扰阈值高 40dB。

15.4 机载和星载发射机干扰

在对上述得到的 F_h 和 S_h 的应用中,需要牢记这些参量都是在干扰来自于静止的、地基发射机的条件下得出的。一般情况下可以使观测的俯仰角足够高,天线指向任何干扰发射机的角度都不会小于 19°。19° 为图 15.1 中主波束与大多数旁瓣电平小于各向同性电平之间的角度。机载和星载发射机存在的问题较特殊,射电天文不能与星地发射机共享带宽。然而，由于更多通信频谱的压力，分配给发射机的带宽相邻或接近分配给射电天文的带宽。在分配给卫星带宽之外的卫星发射机的杂散发射无疑会对射电天文测量产生严重威胁。发射机在天空上的运动很可能增加合成阵列相关器输出端的条纹频率，从而减少对干扰的响应。另外，这些干扰信号可能被主波束附近的较大增益的旁瓣所接收。由于静止轨道卫星处于天球赤道附近高仰角的固定位置，所以其发射机给射电天文测量增加了特殊危害。来自静止轨道上分布的一系列卫星的干扰信号使以轨道为中心的一片天空的高灵敏度观测受到严重限制。

文献 Galt(1990)和 Combrinck, West and Gaylord(1994)描述了杂散辐射远超出卫星系统分配带宽之外的例子。在这些例子中，杂散辐射大部分原因是使用了简单相移键控技术进行调制，而使用新技术[如高斯-滤波最小移频键控（GMSK）]能够提供更陡峭的谱线边带（Murota and Hirade, 1981；Otter, 1994）。然而，多通信信道放大器的非线性产生的内调制积问题尚未解决。

在有些情况下，与卫星有关的操作需求和限制，使减少杂散辐射变得很困难。有些卫星使用大量窄波束覆盖其探测区域，因此为适应大量用户，相同频率通道会使用多次。这就需要带有多个小辐射单元的相控阵，每个单元都有自己的放大器[见文献 Schuss et al. (1999)]。由于太阳能电池的功率限制，这些放大器工作在最大功率效率下，但是妥协于内调制积引起的杂散辐射是非线性的。由于重量的限制，给每个驱动辐射单元的输出进行滤波是不切实际的。

为减少对空间设施的影响，ITU-R 1997c 中建议对杂散辐射的限制为：利用 4kHz 带宽测量发射机输出，其杂散功率不得大于-43dBW。例如，满足上述条件的杂散辐射，从 800km 高度低轨卫星的 0dBi 增益的旁瓣辐射出去，在地球表面产生的功率谱流量密度为-208dBW·m^{-2}·Hz^{-1}。此数值和 1.4GHz 射电天文谱线和连续测量的干扰阈值（分别为-239dBW·m^{-2}·Hz^{-1}和-255dBW·m^{-2}·Hz^{-1}）相当。虽然是考虑最恶劣情况下的简单计算，几十 dB 的差别表明建议的限制值不能保护射电天文观测。因此当选择新址或新系统研制时，射电天文研究基本被认为是具体问题具体分析的特殊问题。确保无线电频率协调是射电天文学家的责任。

附录 15.1 无线电频谱规则

无线电频谱使用规则由国际电信联盟（International Telecommunication Union, ITU)组织。ITU 总部设在日内瓦，是联合国组织中的一个特殊机构。1959 年射电天文首次正式获得 ITU 无线电通信服务认可。ITU 无线电通信部门于（ITU-R）1993 年 3 月成立并代替 ITU 早期机构国际无线电咨询委员会（CCIR）。在 ITU-R 内部的研究组负责技术，第 7 研究组被授权科学服务，包括射电天文、各种空间研究及时间和频率标准。研究组分成工作组来处理专业领域问题，主要研究当前频率协调中的重要问题，例如，在不同服务中共享频率通带，并提出问题建议书。ITU内部决定大部分都是协商一致后做出的。建议书必须得到所有无线电通信研究组同意，然后作为ITU无线电频谱规则的一部分。有关射电天文的特殊建议书参见ITU-R(1997b)和其他无线电通信系列建议书。

ITU-R负责组织研究组、工作组及有时为处理特殊问题成立的其他团体的会议，也负责组织每2～3年一次的世界无线电通信大会(WRCs)，在WRCs上进行新的频谱分配，且必要的情况下修订ITU无线电规则。很多国家政府派代表团参加WRCs，会议结果具有条约性质。参加会议国家只要不影响其他国家频谱使用，就可向国际规则提出异议。因此，很多国家很大程度上基于ITU无线电规则，制定自己的无线电规则系统，但也有为满足自己特殊需求的例外。更多有关无线电频谱使用规则的信息参见文献Pankonin and Price(1981)，Thompson，Gergely and Vanden Bout(1991)和ITU-R(1995)。

参 考 文 献

Crawford, D. L., Ed., *Light Pollution, Radio Interference, and Space Debris*, Astron. Soc. Pacific Conf. Series, 17, ASP, San Francisco, CA, 1991.

ITU-R, *Handbook on Radio Astronomy*, International Telecommunication Union, Geneva, 1995 (or current revision).

Kahlmann, H. C., Interference: The Limits of Radio Astronomy, in *Review of Radio Science* 1996-1999, W. R. Stone, Ed., Oxford Univ. Press, Oxford, 1999, pp. 751-786.

Swenson, G. W. Jr., and A. R. Thompson, Radio Noise and Interference, in *Reference Data for Engineers: Radio, Electronics, Computer, and Communications*, Sams Indianapolis, 1993.

引 用 文 献

Barnbaum, C. and R. F. Bradley, A New Approach to Interference Excision in Radio Astronomy: Real-Time Adaptive Cancellation, *Astron. J.*, 116, 2598-2614, 1998.

Combrinck, W. L., M. E. West, and M. J. Gaylord, Coexisting with Glonass: Observing the 1612 MHz Hydroxyl Line, *Pub. Astron. Soc. Pacific*, 106, 807-812, 1994.

Galt, J., Contamination from Satellites, *Nature*, 345, 483, 1990.

ITU-R, *Handbook on Radio Astronomy*, International Telecommunication Union, Geneva, 1995 (or current revision).

ITU-R Recommendation SA. 509-1, Generalized Space Research Earth Station Antenna Radiation Pattern for Use in Interference Calculations, Including Coordination Procedures, ITU-R *Recommendations, SA Series*, International Telecommunication Union, Geneva, 1997a (or current revision).

ITU-R Recommendation RA. 769-1, Protection Criteria for Radioastronomical Measurements,

ITU-R *Recommendarions*, *RA Series*, International Telecommunication Union, Geneva, 1997b (or current revision).

ITU-R Recommendation SA. 329-7, Spurious Emissions, *ITU-R Recommendations*, *SA Series*, International Telecommunication Union, Geneva, I997c (or current revision).

Murota, K. and K. Hirade, GMSK Modulation for Digital Mobile Radio Telephony, *IEEE Trans. Commun.*, COM-29, 1044-1050, 1981.

Otter, M., *A Comparison of QPSK, OQPSK, BPSK and GMSK Modulation Schemes*, Report of the European Space Agency, European Space Operations Center, Darmstadt, Germany, June 1994.

Pankonin, V. and R. M. Price, Radio Astronomy and Spectrum Management: The Impact of WARC-79, *IEEE Trans. Electromagn. Compat.*, EMC-23, 308-317, 1981.

Schuss, J. J., J. Upton, B. Myers, T. Sikina, A. Rohwer, P. Makridakas, R. Francois, L. Wardle, and R. Smith, The IRIDIUM Main Mission Antenna Concept, *IEEE Trans. Antennas Propag.*, AP-47, 416-424, 1999.

Thompson, A. R., The Response of a Radio-Astronomy Synthesis Array to Interfering Signals, *IEEE Trans. Antennas Propag.*, AP-30, 450-456, 1982.

Thompson, A. R., T. E. Gergely, and P. Vanden Bout, Interference and Radioastronomy, *Physics Today*, 41-49, November 1991.

16 相关技术

射电干涉测量和合成孔径成像的类似概念和技术在天文各领域中被广泛使用。本章对这些类似概念和技术中的一部分(包括光学技术)作介绍,给读者提供更宽的视角。在其他的科技文献中,这些理论和技术已有详细介绍,因此本章的主要目的就是概述所涉及的原理,并与前面相关章节的详细内容联系起来。

16.1 强度干涉仪

长基线干涉测量中的强度干涉仪提供一些技术简化,在射电天文干涉仪早期研究中非常重要。如 1.3 节"角宽度的早期测量"中所述,该技术在射电天文中的实际应用受到限制(Jennison and Das Gupta,1956;Carr et al.,1970;Dulk,1970)。这是因为与传统干涉仪相比,该技术的接收机系统中需要更高的信噪比,且只测量可见度函数的模。强度干涉仪由 Hanbury Brown 设计,并在文献(Hanbury Brown,1974)中描述了强度干涉仪的发展与应用。

如图 16.1 所示,在强度干涉仪中,来自天线的信号放大后经过平方律检波器,最后输入给相关器。因此,相关器输入端信号电压均方根值与天线提供的功率

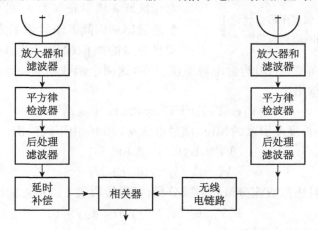

图 16.1 强度干涉仪

放大器和滤波器模块可与本振和混频器合并在一起,延时补偿
等于信号从射电源到相关器输入端的传输时间延时,后处理滤
波器去除直流和射频分量

成正比,即与信号强度成正比。由于射频信号相位经检波后丢失,所以不会形成干涉条纹,但相关器输出可表明检测信号的相关度。设检波器输入端电压为 V_1 和 V_2,检波器输出为 V_1^2 和 V_2^2,且每个输出都包含一个被滤波器滤掉的直流量和一个随时间变化的交流分量,该交流分量作为相关器的输入。根据四阶矩关系[式(6.36)],相关器输出为

$$\langle(V_1^2-\langle V_1^2\rangle)(V_2^2-\langle V_2^2\rangle)\rangle=\langle V_1^2 V_2^2\rangle-\langle V_1^2\rangle\langle V_2^2\rangle=2\langle V_1 V_2\rangle^2 \quad (16.1)$$

相关器输出正比于传统干涉仪相关器输出的平方,测量的是目标射电源可见度函数模的平方。

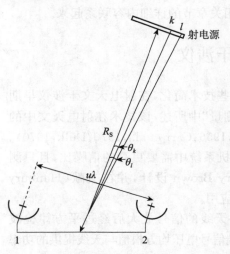

图 16.2 强度干涉仪讨论中使用的距离与角度

这里给出响应的另外一种推导,该推导方法给出来自射电源不同部分的信号如何在设备中进行组合的物理过程。射电源用图 16.2 中的一维强度分布来表示,假设射电源为很多小区域的线性分布的组合,每个小区域足够大,其辐射的信号具有平稳随机噪声特性,但角宽度小于 $1/u$,$1/u$ 限定了干涉仪角度分辨率。假设射电源各小区域空间不相干,则来自不同区域的射电信号不相关。如图 16.2 所示,考虑射电源 k 和 l 两个区域,角位置分别为 θ_k 和 θ_l,张角为 $\mathrm{d}\theta_k$ 和 $\mathrm{d}\theta_l$。每个区域都辐射宽带频谱,但首先只考虑区间 k 辐射频率为 f_k 的傅里叶变换分量的输出和区间 l 辐射频率为 f_l 的傅里叶变换分量的类似输出。设 $A_1(\theta)$ 为两个天线接收功率方向图,$I_1(\theta)$ 为射电源强度分布,这两个函数均为一维的。则第一个接收机的检波输出为

$$[V_k\cos 2\pi f_k t+V_l\cos(2\pi f_l t+\phi_1)]^2 \quad (16.2)$$

其中 ϕ_1 为路径长度差引入的相位,信号电压 V_k 和 V_l 由下式给出:

$$V_k^2=A_1(\theta_k)I_1(\theta_k)\mathrm{d}\theta_k\mathrm{d}f_k \quad (16.3)$$

$$V_l^2=A_1(\theta_l)I_1(\theta_l)\mathrm{d}\theta_l\mathrm{d}f_l \quad (16.4)$$

展开式(16.2)且去除直流分量和射频分量,可得接收机 1 的检波输出为

$$V_k V_l\cos[2\pi(f_k-f_l)t-\phi_1] \quad (16.5)$$

类似地,接收机 2 的检波输出为

$$V_k V_l\cos[2\pi(f_k-f_l)t-\phi_2] \quad (16.6)$$

相关器输出与式(16.5)和式(16.6)乘积的时间平均成正比,即

$$\langle A_1(\theta_k)A_1(\theta_l)I_1(\theta_k)I_1(\theta_l)\mathrm{d}\theta_k\mathrm{d}\theta_l\mathrm{d}f_k\mathrm{d}f_l\cos(\phi_1-\phi_2)\rangle \quad (16.7)$$

如果相对带宽远小于分辨率与视场之比,则相位关于频率的变化很小[见式(6.69)及相关讨论]。在此限制条件下,式(16.7)与频率 f_k 和 f_l 无关,因此对式(16.7)关于 f_k 和 f_l 在矩形接收机带宽 Δf 内进行积分时,$\mathrm{d}f_k\mathrm{d}f_l$ 可用 Δf^2 代替。

相位角 ϕ_1 和 ϕ_2 来自路径差 kk' 和 ll',如图 16.3 所示,注意 ϕ_1 和 ϕ_2 的符号是相反的,因为天线 1 的路径增量从 l 点算起,天线 2 的路径增量从 k 点算起。如果 R_s 为射电源到天线的距离,射电源之间的距离近似等于 $R_s(\theta_k-\theta_l)$,角度 $\alpha_k+\alpha_l$ 近似等于 $u\lambda/R_s$,u 代表天线间距在射电源方向上的投影,单位为波长。如果角度 α_k、α_l 和射电源的张角都很小,则上面的近似非常准确。因此相位角之差为

$$\phi_1-\phi_2 = 2\pi R_s(\theta_k-\theta_l)\frac{(\sin\alpha_k+\sin\alpha_l)}{\lambda}$$
$$\simeq 2\pi u(\theta_k-\theta_l) \tag{16.8}$$

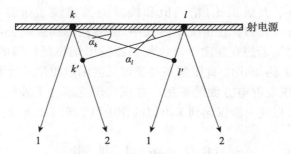

图 16.3　射电源 k 区域和 l 区域的射电波
传输到天线 1 和天线 2 方向的相对延时路径 kk' 和 ll'

根据式(16.7),相关器输出变成如下形式:

$$\langle A_1(\theta_k)A_1(\theta_l)I_1(\theta_k)I_1(\theta_l)\Delta f^2\cos[2\pi u(\theta_k-\theta_l)]\mathrm{d}\theta_k\mathrm{d}\theta_l\rangle \tag{16.9}$$

为获得射电源区间内所有天线对的输出,在假设空间不相干的条件下,表达式(16.9)在射电源范围内关于 θ_k 和 θ_l 积分,可得

$$\left\langle \left[\Delta f\int A_1(\theta_k)I_1(\theta_k)\cos(2\pi u\theta_k)\mathrm{d}\theta_k\right]\left[\Delta f\int A_1(\theta_l)I_1(\theta_l)\cos(2\pi u\theta_l)\mathrm{d}\theta_l\right] \right.$$
$$\left. +\left[\Delta f\int A_1(\theta_k)I_1(\theta_k)\sin(2\pi u\theta_k)\mathrm{d}\theta_k\right]\left[\Delta f\int A_1(\theta_l)I_1(\theta_l)\sin(2\pi u\theta_l)\mathrm{d}\theta_l\right] \right\rangle$$
$$= A_0^2\Delta f^2[\mathcal{VB}_R^2+\mathcal{VB}_I^2] = A_0^2\Delta f^2\,|\mathcal{VB}|^2 \tag{16.10}$$

其中假设天线对射电源的响应 $A_1(\theta)$ 为常数 A_0,下标 R 和 I 代表可见度函数的实部和虚部,此结论符合 3.1 节二维射电源可见度函数的定义。因此,相关器输出与复可见度函数模的平方成正比。采用相同方法的更详细讨论见文献 Hanbury, Brown and Twiss(1954)。基于辐射场互相关的分析由 Bracewell(1958)给出。

强度干涉仪的一些特性比传统干涉仪更有优势。由于到达相关器输入端的

每个信号分量都是经过大气路径基本相同的两个频率分量之差产生的,所以强度干涉仪对大气相位波动不像传统干涉仪那么敏感。在检波器输入端不同频率分量的相位波动小于射频信号中该分量频差与射频频率之比,频差与射频频率之比的量级约为10^{-5}。在传统干涉仪中,这种相位波动使可见度函数的幅度和相位很难测量。类似地,两个接收机本振的相位波动对不同频率分量相位无贡献。因此,不需要对本振进行同步,甚至不需要在 VLBI 中使用高稳定度频率标准。在强度干涉仪早期实施中,这些优势都是有益的,尽管这些优势不是关键因素。如果被观测射电源的直径在角秒量级而不是角分,则强度干涉仪的特性起到更重要的作用。

强度干涉仪的严重缺陷是灵敏度相对差。因为接收机中检波二极管的作用,在相关器输入端信号功率与噪声功率之比与检波前射频信号功率与噪声功率之比[式(9.73)]的平方成正比,精确值和检波前及检波后带宽有关(Hanbury,Brown and Twiss,1954)。在传统干涉仪中,能够检测到在相关器输入端比噪声低约 60dB 的信号。若想在强度干涉仪相关器输出端得到相似的信噪比,需要射频段的信噪比增大约 30dB。此限制条件及可见度函数相位灵敏度低的缺点,大大限制了强度干涉仪在射电方面的应用。在现代迈克尔孙干涉仪开发之前的早期光学干涉测量中,强度干涉仪起到了类似的作用(见 16.4 节光学强度干涉仪)。

16.2 掩月观测

作为确定星体尺寸和位置的一种方法,MacMahon(1909)提出掩月时测量作为时间函数的星体亮度强度。MacMahon 的分析是基于简单几何光学,遭到 Eddington(1909)的质疑,Eddington 指出衍射效应将使星体角度尺度详细信息模糊。Eddington 的论文可能在一段时间内阻碍了掩月观测的应用,Whitford (1939)30 年后第一次对掩月测量进行了报道,他观测到了摩羯座 β 星和水瓶座的 γ 星并获得了清晰的衍射图。

当时 Eddington 及其他人未认识到尽管遮挡的瞬时响应不是几何光学和点源情况下的简单阶梯函数,点源响应傅里叶变换代表空间频率的灵敏度,其幅度与阶梯函数傅里叶变换幅度相同,但其相位与后者的相位不同。因此,掩月观测对所有傅里叶分量都敏感,对获得的分辨率没有固有的限制,信噪比有限情况除外。Scheuer(1962)发现点源响应傅里叶变换与阶梯函数傅里叶变换幅度相等,他设计了从掩食曲线获得一维强度分布 I_1 的方法。至此,空间频率的概念通过射电干涉测量的应用被广泛熟知。由于掩月观测中衍射发生在地球大气层外,大气效应没有使高角分辨率像地基干涉测量一样明显降低,此外,可获得的分辨率对望远镜尺寸的依赖性来源于信噪比。早期掩月观测射电应用于对 3C273 的位置和尺寸的测量(Hazard，Mackey and Shimmins，1963)，进而确认脉冲星。如 12.1 节"天体测量需求"中所述，此位置测量被用作 VLBI 位置目录的赤经参考已使用多年。射电掩月测量在米波段非常重要，因为月亮在短波段的高热流量密度会给掩月测量带来困难。射电波段的掩月测量已经在很大程度上被干涉测量所取代，但光学和红外波段仍在使用掩月测量。

图 16.4 给出几何位置关系以及掩月测量记录。由于月球曲率和粗糙度，月亮的临边与直边的距离小于无线电频率第一菲涅耳区尺寸。因此点源响应为著名的直边衍射图，很多物理光学文献中都推导得出了该结论。图 16.4(b)中接收功率的主要变化与月亮遮挡和不遮挡第一菲涅耳区，以及由于高阶菲涅耳区遮挡产生的振荡相对应。临界尺度为第一菲涅耳区尺寸 $\sqrt{(\lambda R_m/2)}$，其中 $R_m \simeq 3.84 \times 10^5$ 为地球到月亮之间的距离。波长 10cm 对应的临界尺度为 4400m，波长

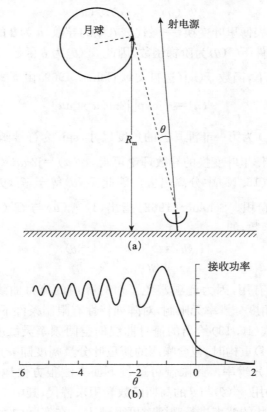

图 16.4 射电源被月球遮挡

(a) 几何位置，θ 为从射电源观测方向到月球切线的顺时针方向夹角，图中 θ 为负值；(b) 点源的遮挡曲线，与 $\mathcal{P}(\theta)$ 成正比，横坐标 θ 的单位为 $\sqrt{(\lambda/2R_m)}$，其中 λ 为波长，R_m 为观测者与月球的距离

0.5μm 对应的临界尺度为 10m，或者从地球看过去的角度分别为 $2.3''$ 和 5mas。月球遮挡边的最大速度约为 $1\text{km}\cdot\text{s}^{-1}$，但有效速度与在月球临边遮挡的位置有关，这里使用典型值 $0.6\text{km}\cdot\text{s}^{-1}$。因此，第一菲涅耳区遮挡时间决定下降特征时间和振荡周期。波长为 10cm 时，该遮挡时间为 7s；波长为 0.5μm 时，该遮挡时间为 16ms。

当假设为几何光学遮挡时，观测到的曲线为 I_1 的积分，如图 16.4(a) 所示。I_1 为射电源与月球临边之间夹角 θ 的函数，则 I_1 可通过求导来获得。在实际中，观测到的掩星曲线 $\mathcal{G}(\theta)$ 等于 $I_1(\theta)$ 与月球临边点源衍射图 $\mathcal{P}(\theta)$ 的卷积，即 $I_1(\theta) * \mathcal{P}(\theta)$。关于 θ 的导数为

$$\mathcal{G}'(\theta) = I_1(\theta) * \mathcal{P}'(\theta) \tag{16.11}$$

其中的一撇代表求导数。式(16.11)两边作傅里叶变换得

$$\overline{\mathcal{G}}'(u) = \overline{I}_1(u)\overline{\mathcal{P}}'(u) \tag{16.12}$$

变量上面的横线代表傅里叶变换，一撇代表 θ 域的导数，u 为 θ 的共轭变量。

在几何光学条件下 $\mathcal{P}(\theta)$ 为阶梯函数，因此 $\mathcal{P}'(\theta)$ 为 δ 函数，其傅里叶变换为常数。衍射有限情况下，函数 $\overline{\mathcal{P}}(u)$（选自文献 Cohen，1969）由下式给出：

$$\overline{\mathcal{P}}(u) = \frac{\text{j}}{u}\exp[\text{j}2\pi\theta_F^2 u^2 \text{sgn} u] \tag{16.13}$$

其中 $\theta_F = \sqrt{(\lambda/2R_m)}$ 为第一菲涅耳区的角度尺寸，sgn 为符号函数，其值为 ± 1，代表 u 的符号。根据傅里叶变换的导数理论可得 $\overline{\mathcal{P}}'(u) = \text{j}2\pi u \overline{\mathcal{P}}(u)$，其幅度为不为零的常数且可从式(16.12)中分离出去。因此 $I_1(\theta)$ 等于 $\mathcal{G}'(\theta)$ 与傅里叶变换为 $1/\overline{\mathcal{P}}'(u)$ 的函数的卷积。Scheuer (1962) 指出，$1/\overline{\mathcal{P}}'(u)$ 与 $\mathcal{P}'(-\theta)$ 成正比，可将 $\mathcal{P}'(-\theta)$ 用作还原函数，如

$$\begin{aligned}I_1(\theta) &= \mathcal{G}'(\theta) * \mathcal{P}'(-\theta) \\ &= \mathcal{G}(\theta) * \mathcal{P}''(-\theta)\end{aligned} \tag{16.14}$$

等式右侧第二项更有用，因为此项避免了对有噪声的掩月曲线求导数的实际困难。原理上，在对角度分辨率无限制，对阵列特性有限制条件下经此重构得到 I_1。然而，须牢记的是式(16.13)给出的掩月曲线的空间频率灵敏度幅度正比于 $1/u$。因此，利用式(16.14)重构时，包含噪声的傅里叶分量幅度随 u 成正比增加。增加的噪声限制了有用分辨率。此限制可通过下面方法很方便地引入，即通过将式(16.14)中的 $\mathcal{P}''(\theta)$ 用 $\mathcal{P}''(\theta)$ 与 θ 的高斯函数卷积来替代，其中 θ 的分辨率为 $\Delta\theta$，则当用相同的高斯形状的波束进行观测时可得到 I_1。在实际中，引入高斯函数是此方法的关键，因为高斯函数能够确保式(16.14)中卷积积分收敛。$\Delta\theta$ 的优化选取与信噪比有关。在文献 von Hoerner (1964) 中给出不同分辨率下重构函数的例子。

上述讨论服从减少掩月观测的经典方法，它是从几何光学分析中发展而来的。可以设想，如果采用下面处理过程则更加简洁：将掩月曲线进行傅里叶变换，然后除以 $\overline{P}(u)$（用合适的权重控制噪声的增加），再傅里叶反变换到 θ 域。此处理过程在数学上与式(16.14)等效。

由于傅里叶变换分量的信噪比与实际点源响应信噪比相同，所以可利用几何光学模型获得噪声对角分辨率限制的估计。考虑图 16.4(b)中掩月曲线接收机功率发生主要变化的区域，设 τ 为记录到的电平变化等于噪声均方根值的时间段，如果 v_m 为月球临边关于射电源的角速度，则得到的角度分辨率约为

$$\Delta\theta = v_\mathrm{m}\tau \qquad (16.15)$$

在时间间隔 τ 内，在天线端流量密度变化为 ΔS。设 θ_s 为射电源主结构在垂直月球临边方向的宽度，且 S 为射电源总流量密度，则简单射电源结构的平均强度约为 S/θ_s^2，在时间 τ 内射电源被遮挡部分立体角的变化为 $\theta_\mathrm{s}\Delta\theta$。因此可得

$$\frac{\Delta\theta}{\theta_\mathrm{s}} \simeq \frac{\Delta S}{S} \qquad (16.16)$$

流量密度 ΔS 分量在接收机输出端的信噪比为

$$\mathscr{R}_\mathrm{sn} = \frac{A\Delta S \sqrt{\Delta f \tau}}{2kT_\mathrm{S}} \qquad (16.17)$$

其中 A 为天线有效接收面积，Δf 和 T_S 分别为接收机带宽和系统噪声温度，k 为玻尔兹曼常量。注意月球的热辐射对 T_S 有明显贡献。这里考虑的是 $\mathscr{R}_\mathrm{sn} \simeq 1$ 的情况，根据式(16.15)~式(16.17)可得

$$\Delta\theta = \left(\frac{2kT_\mathrm{S}\theta_\mathrm{s}}{AS}\right)^{2/3}\left(\frac{v_\mathrm{m}}{\Delta f}\right)^{1/3} \qquad (16.18)$$

注意频率（或波长）在式(16.18)中没有直接体现，但是一些参数和观测频率有关，如 S，Δf 和 T_S。作为例子，考虑观测频率范围为 $100\sim 300\mathrm{MHz}$，$A=2000\mathrm{m}^2$，$T_\mathrm{S}=200\mathrm{K}$，且 $\Delta f=2\mathrm{MHz}$。对于一个相当弱的射电源，取 $S=10^{-26}\mathrm{W\cdot m^{-2}\cdot Hz^{-1}}$ (1Jy)，$\theta_\mathrm{s}=5''$，v_m 的典型值为 $0.3''\mathrm{s}^{-1}$，利用式(16.18)计算可得 $\Delta\theta=0.7''$。尽管式(16.18)是通过几何光学法得出的，但并不限制其适用性。对于一个观测到的掩月曲线，其几何光学的等效曲线可通过调整傅里叶变换分量的相位获得，相位调整并不影响信噪比。

在作类似于阵列观测的掩月观测时，接收系统带宽使角度细节产生模糊。因为信噪比随带宽增加而增加，对于任何观测，都存在一个使精细角度结构的灵敏度最大的带宽。此带宽约为 $f^2\Delta\theta^2 R_\mathrm{m}/c$，可通过以式(16.13)中相位项在带宽内不发生明显变化为条件来得出此带宽。此结论可与阵列带宽的限制[式(6.70)]类比，注意角度分辨率 $\Delta\theta$ 下掩月探测涉及月球距离的波前检测，检测的线性尺度为 $\lambda/\Delta\theta$，此尺度对地球的张角为 $\lambda/\Delta\theta R_\mathrm{m}$。进一步的详细讨论和 Scheuer 重构技术的

实际实施见文献 von Hoerner(1964),Cohen(1969)和 Hazard(1976)。注意,射电源在几个月时间周期内可能会经历多次掩月,月球临边在不同位置角穿越射电源。如果有足够多的位置角可被观测到,则一维强度分布组合后可获得射电源二维图像[参见文献 Taylor and De Jong(1968)]。

掩月方法被广泛用于光学和红外天文,用于测量星体的尺寸和临边昏暗,并对非常接近的双星进行区分。掩月测量与光学干涉测量结果的一致性证明月球地形变化不影响掩月方法的有效性。可以预计,当月球地形变化尺寸与菲涅耳区尺寸相当时,月球地形变化将变得非常重要。角度尺寸测量通常最低约为 1mas,通常利用拟合参数模型分析恒星掩星曲线,而不是利用上述射电观测使用的重构法。专门讨论光学和红外波段掩月观测的综述见文献 Richichi(1994)。恒星直径的扩展测量见文献 White and Feirman(1987),双星区分见文献 Evans et al. (1985),其他应用包括沃尔夫-拉叶星周围亚角秒尘埃壳测量见文献 Ragland and Richichi(1999)。

16.3 天线测量

测量天线口面上电场的分布是优化孔径效率中非常重要的一步,特别是反射面天线的情况,其电场分布代表天线表面调节的准确度。在 14.1 节"孔径衍射和天线响应"中推导了天线电压响应方向图和孔径电场分布之间的傅里叶变换关系。如果 x 和 y 为孔径平面内的两个坐标轴,则电场分布 $\mathscr{E}(x_\lambda, y_\lambda)$ 为远场电压辐射(接收)方向图的傅里叶变换(见 3.3 节"天线")。其中 l 和 m 为相对 x 和 y 轴的方向余弦,下标 λ 代表以波长为单位的测量结果。因此

$$V_A(l,m) \propto \iint_{-\infty}^{\infty} \mathscr{E}(x_\lambda, y_\lambda) e^{j2\pi(x_\lambda l + y_\lambda m)} dx_\lambda dy_\lambda \tag{16.19}$$

$\mathscr{E}$ 的直接测量可通过在孔径平面移动探针完成,但一定要避免对电场产生干扰(可能实现起来比较困难)。此技术对于确定毫米波喇叭天线特性非常有用(Chen et al.,1998)。然而,在很多应用中,特别是安装完全可控的大型天线,很容易测量 V_A。为完成 $\mathscr{E}(x_\lambda, y_\lambda)$ 的傅里叶变换,需要测量 V_A 的幅度和相位;测试天线波束对远距离发射机方向进行扫描,不扫描天线波束用于接收相位参考信号,通过来自两个天线信号的乘积获得函数 $V_A(l,m)$。此技术类似于光学全息照相中使用参考波束,此类天线测量被描述为全息技术(Napier and Bates,1973;Bennett et al.,1976)。

在干涉仪和合成孔径阵列的天线测量中,全息技术很容易实现。如果设备参数(基线等)和射电源位置精确已知且大气引入的相位波动可忽略不计,则对于不可分辨射电源,其经过定标的可见度函数值的实部与射电源流量密度相关,且虚

部等于零（有噪声情况除外）。如果天线对中的一个天线对射电源进行扫描，同时另外一个天线连续跟踪射电源，则相应的可见度函数与扫描天线电压 $V_A(l,m)$ 的幅度和相位成正比。上述合成孔径阵列天线的测量结果由 Scott 和 Ryle(1977) 首次给出，后面章节讨论这些测量结果的分析及 D'Addario(1982) 的研究内容。

将 $\mathcal{E}(x_\lambda, y_\lambda)$ 和 $V_A(l,m)$ 分别在孔径平面及空间平面可视化为 $N \times N$ 矩形网格点上离散值，以便用于离散傅里叶变换。为简单起见，考虑一个方形天线孔径，其尺寸为 $d_\lambda \times d_\lambda$。因为在 $\pm d_\lambda / 2$ 范围之外 $\mathcal{E}(x_\lambda, y_\lambda)$ 为零，傅里叶变换的采样定理指出 (l,m) 平面响应的采样间隔不能大于 $1/d_\lambda$。由于功率波束为 $\mathcal{E}(x_\lambda, y_\lambda)$ 自相关函数的傅里叶变换，所以上述采样间隔是功率波束采样间隔的两倍。如果 $V_A(l,m)$ 采样间隔为 $1/d_\lambda$，则天线孔径数据正好填充 $\mathcal{E}(x_\lambda, y_\lambda)$ 矩阵。在天线孔径上的测量间距为 d_λ / N，N 的选取通常使采样间隔能够保证每个面元上有若干次测量。(l,m) 平面扫描的角度范围为 N 倍指向间隔即 N/d_λ，约为 N 倍波束宽度。测量过程为利用被测天线扫描 N^2 个离散点，从而获得填充天空平面矩阵的 $V_A(l,m)$ 数据。

作为信号强度的测量，设 $\mathcal{R}_{sn}$ 为在时间 τ_a 内两个天线的波束直接指向射电源获得的信噪比。现在假设 (x_λ, y_λ) 孔径平面被分隔成以测量点为中心、边长为 d_λ / N 的方形单元（图 5.3）。考虑来自被测天线的面积为 $(d_\lambda / N)^2$ 的孔径单元信号对相关器输出的贡献，孔径单元的有效波束宽度为 N 倍天线波束宽度，即约为需要扫描的总宽度。每个单元对相关器输出端信号的贡献为 $1/N^2$，因此在时间 τ_a 内，相关器输出端噪声来自每个单元的信号分量为 $\mathcal{R}_{sn}/N^2$；在时间 $N^2 \tau_a$ 内，来自每个单元的信号分量为 $\mathcal{R}_{sn}/N$，$N^2 \tau_a$ 为测量总时间。来自一个孔径单元的信号分量相位测量准确度 $\delta\phi$ 为 $\sqrt{2}$ 倍相应信噪比的倒数，即 $N/(\sqrt{2}\mathcal{R}_{sn})$。因子 $\sqrt{2}$ 的引入是因为只有垂直于可见度函数矢量的系统噪声分量才会给相位测量引入误差，如图 6.8 所示。孔径单元表面位移 ε 使反射信号产生的相位变化为 $4\pi\varepsilon/\lambda$，因此由信号分量相位的不确定性 $\delta\phi$ 引起的 ε 的不确定性为 $\delta\varepsilon = \lambda\delta\phi/(4\pi) = \lambda N/(4\sqrt{2}\pi\mathcal{R}_{sn})$。当两个波束指向射电源时，从表面测量所需的准确度为 $\delta\varepsilon$，在时间 τ_a 内信号的信噪比为

$$\mathcal{R}_{sn} = \frac{N\lambda}{4\sqrt{2}\pi\delta\varepsilon} \tag{16.20}$$

确定信噪比 $\mathcal{R}_{sn}$ 之后，可使用式(6.48)和式(6.49)计算得到天线温度值或者信号的流量密度（$W \cdot m^{-2} \cdot Hz^{-1}$）。如果使用的两个天线尺寸不同，则式(6.48)和式(6.49)中 A、T_A 和 T_S 用相应参量的几何平均来代替。上述讨论中作了一些简单近似，如一个孔径单元对天线输出贡献为 $1/N^2$，则意味着假设孔径上的电场强度是均匀的。如果孔径照射是锥化的，为保证在边缘处的准确度，需要更高的 $\mathcal{R}_{sn}$。

考虑矩形天线比直径为 d_λ 的圆形天线的 $\mathscr{R}_{sn}$ 高 $4/\pi$ 倍,当全息测量中的信号为连续波时情况会明显不同。连续波通常来自卫星,接收信号功率 P 大于接收机噪声功率 $kT_R\Delta f$(D'Addario,1982)。在此情况下,相关器输出噪声主要由信号和接收机噪声电压的向量叉积决定,在时间 τ 内信噪比为 $\sqrt{P\Delta f\tau/(kT_R\Delta f)}$ 且与接收机带宽无关。

图 16.5 给出亚毫米波合成孔径阵列天线全息测量的实例,一些实际要点如下。

- 全息测量使用的射电源理想情况是信号足够强,能够获得很高的信噪比。通常使用的信号来自卫星发射机或宇宙脉泽源。Morris 等(1988)描述了使用猎户座 22.235GHz 水脉泽对 Pico de Veleta 站 30m 天线的测量,测量准确度(重复性)为 25μm。对于利用干涉单元进行全息测量,可使用部分分辨的射电源(Serabyn,Phillips and Masson,1991)。

- 如果测试天线安装在地平经纬仪上,随着观测的进行,天线波束将相对天空旋转。在确定天线指向时,天空平面的 (l,m) 轴应与本地水平和垂直方向保持一致。如果天线安装在赤道仪上,(l,m) 轴应该为天空平面的东方向和北方向[(l,m) 的通常定义]。

- 如果源为较强的线偏振且天线安装在地平经纬仪上,则可能需要对波束旋转进行补偿。如果天线接收两个垂直极化信号则补偿是可行的。

- 如果使用两个完全分开的天线,对流层不规则性引起的信号路径差会引起相位误差,需要周期记录两个波束中心指向射电源来确定此相位误差。当对单一大型天线进行测量时,在大天线馈源支撑结构上安装一个小天线(小天线和大天线波束指向方向相同),用于提供关于源的参考信号,则对流层对相位的影响可被消除。

- 天线可绕经过其相位中心的轴旋转(角度范围有限)而不改变接收信号的相位。抛物面反射面的相位中心位于抛物面的轴上,大约在天线顶点和孔径平面之间的中间点附近。在扫描过程中,天线偏离射电源方向的最大角度为 $N/(2d_\lambda)$。如果旋转轴与相位中心的距离为 r,那么到达天线的相位路径长度增加 $r\left[1-\cos\left(\dfrac{N}{2d_\lambda}\right)\right]$。如果此距离与波长的比是一个较大分数,则必须对相关器输出信号进行相位修正。

- 对于在天线罩中的天线,天线罩的结构部件会引起入射波的散射,需要进行修正。Eogers 等(1993)描述了 Haystack 37m 天线测量散射修正。

- 对于天线单元数量 n_a 较大的相关器阵列,其天线测量的一种可行方法为利用一个天线跟踪射电源并提供参考信号,其余天线对射电源进行扫描。然而,另外一种比较好的方法是利用 $n_a/2$ 个天线跟踪射电源,另外 $n_a/2$ 个天线对射电源进行扫描。第二种方法的积分时间为第一种方法的一半,且在观测的中间时间点可以互换两组天线的角色。然而采用第二种方法时,每个天线有 $n_a/2$ 个不同的测量结果,因此和第一种方法相比,灵敏度提高因子为 $\sqrt{n_a/4}$。另外,来自跟踪天线信号的互相关函数可以提供大气相位稳定度信息,在对测量进行解译时是非常有用的。

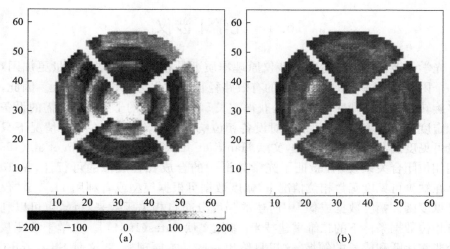

图 16.5　(a)利用位于 250m 处的 92GHz 连续波发射机对 6m SMA 反射面表面精度进行全息测量。图像为 64×64 像素,分辨率约为 9cm,反射面外、四角架下和二次反射面下的像素被处理成空白,均方根偏差为 73μm。在 4 个角架上共有 64 个嵌板,图中可看到径向方向系统安装误差。(b) 嵌板安装经一次迭代后的结果。表面均方根偏差为 30μm。选自 S. K. Tirupati 测量结果

Morris(1985)开发了只须测量远场方向图幅度的方法,在其测量过程中不需要参考天线。此方法基于 Misell 算法(Misell,1973),步骤概述如下:输入需求作为天线孔径场分布的幅度和相位"初始估值"模型,远场幅度方向图要测量两次,一次测量是天线正确聚焦,另外一次是天线充分散焦,在天线边缘产生几弧度的相位误差。孔径场分布模型用于计算聚焦状态下带有幅度和相位信息的远场方向图,且计算得到的聚焦幅度值被测量得到的聚焦幅度值代替。聚焦状态下幅度的测量值和相位计算值用于计算相应孔径的幅度和相位,从而得到新的孔径模型,新模型用于计算散焦状态下远场方向图。在计算散焦状态下的方向图时,假设散焦只影响孔径上的相位,此影响会引入随孔径半径的平方而变化的分量。那么,计算得出的散焦状态下的幅度方向图被测量散焦方向图代替,计算得出相应的聚焦状态下孔径电场分布并得到新的模型。在连续迭代过程中,同相和散焦幅度计算交替进行。每次计算后,幅度方向图被计算得到的相应方向图替代,所得结果用于升级模型。迭代过程收敛条件是模型满足聚焦和散焦两种状态下的响

应。此技术和相位测量相比需要更高的信噪比,在波束零点附近测量时,所需要的信噪比约等于相位测量信噪比的平方(Morris,1985)。

Serabyn,Phillips 和 Masson(1991)介绍了适合大型毫米波望远镜的全息技术,此技术只涉及一个天线。为使全息技术用于光学设备,可在聚焦平面上用剪切干涉仪进行测量。

16.4 光学干涉仪

光学干涉仪原理与射电干涉仪原理本质上是相同的,但准确测量更加困难。第一个困难是大气不规则性引入的有效路径长度变化与波长相比很大。因此,引起多旋转相位不规则变化。此外,获得波长 500nm 量级的干涉条纹所需的设备机械稳定度难度很大。因此,很难对设备相位响应进行定标,且在很多情况下只能测量可见度函数的幅度。但是,文献 Haniff et al. (1987) 和 Baldwin et al. (1996) 利用相位闭合关系技术,验证了光学频谱中的合成孔径成像的可行性,见 10.3 节。在缺少可见度函数相位情况下,幅度数据可根据模型或者利用 11.4 节"仅利用可见度函数幅度数据成像"中所述的强度分布自相关函数来解译,也可以利用没有相位数据条件下的二维重建技术[参见文献 Bates(1984)]。光学干涉测量是一个非常活跃和成长的领域,这里只给出一些基本原理概述,文献 Shao and Colavita(1992)给出光学干涉测量的综述,文献 Tango and Twiss(1980)给出有关理论的详细介绍。Lawson(1997)对一些公开发表的光学干涉测量重要文献进行了汇编。

在讨论设备之前,简单回顾一下一些相关大气参数。大气不规则性导致大范围线性尺度上的折射指数随机变化。对于任意特殊波长,都存在一个尺度,在这个尺度下部分波前与波长相比基本保持平面,即大气相位变化与 2π 相比很小。此尺度用弗里德长度参量 r_0 来表示(Fried,1966),见式(13.102)后面的讨论。弗里德长度等于 $3.2d_0$,其中 d_0 为大气中路径相位差均方根值为 1rad 时路径之间的距离,见式(13.102)。有时称均匀相位路径所在的区间范围为视宁单元。发生主要不规则性的区域尺度 r_0 和高度定义了等晕角(或等晕区),即在此角度范围内来自天空不同点源的波前的相移相似。在等晕区内点扩展函数为常数,因此射电源和图像之间保持卷积关系。当尺度是 $\lambda^{6/5}$[式(13.102)]的函数时,r_0 第 50 百分位数典型值和等晕角在表 16.1 中给出,也包括与 1m 口径望远镜相应的衍射极限分辨率比较。光学干涉仪提供了在红外和光学频率研究大气结构函数的有力手段,见文献 Bester et al. (1992) 和 Davis et al. (1995)。注意,利用望远镜硬件方法修正大气波前变形的技术称为自适应光学[见参考文献 Roggemann, Welch and Fugate(1997) 和 Milonni(1999)]。

表 16.1　可见和红外波段大气和设备参数

波长/μm	r_0/m	天顶方向等晕角	1m 口径望远镜分辨率	大气分辨率 λ/r_0
0.5(可见光)	0.14	5.5″	0.13″	0.70″
2.2(红外光)	0.83	33″	0.55″	0.55″
20(红外光)	11.7	8′	5.0″	0.35″

数据来源：Woolf(1982)

现代迈克尔孙干涉仪

1.3 节简单讨论了最初的迈克尔孙干涉仪，并指出条纹的不稳定性是可见度函数估计的限制因素之一。大气波动的时间尺度在 10ms 量级，可通过使用电子系统控制和测量干涉条纹来适应大气的波动。图 16.6 给出描述现代迈克尔孙干涉仪基本特性的简单框图，两个反射面 S 作为定星镜进行安装并跟踪目标光学源。后向反射镜 R 的位置连续可调，从而使来自目标源到合成点 B 的路径长度相等。由于干涉仪几何延时大部分发生在大气层上方，所以延时补偿通常在真空管中实施。如果使用空气延时线，则需要独立的机制补偿延时色散分量，对于宽带系统此补偿实施非常困难[见文献 Benson et al. (1997)]。定星镜安装在非常稳定的基座上，系统的其他部分通常安装在环境条件可控的光学基座上。干涉仪口径由反射面 S 决定，尺度不大于 r_0。因此，穿过反射面 S 的波前基本保持为一个平面，不规则性效应为使波前到达的角度产生变化。由于在合成点 B 处的波束角度必须在 1″误差范围内，所以不能容忍波前角度变化。为减轻不规则效应的影响，极化分光镜 P 将光反射给四象限探测器 Q，产生与光波束角位移成正比的电压。

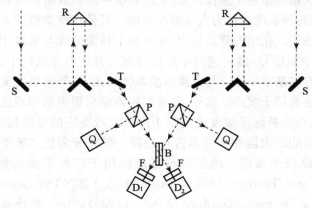

图 16.6　现代迈克尔孙干涉仪基本特性

虚线代表来自星体光路径。选自文献：Davis and Tango, Proc. Astron. Soc. Australia, 6, 34-38, 1985

此电压用于控制反射镜 T 的倾角,从而补偿波前变化。需要带宽为~1kHz 的伺服环来跟随大气效应的最快速变化。滤波器 F 限定了工作波长,两个检波器 D_1 和 D_2 响应的是条纹图形中相距 1/4 条纹周期的两个点,且输出提供条纹幅度和相位的瞬时测量值。Rogstad(1968)对此方法进行了描述,同时指出,通过 10.3 节描述的相位闭环关系,多元系统的相位信息可被利用。

光学干涉仪的带宽可以非常宽,即 $\Delta\lambda/\lambda \simeq 0.1$ 或可能更大,因此中心或白光条纹很容易辨认。如果此系统建造为可同时工作在两个宽波段,则轻微色散的大气影响可被去除。双波段相位跟踪干涉仪的地基光学天体测量可获得准确的星体位置(Colavita,Shao and Staelin,1987)。作为早期干涉测量的例子,Currie,Knapp 和 Liewer(1974)利用单一大型望远镜的两个口面进行测量;Labeyrie(1975)第一次成功用两个望远镜进行测量。后期更复杂设备的描述见文献 Davis and Tango(1985),Shao et al.(1988),Baldwin et al.(1994),Mourard et al.(1994),Armstrong et al.(1988)和 Davis et al.(1999a,b)。对于没有地球大气的空间应用,光学干涉测量具有更大的潜力。空间干涉测量计划(The Space Interferometry Mission,SIM)(Shao,1998;Allen and Böker,1998;Böker and Allen,1999)为星载干涉仪,波段为 0.4~1.0μm,基线长度是变化的,最长可达 10m,合成图像的分辨率为 10mas。SIM 测量条纹相位的准确度足够高,可使星体的位置测量精度优于 4μas。Bracewell 和 MacPhie(1979)给出了星载干涉测量用于远距离恒星附近行星探测,为使行星信号与恒星信号之比达到最大,选择长波红外附近的 20 μm 波长,且将条纹图形零点对准恒星方向。Hinz 等(1998)给出了地基望远镜的零点技术验证。

和传统迈克尔孙恒星干涉仪类似,上述系统中的条纹由接收到的相同波长辐射叠加而成,因此该系统也称为直接检波系统。可替代直接检波系统的另外一种系统为超外差系统。在超外差系统中,来自每个口面的光与来自中央激光器的相干光混频产生中频信号,然后进行中频信号放大并在电子系统中进行相关,与射电干涉测量的方法基本一致。与直接检波系统相比,超外差系统灵敏度极大地受限于 1.4 节所述的量子效应。此外,除非混频器输出很多频率通道且每个通道并行处理,否则超外差系统灵敏度也受限于由放大器决定的系统带宽。因此,宽带可用相应大数量的放大器和相关器进行处理。带宽分为很多频率通道也会增加信号相关时的路径差效应。超外差技术已经用于红外干涉测量,见参考文献 Johnson,Betz and Townes(1974),Assus et al.(1979)和 Bester,Danchi and Townes(1990)。Swenson,Gardner 和 Bates(1986)讨论了超外差技术用于具有多通道处理能力的大型多单元红外和可见光望远镜的可能性。

从亚毫米波射频频率到光学频率波长之比约为 10^3,且光学到 X 射线区间波长比值约为 10^3。干涉测量对 X 射线天文最大益处是其获得的潜在高角度分辨率。Cash 等(2000)对适合于天文成像的 X 射线干涉测量进行了实验室验证。在大气层外观测时，X 射线干涉测量可望获得极高的角度分辨率。波长为 2nm、基线为 1m 时得到的条纹间距为 4×10^{-4} 角秒。在实验室设备中，用平的反射面定义孔径，平的反射面用于掠入射使表面精度需求最小。直接检波是唯一可用技术，如果条纹是通过只允许反射波束会聚到检波器表面形成的，为获得足够大的条纹间距需要较长距离。在 4×10^{-4} 角秒条纹间距下，500m 距离时，相邻峰值间距只有 1μm。因此，实际射电天文干涉测量可能需要更加复杂的系统。

直接检波和超外差系统灵敏度

决定光学系统灵敏度的因素，比如散射、部分反射和吸收引起的损耗，与射频波段相应影响不同。但是，在超外差系统中最主要的差别是量子效应的作用。光学光子的能量为射频光子能量的 5 倍或更多，频率小于 $\sim$100GHz 的射频领域的量子效应基本可以忽略。在光学范围(波长$\sim$500μm)，频率为 600THz 量级，带宽可能高达 100THz。在一个典型红外超外差系统中，波长 10μm 对应 30THz，带宽为$\sim$3GHz[参见文献 Townes et al. (1998)]。

在直接检波系统中，检波器或光子计数器不保存信号相位信息，因此没有 1.4 节所讨论的不确定性原理导致的噪声。噪声主要是信号光子随机到达时间导致的散弹噪声。从强度为 I 的目标源接收到的光子数为

$$N=\frac{I\Omega_s A\Delta f}{hf}(\text{光子}\cdot\text{s}^{-1}) \tag{16.21}$$

其中 Ω_s 为射电源立体角(无大气模糊)，A 为望远镜接收面积，Δf 为带宽，f 为频率，h 为普朗克常量。如果射电源是黑体，温度为 T，则根据普朗克公式得出

$$I=\frac{2hf^3}{c^2}\frac{1}{e^{hf/kT}-1} \tag{16.22}$$

注意对于直接检波，考虑信号的两种极化，因此有

$$N=\frac{2\Omega_s A\Delta f}{\lambda^2}\frac{1}{e^{hf/kT}-1}(\text{光子}\cdot\text{s}^{-1}) \tag{16.23}$$

接收的功率为

$$P=hfN \tag{16.24}$$

功率波动 ΔP_D 是由光子散弹噪声引起的，因此正比于 $\sqrt{N}$，即

$$\Delta P_D=hf\sqrt{N} \tag{16.25}$$

ΔP_D 被称为噪声等效功率(NEP)，1s 内信噪比为 $P/\Delta P_D=\sqrt{N}$，因此在积分时间为 τ_a 时直接检波的信噪比为

$$\mathscr{R}_{snD}=\left[\left(\frac{2\Omega_s A}{\lambda^2}\right)\frac{\Delta f\tau_a}{e^{hf/kT}-1}\right]^{1/2} \tag{16.26}$$

其中下标D代表直接检波。注意，由于散弹噪声特性，$\mathcal{R}_{snD}$与$\sqrt{A}$成正比，而射频情况下$\mathcal{R}_{snD}$与A成正比。

在超外差系统中，由于混频器为保留相位信息的线性器件，噪声由不确定性原理决定。最小噪声为每个模式1个光子（1光子·Hz^{-1}·s^{-1}），见式（1.14）后面的讨论。这相当于系统温度为hf/k[见参考文献 Heffner（1962）和 Caves（1982）]。因此，在1s时间内功率不确定度为

$$\Delta P_H = hf\sqrt{\Delta f} \tag{16.27}$$

超外差检波器仅响应极化匹配的辐射分量，接收功率为式（16.24）的一半。超外差系统1s积分时间的信噪比（用下标H表示）为$P/2\Delta P_H$，则积分时间为τ_a时的信噪比为

$$\mathcal{R}_{snH} = \left(\frac{\Omega_s A}{\lambda^2}\right) \frac{\sqrt{\Delta f \tau_a}}{e^{hf/kT}-1} \tag{16.28}$$

当$hf/kT \ll 1$时，式（16.28）简化为式（1.7）的信噪比形式，在此情况下$T_A = T\Omega_s A/\lambda^2$，且$hf/k$的最小值可用于系统温度。在除带宽外的其他参数相同情况下，超外差和直接检波系统的信噪比之比为

$$\frac{\mathcal{R}_{snH}}{\mathcal{R}_{snD}} \sim \sqrt{\left(\frac{\Omega_s A}{2\lambda^2}\right)\frac{1}{e^{hf/kT}-1}\left(\frac{\Delta f_H}{\Delta f_D}\right)} \tag{16.29}$$

如前所述，$\sqrt{\Delta f_H/\Delta f_D}$可能低至$\sim 4\times 10^{-3}$。然而，对于直接检波，从不同定星镜到条纹形成点的传输延时必须保持为常数，约为带宽倒数的1/10。此条件限制了实际中使用的带宽，特别是几百米基线系统中使用的带宽。在10μm波段超外差系统硬件简单并提供了较好的灵敏度，并且可能用于5μm波段大气窗口。10μm波段超外差系统还允许在不损失灵敏度的情况下对放大的中频信号功分，给多元阵列提供多个瞬时相关处理。超外差和直接检波系统的相对优势见文献 Townes and Sutton（1981）和 de Graauw and van de Stadt（1981）。

光学强度干涉仪

在1.3节"角度宽度的早期测量"和16.1节讨论的射电强度干涉仪成功应用后不久，Hanbury Brown 和 Twiss（1965a）验证了将强度干涉仪用于星体光学测量。当时来自相同射电源不同光线的光子之间相干的可能性受到了质疑，其物理基础及与量子原理的一致性由文献 Hanbury Brown and Twiss（1956c）和 Purcell（1956）给出。Hanbury，Brown 和 Twiss（1956b）给出了光强度波动相关实验室验证，使量子统计研究广阔发展，广泛应用于粒子波束及电磁场辐射（Henny et al.，1999）。

在光学强度干涉仪中，每个望远镜反射镜焦点处的光电倍增管代替射电设备

中的 RF 和 IF 部件及检波器。光电倍增管输出经放大后被送到相关器的输入端。光学强度干涉仪对大气相位波动很不敏感,见 16.1 节射电情况的解释。因此,光收集口径尺寸不受大气不规则尺度限制。此外,反射镜也没必要产生衍射极限图像,反射镜准确度仅能够保证将所有光传送给光电倍增管阴极即可。这有利于前面所述的低灵敏度射电情况使用较大光收集面积的需求。Hanbury Brown(1974)给出光学设备的响应分析,结果表明响应与射电情况下可见度函数模的平方成正比。相关器或光子同步计数器可用于光电倍增管输出的叠加。

在澳大利亚的纳拉布里建造了强度干涉仪(Hanbury Brown, Davis and Allen,1967;Hanbury Brown,1974)。该干涉仪使用两个 6.5m 直径的反射面,在相关器输入端信号的带宽为 60MHz,星等限制为+2.5,测量了 32 个星体。Davis(1976)讨论了强度干涉仪的相对优点及为获得更高灵敏度而研制的迈克尔孙干涉仪现代应用。

斑点成像

用孔径宽度大于弗里德长度 r_0 的望远镜观测未分辨射电点源所成图像和图像进行平均的曝光时间有关。不大于 10ms 的曝光时间所成图像能看到一组明亮斑点,每个斑点的大小与艾里斑(点源衍射极限图像)大小相当。如果曝光时间再长一些,图案模糊成一个直径典型值为 1″ 的单个斑点(成像盘),其直径由大气决定。在光学波段 10ms 特征波动时间相当于尺寸为 $r_0 \simeq 0.14$m 的单元以典型风速 $10 \sim 20 \text{m} \cdot \text{s}^{-1}$ 经过望远镜孔径上任意一点所需要的时间。利用一组短曝光时间图像获得大口径望远镜在衍射极限情况下的信息称为斑点成像。斑点图案反映了口面上大气不规则体的随机分布,与后面讲的 10ms 一次曝光图像不同。利用此技术观测弱目标源须多次曝光降噪处理。

斑点响应原理见文献 Dainty(1973),Bates(1982)或 Goodman(1985)。注意到如果考虑每个斑点来源于波前的几个成像单元,则可以理解单一斑点代表的高分辨率图像。这些成像单元分布在望远镜口面上,每个成像单元对应的从波前到斑点成像路径的相移相等(Worden,1977)。因此,通过天线阵列的类比分析,单元最大间距所对应的分辨率的量级为 λ/d,其中 d 为望远镜口径。如果相位不规则主要由大气引起,则反射面的畸变对斑点图案的降低不明显。斑点分布的图像面积与目标天空的 λ/r_0 有关,长时间曝光就变成单个斑点。成像单元可看作是望远镜主孔径内的子孔径,成像时子孔径响应进行随机相位合成,斑点的数量与子孔径的数量相当,即 $(d/r_0)^2$。光学波段的大型望远镜($d \sim 1$m)的斑点数量约为 50。此外,成像单元的尺寸随波长增加而增加,红外波段图像中只有几个光斑。

更简单的图像重建技术——"shift-and-add"算法,可用于斑点成像(Christou,1991)。当视场中只有一个点源时,"shift-and-add"算法效果最好。红外波段的每帧图像中斑点相对较少且等晕面元相对较大（表 16.1）。短曝光时间斑点帧图像用最亮的斑点对齐并求和。点扩展函数（"脏波束"）可从视场内点源图像获得，其包含衍射极限分量和由弱斑点组成的更宽范围的分量。此步骤之后，可用其他图像重建算法（如 CLEAN 算法）进一步提高图像质量[见文献 Eckart et al. (1994)]。

当"shift-and-add"算法不适用时，可见度函数的模可利用最初由 Labeyrie (1970)提出的斑点干涉技术获得。此过程通过下面的讨论更容易理解。在短时曝光单一图像上，成像盘上随机分布很多近似衍射极限的光斑，光斑图像 $I_s(l,m)$ 理解为实际强度分布 $I(l,m)$ 与光斑点扩展函数 $\mathcal{K}(l,m)$ 的卷积

$$I_s(l,m) = I(l,m) ** \mathcal{K}(l,m) \tag{16.30}$$

函数 $\mathcal{K}(l,m)$ 为不能准确描述的随机函数。首先假设 $\mathcal{K}(l,m)$ 为在没有大气效应下望远镜的点扩展函数 $b_0(l,m)$，对每个斑点位置进行相同过程处理，可得

$$\mathcal{K}(l,m) = \sum b_0(l-l_i, m-m_i) \tag{16.31}$$

其中 l_i 和 m_i 为斑点位置，假设每个斑点的强度都相同。根据式（16.30）和式（16.31），可得

$$I_s(l,m) = \sum I(l,m) ** b_0(l-l_i, m-m_i) \tag{16.32}$$

如果 $b_0(l,m)$ 的傅里叶变换为 $\bar{b}_0(u,v)$，则 $b_0(l-l_i, m-m_i)$ 的傅里叶变换为 $\bar{b}_0(u,v)\exp[j2\pi(ul_i+vm_i)]$。因此，式（16.32）的傅里叶变化可写为

$$\bar{I}_s(u,v) = \sum \mathcal{VB}(u,v)\bar{b}_0(u,v)e^{j2\pi(ul_i+vm_i)} \tag{16.33}$$

其中 $\mathcal{VB}$ 和 $\bar{I}_s$ 分别为 I 和 I_s 的傅里叶变换。由于式（16.33）中随机相位因子的存在，斑点傅里叶变换 $\bar{I}_s$ 不能直接相加。为消除这些随机相位因子，计算 $|\bar{I}_s|^2$，即

$$\begin{aligned}|\bar{I}_s(u,v)|^2 &= \sum_i \sum_k |\mathcal{VB}(u,v)|^2 |\bar{b}_0(u,v)|^2 e^{j2\pi[u(l_i-l_k)+v(m_i-m_k)]} \\ &= |\mathcal{VB}(u,v)|^2 |\bar{b}_0(u,v)|^2 \Big[N + \sum_{i\neq k} e^{j2\pi[u(l_i-l_k)+v(m_i-m_k)]}\Big]\end{aligned} \tag{16.34}$$

式中 N 为斑点数量。因为式（16.34）中第二行求和项的期望值为零，所以式（16.34）的期望值为

$$\langle|\bar{I}_s(u,v)|^2\rangle = N_0 |\mathcal{VB}(u,v)|^2 |\bar{b}_0(u,v)|^2 \tag{16.35}$$

其中 N_0 为斑点平均数。因此根据短时曝光进行估计，一组 $|\bar{I}_s(u,v)|^2$ 测量结果的平均值正比于 $\mathcal{VB}(u,v)$ 模的平方乘以 $\bar{b}_0(u,v)$ 模的平方。当 $|u|,|v|<D/\lambda$ 时，$b_0(u,v)$ 为非零。如果 $\bar{b}_0(u,v)$ 已知，则函数 $|\mathcal{VB}(u,v)|^2$ 在 u 和 v 的相同区间内可确定。在实际中，斑点不能用式（16.31）准确建模，但可得到如下形式：

$$\langle|\bar{I}_s(u,v)|^2\rangle = |\mathcal{VB}(u,v)|^2 \langle|\bar{\mathcal{P}}(u,v)|^2\rangle \tag{16.36}$$

其中 $\overline{\mathcal{P}}(u,v)$ 为 $\mathcal{P}(l,m)$ 的傅里叶变换。根据式(16.35)和式(16.36)，$\langle|\overline{\mathcal{P}}(u,v)|^2\rangle$ 应近似与 $|\overline{b}_\circ(u,v)|^2$ 成正比。在与所研究点源相同观测条件下，可通过观测其他点源估计 $\langle|\overline{\mathcal{P}}(u,v)|^2\rangle$。

相位信息可从斑点帧图像中获得，但计算量相当大。大多数相位反演算法基于以下两种基本方法：Knox-Thompson 法/交叉谱法[Knox and Thompson (1974)和Knox(1976)]和双频谱法(Lohmann, Weigelt and Wirnitzer, 1993)。文献 Roggeman, Welch and Fugate(1977)中给出这些方法的详细描述。

参 考 文 献

Lawson, P. R., Ed., *Selected Papers on Long Baseline Stellar Interferometry*, SPIE Milestone Ser. MS139, SPIE, Bellingham. WA, 1997.

Lawson, P. R., Ed., *Principles of Long Baseline Stellar Interferometry*, Course Notes from the 1999 Michelson Summer School, Jet Propulsion Laboratory, Pasadena, CA, 2000.

Léna, P. J., and A. Quirrenbach, Eds., *Interferometry in Optical Astronomy*, Proc. SPIE, 4006, SPIE, Bellingham, WA, 2000.

Reasenberg, R. D., Ed, *Astronomical Interferometry*, Proc. SPIE, 3350, SPIE, Bellingham, WA, 1998.

Robertson, J. G., and W. J. Tango, Eds., Very High Angular Resolution Imaging, IAU Symp. 158, Kluwer, Dordrecht, 1994.

引 用 文 献

Allen, R. J. and T. Böker, Optical Interferometry and Aperture Synthesis in Space with the Space Interferometry Mission, in *Astronomical Interferometry*, R. D. Reasenberg, Ed., Proc. SPIE, 3350, 561-570, 1998.

Armstrong. J. T., D. Mozurkewich, L. J. Rickard. D. J. Hutter, J. A. Benson, P. F. Bowers, N. M. Elias II, C. A. Hummel, K. J. Johnston, D. F, Buscher, J. H. Clark III, L. Ha, L.-C. Ling, N. M. White, and R. S. Simon, The Navy Prototype Optical Interferometer, *Astrophys. J.*, 496, 550-571, 1998.

Assus, P., H. Choplin, J. P. Corteggiani, E. Cuot, J. Gay, A. Journet, G. Merlin, and Y. Rabbia, L'Interféromètre Infrarouge du C. E. R. G. A., *J. Opt.* (Paris), 10, 345-350, 1979.

Baldwin, J. E., M. G. Beckett, R. C. Boysen, D. Burns, D. F. Buscher, G. C. Cox, C. A. Haniff, C. D. Mackay, N. S. Nightingale, J. Rogers, P. A. G. Scheuer, T. R. Scott, P. G. Tuthill, P. J. Warner, D. M. A. Wilson, and R. W. Wilson, The First Images from an Optical Aperture Synthesis Array: Mapping of Capella with COAST at Two Epochs, *Astron. Astrophys.*, 306, L13-L16, 1996.

Baldwin, J. E., R. C, Boysen, G. C. Cox, C. A. Haniff, J. Rogers, P. J. Warner, D. M.

A. Wilson, and C. D. Mackay, Design and Performance of COAST, Amplitude and Intensity Spatial Interferometry II, J. B. Breckinridge, Ed., Proc. SPIE, 2200, 118-128, 1994.

Bates, R. H. T., Astronomical Speckle Imaging, *Phys. Rep.*, 90, 203-297, 1982.

Bates, R. H. T., Uniqueness of Solutions to Two-Dimensional Fourier Phase Problems for Localized and Positive Images, *Comp. Vision. Graphics Image Process.*, 25, 205-217, 1984.

Bennett, J. C., A. P. Anderson, and P. A. McInnes, Microwave Holographic Metrology of Large Reflector Antennas, *IEEE Trans. Antennas Propag.*, AP-24, 295-303, 1976.

Benson, J. A., D. J. Hutter, N. M. Elias, P. F. Bowers, K. J. Johnston, A. R. Haijian, J. T. Armstrong, D. Mozurkewich, T. A. Pauls, L. J. Rickard, C. A. Hummel, N. A. White, D. Black, and C. S. Denison, Multichannel Optical Aperture Synthesis Imaging of Eta 1 Ursae Majoris with Navy Optical Prototype Interferometer, *Astron. J.*, 114, 1221-1226, 1997.

Bester, M., W. C. Danchi, C. G. Degiacomi, L. J. Greenhill, and C. H. Townes, Atmospheric Fluctuations: Empirical Structure Functions and Projected Performance of Future Instruments, *Astrophys. J.*, 392, 357-374, 1992.

Bester, M., W. C. Danchi, and C. H. Townes, Long Baseline Interferometer for the Mid-Infrared, *Amplitude and Intensity Spatial Interferometry*, J. B. Breckinridge, Ed., Proc. SPIE, 1237, 40-48, 1990.

Böker, T. and R. J. Allen, Imaging and Nulling with the Space Interferometer Mission, *Astrophys. J. Supl.*, 125, 123-142, 1999.

Bracewell, R. N., Radio Interferometry of Discrete Sources, *Proc. IRE*, 46, 97-105, 1958.

Bracewell, R. N. and R. H. MacPhie, Searching for Nonsolar Planets, *Icarus*, 38, 136-147, 1979.

Carr, T. D., M. A. Lynch, M. P. Paul, G. W. Brown, J. May, N. F. Six, V. M. Robinson, and W. F. Block, Very Long Baseline Interferometry of Jupiter at 18MHz, *Radio Sci.*, 5, 1223-1226, 1970.

Cash, W., A. Shipley, S. Osterman, and M. Joy, Laboratory Detection of X-ray Fringes with a Grazing-Incidence Interferometer, *Nature*, 407, 160-162, 2000.

Caves, C. M., Quantum Limits on Noise in Linear Amplifiers, *Phys. Rev.*, 26D, 1817-1839, 1982.

Chen, M. T., C.-Y. E. Tong, R. Blundell, D. C. Papa, and S. Paine. Receiver Beam Characterizationfor the SMA, in *SPIE Conf. Advanced Technology MMW, Radio, and Terahertz Telescopes*, Kona, Hawaii, March 1998, T. G. Phillips, Ed., Proc. SPIE 3357, 106-113, 1998.

Christou, J. C., Infrared Speckle Imaging: Data Reduction with Application to Binary Stars, *Experimental Astronomy*, 2, 27-56. 1991.

Cohen, M. H., High Resolution Observations of Radio Sources, *Ann. Rev. Astron. Astrophys.*, 7. 619-664, 1969.

Colavita, M. M., M. Shao. and D. H. Staelin, Two-color Method for Optical Astrometry: Theory and Preliminary Measurements with the Mark III Stellar Interferometer, *Appl. Opt.*, 26,4113-4122. 1987.

Currie, D. G., S. L. Knapp, and K. M. Liewer, Four Stellar-Diameter Measurements by a New Technique: Amplitude Interferometry, *Astrophys. J.*, 187, 131-134, 1974.

D'Addario, L. R., *Holographic Antenna Measurements: Further Technical Considerations*, 12 Meter Millimeter Wave Telescope Memo. 202, National Radio Astronomy Observatory, Charlottesville, VA, 1982.

Dainty, J. C., Diffraction-Limited Imaging of Stellar Objects Using Telescopes of Low Optical Quality, *Opt. Commun.*, 7, 129-134, 1973.

Davis, J., High Angular Resolution Stellar Interferometry, *Proc. Astron. Soc. Aust.*, 3, 26-32,1976.

Davis, J., P. R. Lawson, A. J. Booth, W. J. Tango, and E. D. Thorvaldson, Atmospheric Path Variations for Baselines up to 80m Measured with the Sydney University Stellar Interferometer, *Mon. Not. R. Astron. Soc.*, 273, L53-L58. 1995.

Davis, J. and W. J. Tango, The Sydney University 11. 4m Prototype Stellar Interferometer, *Proc. Astron. Soc. Aust.*, 6. 34-38, 1985.

Davis, J., W. J. Tango, A. J. Booth, T. A. ten Brummelaar, R. A. Minard, and S. M. Owens, The Sydney University Stellar Interferometer-I. The Instrument, *Mon. Not. R. Astron. Soc.*, 303,773-782,1999a.

Davis, J., W. J. Tango, A. J. Booth, E. D. Thorvaldson. and J. Giovannis, The Sydney University Stellar Interferometer-II. Commissioning Observations and Results, *Mon. Not. R. Astron. Soc.*, 303,783-791, 1999b.

de Graauw, T. and H. van de Stadt, Coherent Versus Incoherent Detection for Interferometry atInfrared Wavelengths, *Proc. ESO Conf. Scientific Importance of High Angular Resolution at Infrared and Optical Wavelengths*, M. H. Ulrich and K. Kjär, Eds., European Southern Observatory, Garching, 1981.

Dulk, G. A., Characteristics of Jupiter's Decametric Radio Source Measured with Arc-Second Resolution, *Astrophys. J.*, 159,671-684. 1970.

Eckart, A., R. Genzel, R. Hofmann, B. J. Sams, L. E. Tacconi-Garman, and P. Cruzalebes, Diffraction Limited Near-Infrared Imaging of the Galactic Center, in *The Nuclei of Normal Galaxies*, R. Genzel and A. Harris, Eds., Kluwer, Dordrecht, 1994, pp. 305-315.

Eddington. A. S., Note on Major MacMahon's paper 'On the Determination of the Apparent Diameter of a Fixed Star,' *Mon. Not. R. Astron. Soc.*, 69, 178-180, 1909.

Evans, D. S., D. A. Edwards, M. Frueh, A. McWilliam, and W. Sandmann, Photoelectric Observations of Lunar Occultations. XV, *Astron. J.*, 90, 2360-2371, 1985.

Fried, D. L., Optical Resolution through a Randomly Inhomogenious Medium for Very Long and Very Short Exposures, *J. Opt. Soc. Am.*, 56, 1372-1379, 1966.

Goodman, J. W., *Statistical Optics*, Wiley, New York, 1985, pp. 441-459.

Hanbury Brown, R., *The Intensity Interferometer*, Taylor and Francis, London, 1974.

Hanbury Brown, R. and R. Q. Twiss, A New Type of Interferometer for Use in Radio Astronomy, *Philos. Mag.*, Ser. 7, 45, 663-682, 1954.

Hanbury Brown, R. and R. Q. Twiss. A Test of a New Type of Stellar Interferometer on Sirius, *Nature*, 178. 1046-1048, 1956a.

Hanbury Brown, R. and R. Q. Twiss, Correlation between Photons in Two Coherent Light Beams, *Nature*, 177, 27-29. 1956b.

Hanbury Brown, R. and R. Q. Twiss, A Question of Correlation Between Photons in Coherent Light Rays, *Nature*, 178, 1447-1448, 1956c.

Hanbury Brown, R., J. Davis, and L. R. Allen, The Stellar Interferometer at Narrabri Observatory-I, *Mon. Not. R. Astron. Soc.*, 137, 375-392, 1967.

Haniff, C. A., C. D. Mackay, D. J. Titterington, D. Sivia, J. E. Baldwin, and P. J. Warner, The First Images from Optical Aperture Synthesis, *Nature*, 328, 694-696, 1987.

Hazard, C., Lunar Occultation Measurements, in *Methods of Experimental Physics*, Vol. 12C, M. L. Meeks, Ed., Academic Press, New York, 1976.

Hazard, C., M. B. Mackey, and A. J. Shimmins, Investigation of the Radio Source 3C273 by the Method of Lunar Occultations, *Nature*, 197, 1037-1039, 1963.

Heffner, H., The Fundamental Noise Limit of Linear Amplifiers, *Proc. IRE*, 50, 1604-1608, 1962.

Henny, M., S. Oberholzer, C. Strunk, T. Heinzel, K. Esslin, M. Holland, and C. Schönenberger, The Fermionic Hanbury Brown and Twiss Experiment, *Science*, 284, 296-298, 1999.

Hinz, P. M., J. R. P. Angel, W. F. Hoffman, D. W. McCarthy Jr., P. C. McGuire, M. Cheselka, J. L. Hora, and N. J. Woolf, Imaging Circumstellar Environments with a Nulling Interferometer, *Nature*, 395, 251-253, 1998.

Jennison, R. C. and M. K. Das Gupta, The Measurement of the Angular Diameter of Two Intense Radio Sources, *Philos. Magn.*, Ser. 8, 1, 55-75, 1956.

Johnson, M. A., A. L. Betz, and C. H. Townes, 10-μm Heterodyne Stellar Interferometer, *Phys. Rev. Lett.*, 33, 1617-1620, 1974.

Knox, K. T., Image Retrieval from Astronomical Speckle Patterns, *J. Opt. Soc. Am.*, 66, 1236-1239, 1976.

Knox, K. T. and B. J. Thompson, Recovery of Images from Atmospherically Degraded Short-Exposure Photographs, *Astrophys. J.*, 193, L45-L48. 1974.

Labeyrie, A., Attainment of Diffraction Limited Resolution in Large Telescopes by Fourier Analysing Speckle Patterns in Star Images, *Astron. Astrophys.*, 6, 85-87, 1970.

Labeyrie, A., Interference Fringes Obtained on Vega with Two Optical Telescopes, *Astrophys. J.*, 196, L71-L75, 1975.

Lohmann, A. W. , G. Weigelt, and B. Wirnitzer, Speckle Masking in Astronomy: Triple Correlation Theory and Applications, *Applied Optics*, 22,4028-4037, 1983.

MacMahon, P. A. , On the Determination of the Apparent Diameter of a Fixed Star, *Mon. Not. R. Astron. Soc.* , 69, 126-127, 1909.

Milonni, P. W. , Resource Letter: AOA- I : Adaptive Optics in Astronomy, *Am J. Phys.* , 67,476-485, 1999.

Misell, D. L. , A Method for the Solution of the Phase Problem in Electron Microscopy, *J. Phys. D.* , 6, L6-L9, 1973.

Morris, D. , Phase Retrieval in the Radio Holography of Reflector Antennas and Radio Telescopes, *IEEE Trans. Antennas Propag.* , AP-33,749-755, 1985.

Morris, D. , J. W. M. Baars, H. Hein, H. Steppe, C. Thum, and R. Wohlleben, Radio-Holographic Reflector Measurements on the 30-m millimeter Radio Telescope at 22GHz with a Cosmic Signal Source, *Astron. Astrophys.* , 203,399-406, 1988.

Mourard, D. , I. Tallon-Bosc, A. Blazit, D. Bonneau, G. Merlin, F. Morand, F. Vakili, and A. Labeyrie, The G12T Interferometer on Plateau de Calern, *Astron. Astrophys.* , 283, 705-713, 1994.

Napier, P. J. and R. H. T. Bates, Antenna-Aperture Distributions from Holographic Type of Radiation-Pattern Measurements, *Proc. IEEE*, 120,30-34, 1973.

Purcell, E. M. , A Question of Correlation Between Photons in Coherent Light Rays, *Nature*, 178, 1449-1450, 1956.

Ragland, S. and A. Richichi, Detection of a Sub-Arcsecond Dust Shell around the Wolf-Rayet Star WR 112. *Mon. Not. R. Astron. Soc.* ,302, L13-LI6, 1999.

Richichi, A. , Lunar Occultations, in *Proc. Very High Angular Resolution Imaging*, IAU *Symp.* 158, J. G . Robertson and W. J. Tango, Eds. , Kluwer, Dordrecht, 1994, pp. 71-81.

Rogers, A. E. E. , R. Barvainis, P. J. Charpentier, and B. E. Corey, Corrections for the Effect of a Radome on Antenna Surface Measurements Made by Microwave Holography, *IEEE Trans. Antennas. Propag.* , AP-41,77-84. 1993.

Roggemann, M. C. , B. M. Welch, and R. Q. Fugate, Improving the Resolution of Ground-Based Telescopes, *Rev. Mod. Phys.* , 69,437-505, 1997.

Rogstad, D. H. , A Technique for Measuring Visibility Phase with an Optical Interferometer in the Presence of Atmospheric Seeing, *Appl. Opt.* , 7,585-588, 1968.

Scheuer, P. A. G. , On the Use of Lunar Occultations for Investigating the Angular Structure of Radio Sources, *Aust. J. Phys.* , 15, 333-343, 1962.

Scott, P. F. and M. Ryle, A Rapid Method for Measuring the Figure of a Radio Telescope Reflector, *Mon. Not. R. Astron. Soc.* , 178,539-545, 1977.

Serabyn, E. , T. G. Phillips, and C. R. Masson, Surface Figure Measurements of Radio Telescopes with a Shearing Interferometer, *Applied Optics*, 30, 1227-1241, 1991.

Shao, M., SIM the Space Interferometry Mission, in *Astronomical Interferometry*, R. D. Reasenberg, Ed., Proc. SPIE, 3350,536-540, 1998.

Shao, M. and Colavita, M. M., Long-Baseline Optical and Stellar Interferometry, *Ann. Rev. Astron. Astrophys.*, 30,457-498, 1992.

Shao, M., M. M. Colavita, B. E. Hines, D. H. Staelin, H. J. Hutter, K. J. Johnston, D. Mozurkewich, R. S. Simon, J. L. Hershey, J. A. Hughes, and G. H. Kaplan, The Mark III Stellar Interferometer, *Astron. Astrophys.*, 193,357-371, 1988.

Swenson, G. W., Jr., C. S. Gardner, and R. H. T. Bates, Optical Synthesis Telescopes, *Proc. SPIE*, 643, 129-140. 1986.

Tango, W. J, and R. Q. Twiss, Michelson Stellar Interferometry, *Prog. Opt.*, 17, 239-277, 1980.

Taylor, J. H. and M. L. De Jong, Models of Nine Radio Sources from Lunar Occultation Observations, *Astrophys. J.*, 151,33-42, 1968.

Townes, C. H., M. Bester, W. C. Danchi, D. D. S. Hale, J. D. Monnier, E. A. Lipman, P. G. Tuthill, M. A. Johnson, and D. Walters, Infrared Spatial Interferometer, in *Astronomical Interferometry*, R. D. Reasonberg, Ed., Proc. SPIE, Vol. 3350,908-932, 1998.

Townes, C. H. and E. C. Sutton, Multiple Telescope Infrared Interferometry, *Proc. ESO Conf. on Scientific Importance of High Angular Resolution at Infrared and Optical Wavelengths*, M. H. Ulrich and K. Kjär, Eds., European Southern Observatory, Garching, 1981, pp. 199-223.

von Hoerner, S., Lunar Occultations of Radio Sources, *Astrophys. J.*, 140,65-79, 1964.

White, N. M. and B. H. Feierman, A Catalog of Stellar Angular Diameters Measured by Lunar Occultation, *Astrophys. J.*, 94,751-770, 1987.

Whitford, A. E., Photoelectic Observation of Diffraction at the Moon's Limb, *Astrophys. J.*, 89,472-481, 1939.

Woolf, N. J., High Resolution Imaging from the Ground, *Ann. Rev. Astron. Astrophys.*, 20, 367-398, 1982.

Worden, S. P., Astronomical Image Reconstruction, *Vistas in Astron.*, 20, 301-318, 1977.

符 号 表

本书所使用的主要符号,包括一些局部限制性使用的符号。

a	模型尺度,尺度,大气模型常数(第 13.1 节),电离层不规则区域尺度(第 13.4 节)
A	天线接收面积(接收方向图)
$\boldsymbol{A}$	天线极化矩阵(第 4 章)
A_1	一维接收方向图
A_0	天线接收面积
A_N	归一化接收方向图
$\mathscr{A}$	镜像接收方向图,方位角
b	银河纬度(第 13.6 节)
b_0	合成波束方向图,点源响应
b_N	归一化合成波束方向图
B	磁场强度
$\boldsymbol{B}$	磁场矢量
c	光速
C	相关函数(第 9 章),卷积(第 10 章)
C_n^2, C_{ne}^2	折射指数的扰动强度参数,电子密度(第 13 章)
$\mathscr{C}$	复信号幅度(附录 3.1)
d	距离,天线直径,基线赤纬,基线投影(第 13 章)
d_{tc}	扰动区从观测者到目标源的路径和到定标源的路径之间的距离
d_0	rms 相位偏差为 1rad 时的距离(第 13 章)
D	基线(天线间距),极化泄漏(第 4 章)
$\boldsymbol{D}$	基线矢量
$D_\lambda, \boldsymbol{D}_\lambda$	以波长为单位的基线
$D_a, \boldsymbol{D}_a$	天线安装轴间距离
D_E	基线的赤道分量
D_m	色散测量
D_R	时延分辨率函数
$\mathscr{D}$	光纤中的色散(第 7.1 节,附录 7.2)

$\mathcal{D}_\tau$	相位结构函数(时域)(第 13 章)
$\mathcal{D}_\phi$	相位结构函数(空间域)(第 12,13 章)
$\mathcal{D}_n$	折射指数结构函数(空间域)(第 13 章)
e	电子电荷为$-e$(第 13 章)
$E, \boldsymbol{E}$	电场(通常指测量平面内的),电场的谱分量,能量
E_x, E_y	电场分量
$\mathcal{E}$	射电源或孔径上的电场(第 3,14,16 章),仰角
f	功率谱傅里叶分量的频率(第 9,13 章)
f_i	i 次谐波的振荡强度(第 13 章)
f_m, f_n	相位开关波形(第 7 章)
F	功率流量密度($\text{W} \cdot \text{m}^{-2}$),条纹函数
F_h	干扰门限($\text{W} \cdot \text{m}^{-2}$)(第 15 章)
$F(\beta)$	法拉第色散函数(第 13 章)
F_1, F_2	见式(9.17)
F_1, F_2, F_3	熵测量(第 11 章)
F_B	带宽方向图(第 2 章)
$\mathcal{F}_R, \mathcal{F}_I$	量化条纹旋转函数(第 9 章)
g	天线电压增益常数,重力加速度(第 13 章)
G	引力常数
G_i	天线接收机功率增益(第 7 章)
G_{mn}	天线对增益因子
G_0	增益因子(第 7 章)
$\mathcal{G}$	掩星响应函数(第 16 章)
h	普朗克常量,滤波器冲击响应(第 3.3 节),时角,高度
h_0	大气标高(第 13 章)
H	时角,电压频率响应,阿达马矩阵
H_0	增益常数
i	电流
$\boldsymbol{i}$	极轴或方位轴方向单位矢量(第 4 章),电流矢量(第 13 章)
I	强度,斯托克斯参数
I^2	分数频率偏差的方差(第 9 章)
I_s	斑点强度(第 16 章)
I_f	斯托克斯可见度函数
I_0	点源图像峰值强度,合成图像强度分布,零阶修正贝塞尔函数(第 6,9 章)

I_1	一维强度函数,一阶修正贝塞尔函数
Im	虚部
j	$\sqrt{-1}$
J	琼斯矩阵(第 4 章)
j_f	射电源单位体积辐射率(第 13 章)
$\mathcal{J}$	相互强度(第 14 章)
J_0	0 阶第一类别贝塞尔函数
J_1	1 阶第一类别贝塞尔函数
k	玻尔兹曼常量,波数(第 13 章)
l	基线分量 u 方向余弦,递减率(第 13 章)
L	传输线长度,传输线损失因子(第 7 章),概率积分[式(8.70)],路径长度,似然函数(第 12 章),干扰大气层厚度(第 13 章)
$L_{\text{inner}}, L_{\text{outer}}$	扰动尺度(第 13 章)
ℓ	长度,银河经度(第 13 章)
l_λ	栅阵以波长为单位的单位间距(第 1,5 章)
$\mathcal{L}$	纬度,路径长度增量(第 13 章)
$\mathcal{L}_D, \mathcal{L}_V$	干燥空气、水蒸气扩张路径长度
m	基线分量 v 方向余弦,调制指数(附录 7.2),测定量(附录 12.1),电子质量(第 13 章)
m_l, m_c, m_t	线极化度,圆极化度,总极化度
M	频率相乘因子(第 9 章),模型函数(第 10 章),质量,线极化复杂度(第 13 章)
$\mathcal{M}, \mathcal{M}_D, \mathcal{M}_V$	分子总重量,干燥空气分子质量,水蒸气分子质量
n	基线分量 w 方向余弦,量化加权因子(第 8 章),噪声分量,折射指数(第 13 章)
$n = n_R + jn_I$	复折射指数
n_a	天线单元数量
n_d	数据点数量
n_e, n_i, n_n, n_m	电子密度,离子密度,中性粒子密度,分子密度(第 13 章)
n_p	天线对数量
n_s	射电源数量
n_r	矩形阵采样点数量(网格点数量)
n_0	地表折射指数(第 13 章)
N	采样点数量(第 8 章),总折射率(第 13 章)

N_b		采样点位数(第8章)
N_D, N_V		干燥空气折射率,水蒸气折射率(第13章)
N_N		奈奎斯特采样点数(第8章)
$\mathcal{N}$		$2\mathcal{N}$ 和 $2\mathcal{N}+1$ 分别为量化的奇数和偶数个数(第8章)
p		概率密度或概率分布[如 $p(x)\mathrm{d}x$ 为随机变量落在 x 和 $x+\mathrm{d}x$ 之间的概率
p_D		干燥空气部分压力(第13章)
p_V		水蒸气部分压力(第13章)
P		功率,累计概率密度,总空气压力(第13章)
P_0		地表大气压力(第13章)
$\mathbf{P}$		单位体积偶极距
P_3		三重积(双谱)
P_{mnp}		设备极化因子
P_{ne}		电子密度波动频谱
$\mathcal{P}$		月亮翼点源响应(第16.2节),斑点-扩展函数(第16.4节)
q		(u,v) 平面内距离
q'		(u',v') 平面内距离
q_x, q_y		空间频率平面分量(周期/米)(第13章)
Q		斯托克斯参数,线或腔品质因数(第9.5节),量化级数数量(第9.6节)
$\mathbf{Q}_f$		斯托克斯可见度函数
r		相关器输出,(l,m) 平面距离,径向距离
$\mathbf{r}$		天线相对于地心的位置矢量
r_e		经典电子半径(第13章)
r_l		下边带相关器输出
r_0		地球半径(第13章),Fried长度(第16章)
r_u		上边带相关器输出
R		自相关函数,相关器输出,拉德马赫常数(第7.5节),距离气体常数(第13章)
$\mathbf{R}$		相关器输出矩阵(第4章)
R_a		可见度函数平均响应(第6章)
R_b		有限带宽响应(第6章)
R_e		电子轨道半径(第13章)
R_{ff}		远场距离
R_m		旋转测量(第13章),月亮翼距离(第16章)

R_n	n 阶量化自相关（第 8 章）
R_y	分数频率偏差自相关函数（第 9 章）
R_ϕ	相位自相关函数（第 9,13 章）
Re	实部
$\mathcal{R}_{sn}$	信噪比
s	信号分量，平滑测量（第 11 章）
$\boldsymbol{s}$	单位位置矢量（第 3 章）
$\boldsymbol{s}_0$	视场中心单位位置矢量（第 3 章）
S	（谱）功率流量密度（$W \cdot m^{-2} \cdot Hz^{-1}$）
S_c	定标源流量密度
S_E	系统等效流量密度
S_h	有害干扰阈值（$W \cdot m^{-2} \cdot Hz^{-1}$）（第 15 章）
$\mathcal{S}$	互功率谱（第 9 章）
$\mathcal{S}_I$	强度波动功率谱（第 13 章）
$\mathcal{S}_y, \mathcal{S}'_y$	分数频率偏差单边带和双边带功率谱（单边带功率谱仅用于第 9.4 节）
$\mathcal{S}_\phi, \mathcal{S}'_\phi$	相位波动单边带和双边带功率谱（单边带功率谱仅用于第 9.4 节）
$\mathcal{S}_2$	相位二维功率谱（第 13 章）
t	时间
t_e	地球自转周期（第 12 章）
t_{cyc}	目标源和定标源的观测周期
T	温度，时间间隔，传递因子（第 14 章）
T_{at}	大气温度（第 13 章）
T_A	有用信号天线温度分量
T'_A	总天线温度
T_B	亮温
T_c	定标信号噪声温度
T_g	气体温度（第 9 章）
T_R	接收机温度
T_S	系统温度
$\mathcal{T}$	时间间隔
u	以波长为单位的天线间距（空间频率）
u'	投影到赤道面的 u 坐标
U	斯托克斯参数

U_f	斯托克斯可见度函数
$\mathcal{U}$	不利响应(第 7.5 节)
v	以波长为单位的天线间距(空间频率),传输线相位速度(第 8 章)
v'	投影到赤道面的 v 坐标
v_g	群速度(第 13 章)
v_m	月亮翼角运动速率(第 16 章)
v_p	相速度(第 13 章)
v_r	径向速度
v_s	散射屏速度(如果相关,平行于基线)(第 12,13 章)
v_0	量化电平(第 8 章),粒子速度(第 9 章)
V	电压,斯托克斯参数
V_A	天线电压响应
V_v	斯托克斯可见度函数(第 4 章)
$\mathcal{VB}, \mathbf{V}$	复可见度函数,可见度函数矢量
$\mathcal{VB}_m$	复可见度函数测量值
$\mathcal{VB}_M$	迈克耳孙条纹可见度函数
$\mathcal{VB}_N$	归一化复可见度函数
w	以波长为单位的天线间距坐标(空间频率),加权函数,可降水量柱高度(第 13 章)
w'	极化方向测量到的 w 坐标
w_a	大气加权函数(第 13 章)
w_{mean}	加权因子均值(第 6 章)
w_{rms}	加权因子均方根(第 6 章)
w_t	可见度函数锥化函数(第 10 章)
w_u	有效归一化加权的校正可见度函数幅度的函数(第 10 章)
W	谱灵敏度函数(空间传递函数),传播函数(第 14 章)
x	通用位置坐标,天线孔径坐标,信号电压
x_λ	以波长为单位的 x 坐标
X	天线间距坐标(见式(4.1)),以 rms 幅度为单位测量的信号波形(8.4 节),射电源或天线孔径内的坐标(第 3,14 章),信号频谱(第 8.7 节)
X_λ	以波长为单位的 X 坐标
y	通用位置坐标,天线孔径坐标,信号电压,射线路径距离(第 13 章)

y_k	分数频率偏差(第9章)
y_λ	以波长为单位的 y 坐标
Y	天线间距坐标(见式(4.1)),Y 因子(第7章),射电源或天线孔径内的坐标(第3,14章),以 rms 幅度为单位测量的信号波形(8.4节),信号频谱(第8.7节)
Y_λ	以波长为单位的 Y 坐标
z	通用位置坐标,信号电压,天顶角(第13章)
z_λ	以波长为单位的 z 坐标
Z	天线间距坐标(见式(4.1)),相关器输出的可见度函数和噪声(第6.9节)
Z_D, Z_V	干燥空气和水蒸气的压缩因子(第13章)
$\mathbf{Z}$	可见度函数+噪声矢量(第6,9章)
Z_λ	以波长为单位的 Z 坐标
α	赤经,功率衰减系数,单位为 σ 的量化门限(第8章),谱指数(第11章),表13.2及正文相关叙述中吸收系数和幂率指数(第13.1节),电子密度波动指数[式(13.164)](第13.4节),太阳伸长角(第13.5节)
β	传输线分数长度变化(第7章),过采样因子(第8章),rms 相位波动距离指数[式(13.79a)],太阳电子密度指数[式(13.178)](第13.5节),法拉第深度(第13.6节)
γ	设备极化因子(第4.8节),脉泽松弛速率(第9章),CLEAN 算法环路增益(第11章),射电源相干函数(第14章)
Γ	阻尼因子(第13章),互相干函数(第14章),伽马函数
Γ_{12}	互相干函数(第14章)
δ	赤纬,累加前置,(狄拉克)delta 函数,设备极化因子(第4.8节)
$^2\delta$	二维 delta 函数
Δ	短距离,累加前置
Δf	带宽,多普勒频移(附录10.2)
Δf_{IF}	中频带宽
Δf_{LO}	本振频差
$\Delta \tau$	时延误差
$\Delta u, \Delta v$	(u,v) 平面增量
$\Delta l, \Delta m$	(l,m) 平面增量

ϵ	以 s 为单位的量化电平宽度(第 8 章),中频信号噪声分量(第 9 章),介电常数(第 13 章)
ϵ_a	幅度误差(第 11 章)
ϵ_0	自由空间介电常数(第 13 章)
ε	相关器输出噪声分量(第 6,9 章),残余分量,误差分量,介电常数(第 13 章)
$\boldsymbol{\varepsilon}$	噪声矢量(第 6 章)
η	损失因子
η_D	离散时延步长损失因子
η_Q	Q 级量化有效(损失)因子
η_R	条纹旋转损失因子
η_S	条纹边带抑制损失因子
θ	角度,视线与垂直于基线平面的夹角,设备相位角
θ_0	射电源或视场中心角度位置
θ_b	合成波束宽度,弯曲角(第 13 章)
θ_f	合成视场宽度
θ_F	第一菲涅耳区宽度
θ_{LO}	本振相位
θ_m, θ_n	天线 m 和 n 处本振相位
θ_s	大气波动导致的有效波束宽度(第 13 章),射电源宽度(第 16 章)
Θ	地球自转角变化(UT1−UTC)(第 12 章)
λ	波长
λ_{opt}	光载波波长(附录 7.2)
Λ	传输线反射振幅(第 7 章)
μ	阿伦方差幂率指数(第 9 章)
f	频率
f'	相对中心频率或本地振荡频率测量的频率(第 9 章)
f_b	比特率
f_B	回旋频率(第 13 章)
f_c	碰撞频率(第 13 章)
f_C	腔体频率(第 9 章)
f_d	插入时延处的中频
f_{ds}	时延步长频率(第 9 章)
f_f	条纹频率

f_{in}	条纹频率设备分量(第12章)
f_{IF}	中频
f_{LO}	本振频率
f_1	相关器通道频率(第9章)
f_m	光载波调制频率(第7章)
f_{RF}	射电频率
f_{opt}	光载波频率(附录7.2)
f_p	等离子体频率(第13章)
f_0	中频或射频中心频率,吸收峰值频率(第13章)
ρ	自相关函数,互相关系数,反射系数(第7章),气体密度(第13章)
ρ_D, ρ_V, ρ_T	干燥气体密度,水蒸气密度,总密度(第13章)
ρ_{mn}	互相关
ρ_σ	(u,v)平面面密度(第10章)
ρ_m, ρ_n	传输线反射系数(第7章)
ρ_w	水密度(第13章)
σ	标准偏差,rms 噪声电平
$\boldsymbol{\sigma}$	单位球体上位置矢量
σ_y	阿伦标准差(σ_y^2为阿伦方差)
σ_τ	时延均方根不确定度(第9章)
σ_ϕ	相位均方根偏差
τ	时间间隔
τ_a	平均(积分)时间
τ_{at}	大气延迟误差(第12章)
τ_c	相干积分时间(第9章)
τ_e	时钟误差
τ_g	几何时延
τ_i	设备时延
τ_0	设备时延单位增量,一次观测的持续时间(第6章),天顶点大气光深(不透明度)(第13章)
τ_s	采样时间间隔
τ_{or}	正交最小周期(第7章)
τ_{sw}	开关转换间隔(第7章)
τ_f	光深(不透明度)(第13章)
ϕ	相位

ϕ_m	天线 m 接收信号相位
ϕ_v	可见度函数相位
ϕ_G, ϕ_{in}	相关天线对设备相位
ϕ_{pp}	相位误差峰峰值(第 9 章)
Φ	复信号相位(附录 3.1),概率积分[式(8.44)](第 8 章),信号相位(第 13.1 节)
χ	极化椭圆轴比正切
χ^2	统计参数
ψ	位置角,相角
ψ_p	视差角
ω_e	地球自转角速度
Ω	立体角
Ω_s	射电源所对立体角
Ω_0	合成波束主瓣立体角

常用下标

1,2	天线指定
$2,3,4,\infty$	量化级数(第 8 章)
A	天线
d	时延,双边带
D	干燥分量(第 13 章)
I	虚部
IF	中频
l	左旋圆极化,低边带
LO	本振
0	频带或角度场中心,地表(第 13 章)
m,n	天线指定
N	归一化,奈奎斯特率(第 8.2,8.3 节)
r	右旋圆极化
R	实部
S	系统
u	上边带
V	水蒸气(第 13 章)
λ	以波长为单位测量

其他符号

Π	单元矩形函数
Π	乘积符号
III	一维 Shah 函数
^2III	二维 Shah 函数
$\rightleftharpoons$	傅里叶变换
$*$	一维卷积
$**$	二维卷积
★	一维互相关
★★	二维互相关
$\langle\rangle$	期望值(或有限平均近似)
点(˙)	关于时间的一阶导数
两个点(¨)	关于时间的二阶导数
上划线(⁻),(——)	平均(第 1,9 章,第 14.1 节);函数傅里叶变换(第 3,5,8, 10,11,13 章,第 14.2 节)
抑扬符(˘)	量化变量(第 8 章)
抑扬符(ˆ)	频率函数(第 3 章)

函数

erf	误差函数
J_0	零阶第一类贝塞尔函数
J_1	一阶第一类贝塞尔函数
I_0	零阶修正贝塞尔函数
I_1	一阶修正贝塞尔函数
Γ	伽马函数[注意 $\Gamma(x+1)=x\Gamma(x)$]
δ	狄拉克 delta 函数

英中文对照索引

A

acoustic-gravity waves,声重力波　489,490
Allen-Baumbach formula,艾伦-鲍姆巴赫等式　496
angular diameters,角直径　503
arcmin,角分　397,548

B

bending angle,偏转角　486,496
binary pulsar,脉冲双星　502
Brunt-Väisälä frequency,布维频率　489,490

C

characteristic scale size,特征长度　490,493
characteristic correlation length,特征相关长度　492
collision frequency,碰撞频率　488
complex visibility,复可见度函数　386,388,518,519,527,547
correlation bandwidth,相关带宽　492,502
cross-spectral,交叉谱　563

D

diffraction pattern,衍射图　492,493,499,518,520,548-550
dispersion,色散　332,416,446,458,496,500,503,558

E

ensemble averages,统计平均　463,493,494,504
extragalactic,河外星系　491

F

Faraday depth,法拉第深度　501
Faraday dispersion function,法拉第色散函数　501
Fiedler event,费德勒事件　504
Fried length,弗里德长度　467,556,561

G

galactic longitude,银经　501
galactic latitude,银纬　501-503
galactic plane,银道面　500
Gaussian-filtered minimum shift keying,高斯-滤波最小移频键控　542

I

indices of refraction,折射指数　446,450-452,459-462,467,472,484-488,490,493,496,497,524,556
impact parameter,碰撞参数　496,497
inner scale,内尺度　467,495,502,503
interstellar medium,星际介质　445,499,500,502-504,524,528,531
intrinsic visibility,本征可见度函数　493
isoplanatic angle,等晕角　556,557

M

mutual coherence,互相干　529

N

noise equivalent power,噪声等效功率　559

O

order unity,统一序　298,494
outer scale,外尺度　467,495,502

P

Parseval's theorem,巴塞伐尔定理　538,541
percentile,百分位数　556
phase-shift keying,相移键控　332,542
point-spread function,点扩展函数　556,562
proper motion,天体的固有运动　502
　　　　　　　自行运动　421,423

Q

quadrant detector,四象限探测器　557

R

radio map,射电图 536
radio source,射电源 536,539,545–554,559
radiation pattern,辐射方向图 521,522,528
ray-tracing,射线跟踪 487
refractive,折射 524,531,556
refractive scattering,折射散射 531
restoring function,还原函数 550
restoring force,恢复力 490

S

solar elongation angle,太阳伸长角 497,498
scale height,标高 447,449,450,452,453
Schwarz inequality,施瓦茨不等式 370
seeing disk,成像盘 561,562
shallow spectrum,浅谱 495
shearing interferometer,剪切干涉仪 556
siderostats,定星镜 557
Snell's law,斯内尔定律 450,451
speckle Imaging,斑点成像 528,530,561
steep spectrum,陡谱 495

T

Thomson scattering,汤姆孙散射 496
timescale of fading,衰落时间尺度 502

V

van Cittert-Zernike theorem,范西泰特-策尼克定理 518,520–524,527,530,531